化工建设工程施工
常见质量问题
与控制图解

安装
工程

中国化工建设企业协会　组织编写

HUAGONG JIANSHE GONGCHENG SHIGONG
CHANGJIAN ZHILIANG WENTI
YU KONGZHI TUJIE
ANZHUANG GONGCHENG

化学工业出版社
·北京·

内容简介

《化工建设工程施工常见质量问题与控制图解》系统总结了化工建设工程施工过程中常见质量问题的现象和原因分析，给出了正确做法和防治措施，并附相应照片或图示。本书分土建工程和安装工程两册。土建工程册内容涵盖地基与基础、主体结构、构筑物工程、建筑装饰装修与节能、屋面工程、建筑给排水、室内消防与采暖、通风与空调、电梯、建筑电气、智能建筑、建筑物室外工程等分部工程；安装工程册内容涵盖基础验收及垫铁布置、静止设备安装、传动设备安装、地上地下工艺管道及消防管道安装、电气仪表安装、储罐及非标设备制作安装、钢结构制作与安装、防腐防火及绝热工程施工等分部工程。

本书汇集了化工建设行业的集体智慧和经验，可供工程建设、总承包、设计、施工、监理单位的项目经理、质量总监、技术骨干及新入职工程师阅读参考。

图书在版编目（CIP）数据

化工建设工程施工常见质量问题与控制图解．安装工程 / 中国化工建设企业协会组织编写．-- 北京：化学工业出版社，2025. 8. -- ISBN 978-7-122-48552-6

Ⅰ．TU745.7-64

中国国家版本馆CIP数据核字第20253VB086号

责任编辑：傅聪智　林　洁　仇志刚
文字编辑：李　玥　杨欣欣　靳星瑞
责任校对：李雨晴
装帧设计：王晓宇

出版发行：化学工业出版社
　　　　　（北京市东城区青年湖南街13号　邮政编码100011）
印　　装：北京瑞禾彩色印刷有限公司
787mm×1092mm　1/16　印张38¼　字数986千字
2025年8月北京第1版第1次印刷

购书咨询：010-64518888　　　　　售后服务：010-64518899
网　　址：http://www.cip.com.cn
凡购买本书，如有缺损质量问题，本社销售中心负责调换。

定　　价：468.00元（全两册）　　　　　版权所有　违者必究

《化工建设工程施工常见质量问题与控制图解》

审 定 委 员 会

编 委 会

组织编写单位

中国化工建设企业协会

主 编 单 位

中化二建集团有限公司

陕西化建工程有限责任公司

中国化学工程第三建设有限公司

中国化学工程第十一建设有限公司

中国化学工程第十三建设有限公司

中国化学工程第十四建设有限公司

山西省安装集团股份有限公司

参 编 单 位

中国化学工程第四建设有限公司

中国化学工程第六建设有限公司

中国化学工程第七建设有限公司

南京南化建设有限公司

中国化学工程第九建设有限公司

中石化工建设有限公司

中国化学工程第十六建设有限公司

中油吉林化建工程有限公司

长沙华星建设监理有限公司

中国五环工程有限公司

东华工程科技股份有限公司

中化学华谊工程科技集团有限公司

中化学国际工程有限公司

中化学生态环境有限公司

中国化学工程重型机械化有限公司

中国化学南投投资有限公司

中化学城市投资有限公司

化工建设施工质量是工程项目整体质量的重要组成部分，是化工项目建成后满足设计要求、达成工艺目标的重要保证。近年来，在国家高质量发展理念指引下，化工行业建设整体质量水平显著提升，但施工过程中一些常见质量缺陷和质量通病仍不同程度存在。

化工建设工程由于其装置需满足耐高温、高压、强腐蚀要求，投产运行存在易燃、易爆、有毒、有害等较大风险，且多专业协同作业条件复杂。这些特点既增加了工程施工质量控制的难度，也对质量控制提出了更高要求。中国化工建设企业协会（以下简称协会）多年来一直组织开展工程项目咨询与评价活动，在促进项目质量提升的同时，积累了大量施工常见质量问题素材，提炼出许多改进工程质量的好做法。为此，协会组织业内专家，按专业分工，结合工程实践，系统分析归纳化工建设工程施工中常见质量问题，研究整理提出质量控制措施及规范做法，组织编制了《化工建设工程施工常见质量问题与控制图解》（以下简称《图解》），旨在为化工建设项目施工质量提升以借鉴。

《图解》突出化工建设施工质量特色，以国内外领先施工质量为标杆，以现行国家标准规范为依据，以符合设计标准和行业建设规范为基本遵循，以消除质量隐患、减少质量通病、建设合格化工工程为目的，以一次成优、质量均衡、铸就经典为追求，旨在引领化工建设工程质量持续提升。

《图解》列出了施工过程中常见质量问题、原因分析和防治措施，并附相应照片或图示。《图解》分土建工程和安装工程两册：土建工程册内容涵盖地基与基础、主体结构、构筑物工程、建筑装饰装修与节能、屋面工程、建筑给排水、室内消防与采暖、通风与空调、电梯、建筑电气、智能建筑、建筑物室外工程等分部工程；安装工程册内容涵盖基础验收及垫铁布置、静止设备安装、传动设备安装、地上地下工艺管道及消防管道安装、电气仪表安装、储罐及非标设备制作安装、钢结构制作与安装、防腐防火及绝热工程施工等分部工程。

《图解》可供化工建设行业相关单位参考使用，使用过程中，恳请广大读者积极反馈意见和建议，也请各单位不断总结经验，及时收集新的突出质量问题、好的做法及有效控制措施，为《图解》的持续更新提供素材。

中国化工建设企业协会

2025年6月

目　录
CONTENTS

基础验收及垫铁布置

第一节　基础验收

1. 基础未设置基准线及沉降观测点

规范标准要求	《石油化工机器设备安装工程施工及验收通用规范》（SH/T 3538）第5.5.2条规定：基础上应明显的标出标高基准线、纵横中心线及预留孔中心线。

《石油化工静设备安装工程施工技术规程》（SH/T 3542）第4.6.2条规定：
有沉降观测要求的基础，应有沉降观测点。

质量问题

（1）现象

① 基础交付时，基础表面未标出标高基准线、纵横中心线及预留孔中心线。

② 有沉降观测要求的基础未设沉降观测点。

正确做法及防治措施

（1）防治措施

① 基础交接验收时，应在基础表面标出标高基准线、纵横中心线及预留孔中心线；检查纵横中心线允许偏差20mm，标高基准线偏差0 ～ -20mm，预留孔中心线允许偏差10mm。

② 有沉降观测要求的基础，应设置沉降观测点。

③ 沉降观测点安装稳固，一般设置在离地200mm ～ 500mm高处或便于观测处，建议采用预埋件加焊接方式，钢筋直径不小于18mm；当采用预埋方式时，埋设段应为突出部分的5 ～ 7倍。

④ 在观测点部位应做醒目标识，并设防止碰撞设施。

2. 基础外观缺陷

质量问题

（1）现象

① 基础存在裂纹、蜂窝、空洞、露筋等缺陷。

（2）原因分析

① 裂纹是混凝土浇筑后内外温差过大或养护不当收缩导致或基础不均匀沉降导致。

② 蜂窝是混凝土的配合比不当或在浇筑过程中振捣不密实导致的。

③ 露筋是因混凝土保护层垫块移位或者太少，致使钢筋紧贴模板；或在混凝土振捣时，振捣棒撞击钢筋，使钢筋移位而外露。

正确做法及防治措施

（1）防治措施

① 采用分层浇筑的方式，每层厚度不宜过大，这样能使混凝土内部的热量散发得更快，避免内外温差过大产生裂纹。

② 在混凝土浇筑后，及时用塑料薄膜或草帘等覆盖，减少水分蒸发，从而降低收缩量。

③ 保证混凝土中水泥、砂、石和水的比例合适，确保砂浆能充分包裹石子。

④ 按照规定的振捣间距和振捣时间进行规范振捣。

⑤ 按规定布置混凝土保护层垫块，垫块的间距不宜过大并保证垫块与钢筋绑扎牢固，防止垫块移位。

3. 基础处理不合规

规范标准要求　《石油化工机器设备安装工程施工及验收通用规范》（SH/T 3538）第5.5.4条规定：铲出麻面，麻点深度宜不小于10mm，密度以每平方分米内有3个～5个点为宜，表面不应有油污或疏松层。

《石油化工静设备安装工程施工技术规程》（SH/T 3542）第4.6.5条规定：放置垫铁或支持调整螺钉用的支撑板处（至周边约50mm）的基础表面应铲平。

质量问题

（1）现象

① 放置垫铁或调整螺钉用的支撑板处基础表面未按规定铲平。

② 铲出麻面的麻点深度及密度不符合标准。

正确做法及防治措施

（1）防治措施

① 检查基础表面不应有油污或疏松层；若存在疏松层，应铲掉。

② 按照规定对基础进行处理，采用凿子、电锤等工具将基础表面铲出麻面，麻点深度不小于10mm，密度以每平方分米内有3个～5个点为宜。

③ 放置垫铁或支持调整螺钉用的支撑板及周边50mm范围内的基础表面应铲平，水平度达到2mm/m。

4. 基础预留孔内有杂物

质量问题

（1）现象
① 地脚螺栓孔内存在碎石、泥土等杂物和积水。
（2）原因分析
① 基础浇筑后未将地脚螺栓孔内杂物清理干净。
② 现场未对地脚螺栓孔进行成品保护。

正确做法及防治措施

（1）防治措施
① 设备安装前应将地脚螺栓孔内的锚板、碎石、泥土等杂物和积水清除干净。
② 清理干净的螺栓孔在灌浆前应进行成品保护，以防杂物掉入。

5. 预埋地脚螺栓螺纹保护不到位

<table>
<tr><td>规范标准
要　　求</td><td>《石油化工机器设备安装工程施工及验收通用规范》（SH/T 3538）第5.5.4条规定：
预埋地脚螺栓的螺纹和螺母表面粘附的浆料应清理干净，并进行妥善保护。
《石油化工静设备安装工程施工技术规程》（SH/T 3542）第4.6.3条规定：
预埋地脚螺栓的螺纹应无损坏，且应有保护措施。</td></tr>
</table>

质量问题

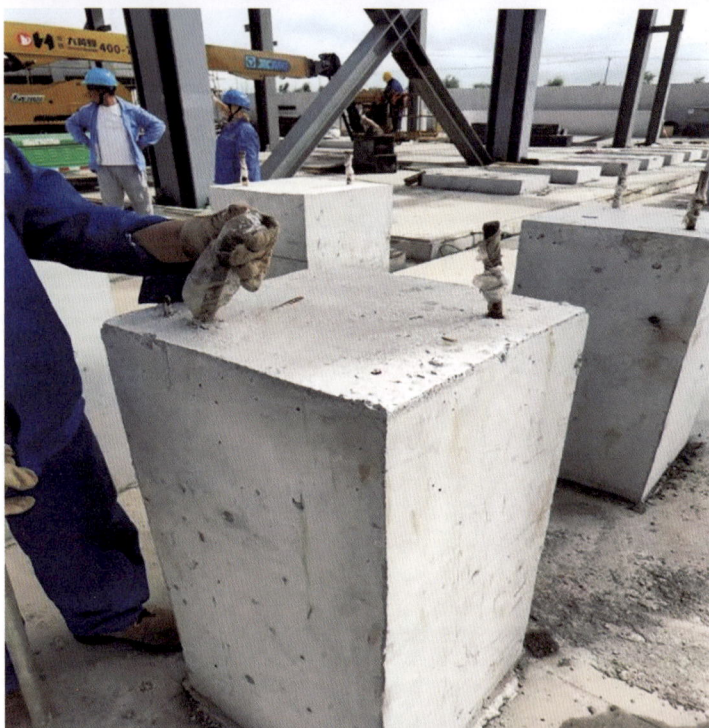

（1）现象

① 基础施工时预埋地脚螺栓的螺纹和螺母表面未采取保护措施，螺栓碰歪。

（2）原因分析

① 现场对预埋地脚螺栓成品保护措施不到位。

正确做法及防治措施

（1）防治措施

① 基础施工时预埋地脚螺栓的螺纹和螺母应采用包裹保护措施，防止浆料粘连，避免损坏地脚螺栓丝扣。

② 采用工装模板对预埋地脚螺栓进行固定保护，以确保其中心线、垂直度等偏差在允许范围内。

6. 贯穿式地脚螺栓锚板位置基础水平度超标

规范标准 要 求	《石油化工机器设备安装工程施工及验收通用规范》（SH/T 3538）第 5.5.4 条规定：贯穿式地脚螺栓锚板位置基础表面应平整，锚板贴合后水平度偏差不得大于 2mm/m。

质量问题

（1）现象

① 贯穿式地脚螺栓锚板位置基础水平度偏差不符合标准。

（2）原因分析

① 模板固定不牢固。

② 支模时水平度偏差大。

③ 浇筑混凝土时振捣跑模。

正确做法及防治措施

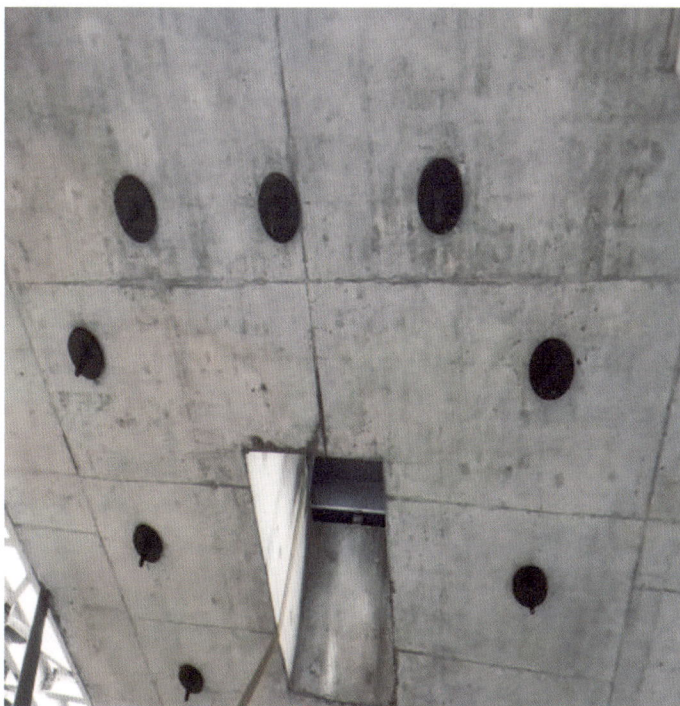

（1）防治措施

① 模板固定牢固。

② 支模时确保模板的水平度。

③ 浇筑混凝土时按照要求振捣。

④ 将地脚螺栓锚板位置基础表面铲平整，使锚板贴合后水平度偏差不得大于 2mm/m。

7. 滑动端预埋板安装缺陷

规范标准
要　　求 《石油化工静设备安装工程施工技术规程》（SH/T 3542）第4.6.4条规定：
卧式设备滑动端基础预埋板的上表面应光滑平整，不得有挂渣、飞溅。
水平度偏差不得大于2mm/m。
混凝土基础抹面不得高出预埋板的上表面。

质量问题

（1）现象
① 滑动端基础预埋板的上表面不光滑平整，有挂渣、飞溅。
② 水平度偏差超标。
③ 混凝土基础抹面高出预埋板的上表面。

正确做法及防治措施

（1）防治措施
① 清除滑动端基础预埋板上的挂渣、飞溅，使表面光滑平整。
② 滑动端预埋板施工时固定牢固，确保坐标、标高、水平度偏差不大于2mm/m。
③ 建议采用预埋板随设备后安装的施工工艺，即滑动端基础施工时，不施工预埋板，降低滑动端基础标高，待设备安装时，在基础上采用垫铁调整预埋板水平度及标高，设备就位找正后，再进行预埋板的二次灌浆，混凝土基础抹面不得高出预埋板的上表面。

第二节　地脚螺栓安装

1. 地脚螺栓与预留孔壁、孔底距离偏差超标

规范标准要求　《石油化工机器设备安装工程施工及验收通用规范》（SH/T 3538）第 6.5.1 条规定：放置在预留孔中的地脚螺栓，地脚螺栓在预留孔中应垂直，垂直度允许偏差不得大于地脚螺栓长度的 1/100mm。

《石油化工静设备安装工程施工技术规程》（SH/T 3542）第 5.6.1 条规定：地脚螺栓任一部位与孔壁的距离应不小于 15mm，与孔底的距离宜大于 50mm。

质量问题

（1）现象
① 地脚螺栓在预留孔中垂直度偏差大。
② 地脚螺栓与孔壁的距离小于 15mm。
③ 地脚螺栓与孔底的距离小于 50mm。

（2）原因分析
① 施工时预留孔中心坐标及深度尺寸不正确。
② 预留孔模固定不牢固，混凝土浇筑振捣位置偏移。

正确做法及防治措施

（1）防治措施
① 地脚螺栓预留孔基础施工前核实预留孔的中心坐标、深度尺寸，中心允许偏差 10mm，深度允许偏差 0 ～ +20mm，孔壁垂直度 10mm。
② 基础预留孔模固定牢固，混凝土浇筑振捣时防止产生位置偏移。
③ 对存在偏差的地脚螺栓孔进行凿壁修正，使地脚螺栓任一部位与孔壁的距离应不小于 15mm，与孔底的距离宜大于 50mm。

2. 预留孔内地脚螺栓光杆及螺纹部位安装前未处理

规范标准 要　求	《石油化工机器设备安装工程施工及验收通用规范》(SH/T 3538) 第6.5.1条规定：放置在预留孔中的地脚螺栓，地脚螺栓的光杆部分应无油污或氧化皮，螺纹部分应涂上少量油脂。

质量问题

（1）现象

① 地脚螺栓光杆部分存在油污或氧化皮。

② 螺纹部分未涂油脂。

（2）原因分析

① 安装前，未对地脚螺栓进行检查处理，光杆部分未清理，螺纹部分未涂润滑脂。

正确做法及防治措施

（1）防治措施

① 地脚螺栓安装前光杆部分的油污或氧化皮应清除干净。

② 应对地脚螺栓螺纹部分涂油脂。

3. 地脚螺栓螺纹露出螺母长度不合规

**规范标准
要 求** 《石油化工静设备安装工程施工技术规程》（SH/T 3542）第5.6.4条规定：
地脚螺栓紧固后螺纹露出螺母应不少于2个螺距，且长度相同。
《石油化工机器设备安装工程施工及验收通用规范》（SH/T 3538）第6.5.1条规定：
放置在预留孔中的地脚螺栓，拧紧螺母后，螺栓应露出螺母，其露出长度宜为2个～4个螺距。

质量问题

（1）现象
① 地脚螺栓露出螺母的螺距太长且长度不同。
② 地脚螺栓露出螺母长度不足2个螺距。
（2）原因分析
① 地脚螺栓预埋标高不正确。

正确做法及防治措施

（1）防治措施
① 地脚螺栓预埋标高应正确且高度一致，紧固后螺纹露出螺母应不少于2个～4个螺距，且长度相同。
② 地脚螺栓外露丝扣超标部分应采用机械切除。

第三节　垫铁安装

1. 垫铁安装位置不合理、垫铁组数量少

规范标准要求	《石油化工机器设备安装工程施工及验收通用规范》（SH/T 3538）第6.3.1条规定：垫铁组布置应在地脚螺栓两侧各放置一组，应使垫铁靠近地脚螺栓，当地脚螺栓间距小于300mm时，可在各地脚螺栓的同一侧放置一组垫铁。《石油化工静设备安装工程施工技术规程》（SH/T 3542）第5.7.1条规定：裙式支座每个地脚螺栓近旁应至少设置1组垫铁；有加强筋的设备支座，垫铁应垫在加强筋下。

质量问题

（1）现象

① 垫铁组数偏少。

② 垫铁布置不合理，垫铁位置距地脚螺栓较远，或未放置在加强筋下。

（2）原因分析

① 未按照方案及标准要求布置垫铁。

正确做法及防治措施

（1）防治措施

① 在地脚螺栓两侧各放置一组垫铁，计算后，确定垫铁的规格型号。

② 当地脚螺栓间距小于300mm时，各垫铁组布置在地脚螺栓的同一侧。

③ 裙式支座每个地脚螺栓近旁应至少设置1组垫铁；有加强筋的设备支座，垫铁应垫在加强筋下。

④ 裙式、鞍式支座相邻两垫铁组的中心距不应大于500mm。

⑤ 支柱式设备每组块铁的块数不应超过3块，其他设备组铁的块数不应超过5块。

⑥ 鞍式支座、耳式支座每个地脚螺栓应对称设置2组垫铁。

2. 带锚板的地脚螺栓垫铁组布置及数量不合规

规范标准 要　求	《石油化工机器设备安装工程施工及验收通用规范》（SH/T 3538）第6.3.1条规定：对于带锚板的地脚螺栓两侧的垫铁组，应放置在预留孔的两侧。

质量问题

（1）现象
① 带锚板的地脚螺栓与垫铁组间距偏大。
② 垫铁组不够。

正确做法及防治措施

（1）防治措施
① 带锚板的地脚螺栓靠近预留孔的两侧各放一组垫铁，计算后，确定垫铁的规格型号。
② 相邻两垫铁组的间距，可根据机器的重量、支座的结构形式、载荷分布的具体情况而定，宜为500mm～1000mm。

3. 垫铁外观质量及斜度不合规

| 规范标准
要　求 | 《石油化工机器设备安装工程施工及验收通用规范》（SH/T 3538）第6.3.2条规定：垫铁表面平整，无氧化皮、飞边等。 |

斜垫铁的斜面粗糙度不得大于Ra 12.5μm，斜度宜为（1：20）～（1：10），对于重心较高或振动较大的机器设备采用1：20的斜度为宜。

质量问题

（1）现象

① 垫铁外观质量不符合标准。

② 机械设备使用的垫铁斜度不符合标准。

正确做法及防治措施

（1）防治措施

① 垫铁外观质量表面应平整，无氧化皮、飞边等且符合SH/T 3538附录A的规定。

② 斜垫铁的斜面粗糙度不得大于Ra 12.5μm，斜度宜为（1：20）～（1：10），对于重心较高或振动较大的机器设备采用1：20的斜度为宜。

4. 垫铁组规格、块数及高度不合规

规范标准要求　《石油化工机器设备安装工程施工及验收通用规范》（SH/T 3538）第6.3.4条规定：斜垫铁应配对使用，与平垫铁组成垫铁组时，垫铁的层数宜为三层（即一平二斜），最多不宜超过五层，薄垫铁厚度不应小于2mm，并放在斜垫铁与厚平垫铁之间。斜垫铁可与同号或者大一号的平垫铁搭配使用。垫铁组的高度宜为30mm～70mm。

质量问题

（1）现象

① 垫铁组的块数不符合要求。

② 垫铁组的高度不符合要求。

③ 薄平垫铁安放位置不正确。

④ 垫铁的搭配使用不符合要求。

正确做法及防治措施

（1）防治措施

① 斜垫铁应配对使用，与平垫铁组成垫铁组时，垫铁的层数宜为三层（即一平二斜），最多不宜超过五层。

② 垫铁组的高度宜为30mm～70mm。

③ 薄垫铁厚度不应小于2mm，并放在斜垫铁与厚平垫铁之间。

④ 斜垫铁可与同号或者大一号的平垫铁搭配使用。

5. 垫铁组与基础接触面积、顶面标高不合规

**规范标准
要　　求** 《石油化工机器设备安装工程施工及验收通用规范》（SH/T 3538）第6.3.5条规定：垫铁直接放置在基础上，应整齐平稳、接触良好，接触面积应不小于50%。平垫铁顶面水平度的允许偏差为2mm/m，各垫铁组顶面的标高应与机器底面设计安装标高相符。

质量问题

（1）现象

① 垫铁与基础面不整齐、不平，其接触面积达不到50%。

② 平垫铁顶面水平度的允许偏差超过2mm/m。

③ 各垫铁组顶面的标高与机器底面设计安装标高不符。

④ 斜垫铁未成对使用。

正确做法及防治措施

（1）防治措施

① 垫铁位置的基础面处理应平整，垫铁布置应整齐，其接触面积达到50%以上。

② 平垫铁顶面水平度的允许偏差控制在2mm/m以内。

③ 各垫铁组顶面的标高应与机器底面设计安装标高相符。

④ 斜垫铁应成对使用。

6. 垫铁组露出底座、伸入底座的长度不合规

规范标准 要　求	《石油化工机器设备安装工程施工及验收通用规范》（SH/T 3538）第6.3.7条规定：每一垫铁组应放置整齐平稳，接触良好，并应露出底座10mm～30mm。

《石油化工静设备安装工程施工技术规程》（SH/T 3542）第5.7.2条规定：

地脚螺栓两侧的垫铁组，每块垫铁伸入机器设备底座底面的长度，均应超过机器设备地脚螺栓孔中心。

质量问题

（1）现象

① 垫铁组放置不整齐、不平稳，接触不良，露出底座的长度不符合要求。

② 垫铁组伸入机械设备底座的长度也不符合要求。

正确做法及防治措施

（1）防治措施

① 各垫铁组应放置整齐平稳，接触良好，并应露出底座10mm～30mm。

② 地脚螺栓两侧的垫铁组，每块垫铁伸入机器设备底座底面的长度，均应超过机器设备地脚螺栓孔中心。

7. 配对斜垫铁的搭接长度、其相互间中心线偏斜角不合规

规范标准要求　《石油化工机器设备安装工程施工及验收通用规范》（SH/T 3538）第6.3.7条规定：机器设备找平后，垫铁组布置应符合配对斜垫铁的搭接长度应不小于全长的3/4，其相互间中心线偏斜角应不大于3°的要求。

《石油化工静设备安装工程施工技术规程》（SH/T 3542）第5.7.3条规定：斜垫铁应成对相向使用，搭接长度应不小于全长的3/4。

质量问题

（1）现象
① 配对斜垫铁的搭接长度不够。
② 垫铁相互间中心线偏斜角偏差大。

正确做法及防治措施

（1）防治措施
① 配对斜垫铁的搭接长度应达到全长的3/4。
② 调整各块垫铁的中心线，使其相互间偏斜角不大于3°。

8. 机器设备垫铁组的松紧程度、垫铁间及与底座底面之间的间隙不合规

| 规范标准要 求 | 《石油化工机器设备安装工程施工及验收通用规范》（SH/T 3538）第6.3.8条规定：机器用垫铁找平、找正后，对垫铁组应做如下检查：
用0.25kg或0.5kg的手锤敲击检查垫铁组的松紧程度，应无松动现象。
用0.05mm的塞尺检查，垫铁之间及垫铁与底座底面之间的间隙，在垫铁同一断面处从两侧塞入的长度总和，不应超过垫铁长（宽）度的1/3。 |

质量问题

（1）现象

① 垫铁组松紧度不符合要求，存在松动现象。

② 垫铁之间及垫铁与底座底面之间的接触面不符合要求。

正确做法及防治措施

（1）防治措施

① 紧固地脚螺栓时用0.25kg或0.5kg的手锤敲击检查垫铁组的松紧程度，应无松动现象。

② 有高速运转的机械设备用0.05mm的塞尺检查垫铁之间及垫铁与底座底面之间的间隙，在垫铁同一断面处从两侧塞入的长度总和，不应超过垫铁长（宽）度的1/3。

9. 机器设备垫铁组层间定位焊不合规

**规范标准
要 求** 《石油化工机器设备安装工程施工及验收通用规范》（SH/T 3538）第6.3.9条规定：
垫铁组检查合格后应在垫铁组的两侧进行层间定位焊焊牢，垫铁与机器底座之
间不得焊接。

质量问题

（1）现象
① 垫铁组的两侧未进行层
间定位焊或未焊牢。
② 垫铁与机器底座之间进
行了焊接。

正确做法及防治措施

（1）防治措施
① 垫铁组检查合格后，立
即对垫铁组的两侧进行层间
定位焊并焊牢。
② 垫铁与机器底座之间不
得焊接。
③ 垫铁点焊固定后，应及
时组织二次灌浆工作。

10. 机器设备二次灌浆层强度未达标就取消临时支撑

规范标准要求　《石油化工机器设备安装工程施工及验收通用规范》（SH/T 3538）第6.4.5条规定：

二次灌浆层达到设计强度的75%以上时，方允许松掉临时垫铁、小型千斤顶或顶丝，取出临时支撑件，同时复测水平度，并将空洞填实。

质量问题

（1）现象

① 取消临时支撑时，二次灌浆层强度未达到设计强度的75%以上，机械的水平度受到影响。

正确做法及防治措施

（1）防治措施

① 二次灌浆层达到设计强度的75%以上时，方可松掉临时垫铁、小型千斤顶或顶丝。

② 取出临时支撑件，同时复测水平度，用砂浆填实空洞。

③ 松掉调整螺钉，再次拧紧地脚螺栓，同时复查标高、水平度和中心线。

11. 支柱式支座垫铁组安装不合规

《石油化工静设备安装工程施工技术规程》（SH/T 3542）第5.7.1条规定：
支柱式支座每个地脚螺栓近旁宜放置1组垫铁。
支柱式设备每组垫铁的块数不应超过3块。

质量问题

（1）现象
① 支柱式支座垫铁组距地脚螺栓距离偏远。
② 支柱式设备每组垫铁的块数超过3块。

正确做法及防治措施

（1）防治措施
① 支柱式支座每个地脚螺栓近旁宜放置1组垫铁。
② 支柱式设备每组垫铁的块数不超过3块。

第四节　灌浆

1. 地脚螺栓安装不垂直、预留孔内有杂物

《石油化工静设备安装工程施工技术规程》（SH/T 3542）第5.8.1条规定：
地脚螺栓灌浆前，清除预留孔中的杂物、积水。
用水将基础表面冲洗干净，保持湿润不少于24h，灌浆前1h吸干积水。
《石油化工机器设备安装工程施工及验收通用规范》（SH/T 3538）第6.7.3条规定：
灌浆时不得使地脚螺栓歪斜或使机器设备产生位移。

质量问题

（1）现象
① 灌浆前预留孔内存在杂物、积水。
② 基础清洗后保持湿润不足24h。
③ 灌浆时地脚螺栓碰歪碰斜。

正确做法及防治措施

（1）防治措施
① 灌浆前将预留孔内杂物清除干净。
② 基础表面冲洗干净，保持湿润不少于24h，灌浆前1h吸干积水。
③ 捣实地脚螺栓孔内的混凝土时将地脚螺栓调整垂直，螺母拧紧后外露2个～4个丝扣。

2. 机器设备二次灌浆层预留高度不达标

规范标准要求	《石油化工机器设备安装工程施工及验收通用规范》（SH/T 3538）第6.7.6条规定：二次灌浆层的高度宜为30mm～70mm。

质量问题

（1）现象

① 二次灌浆层预留高度不够，易出现裂纹、空鼓、两层皮与机械设备基础贴合不密实。

（2）原因分析

① 基础施工时支模高度与设计不符。

② 基础未预留二次灌浆层的厚度，直接浇筑到设备底座标高。

正确做法及防治措施

（1）防治措施

① 严格基础验收，保证其标高允许偏差为－20mm～0mm。

② 调整设备标高时，垫铁安装高度应满足在30mm～70mm范围内。

③ 基础浇筑、处理时预留二次灌浆层的高度在30mm～70mm范围内。

3. 设备二次灌浆层模板支设不合规

规范标准要求 《石油化工机器设备安装工程施工及验收通用规范》（SH/T 3538）第6.7.8条规定：

二次灌浆前应按图6.7.8所示安设外模板，图中底座外缘至灌浆层外缘的距离 c 值应不小于60mm，垫铁上表面至灌浆层上表面的最小距离 h 值应不小于10mm。

《石油化工静设备安装工程施工技术规程》（SH/T 3542）第5.8.3条规定：

二次灌浆应按图3所示设置外模板。

质量问题

（1）现象

① 机器底座外缘至灌浆层外缘的距离不符合要求。

② 垫铁上表面至灌浆层上表面的距离不符合要求。

③ 二次灌浆层设备外缘未抹成斜面。

正确做法及防治措施

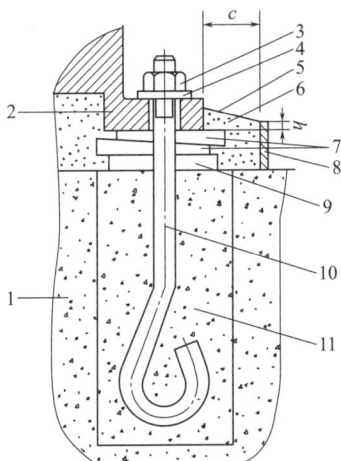

（1）防治措施

① 如左图所示，二次灌浆前应安设外模板，使底座外缘至灌浆层外缘的距离值应不小于60mm。

② 垫铁上表面至灌浆层上表面的最小距离值应不小于10mm。

③ 设备底座边缘外灌浆层上表面抹成内高外低的微斜面。

1—基础；2—底座；3—螺母；4—垫圈；5—灌浆层斜面；
6—二次灌浆层；7—成对斜垫铁；8—外模板；9—平垫铁；
10—地脚螺栓；11—一次灌浆层

图6.7.8 地脚螺栓、垫铁和灌浆示意
（本图为SH/T 3538中图6.7.8）

4. 机器设备底座或机座腔体内未灌浆

规范标准要求	《石油化工机器设备安装工程施工及验收通用规范》（SH/T 3538）第6.7.13条规定：机器设备底座或机座腔体内灌浆应符合产品技术文件和设计文件要求。

质量问题

（1）现象
① 机器设备底座或机座腔体内未灌浆，导致存在积水和杂物。

正确做法及防治措施

（1）防治措施
① 机器设备底座或机座腔体内灌浆应按照产品技术文件和设计文件要求进行。
② 机座腔体内灌浆后待灌浆料干燥后宜将孔帽与底座焊接。

5. 设备二次灌浆料不合格

规范标准要求	《石油化工静设备安装工程施工技术规程》（SH/T 3542）第5.8.4条规定：灌浆材料宜采用细石混凝土，其标号应比基础的混凝土标号高一级。

质量问题

（1）现象

① 灌浆料未采用细石混凝土，二次灌浆时振捣不实，设备底座下混凝土砂浆未充满塞实。

正确做法及防治措施

（1）防治措施

① 灌浆材料宜采用细石混凝土，其标号应比基础的混凝土标号高一级。

② 设备外缘的灌浆层应压实抹光，上表面应有向外的坡度，高度应低于设备支座底板边缘的上表面。

③ 立式设备裙座内部灌浆面与底座环上表面平齐并抹光。

6. 设备裙座内部未灌浆

规范标准要求	《石油化工静设备安装工程施工技术规程》（SH/T 3542）第5.8.5条规定：地脚螺栓预留孔或二次灌浆层灌浆应一次完成。立式设备裙座内部灌浆面应与底座环上表面平齐。

质量问题

（1）现象

① 立式设备裙座内部未灌浆或灌浆面低于底座环上表面。

正确做法及防治措施

（1）防治措施

① 立式设备裙座内部灌浆面与底座环上表面平齐并抹光。

② 对于灌浆后无法排出裙座积水的设备，应埋设直径大于25mm的排水管，排水管宜采用直管。

第二章

静止设备安装

第一节　设备就位安装

1. 带绝热保护层的立式设备未设置垂直度找正基准

规范标准要求　《石油化工静设备安装工程施工技术规程》（SH/T 3542）第4.4.2条规定：立式设备安装前应在基准方位线作出观测标识；在地面进行隔热工程施工后，整体组合吊装的设备找正基准观测标识宜采用下列方法：

a）在方位线位置焊接/粘接角钢引出观测标识；

b）观测标识角钢的引出长度不大于隔热层厚度的2倍；

c）角钢焊接牢固且不得损伤设备本体；

d）角钢涂刷防腐涂料。

质量问题

（1）现象

① 立式设备安装前没有在基准方位线作出观测标识；在地面进行绝热工程施工后，整体组合吊装的设备找正没有基准观测标识。

② 立式设备就位后垂直度无法准确保证。

（2）原因分析

① 立式设备地面绝热前没有考虑基准方位线作出观测标识。

正确做法及防治措施

（1）防治措施

① 立式设备安装前应在基准方位线作出观测标识。

② 在地面进行隔热工程施工后，整体组合吊装的设备找正基准观测标识宜采用下列方法：

a. 在方位线位置焊接/粘接角钢并引出观测标识；

b. 观测标识角钢的引出长度应不大于隔热层厚度的2倍；

c. 角钢焊接牢固且不得损伤设备本体；

d. 角钢应涂刷防腐涂料。

2. 设备就位安装基准线设置不准确

规范标准要求

《石油化工静设备安装工程施工技术规程》（SH/T 3542）第5.1.4条规定：

设备的标高和方位测量应符合以下规定：

a）设备的标高应以基础上的标高基准线为基准；

b）设备的方位应以基础上的纵、横轴线为基准。

质量问题

（1）现象

① 设备基础未标注标高基准线及纵、横轴线。

（2）原因分析

① 基础施工单位漏标注。

② 安装单位未对基础进行验收就安装。

正确做法及防治措施

（1）防治措施

① 当基础交付安装时应进行复测，基础混凝土强度不得低于设计强度的75%。

② 基础施工单位应提交测量记录及技术资料，安装单位应按要求进行相关数据的复测，块体式基础复测数据应满足下列规范要求：

a. 基础坐标位置（纵、横轴线）：±20mm；

b. 基础不同平面标高：−20 ～ 0mm；

c. 基础上平面外形尺寸：±20mm；

d. 基础平面度：5/1000，全长10mm；

e. 侧面垂直度：5/1000，全高10mm。

3. 设备找正、找平测量基准选择有误

<table>
<tr><td>规范标准
要　求</td><td>《化工设备工程施工及验收规范》（HG/T 20275）第3.4.2条规定：
设备找正与找平时，调整和测量的基准应符合下列规定：</td></tr>
</table>

1. 设备裙式支座、耳式支座、支架的底面标高应以基础上的标高基准线为基准。

2. 设备的中心线位置应以基础上的中心划线为基准。

3. 立式设备的方位应以基础上距离设备最近的中心划线为基准。

4. 立式设备的铅垂度应以设备两端部的测点为基准。

5. 卧式设备的水平度应以设备的中心划线为基准。

质量问题

（1）现象

① 设备找正、找平调整和测量的基准线或基准点不正确。

（2）原因分析

① 基础的标高、中心坐标线不准确。

② 设备制作过程基准标识不准确。

③ 设备未标注0°、90°垂直度测量基准线及方位。

正确做法及防治措施

（1）防治措施

① 设备支架的底面标高应以基础上的标高基准线为基准。

② 设备的中心线位置应以基础上的中心划线为基准。

③ 立式设备的方位应以基础上距离设备最近的中心划线为基准。

④ 立式设备的铅垂度应以设备两端部互呈90°两个方向的上下测点为基准。

⑤ 卧式设备的水平度应以设备的中心划线为基准。

⑥ 对于高度小于5m的立式设备，采用磁力线坠法进行找正；高度大于5m的立式设备，采用经纬仪进行找正。塔类设备找正后还应检查内部支撑圈的水平度，如有问题应及时处理。

⑦ 钢架上的设备找正时允许通过加垫板来找正，找正后将垫板与钢架点焊牢。

⑧ 设备找正与找平的补充测点宜在下列部位选择：

a. 主法兰口；

b. 水平或铅垂的轮廓面；

c. 设计文件或随机技术文件指定的基准面或加工面。

4. 卧式设备轴向水平度找正倾斜方向错误

<table>
<tr><td>规范标准
要　　求</td><td>《石油化工静设备安装工程施工技术规程》（SH/T 3542）第5.3.2条规定：
轴向水平度偏差宜低向设备的排液方向；有坡度要求的设备，其坡度按设计文
件要求执行。</td></tr>
</table>

质量问题

（1）现象

① 卧式设备安装轴向水平度呈水平状态或偏差高向设备的排液方向，将影响液体排净。

（2）原因分析

① 未按照设计文件或标准规范执行。

② 找平基准点或水平度存在误差。

正确做法及防治措施

（1）防治措施

① 卧式设备通过调整垫铁高度使轴向水平度偏差合规且低向设备的排液方向。

第二节　卧式设备滑动端

1. 卧式设备滑动端安装不合规

规范标准要求	《石油化工静设备安装工程施工技术规程》（SH/T 3542）第5.1.3条规定：有滑动要求的设备安装时，应确认以下事项：

a）膨胀（收缩）的方向；

b）滑动端地脚螺栓在设备地脚螺栓孔中的位置；

c）连接外部附件用的螺栓在螺栓孔中的位置。

质量问题

（1）现象

① 设备安装时滑动端地脚螺栓安装在长圆孔一端。

② 滑动端地脚螺栓未安装在设备地脚螺栓孔中心位置。

（2）原因分析

① 设备就位时没有考虑滑动端因温度变化膨胀（收缩）的方向。

② 设备支座螺栓孔尺寸与基础地脚螺栓位置尺寸设计不符。

③ 基础施工时预埋地脚螺栓位置出现偏差。

④ 预留孔基础设备就位时地脚螺栓一次灌浆未调整到长圆孔的中间位置。

正确做法及防治措施

（1）防治措施

① 换热设备安装就位时应考虑到设备运行时滑动端膨胀（收缩）方向。

② 卧式设备滑动端地脚螺栓调整到支座长圆孔的中间位置，位置偏差应偏向补偿温度变化所引起的伸缩方向。

③ 支座滑动表面清理干净，并涂润滑剂（或采用四氟板）。

④ 设备配管结束后，松动滑动端支座地脚螺栓螺母，使其与支座板面间留有1～3mm间隙，并紧固锁紧螺母。

（2）治理措施

① 在支座允许的情况下，根据膨胀方向及膨胀量修改长圆孔至适当位置。

第三节 分段设备现场组对

1. 设备筒体圆度、凹凸度、外圆周长、不平度超标

规范标准 要 求	《化工设备工程施工及验收规范》（HG/T 20275）第5.2.7条规定： 分段到货设备筒体圆度的允许偏差应≤1%D_i，且不大于25mm。

筒体的凹凸处应平滑过渡，其凹入深度应以母线为基准测量，不得超过该处长度或宽度的1%。

对接接头两侧外圆周长差应满足环焊缝对口错边量要求。

分段处端面不平度应不大于设备筒体内径的1/1000，且不大于2mm。

质量问题

（1）现象

① 分段到货设备筒体圆度超差。

② 筒体的凹凸超差。

③ 两侧外圆周长超差。

④ 分段处端面不平度超差。

（2）原因分析

① 筒体板的切割下料未依据设计图样与排版图，或未考虑材料在焊接过程中的收缩量。

② 筒体板卷制过程中，采用弦长等于1/4设计内直径且不小于1.0m的样板进行弧度检查时超标，未校正合格而强行组装。

③ 筒体未采用临时支撑或支撑圈固定，支撑圈固定不符合要求。

正确做法及防治措施

（1）防治措施

① 分段到货设备筒体在组对前对筒体复查尺寸，包括周长、圆度、直线度等，清理坡口及两侧，按排版图设置定位基准。

② 使用弧长大于1.5m样板进行检查，校正圆度、直线度等变形情况。

③ 采用加临时支撑或支撑圈固定，防止变形措施。

④ 分段到货设备筒体圆度的允许偏差：≤1%D_i；且不大于25mm（设备受压形式为内压）；≤0.5%D_i，且不大于25mm（设备受压形式为外压）。筒体的凹凸处应平滑过渡，其凹入深度应以母线为基准测量，不得超过该处长度或宽度的1%；对接接头两侧外圆周长差应满足环焊缝对口错边量要求。

⑤ 分段处端面不平度应不大于设备筒体内径的1/1000，且不大于2mm。

2. 设备坡口加工存在缺陷

规范标准 要　求	《化工设备工程施工及验收规范》（HG/T 20275）第 5.3 条规定：坡口不得有裂纹、分层和夹渣。用火焰切割的坡口应将熔渣清除干净，并将凹凸不平处打磨平整。

质量问题

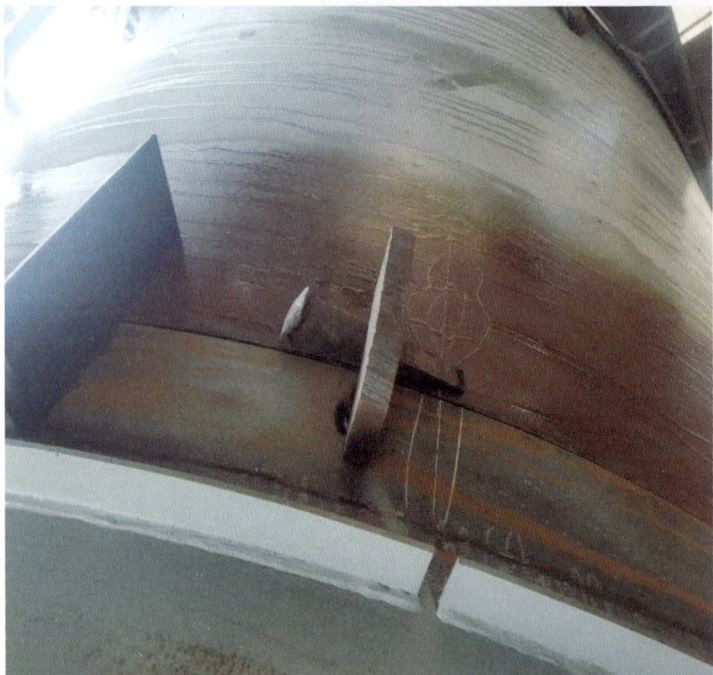

（1）现象

① 坡口存在裂纹、分层和夹渣。

② 对口间隙不合适，采用火焰切割的坡口，熔渣未清除干净，凹凸不平处未打磨平整。

（2）原因分析

① 筒体组对间隙未调整到位；坡口的加工未采用机械加工或等离子切割技术，采用火焰切割的坡口，熔渣未清除干净，凹凸不平处未打磨平整。

② 坡口没有严格按照焊接工艺评定执行。

正确做法及防治措施

（1）防治措施

① 坡口加工应采用机械加工或等离子切割技术。

② 坡口表面应平滑无瑕，杜绝产生夹渣、分层、裂纹等缺陷。

③ 严格按照焊接工艺评定执行。

④ 将坡口夹渣、分层、裂纹等缺陷部位切割去除，凹凸不平及毛刺处打磨平整，浮锈清理干净后方可施焊。

3. 设备组对错边量超标

<table>
<tr><td rowspan="2">规范标准要　求</td><td colspan="2">《化工设备工程施工及验收规范》（HG/T 20275）第5.4.1条规定：
筒体组对错边量允许偏差应符合表5.4.1的规定。</td></tr>
</table>

表5.4.1　筒体组对错边量允许偏差　　　　　　　　单位：mm

母材厚度δ	对口错边量允许偏差值	
	纵向焊缝	环向焊缝
$\delta \leqslant 12$	$\leqslant 1/4\delta$	$\leqslant 1/4\delta$
$12 < \delta \leqslant 20$	$\leqslant 3$	$\leqslant 1/4\delta$
$20 < \delta \leqslant 40$	$\leqslant 3$	$\leqslant 5$
$40 < \delta \leqslant 50$	$\leqslant 3$	$\leqslant 1/8\delta$
$\delta > 50$	$\leqslant 1/16\delta$且不大于10	$\leqslant 1/8\delta$且不大于20

质量问题

（1）现象

① 筒体组对错边量都集中到某一部位，错边量严重超标。

② 单面焊接的焊缝内壁错边量大于2mm（筒体壁厚8mm）。

（2）原因分析

① 两个筒节两侧外周长偏差超标。

② 未按照组对方案或组对程序外壁标设四条90°间隔组装线，应在0°、90°、180°、270°位置作为安装基准点焊定位，其余部分自然对正。

正确做法及防治措施

（1）防治措施

① 筒体组对前外壁标设四条90°间隔组装线作为安装基准，应在0°、90°、180°、270°位置点焊定位，其余部分自然对正，保证组对质量。

② 焊前需彻底清除焊缝坡口及其两侧50mm范围内的油污与氧化膜，油污可用汽油或丙酮擦拭，氧化膜则使用0.15mm丝径不锈钢电动刷轮清除。

③ 组对时定位焊件与卡具的焊接材料、工艺应与正式焊接一致，定位焊严禁在坡口外引弧，缺陷需要清除，拆工装卡具勿伤母材，损伤则需修补打磨平滑。

④ 组对焊口错边量允许偏差应符合HG/T 20275表5.4.1的规定。

4. 筒体对接环缝棱角度超标

规范标准
要　　求
《化工设备工程施工及验收规范》（HG/T 20275）第5.4.3规定：
筒体组对时对接环焊缝处的棱角度（见图5.4.3-2），应均不大于（$\delta_n/10+2$）mm，且不大于5mm。

质量问题

（1）现象

① 筒体组对时对接环焊缝处的棱角度超过允许偏差。

（2）原因分析

① 筒体不圆：卷制或加工时，筒体未达到设计圆度，对接环缝处曲率偏差大。

② 对接板材厚度不一致，焊接后收缩量不同。

③ 对接时两筒体未对齐，错边超标。

④ 焊接填充量不同，焊接热量分布不均，引起局部收缩变形。

⑤ 焊接顺序不当：不合理的焊接顺序致应力分布不均，焊缝收缩不同步。

⑥ 工装夹具不合理：工装夹具精度不足、数量不够或位置不当，无法有效约束变形。

正确做法及防治措施

（1）防治措施

① 校正筒体不圆度，使筒体达到设计圆度，对接环焊缝处曲率一致。

② 对接时两筒体壁板对齐，减小错边量。

③ 采用反变形法，提前预判焊接变形的方向和大小，在正式焊接之前，以点焊调整好焊件的位置，使得焊接完成后，焊件通过收缩变形正好达到要求。

④ 采用间隔分段施焊，将焊件接缝划分成若干段，分段焊接，每段施焊方向与整条焊缝增长方向相反。

⑤ 双面同时施焊，工件正面背面施焊，达到不变形。

⑥ 使用夹固胎板：通过使用夹固胎板来控制角变形。

5. 筒体组对工卡具拆除存在缺陷

规范标准 要　求	《化工设备工程施工及验收规范》（HG/T 20275）第5.5.3条规定： 组装时，吊耳、卡具焊缝的焊接应符合下列规定：

工卡具拆除后，应对焊疤进行打磨修整，其修磨处的壳体厚度应不小于设计文件规定的厚度，对不符合设计文件规定厚度的应按焊接工艺进行补焊，并打磨平整。

质量问题

（1）现象

① 组对工卡具拆除后，焊疤打磨不平整。

② 部分弧坑没补焊填充并打磨平整。

正确做法及防治措施

（1）防治措施

① 工卡具拆除时防止伤到母材，拆除后对工卡具焊疤进行打磨修整。

② 其修磨处的壳体厚度应不小于设计文件规定的厚度。

③ 对不符合设计文件规定厚度的应按焊接工艺进行补焊，打磨平整后无损检测应合格。

第四节 现场组对设备试压

1. 现场组对设备试压程序不合规

<table>
<tr><td>规范标准
要　　求</td><td>《石油化工静设备安装工程施工技术规程》（SH/T 3542）第6.1.6条、第6.3.1.3条
和第6.3.1.4条规定：</td></tr>
</table>

已安装的设备找正、找平工作已完成，基础二次灌浆达到强度要求。

液压试验时，设备外表面应保持干燥，当设备壁温与液体温度接近时，缓慢升压至设计压力；确认无泄漏后继续升压至规定的试验压力，保压时间不少于30min，然后将压力降至规定试验压力的80%，对所有焊接接头和连接部位进行全面检查，无渗漏，无可见的变形，试验过程无异常的响声。

在基础上作液压试验且容积大于100m³的设备，在充液前、充液1/3时、充液2/3时、充满液时、充满液后24h后和放液后应作基础沉降观测。基础沉降应均匀，不均匀沉降量应符合设计文件的规定。

质量问题

（1）现象

① 试压方案不完整，如试压介质、压力值、稳压时间等参数不合理。

② 未按要求安装盲板，规格、位置不对，导致试压系统不封闭或影响管道系统后续运行。

③ 焊缝存在气孔、夹渣、未焊透等问题，试压时易泄漏。

④ 密封件材质、规格不符，安装时受损，导致密封失效。

⑤ 压力表未经校准，精度、量程不符，读数不准。

⑥ 压力升降过快，易引发设备变形甚至破裂，还易使压力表读数滞后。

⑦ 稳压时间不足，无法准确判断设备是否泄漏，导致隐患未被发现。

⑧ 试压时未按规定做沉降观测及试压后用压缩空气吹干。

正确做法及防治措施

（1）防治措施

① 科学制定方案：确定介质、试压参数与流程，明确步骤、方法及安全措施。

② 按方案要求选盲板，确保规格、强度，正确安装并标记。

③ 焊工持证上岗，按工艺施焊，焊后外观检查，按比例无损检测。

④ 密封件严格验收，安装小心，避免损伤。

⑤ 试压用压力表塔的最高处和最低处各一块，校准合格，精度不得低于1.6级，量程1.5～3倍，安装位置便于观察。

⑥ 缓慢升压降压，升至设计压力后无泄漏继续逐级升压到试验压力，稳压30min，然后降至规定试验压力80%，保压足够时间检查，检查期间压力保持不变，无泄漏，无可见变形和无异常响声为试压合格。

⑦ 上水及放水时将顶部放空阀打开，防止塔内形成负压。

⑧ 水压试验充水前、水位至1/3高度、水位至2/3高度、充满水后24h后、放水后应按预先标定的测点做基础沉降观测。

第五节　塔内件安装

1. 塔体的垂直度、支撑圈和支撑梁水平度偏差大

<table>
<tr><td>规范标准
要　　求</td><td>《石油化工静设备安装工程施工技术规程》（SH/T 3542）第5.9.2条规定：
塔盘安装前宜在塔外按设计文件进行预组装，调整并检查塔盘组装尺寸与平整度。</td></tr>
</table>

塔盘卧装应在塔体水平度、支撑圈和支撑梁垂直度等调整合格后进行。塔体水平度质量标准见表15，支撑圈和支撑梁垂直度质量标准见表16。塔盘立装应在塔体垂直度与支撑圈和支撑梁水平度等调整合格后进行。塔体垂直度质量标准见本规程表5，支撑圈和支撑梁水平度质量标准见本规程表13。

质量问题

（1）现象
① 塔内件设计图纸各部件的尺寸制造偏差大。
② 塔休的垂直度、支撑圈和支撑梁水平度偏差大。
（2）原因分析
① 塔体不垂直会直接导致塔盘安装水平度出现偏差。
② 支撑梁、支撑圈等支撑结构的安装水平度偏差大。
③ 使用的测量工具有误差。

正确做法及防治措施

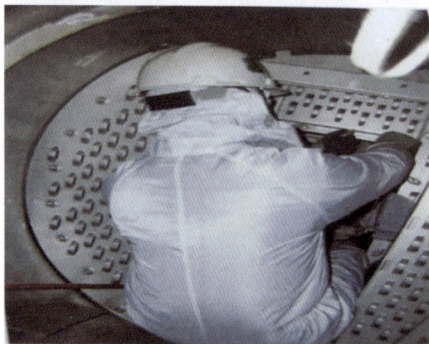

（1）防治措施
① 检查塔体的直线度和圆度，塔体不垂直会直接导致塔盘安装水平度出现偏差，塔体找正时兼顾塔内支撑结构的水平度。
② 对塔盘各部件进行检查验收，确保其尺寸精度符合设计要求。
③ 在塔体上确定清晰、准确的安装基准线，作为塔盘安装的依据。
④ 检查支撑梁、支撑圈等支撑结构的安装水平度，通过自制水平仪、激光水平仪等工具进行实时监测和调整。
⑤ 在塔盘组装过程中，严格按照设计要求进行组装，控制好各部件之间的连接尺寸和相对位置。
⑥ 使用水平仪等工具对安装过程中的塔盘水平度进行实时监测。
⑦ 安装完成后，对塔盘的水平度进行全面检查，确保整体水平度符合设计要求。

第六节　设备清理与封闭

1. 设备封闭前未按照规定清理

| 规范标准要求 | 《石油化工静设备安装工程施工技术规程》（SH/T 3542）第5.12条规定：设备内部应进行清扫，内部不得有泥砂、木块、边角料和焊条头等杂物。 |

安装塔盘的塔类设备应由下向上逐层进行清扫，清扫合格后安装塔盘通道板。

设备封闭前应进行隐蔽工程验收，隐蔽检查合格后方可封闭人孔。

质量问题

（1）现象

① 设备封闭前内部存有泥砂、飞溅、锈蚀等杂物，焊缝的药皮没有清理干净。

② 设备封闭前没有进行隐蔽工程验收，隐蔽检查合格后方可封闭人孔。

正确做法及防治措施

（1）防治措施

① 设备封闭前内部均要进行清扫，以清除内部杂物，不得有附着物及杂物。

② 对无法进行人工清扫的设备，可用蒸汽或空气吹扫，但吹扫后必须及时除去水分，也可以用吸尘器清扫。

③ 对因热膨胀可能影响安装精度及损坏构件的设备，不得用蒸汽吹扫。

④ 忌油设备的吹扫气体不得含油。

⑤ 安装塔盘的塔类设备应由下向上逐层进行清扫，清扫合格后安装塔盘通道板。

⑥ 设备清理合格后应进行封闭，充氮保护的设备，氮气压力不应小于0.02MPa。

⑦ 设备封闭前应进行隐蔽工程验收，隐蔽检查合格后方可封闭人孔。

第七节　安全附件安装

1. 安全阀安装前未调试

| 规范标准要求 |《石油化工静设备安装工程施工技术规程》（SH/T 3542）第5.10.1条和第5.10.2条规定：|

与设备直接连接的安全阀、爆破片等安全附件，除符合《压力容器安全技术监察规程》的要求外，尚应符合下列要求：安全阀的试验调整与安装应符合GB/T 12241的要求；爆破片装置应符合GB 567的要求。

安全附件安装检查合格后，应填写安全附件安装检验记录。

质量问题

（1）现象

① 安全阀安装前未按设计文件规定进行调试。

② 安全附件安装在不便于观察的位置。

正确做法及防治措施

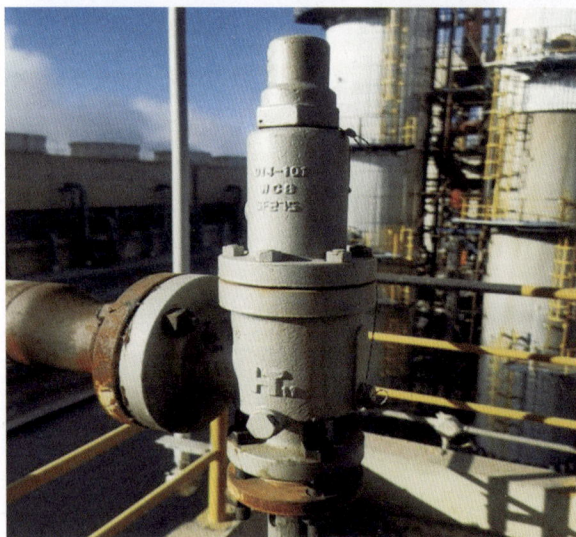

（1）防治措施

① 安全阀安装前，应按设计文件规定进行调试。调试后的安装阀应加铅封，并封堵端口。

② 安全附件安装应朝向便于观察的位置。

③ 安全附件安装检查合格后，应填写安全附件安装检验记录。

2. 液面计安装位置不准确

规范标准要　　求	《石油化工静设备安装工程施工技术规程》（SH/T 3542）第5.10.3条规定：液面计安装应符合产品技术文件规定。压力容器用液面计尚应符合《压力容器安全技术监察规程》的规定。

质量问题

（1）现象

① 压力表、液面计安装位置不便于观察，跨平台。

② 安全附件安装位置不便于观察。

正确做法及防治措施

（1）防治措施

① 安全附件安装应朝向便于观察的位置。

② 压力表液位计、流量计、测量仪表等安装前应经校验并加封印。

第三章

传动设备安装

第一节　就位、找平及找正

1. 机器设备找平、找正时，安装基准测量点选择不准确

规范标准要求　《石油化工机器设备安装工程施工及验收通用规范》（SH/T 3538）第6.6.3条规定：
机器设备找平、找正时，安装基准测量点应符合产品技术文件的规定，当产品技术文件无规定时应在下列部位中选择：

a）机体上水平或铅垂方向的主要加工面；

b）支承滑动部件的导向面；

c）转动部件的轴颈或外露轴的表面；

d）联轴器的端面及外圆周面；

e）机器上加工精度较高的表面。

质量问题

（1）现象

① 机器设备找平、找正时，安装基准测量点选择不准确。

（2）原因分析

① 施工人员未完全掌握设备安装文件或规范要求，造成选错测量部位，无法精准反映设备运行状况。

② 未按方案安装顺序，过早或过晚测量，会使测量部位不准。

③ 动设备结构复杂，设备紧凑或空间狭窄，测量工具难操作，测量人员可能就近测量，导致部位不准确。

正确做法及防治措施

（1）防治措施

① 组织技术人员全面学习设备安装产品文件与规范，邀请专家培训，掌握测量部位选取要求。

② 机器设备找平、找正时，安装基准测量点应符合产品技术文件的规定，当产品技术文件无规定时应在下列部位中选择：

a. 机体上水平或铅垂方向的主要加工面；

b. 支承滑动部件的导向面；

c. 转动部件的轴颈或外露轴的表面；

d. 联轴器的端面及外圆周面；

e. 机器上加工精度较高的表面。

2. 有关联的机器安装基准线不统一、测量基准面位置不固定

《石油化工机器设备安装工程施工及验收通用规范》（SH/T 3538）第6.6.4条规定：
机器设备安装水平度的允许偏差应符合产品技术文件的规定，并应符合下列
规定：

安装互相有连接、衔接或排列关系的多组机器设备时，安装基准线应统一；

确定的测量基准面位置应固定，其表面粗糙度应能满足水平测量仪精度要求。

质量问题

（1）现象

① 互相有连接、衔接或排列关系的多组机器设备安装基准线不统一，安装偏差超标。

② 测量基准面位置不固定，测量水平度不一致。

正确做法及防治措施

（1）防治措施

① 互相有连接、衔接或排列关系的多组机器设备安装基准线要统一。

② 动设备的找正、找平的定位基准面的面、线或点确定后，其找正、找平应在确定的测量位置上进行检验，且应做好标记，复检时应在原定的测量位置。

3. 机械就位、找平及找正水平偏差大

规范标准要求 《石油化工机器设备安装工程施工及验收通用规范》（SH/T 3538）第6.6.4条规定：机器设备找平、找正后，其横向水平度的允许偏差为0.10mm/m，纵向水平度的允许偏差为0.05mm/m；

测量机器设备水平度时，地脚（支脚）螺栓应按规定扭矩紧固；

施工过程中应对基准面进行保护，不得碰撞、损伤，施工后对外露的基准面应进行防腐蚀处理。

质量问题

（1）现象

① 机器设备找平、找正后，其横向水平度、纵向水平度偏差达不到规范要求。

（2）原因分析

① 测量工具、量具精度不准。

② 测量环境变化，如温度变化大，金属热胀冷缩，影响尺寸测量。

③ 测量方法不当，测量人员操作不熟练，例如读数时视线倾斜，造成读数误差。

④ 设备基础安装后沉降，致测量点移位；部件加工精度低，本身尺寸、形状误差大，影响测量点定位。

正确做法及防治措施

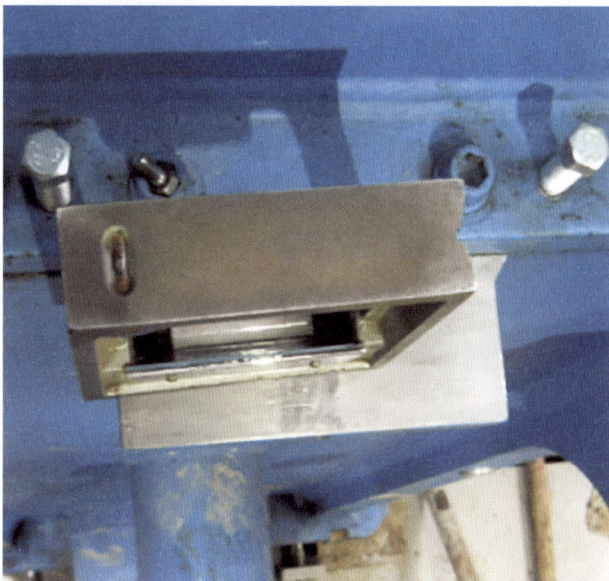

（1）防治措施

① 测量工具经校验合格，在鉴定周期内，测量精度符合要求。

② 在环境温度变化不大的情况下测量。

③ 选择熟练掌握测量方法的人员操作。

④ 在基础沉降稳定后，选择加工精度高的部位测量。

⑤ 通过调整机器设备底座垫片使其水平度满足要求。

第二节　装配

1. 机械设备连接螺栓紧固顺序不正确

规范标准要求	《机械设备安装工程施工及验收通用规范》（GB 50231）第5.2.1条规定：多只螺栓或螺钉连接同一装配件紧固时，各螺栓或螺钉应交叉、对称和均匀地拧紧。当有定位销时应从靠近该销的螺栓或螺钉开始均匀拧紧。

质量问题

（1）现象

① 同一装配件紧固时，螺栓紧固顺序不正确。

② 存在泄漏现象。

（2）原因分析

① 螺栓受力不均，个别没有拧紧。

正确做法及防治措施

（1）防治措施

① 用记号笔标记螺栓及拧紧顺序。对大型复杂设备，绘制螺栓紧固顺序图辅助操作。

② 多只螺栓或螺钉连接同一装配件紧固时，各螺栓或螺钉应交叉、对称，分2次～3次逐步均匀紧固，使用扭矩扳手按规定扭矩值操作，确保各螺栓受力均匀。

③ 当有定位销时应从靠近该销的螺栓或螺钉开始均匀拧紧。

④ 紧固后检查螺栓是否松动、设备连接部位有无变形位移，必要时用塞尺检查结合面间隙，不符合要求则重新紧固。

2. 有双螺母锁紧时，薄厚螺母安装顺序不正确

<table>
<tr><td>规范标准
要　求</td><td>《机械设备安装工程施工及验收通用规范》（GB 50231）第5.2.1条规定：
有锁紧要求的螺栓，拧紧后应按其规定进行锁紧；用双螺母锁紧时，应先装薄
螺母后装厚螺母；每个螺母下面不得用两个相同的垫圈。
螺栓与螺母拧紧后，螺栓应露出螺母2～3个螺距。</td></tr>
</table>

质量问题

（1）现象

① 有双螺母锁紧时，先装厚螺母后装薄螺母，安装顺序不正确。

② 螺栓与螺母拧紧后，螺栓露出螺母的高度不一致。

正确做法及防治措施

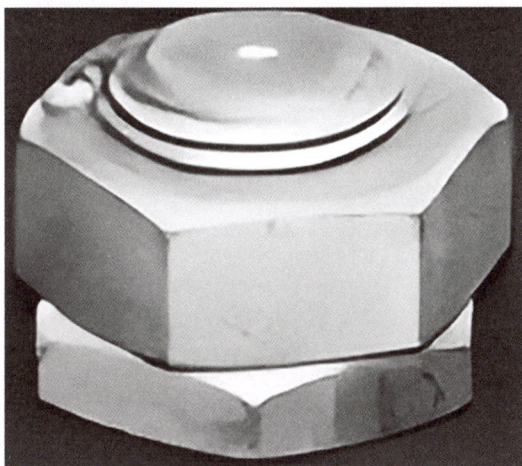

（1）防治措施

① 有锁紧要求的螺栓，拧紧后应按其规定进行锁紧。

② 用双螺母锁紧时，应先装薄螺母后装厚螺母，每个螺母下面不得用两个相同的垫圈。

③ 螺栓与螺母拧紧后，螺栓应露出螺母2～3个螺距。

3. 机器联轴器对中偏差大

规范标准
要　求

《机械设备安装工程施工及验收通用规范》（GB 50231）第5.3条规定：
联轴器装配时测量两轴心径向位移、两轴线倾斜和端面间隙应符合相应联轴器
允许偏差要求。

质量问题

（1）现象

① 联轴器装配时两轴心径向位移偏大。

② 两轴线倾斜角偏大。

③ 端面间隙偏大。

（2）原因分析

① 测量工具未经鉴定合格，测量精度不符合要求。

② 受环境温度变化影响。

③ 选择的测量方法与操作人员不适合。

正确做法及防治措施

（1）防治措施

① 联轴器装配时可采用塞尺直接测量、塞尺和专用工具测量、百分表和专用工具测量。

② 找正支架要有足够的刚性，因为单表找正适合于两联轴器距离较大的机组找正，其表架悬臂长。

③ 清理对轮轴上影响对轮找中心的各种因素，避免阳光直照机身，阳光直照会影响找正过程中对中数据的精确度。

④ 调整底座安装水平度必须要精确，否则在调整左右时上下方向易发生偏斜，使计算出的结果有较大的偏差。

⑤ 从动轮的支脚必须垫实没有虚脚，否则在调整时由于底座受力不均，会发生很大的偏差。

⑥ 应先调整垂直位移，后调整水平位移，通过加垫调整铜皮垫片厚度及轴向移动进行对中找正。

⑦ 调整垫片的层数不能超过5层为宜。

⑧ 与机器连接的管道应实现无应力配管，不允许附件外力作用在机器上，管道安装过程中随时复核机器对中找正数据使其满足要求。

第三节　管道安装

1. 机械设备的出入口施工间断未封闭

《风机、压缩机、泵安装工程施工及验收规范》（GB 50275）第4.1.5条规定：

管道与泵连接后，不应在其上进行焊接和气割；当需焊接和气割时，应拆下管道或采取必要的措施，并应防止焊渣进入泵内。

《机械设备安装工程施工及验收通用规范》（GB 50231）第6.3.5条规定：

管子与机械设备连接时，不应使机械设备承受附加外力，并不应使异物进入设备或部件内。

《工业金属管道工程施工规范》（GB 50235）第7.1.6条规定：

当工业金属管道安装工作有间断时，应及时封闭敞开的管口。

质量问题

泵出口没有保护

（1）现象

① 管道与泵连接后在管道上进行焊接和气割。

② 泵出口施工（配管）间断未及时封闭。

正确做法及防治措施

泵出口已保护

（1）防治措施

① 管道与泵连接后，当需焊接和气割时，应拆下管道或采取必要的措施，并应防止焊渣进入泵内。

② 管道安装间断时，机器设备法兰应及时用盲板封闭，防止杂物进入机械设备，影响机器运行甚至损坏机器。

2. 机械设备未二次灌浆就进行管道安装

规范标准要求	《工业金属管道工程施工规范》（GB 50235）第7.4.1条规定：管道与设备的连接应在设备安装定位并紧固地脚螺栓后进行。安装前应将其内部清理干净。

质量问题

（1）现象

① 机械设备未二次灌浆完就进行配管。

（2）原因分析

① 施工工序安排不合理。

② 急于赶工。

正确做法及防治措施

（1）防治措施

① 合理安排施工工序，待机器设备地脚螺栓最终紧固，二次灌浆完成，灌浆层达到一定强度时再进行与管道的连接施工。

3. 机械与管道连接配对法兰平行度和同轴度误差超标

规范标准
要　　求

《石油化工机器设备安装工程施工及验收通用规范》（SH/T 3538）第8.5.2条规定：
与机器设备连接的管道，其固定焊口应远离机器，且应符合下列规定：

管道与机器设备连接前，应在自由状态下，检查配对法兰的平行度和同轴度，其偏差应符合表
8.5.2的规定。

表8.5.2　法兰平行度、同轴度允许偏差

机器转速 V_r r/min	平行度 mm	同轴度 mm
$V_r < 3000$	$\leq D_0/1000$	全部螺栓顺利穿入
$3000 < V_r \leq 6000$	≤ 0.15	≤ 0.50
$V_r > 6000$	≤ 0.10	≤ 0.20

注：D_0 为法兰外径，mm。

质量问题

（1）现象
① 螺栓不能自由穿过法兰。
② 管道对机器产生应力。在自由状态下，管口对中存在偏差。
（2）原因分析
① 管道与机器设备连接的配对法兰平行度、同轴度误差超标，螺栓不能自由穿入。

正确做法及防治措施

（1）防治措施
① 管道安装前以机器设备法兰为基准，测量、制作、安装管道。
② 管道安装时，先安装管道支、吊架（限位、活动支架，弹簧支、吊架），再安装管道；严禁将管道荷载附着于机组的任何部位。
③ 配管法兰与机组管口法兰在自由状态下，用塞尺检查法兰的平行度符合技术文件要求。
④ 在平行度符合要求的情况下，再检查螺栓回装时是否能自由穿入。
⑤ 管道与机器最终复位时，应在联轴器上用千分表检测轴向、径向位移，满足技术文件要求。

4. 机械与管道连接配对法兰间隙大

<table>
<tr><td>规范标准
要　　求</td><td>《石油化工机器设备安装工程施工及验收通用规范》（SH/T 3538）第8.5.2条规定：
与机器设备连接的管道，其固定焊口应远离机器，且应符合下列规定：</td></tr>
</table>

配对法兰面在自由状态下的间距，宜为顺利插入垫片的最小距离。

质量问题

（1）现象

① 配对法兰面在自由状态下的间距偏大。

（2）原因分析

① 管道预制安装预留间隙不合理。

② 机械设备与规定法兰错口，螺栓不能自由通过。

③ 安装时法兰未对中，管道偏斜或错口，会使间隙不均或过大。

④ 管道支、吊架设计或安装不合适。

正确做法及防治措施

（1）防治措施

① 管道预制安装前以机器设备法兰为基准，测量管道法兰的坐标位置及标高。

② 准确安装管道支、吊架，使管子无应力安装。

③ 调整管道与机械法兰平行度与同轴度，使管道法兰在自由状态下的间距为垫片的厚度。

5. 机械与管道连接法兰螺栓安装方向不一致

规范标准要求 《机械设备安装工程施工及验收通用规范》（GB 50231）第6.2.2条规定：法兰连接应使用同一规格的螺栓，安装方向应一致，紧固螺栓时应对称、均匀的进行；紧固后螺纹外露长度，不应大于螺距的2～3倍。

质量问题

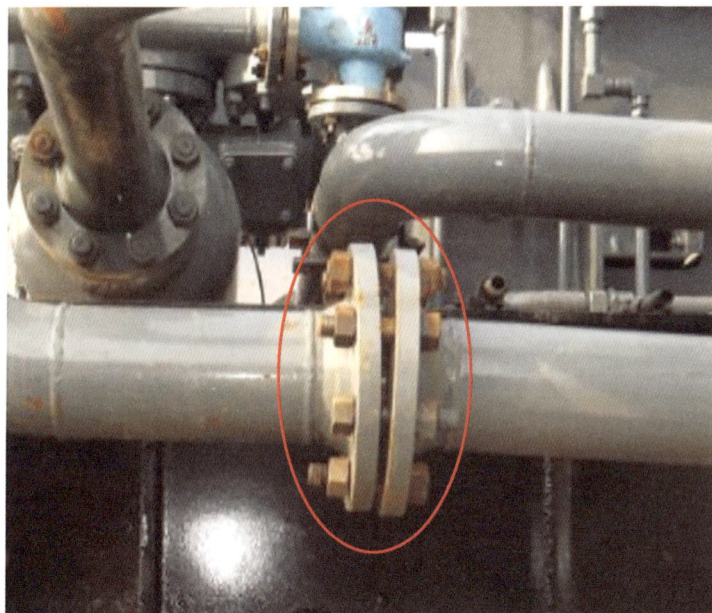

（1）现象

① 法兰连接使用了不同规格的螺栓，安装方向不一致，紧固后螺纹外露长度不一致。

正确做法及防治措施

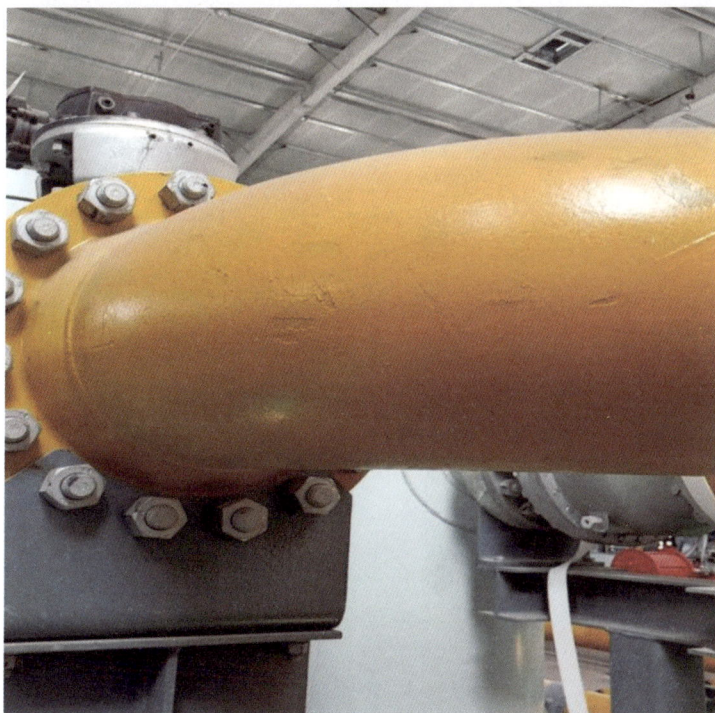

（1）防治措施

① 法兰连接应使用同一规格的螺栓，安装方向应一致，紧固螺栓时应对称、均匀地进行紧固，螺纹外露长度不应大于螺距的2～3倍。

② 不符合要求的应调整法兰连接时使用的螺栓，使其符合规格，安装方向、外露长度应符合要求。

6. 管道法兰与相邻管子距离不满足要求

<table>
<tr><td>规范标准
要　　求</td><td>《机械设备安装工程施工及验收通用规范》（GB 50231）第6.3.1条规定：
管道敷设时，管子外壁与相邻管道的管件边缘距离不应小于10mm；同排管道的法兰或活接头相互错开的距离应大于等于100mm。</td></tr>
</table>

质量问题

（1）现象

① 管道敷设时，管子外壁与相邻管道的法兰边缘距离太近。

② 同排管道的法兰或活接头没有相互错开。

正确做法及防治措施

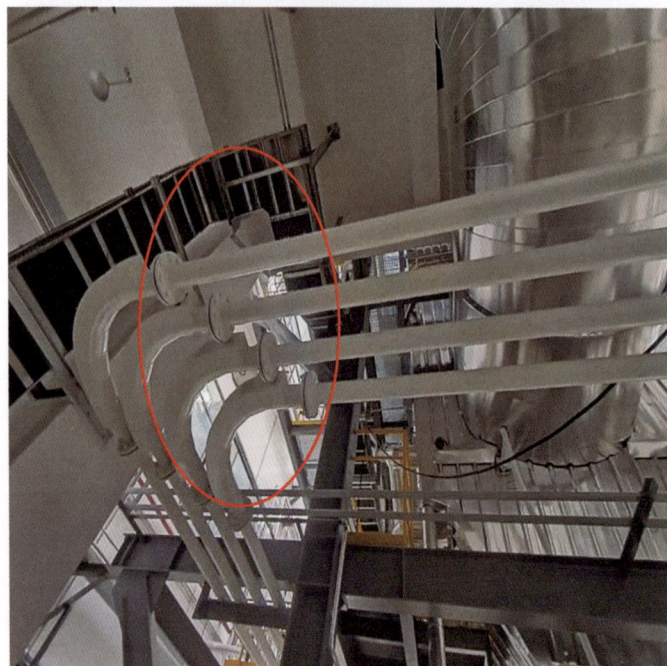

（1）防治措施

① 管道敷设时，管子外壁与相邻管道的管件边缘距离不应小于10mm。

② 同排管道的法兰或活接头相互错开的距离应大于等于100mm。

7. 管道穿墙未加套管且接头离墙的距离不足

规范标准要求	《机械设备安装工程施工及验收通用规范》（GB 50231）第6.3.1条规定：穿墙管道应加套管，其接头位置与墙面的距离宜大于800mm。

质量问题

（1）现象

① 管道穿墙未加套管。

② 管道接头与墙的距离不足。

③ 管道与套管之间未封堵。

（2）原因分析

① 墙砌筑时漏设计或漏加套管。

② 管道预制下料时未考虑接头与墙距离不足。

正确做法及防治措施

（1）防治措施

① 管道穿墙加套管，管子与套管之间应使用胶泥或其他柔软物等封堵。

② 管道接口位置与墙面的距离宜大于800mm。

8. 管道支架未采用机械切割

规范标准要求	《机械设备安装工程施工及验收通用规范》（GB 50231）第6.3.2条规定：管道支架的制作宜采用机械方法进行下料切割和螺栓孔的加工。

质量问题

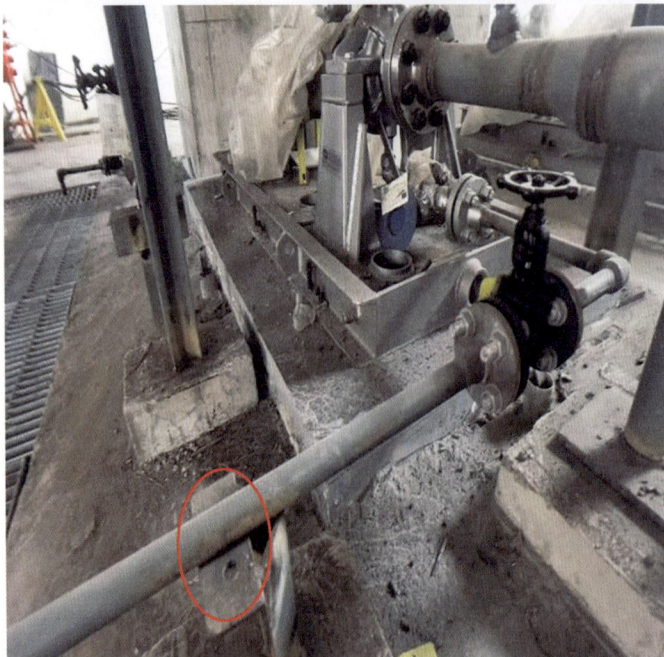

（1）现象

① 管道支架使用火焰切割进行下料和螺栓孔的加工，未使用机械加工。

正确做法及防治措施

（1）防治措施

① 管道支架的制作采用机械方法进行切割，螺栓孔采用电钻钻孔。

9. 不锈钢管道与碳钢支架直接接触，支架直接焊接在管道上

**规范标准
要　求**　《机械设备安装工程施工及验收通用规范》（GB 50231）第6.3.4条规定：
管子不应直接焊在支架上。不锈钢管道与支架间应垫入不锈钢的垫片、不含氯
离子的塑料或橡胶垫片；安装时，不应用铁质工具直接敲击不锈钢管道。

质量问题

（1）现象
① 管子与支架直接焊接。
② 不锈钢管道与碳钢支架直接焊接。

正确做法及防治措施

（1）防治措施
① 管道应固定在支架上，管道与支架的连接应采用U形卡子固定。
② 不锈钢管道与碳钢支架间应垫入不锈钢板隔离，与U形卡子间应采用橡胶板隔离。

10. 机械与管道连接因无支架而承受了附加外力

<table>
<tr>
<td>规范标准
要　　求</td>
<td>《机械设备安装工程施工及验收通用规范》（GB 50231）第6.3.5条规定：
管子与机械设备连接时，不应使机械设备承受附加外力，并不应使异物进入设
备或部件内。</td>
</tr>
</table>

质量问题

（1）现象

① 机械设备的进出口管道未加设支架。

正确做法及防治措施

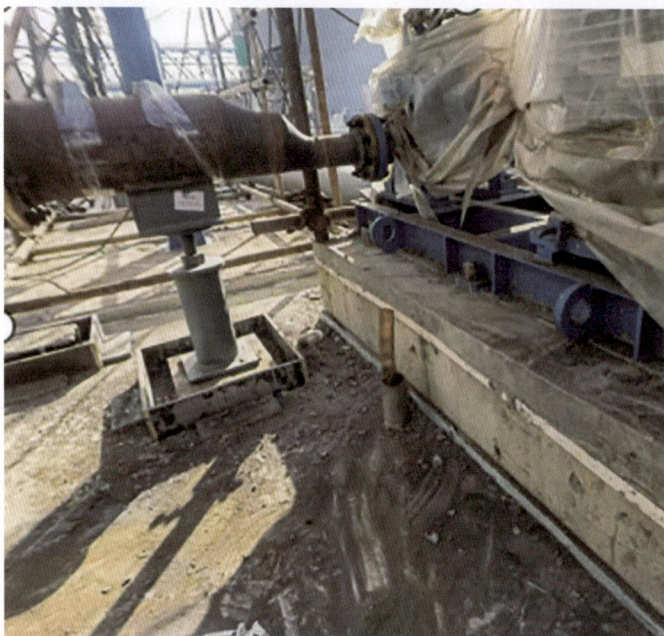

（1）防治措施

① 管道安装前应将机械、管道内部的杂物清理干净。

② 机械设备的进出口管道连接应加设支架，使机器设备连接法兰不承受附加外力。

11. 机器润滑油系统管道焊接缺陷

| 规范标准要求 | 《石油化工机器设备安装工程施工及验收通用规范》（SH/T 3538）第8.3.1条规定：油系统管道和密封系统管道应采用不锈钢管材，焊接应采用氩弧焊打底或氩弧焊焊接；管道管件应采用对接焊形式，焊前管口部位应打磨光滑，焊后管内应清理干净无异物；安装平焊法兰时，内、外口均应满焊，并对内焊口进行打磨处理。 |

质量问题

（1）现象

① 油系统管道采用碳钢材质管道。

② 管道管件采用承插形式，焊后管内未清理干净。

③ 安装平焊法兰时，内焊口未焊且未对内焊口进行打磨处理。

正确做法及防治措施

（1）防治措施

① 油系统管道应采用不锈钢管材，焊接应采用氩弧焊打底或氩弧焊焊接。

② 管道管件应采用对接焊形式，管道焊接采用氩弧焊打底或氩弧焊焊接；焊前管口部位应打磨光滑，焊后管内应清理干净无异物。

③ 安装平焊法兰时，内、外口均应满焊，并对内焊口进行打磨处理。

第四节　试运转

1. 机器运行振动超标

规范标准要求	《风机、压缩机、泵安装工程施工及验收规范》（GB 50275）第2.1.11条规定：风机隔振器的安装位置应正确，且各组或各个隔振器的压缩量应均匀一致，其偏差应符合随机技术文件的规定。

质量问题

（1）现象

① 风机运行振动值偏差大、噪声大、轴承电机温度高。

（2）原因分析

① 基础强度不够，在风机运行时，因为设备自身重量和运转产生的力，基础无法提供稳定支撑。

② 地脚螺栓松动，使得风机与基础连接不稳固。

③ 隔振器的压缩量不一致。

④ 联轴器安装不同心，风机轴和电机轴不在同一条直线上。

正确做法及防治措施

（1）防治措施

① 安装基础有足够的强度和刚度。

② 紧固地脚螺栓到位，防止地脚螺栓松动。

③ 隔振器安装位置正确，隔振器的压缩量应均匀一致。

④ 联轴器的安装调整时，采用百分表等工具精确调整同心度，使风机轴和电机轴在同一直线上，误差要控制在允许范围内。

2. 机器试运转不合规

规范标准
要　　求 《石油化工机器设备安装工程施工及验收通用规范》（SH/T 3538）第9.4条规定：试运转应按工艺流程进行，宜与机器设备监控系统同时试验。

机器单机试运转的时间应符合产品技术文件规定或设计文件的要求。机器设备的单机试运转时间宜为2h。如果单机试运转的机器设备带有变速箱或液力耦合器，应按照产品技术文件规定步骤和要求单独进行试运转和考核。

质量问题

（1）现象

① 设备试运转前电动机未做试运转。

② 机身振动值过大。

③ 轴承温度过高，出现烧瓦、抱轴等故障。

④ 试运转时有异常声响。

⑤ 地脚螺栓及各部分连接螺栓存在松动不紧固的情况。

⑥ 润滑系统、密封系统、冷却系统等附属系统运行不平稳。

⑦ 连续试运转时间不符合标准要求。

正确做法及防治措施

（1）防治措施

① 试运转前，检查机械的安装情况，确保各部件安装正确，连接牢固。

② 驱动机已单试，转向正确，电气和仪表已经调试且符合要求。

③ 检查润滑系统、密封系统、冷却系统等附属系统运行是否平稳。

④ 电气系统检查，保证接线正确，绝缘良好，接地可靠。

⑤ 机械设备各运转部件运转灵活无阻滞现象。

⑥ 严格按照机械设备技术文件要求及规范标准足时连续运转。

⑦ 试运转各项指标符合设计文件或制造厂的规定。

第五节　成品保护

1. 机器成品保护不到位

<table>
<tr><td>规范标准
要　　求</td><td>《机械设备安装工程施工及验收通用规范》（GB 50231）第2.0.4条规定：
安装过程中，宜避免与建筑或其他作业交叉进行；</td></tr>
</table>

应有防尘、防雨和排污的措施；

应设置消防设施；

应符合卫生和环境保护的要求。

质量问题

（1）现象

① 机械设备无防碰撞、防雨等临时防护措施，造成电机防护罩损坏。

正确做法及防治措施

（1）防治措施

露天放置的机器应符合下列规定：

① 机器应垫高，放置应平稳；

② 宜采用临时遮盖防止碰撞等措施；

③ 当随机技术文件有特殊维护要求的，应按要求对机器进行特殊维护，当有防护破损时，应及时修补；

④ 存放现场应备有消防器材。

第四章

地上、地下工艺管道及消防管道安装

第一节　地上管道安装

一、管道材料验收

1. 管道现场煨弯不规范

规范标准要求　《石油化工金属管道工程施工质量验收规范》（GB 50517）第5.4.6条规定：

弯管的质量应满足下列规定：

1. 不得有裂纹；

2. 不得存在过烧、分层等缺陷；

3. 弯曲处的最小壁厚不得小于设计文件规定的管子公称壁厚的90%，且不应小于设计文件规定的最小壁厚；

4. 弯管制作后的几何尺寸应符合设计文件要求，直管段中心线偏差不得大于1.5mm/m，且不得大于5mm（图5.4.6）；

5. 弯管任意截面上的压扁度，应符合表5.4.6的规定。

质量问题

（1）现象
① 管道弯管制作几何尺寸不符合要求。
② 弯管任意截面上的压扁度不符合规范要求。
（2）原因分析
① 未采用正确的弯管方法或工装进行弯管，野蛮操作，强行弯管。

正确做法及防治措施

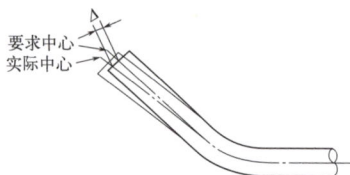

要求中心
实际中心

表5.4.6　弯管中心偏差
Δ—直管段中心线偏差
（本图为GB 50517中图5.4.6）

表5.4.6　弯管的压扁度

管道类别	压扁度
承受外压的管道	≤3%
SHA1、SHB1、SHC1级管道	≤5%
其他管道	≤8%

注：压扁度为弯制后管子弯曲处的最大外径与最小外径之差与弯制前管子外径的比值。
（本表为GB 50517中表5.4.6）

（1）防治措施
① 根据现场实际采用正确的方法、制作并使用工装进行弯管。
② 设置工序质量检查控制点，严格逐点验收。
③ 弯管成形后，弯曲处的最小壁厚不得小于设计文件规定的管子公称壁厚的90%，且不应小于设计文件规定的最小壁厚。
④ 弯管制作后的几何尺寸应符合设计文件要求，直管段中心线偏差不得大于1.5mm/m，且不得大于5mm（图5.4.6）。
⑤ 弯管任意截面上的压扁度，应符合GB 50517表5.4.6的规定。

二、管道预制

1. 管道标识未移植

《石油化工金属管道工程施工质量验收规范》（GB 50517）第 6.1.1 条规定：管子切割前应进行标识移植。低温用钢管、不锈钢管、有色金属管不得使用钢印作标识。对于钛及钛合金、锆及锆合金且不得使用含有卤素或卤化物材料的记号笔作标识。

质量问题

（1）现象
① 管道下料前没有进行标识移植。
（2）原因分析
① 管道材料入场后未进行标识识别。
② 不能使用钢印作标识的材质未得到有效识别。
③ 管件未能与同材质管材一并进行色标标识。
④ 未使用无卤素或无卤化物记号笔，标识钛及钛合金、锆及锆合金。

正确做法及防治措施

（1）防治措施
① 管材、管件入场后识别出厂材料标识，并做明显标明（如涂白垩粉、涂画黑框、通长色标等）。
② 识别不能打钢印的材质使用色标（涂刷色带），或张贴二维码进行材料标识。
③ 下料切割前按原材料标识方式进行标识移植。

2. 预制管段内部未清理干净

规范标准要求	《石油化工金属管道工程施工质量验收规范》（GB 50517）第6.4.3条规定：预制完毕的管段，应将内部清理干净，并及时封闭管口。

质量问题

（1）现象

① 预制完毕的管段内部未清理，内部有杂物。

（2）原因分析

① 管段预制场地卫生较差。

② 管段预制未放置在一定高度操作架上进行。

③ 施工人员将工具、杂物等放入管道内造成管道内部清洁度差。

④ 管段预制焊口焊接完成后，未对管道内部进行清理。

⑤ 管段预制完成后未对两端进行封口防护。

正确做法及防治措施

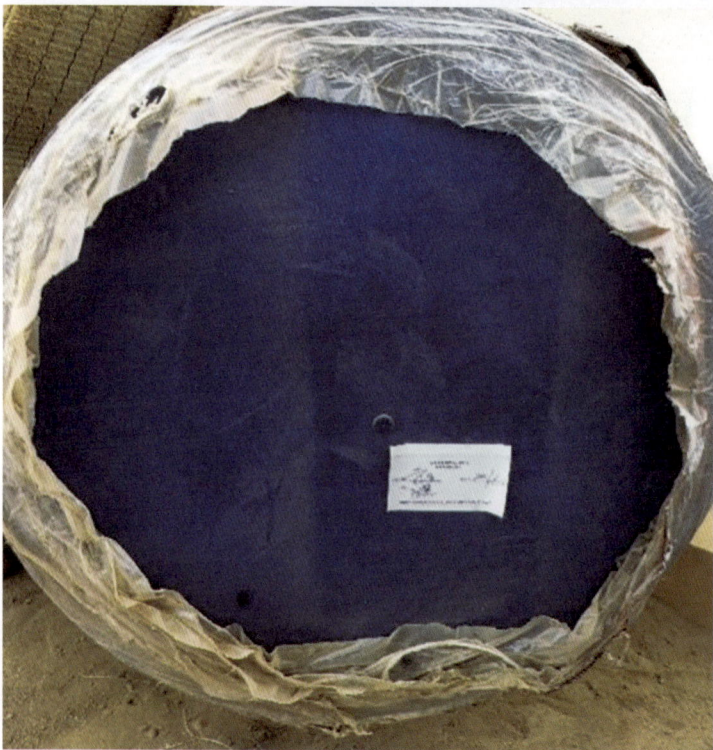

（1）防治措施

① 设置管段内部清洁度检查停检点，列入管段统计信息，并进行日常实时检查。

② 管段预制尽可能在地面硬覆盖区域进行，如果不能保证地面卫生，须采用适合高度的支架进行垫高作业。

③ 管段预制焊口焊接检验合格后立即进行内部清理，检查合格后采取有效方式封闭管口，防止异物进入。

④ 预制管段安装前，拆除封口，检查合格后方可进行安装。

3. 管道焊口标识不规范

《石油化工金属管道工程施工质量验收规范》（GB 50517）第6.4.3条规定：
管段外表面除应有本规范第6.4.1条规定的标识外，焊接接头还应有施焊日期、
焊工代号标记、检查标记和无损检测标记。

质量问题

（1）现象

① 预制管段焊接接头标识混乱。

（2）原因分析

① 项目部未制定统一的焊口标识标准。

② 施工人员没有执行统一的焊接接头标识模板。

③ 施工人员采用记号笔手写焊接接头标识过于随意，书写不清晰、字体不规范。

正确做法及防治措施

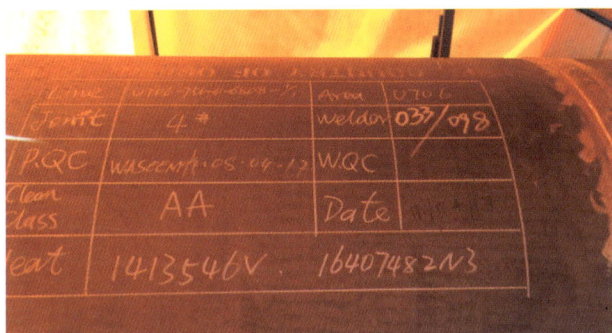

（1）防治措施

① 项目部根据现场实际制定统一的焊口标识标准，建议针对不同管径焊口设计不同模板的焊接信息标识方式，明确使用框式标识使用的管径范围，小管径宜采用张贴二维码或张贴打印信息纸带的方式进行标识。

② 制作不同尺寸焊口标识模板框格，现场涂刷，格式统一。

③ 针对焊口标识信息对施工人员进行专项培训讲解。

④ 完成焊接后立即填写信息框。

⑤ 设置质量检查控制点完成焊口外观检查，并填写焊口信息框，逐口完成。

三、管道焊接

1. 焊材存储管理不规范

规范标准要求 《石油化工金属管道工程施工质量验收规范》（GB 50517）第 7.1.3 条规定：焊条的药皮不得有受潮、脱落或明显裂纹，焊芯不得锈蚀。焊丝表面应洁净，并应无毛刺、无锈蚀等缺陷，钛、锆焊丝应按批号定量分析其化学成分。药芯焊丝应在规定的时间内使用，焊剂应干燥、清洁、无夹杂物。库存期超过规定期限的焊条、焊剂及药芯焊丝应检查外观并进行工艺性能试验，合格后再使用。

质量问题

（1）现象

① 地面没有防潮措施。

② 焊材存储摆放不符合要求。

③ 焊材库入库标识不清晰。

（2）原因分析

① 未按标准配备一级、二级焊材库，库内未配置温湿度仪。

② 焊材一、二级库未配备货架，未有序、分类摆放焊材。

③ 焊材存放、烘干、发放回收等管理不规范。

④ 焊材入库验收、按批次报验制度执行不规范。

正确做法及防治措施

（1）防治措施

① 焊材库根据实际情况分级设置。如供应较为方便，可在施工现场将二级库与烘干室合并设置。焊材库管理制度齐全，上墙管理。

② 库内规范设置货架，离墙离地距离大于300mm。

③ 焊材分类摆放、标识清晰；分开设置待检区、合格区及不合格区。焊材检验完成后方可进行下一步烘干使用。

④ 焊材库空气湿度、温度监控设备配备齐全，设置除湿、恒温设备备用。

⑤ 配置有经验的专业人员进行焊材管理。过程中严格执行焊材库管理制度，各项管理记录填写及时准确。

2. 管道焊接作业无防风措施

<table>
<tr>
<td>规范标准
要　求</td>
<td>《石油化工金属管道工程施工质量验收规范》（GB 50517）第7.1.4条规定：
焊接环境出现下列任一情况时，未采取防护措施不得施焊：
气体保护焊风速大于2m/s，其他焊接方法风速大于8m/s；
铝及铝合金焊接时的空气相对湿度大于80%，其他焊接时的空气相对湿度大于90%；
雨、雪环境；
焊件环境温度低于−20℃。</td>
</tr>
</table>

质量问题

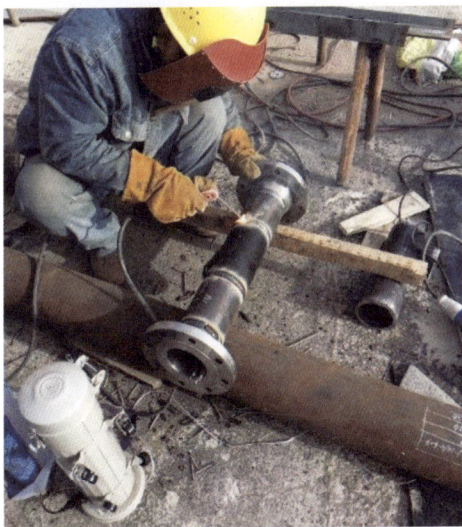

（1）现象

① 施焊现场风速超标，未采取有效防护措施。

（2）原因分析

① 对施焊现场环境条件无有效监控手段。

② 现场疏于管理，焊工急于完成作业，无视温度、风速、空气相对湿度等不利因素存在，强行施焊。

③ 焊接作业面场地狭小，无搭设防护棚材料，造成无法搭设防风防雨棚等防护措施。

正确做法及防治措施

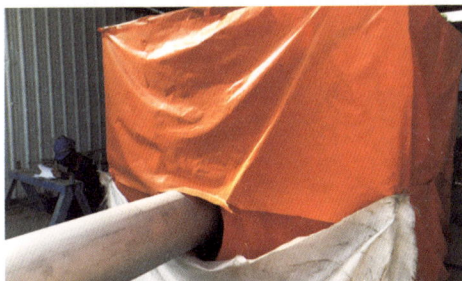

（1）防治措施

① 建立有效焊接作业面环境、气候监控机制，提前预知施焊作业当日当时条件。恶劣工况停止施焊。

② 焊接施工方案、焊接技术交底写明施焊环境条件要求各项数据，并在焊工施工前由技术人员对施工班组进行交底，明确各项技术要求。每名焊工进场施工前均须进行详细技术交底。

③ 恶劣环境下，经分析研判可采取防护措施进行焊接作业时，合理搭设防风防雨雪焊接棚。防风防雨雪设施必须阻燃，且设施内环境温度、相对湿度必须满足标准规范要求。温度提升设施必须保证消防安全要求，不能造成火灾或人员窒息等危险隐患。

3. 不锈钢管焊条电弧焊未刷防飞溅涂层

<table>
<tr><td>规范标准
要　　求</td><td>《石油化工金属管道工程施工质量验收规范》（GB 50517）第7.1.8条规定：
不锈钢管采用焊条焊时，坡口两侧各100mm范围内应刷防飞溅涂层。</td></tr>
</table>

质量问题

（1）现象

① 不锈钢弯头焊条电弧焊焊接过程中，焊缝周边没有涂刷防飞溅涂层。

（2）原因分析

① 未明确防飞溅层涂刷工序责任人及完成时间。

② 现场无防飞溅涂层材料。

③ 焊工不知晓需涂刷防飞溅层后才允许施焊不锈钢管材。

正确做法及防治措施

（1）防治措施

① 不锈钢管线焊接施工方案、焊接技术交底中写明焊接前，焊缝周边100mm范围内应涂刷防飞溅层要求。

② 采购质量合格的白垩粉。

③ 技术交底时必须对不锈钢焊工明确：焊接前必须在焊缝周边涂刷白垩粉防飞溅涂层。

④ 不锈钢焊条与防飞溅涂料执行同时发放、回收的规定，库管员在发放不锈钢焊条的同时发放白垩粉防飞溅涂料，要求焊工焊接前涂刷。

⑤ 不锈钢管焊接前在焊口两侧各100mm处刷涂白垩粉，防止飞溅附着在不锈钢管材上。

4. 不锈钢焊接接头未及时酸洗钝化

规范标准要 求	《石油化工金属管道工程施工质量验收规范》（GB 50517）第7.1.9条规定：奥氏体不锈钢焊接接头焊接后应按设计文件规定进行酸洗与钝化处理。

质量问题

（1）现象

① 奥氏体不锈钢焊接接头焊接后未按设计文件规定进行酸洗与钝化处理。

（2）原因分析

① 焊接方案、技术交底中未明确奥氏体不锈钢必须经酸洗、钝化等特殊技术处理，且未给出相关做法及结果要求。

② 无酸洗材料及工具。

③ 奥氏体不锈钢焊后酸洗、钝化工序没有落实完成工种及必须完成的时间。

④ 奥氏体不锈钢焊接作业未被有效识别。

正确做法及防治措施

（1）防治措施

① 针对设计文件中有不锈钢焊缝酸洗、钝化要求的焊接技术方案、技术交底中，应明确提出酸洗、钝化的相关技术参数。

② 明确酸洗、钝化完成的技术工种为管工或焊工。

③ 奥氏体不锈钢使用焊材与酸洗膏及涂刷工具同时发放，提醒焊工焊接完成后必须进行酸洗、钝化。

④ 设置焊接工序必检点，质检员针对每日完成的奥氏体不锈钢焊口进行逐一检查，确认是否酸洗、钝化及酸洗、钝化的效果是否满足要求，未酸洗、钝化的焊口外观检查不合格，不计入焊口绩效考核指标。

5. 管道工装卡具与管道母材不符

**规范标准
要　　求**

《石油化工金属管道工程施工质量验收规范》（GB 50517）第5.1.8条规定：

管道组成件验收后应分区存放，不锈钢、有色金属管道组成件不得直接与碳素钢、低合金钢接触。

《工业金属管道工程施工规范》（GB 50235）第7.6.3条规定：

安装不锈钢和有色金属管道时，应采取防止管道污染的措施。安装工具应保持清洁，不得使用可能造成铁污染的黑色金属工具。不锈钢、镍及镍合金、钛及钛合金、锆及锆合金等管道安装后，应防止其他管道切割、焊接时的飞溅物对其造成污染。

质量问题

（1）现象

① 点焊在管道母材上的组装工装卡具与管道母材不同，造成材质污染。

② 随意在母材上点焊接地线。

（2）原因分析

① 现场焊缝组对工况较为复杂，需要使用工装卡具辅助完成。

② "不锈钢、有色金属管道组成件不得直接与碳素钢、低合金钢接触"未被作为强制规定要求在施工现场执行。

③ 不锈钢、有色金属管道不能接触碳素钢、低合金钢目的是避免渗碳现象发生。作业人员对此无常规认知。

④ 现场没有配置与母材同材质的制作工装卡具的材料。

正确做法及防治措施

（1）防治措施

① 现场严格执行"不锈钢、有色金属管道组成件不得直接与碳素钢、低合金钢接触"的相关规定，选用与管线母材同材质材料制作焊口组对用点焊隔离块，并在点焊时使用。

② 特殊工况焊口组对必须使用专用工装卡具时，提前确认工装材质，选用与母材相同材质工装为宜，如材质数量紧缺，可选用同类别材质制作工装卡具。组对完成后，工装卡具立即拆除。

③ 合理设置焊机地线连接位置，建议使用接地板放置在接触良好且不妨碍施工作业及行走的位置接地。

6. 组对错边量超标

规范标准要求 《石油化工金属管道工程施工质量验收规范》（GB 50517）第7.2.4条规定：壁厚相同的钢制管道组成件组对，应使内壁平齐，其错边量不应大于壁厚的10%，且检查等级为1级的管道不应大于1mm，其他级别的管道不应大于2mm。

质量问题

（1）现象

① 壁厚相同的钢制管道组成件组对错边量3mm，超过允许偏差2mm。

（2）原因分析

① 管材与管件制造工艺及出厂验收标准不一致，造成同公称直径而壁厚不同的原始偏差。

② 管道组成件壁厚、椭圆度等几何尺寸严重超差。入场验收不严格，造成漏检，不合格产品入场备用。

③ 坡口两侧母材存在厚度差，同时母材管口椭圆度超标，导致焊口两侧壁厚偏差严重，不能均匀组对。

正确做法及防治措施

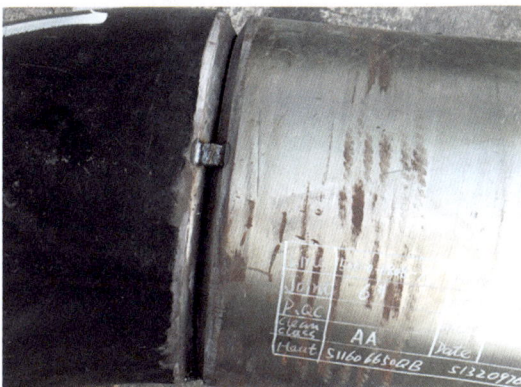

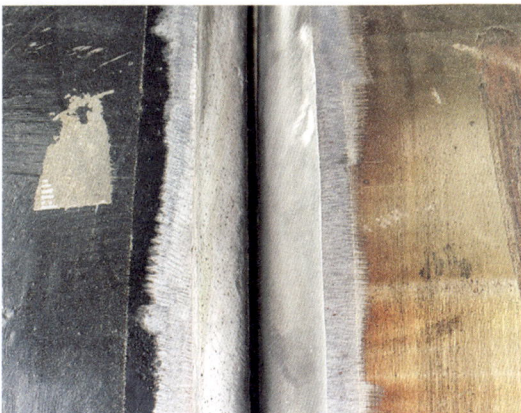

（1）防治措施

① 加强管材、管件入场验收，对壁厚、管口椭圆度进行逐一检查验收，拒绝严重超差管道及组成件入场。

② 管道组成件坡口壁厚存在偏差，但偏差在可调整范围内的两侧母材，组对时尽量以内壁对齐为基准，通过旋转等方式均匀调整偏差再进行点焊固定；若偏差过大，可以通过削边的方式完成组对。

③ 壁厚相同的钢制管道组成件组对，应使内壁平齐，其错边量不应大于壁厚的10%，且检查等级为1级的管道不应大于1mm，其他级别的管道不应大于2mm。

7. 管道焊缝间距超标

规范标准 要　求	《石油化工金属管道工程施工质量验收规范》（GB 50517）第7.2.7条规定： 管道焊缝应按下列规定进行布置： 管道公称直径小于150mm时，焊缝间的距离不小于外径，且不小于50mm； 管道公称直径大于或等于150mm时，焊缝间的距离不小于150mm。 卷管环向焊接接头对口时，两纵向焊缝间距应大于100mm。

质量问题

（1）现象

① 有缝管管道直焊缝与管台焊缝之间距离不足50mm。

（2）原因分析

① 预制时，未提前策划有缝管道管台焊缝布置。

② 管台开口焊接未在管道预制阶段完成。

③ 现场安装固定直管段未旋转避开管台开口固定位置。

正确做法及防治措施

（1）防治措施

① 有缝管段预制期间，详细阅图，确定该预制管段管台开口个数、开口方位。建议在满足全部开口方位前提下确定开口所在管段直缝位置并向两侧预制，旋转直缝管段调整直缝位置，满足标准要求。

② 管道公称直径小于150mm时，焊缝间的距离不小于外径，且不小于50mm；管道公称直径大于或等于150mm时，焊缝间的距离不小于150mm。卷管环向焊接接头对口时，两纵向焊缝间距应大于100mm。

③ 焊缝及距焊缝50mm内不宜开孔，若开孔时，应对以开孔中心为中心1.5倍开孔直径范围内的焊接接头进行100%射线检测，其合格标准应符合相应的管道级别要求。

8. 焊接引弧位置错误

规范标准要求　《石油化工金属管道工程施工质量验收规范》（GB 50517）第7.3.2条规定：施焊时不得在焊件表面引弧或试验电流，含镍低温钢、铬钼合金钢、不锈钢的焊件表面不得有电弧擦伤等缺陷。

质量问题

（1）现象

① 在管件母材表面上引弧或试验电流，造成母材表面擦伤。

（2）原因分析

① 焊工违规引弧，作业不规范。

② 管径过小、焊接位置过于狭小、坡口组对间隙过窄等各种不利因素造成引弧位置受限。

③ 选用焊条直径过大，引弧偏吹。

正确做法及防治措施

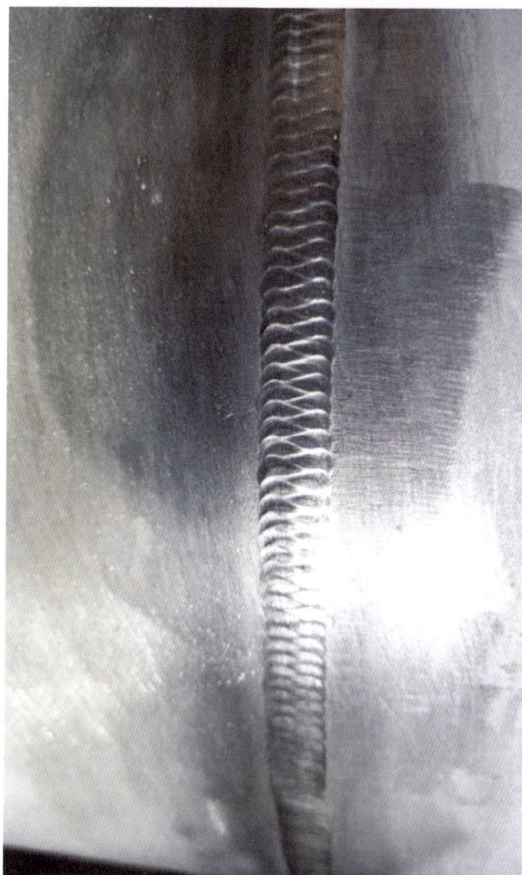

（1）防治措施

① 严格执行焊接工艺规程，预留组对间隙、坡口角度制作合理，根部钝边预留高度满足工艺要求。

② 焊工培训中强调规范引弧。现场施焊过程中规范焊工作业习惯。

③ 针对管径过小、位置过于狭小、坡口组对间隙过窄的位置尽量采用垂直电弧引弧，或小角度电弧引弧。

④ 焊接过程中，坚持焊条、焊丝小角度摆动操作。

9. 焊渣飞溅未清理

规范标准要求	《石油化工金属管道工程施工质量验收规范》（GB 50517）第 7.3.4 条规定：焊接完毕后，应将焊缝表面的熔渣及附近的飞溅物清理干净。

质量问题

（1）现象

① 管道焊接完毕后未对焊缝进行清理。

（2）原因分析

① 施焊过程中焊条药皮湿度大造成飞溅过多。

② 焊接电流过大，焊接速度过快造成焊条药皮或铁水崩出形成焊渣。

③ 焊工作业习惯较差，外观美观质量意识淡薄，未及时清理焊缝周边飞溅。

正确做法及防治措施

（1）防治措施

① 焊接技术交底时，严格焊接工艺纪律监控。禁止焊工使用未烘干合格的焊条，现场焊条存放在保温桶内，随用随取；焊接过程中严禁超大电流焊接，禁止焊接速度过快。

② 不锈钢管线焊接提前涂刷防飞溅层，焊后去除。

③ 焊工施焊过程中控制电弧长度、角度及熔池大小，控制焊接速度，尽量减少熔渣形成。

④ 给焊工配置必要的工具（扁铲、角磨机等），焊接完毕后，将焊缝表面的熔渣及附近的飞溅物清理干净。

10. 支管台焊接存在未焊透缺陷

| 规范标准要求 | 《石油化工金属管道工程施工质量验收规范》（GB 50517）第7.3.5条规定：支管座与主管连接应采用安放式连接，并应全焊透。 |

质量问题

（1）现象
① 支管座与主管连接根部未焊透。
（2）原因分析
① 未识别管线支管座与主管间焊接特殊位置的重要性。未编制小接管、支管台/座焊接相关技术要求及管理要求（焊接作业指导书）。
② 未按照小接管、支管台/座组对焊接工艺操作，造成主管连接焊缝组对间隙不足。
③ 焊工没有掌握支管座与主管连接焊口的焊接技能。

正确做法及防治措施

（1）防治措施
① 支管座与主管连接应采用安放式连接并应全焊透。
② 采用如下正确方法施工：支管座与主管组对完成后，对组对间隙、错边量、钝边、坡口角度等进行检查，确保焊工焊接质量。

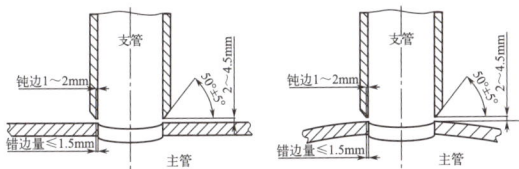

主管直径＞1.5倍支管直径马鞍口

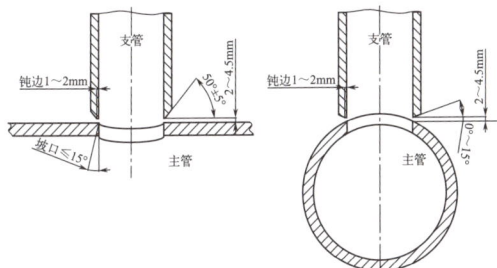

主管直径≤1.5倍支管直径马鞍口

11. 支管座开孔不合规

规范标准要 求	《石油化工金属管道工程施工质量验收规范》（GB 50517）第7.3.5条规定：支管座与主管连接应采用安放式连接，并应全焊透。盖面的填角焊缝厚度不应小于t_c，并应平滑过渡到主管。当设计文件或支管座制造厂无要求时，支管座焊缝坡口公称厚度T_m，按照组对的组合焊缝坡口的最大厚度。支管座的焊缝厚度，应取支管座焊缝坡口T_m和填角焊缝的计算有效厚度t_c的和。当有无损检测要求时，应在检测合格后方可进行支管座与支管的组对和焊接。

质量问题

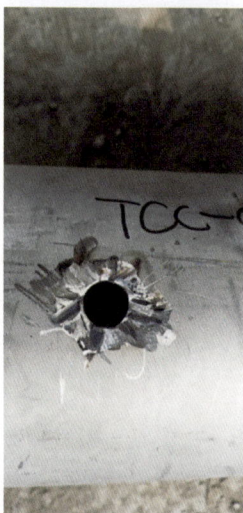

（1）现象

① 支管座与主管连接开孔不符合规范要求，支管座开孔伤及主管母材。

（2）原因分析

① 主管开孔方法错误，如热法开孔，气焊、电焊开孔。

② 虽然采用冷加工方式对主管进行开孔，但没有使用专用工具开孔。

③ 开孔后扩孔方法错误。

正确做法及防治措施

（1）防治措施

① 充分识图，确认不同管线支管台开孔位置及孔径大小。

② 针对不同材质管道选用不同类型的开孔机械。碳钢等导磁性管道可使用磁力台钻配置不同直径钻头进行机械开孔，铣刀铣孔扩孔；不锈钢等非导磁材料应采用配置不锈钢钻头的手枪钻钻孔，再采用不锈钢铣刀头或不锈钢棒砂轮打磨扩孔。

③ 大直径支管座可用砂轮机进行挖孔，并用角磨机进行修整直至达到规范标准。但必须注意不锈钢管线不允许使用碳钢砂轮片及角磨片进行开孔和打磨。

12. 支管座焊脚高度不足

规范标准要求　《石油化工金属管道工程施工质量验收规范》（GB 50517）第7.3.5条规定：支管座与主管连接应采用安放式连接，并应全焊透。盖面的填角焊缝厚度不应小于t_c，并应平滑过渡到主管。当设计文件或支管座制造厂无要求时，支管座焊缝坡口公称厚度T_m，按照组对的组合焊缝坡口的最大厚度。支管座的焊缝厚度，应取支管座焊缝坡口T_m和填角焊缝的计算有效厚度t_c的和。当有无损检测要求时，应在检测合格后方可进行支管座与支管的组对和焊接。

质量问题

（1）现象
① 角焊缝厚度不符合规范要求。
（2）原因分析
① 忽视角焊缝强度要求，焊接没有严格执行焊接工艺规程。
② 为快速完成焊接，焊接速度过快，投入焊材速度过慢，造成熔覆金属过少，冷却形成焊脚高度不足。
③ 焊接过程中电流过小、电压过大造成熔池金属扁平，熔覆金属厚度不足，且对母材造成咬边等焊接缺陷。

正确做法及防治措施

（1）防治措施
① 根据设计及标准要求确定支管台/座焊接方式。
② 焊接技术交底中明确给出支管台/座是对接方式还是角接方式，按不同方式给出正确组对及焊接方法。
③ 焊工焊接过程严格执行工艺规程确定的各项工艺参数。
④ 根据现场施焊实际位置调整焊材摆动位置及角度，确保熔覆金属足够填充，层数不足时可通过增加焊接遍数来保证焊接厚度最小规范要求。

13. 平焊法兰焊脚高度不足

规范标准要求	《石油化工金属管道工程施工质量验收规范》（GB 50517）第7.3.6条规定：角焊缝（包括承插焊缝）可采用凹形和凸形，外形应平缓过渡。平焊法兰或承插焊法兰的角焊缝（图7.3.6-1）焊脚尺寸的最小值X_{min}应取1.4倍的直管名义厚度或法兰颈部厚度两者中的较小值。焊脚尺寸X应取直管名义厚度或6.4mm两者中的较小值。除法兰外，承插焊的角焊缝（图7.3.6-2）焊脚尺寸C_x的最小值应取1.09倍直管名义厚度T_w和承插孔壁厚T_s两者中的较小值。承插焊组对间隙b宜为1mm～3mm。

质量问题

（1）现象

① 平焊法兰角焊缝厚度不符合规范要求，管道端口存在凹陷。

（2）原因分析

① 管口与法兰口椭圆度不同，组对时无法均匀分布坡口间隙，造成间隙尺寸不同。

② 没有根据现场直管实际壁厚计算角焊缝焊脚高度，简单认为此焊缝位置不重要，焊上即可。

③ 焊工焊接层数、遍数不足，焊材摆动幅度不足，熔池没有全部熔化母材金属。

正确做法及防治措施

（1）防治措施

① 直管与法兰口组对时按椭圆度调整组对间隙，均匀布置间隙尺寸。

② 根据直管段壁厚计算焊脚高度：平焊法兰或承插焊法兰的角焊缝（GB 50517图7.3.6-1）焊脚尺寸的最小值X_{min}应取1.4倍的直管名义厚度或法兰颈部厚度两者中的较小值。焊脚尺寸X应取直管名义厚度或6.4mm两者中的较小值。

③ 角焊缝（包括承插焊缝）可采用凹形和凸形，外形应平缓过渡。

④ 严格执行焊接工艺规程给定各项工艺参数，适当加大焊材摆动幅度，确保两侧母材金属全部熔覆，保证熔覆金属量满足形成焊脚要求。

14. 焊口预热不合规

质量问题

（1）现象

① 管道预热未在坡口两侧均匀进行，焊口两端存在温差。

（2）原因分析

① 焊口形式或实际位置受限，无法以相同方式在两侧母材进行预热。

② 预热方法与预热材料不能满足坡口两侧同时均匀进行。

③ 预热加温方向单向设置，不能满足两侧同时预热。

④ 错误预热方法（如明火烤烧）及预热保温材料放置错误。

正确做法及防治措施

（1）防治措施

① 焊接方案、技术交底中明确预热管线的材质、管径、环境等各项要求，特别是预热所用材料、加热方式、加温点的布置及保温棉放置等关键环节一定要详述。

② 预热应在坡口两侧均匀进行。预热范围宜为坡口中心两侧各不小于壁厚的5倍，且不小于100mm。加热区以外100mm范围应保温。

③ 根据现场实际情况制作简便工装卡具并固定加热及保温部位。

④ 预热测温点需根据管径、温度要求等均匀设置。

15. 钛材质管道焊缝氧化

规范标准要 求	《工业金属管道工程施工质量验收规范》（GB 50184）第8.1.2条规定：

钛及钛合金、锆及锆合金的焊缝表面除应进行外观质量检查外，还应在焊后清理前进行色泽检查。钛及钛合金焊缝的色泽检查结果应符合表8.1.2的规定。锆及锆合金的焊缝表面应为银白色，可有淡黄色存在，但应清除。

质量问题

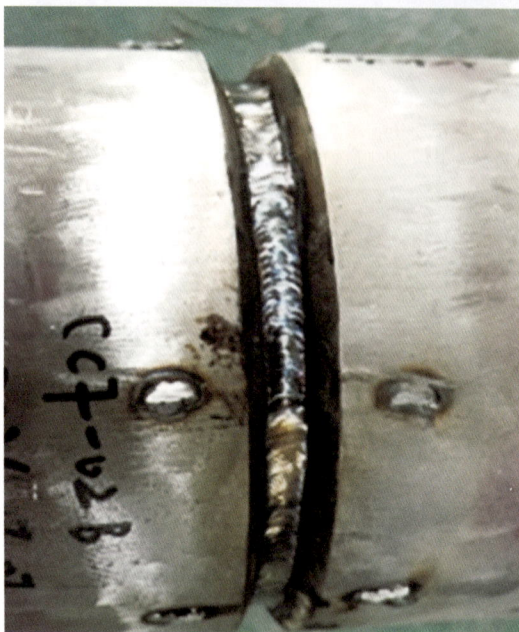

（1）现象

① 焊缝表面泛蓝。

② 焊缝内部暗灰。

（2）原因分析

① 焊工技能水平较差。

② 焊前管内保护气体纯度不满足要求。

③ 焊接参数不满足要求（如电流过大、层间温度过高）。

正确做法及防治措施

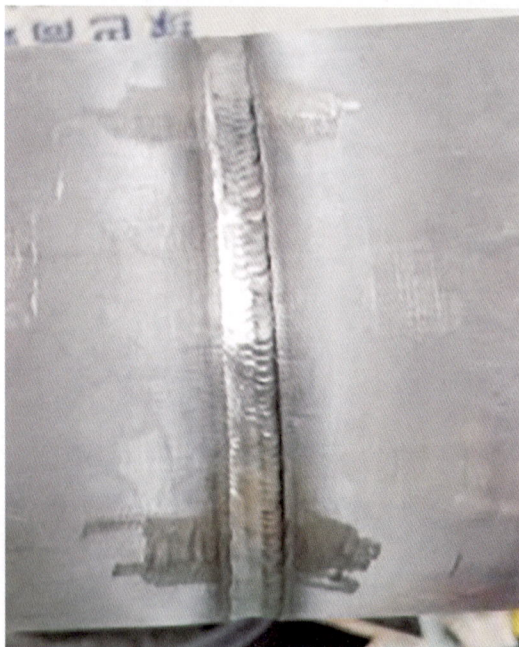

（1）防治措施

① 采用合格的焊接工艺评定报告（PQR），并编制工艺卡。

② 加强焊工作业前的培训与交底。

③ 加强焊接工艺纪律的监督，严格执行工艺规程，如焊接参数的选用、焊缝层间温度的控制等均应满足要求。

（2）质量提升

① 提高焊缝外观验收合格率。

② 避免不合格焊口在后期投产过程中的质量、安全隐患。

四、管道安装

1. 管道脱脂检测不合规

<table>
<tr><td>规范标准
要　　求</td><td>《石油化工金属管道工程施工质量验收规范》（GB 50517）第 8.1.1 条规定：脱脂或其他化学处理后的预制管段、管道组成件，安装前应检查确认，不得有油迹或其他污染。</td></tr>
</table>

质量问题

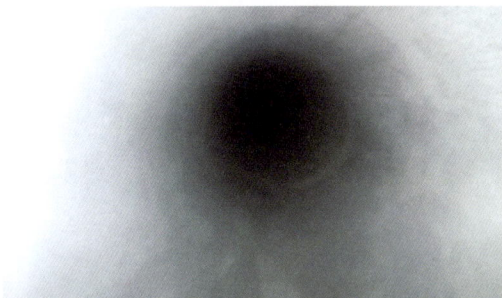

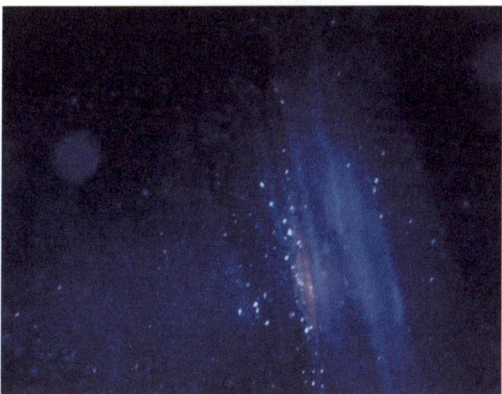

（1）现象

① 没有使用黑光灯检查管道内部清洁度，或检查管道内部不合格。

（2）原因分析

① 脱脂或其他化学处理过程不彻底，造成管道内污染未全部清除。

② 洁净化施工的管道，安装前成品保护不到位，造成洁净管道内部二次污染。

③ 洁净管道安装前内部检查不到位、标准不严格。

正确做法及防治措施

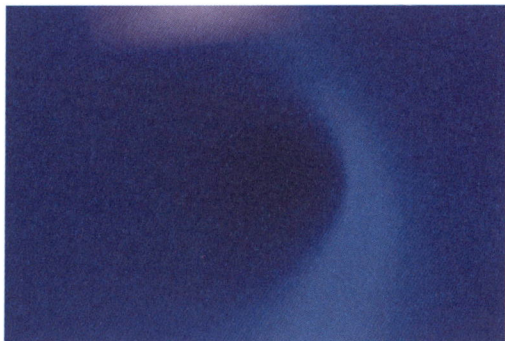

（1）防治措施

① 脱脂或其他化学处理采取的工艺需满足环保要求。

② 脱脂或其他化学处理工艺完成后进行详细检查确认，并记录检查内容及结果。

③ 脱脂或其他化学处理后的预制管段、管道组成件立即进行端口有效防护，防止遭受外界污染。

④ 经脱脂后带有防护的管段安装前应保证清洁施工，控制环境湿度及风速，打开封堵后检查确认，不得有油迹或其他污染。

⑤ 打开封堵后尽快完成施工作业。确保管道洁净，尽量降低二次污染风险。

2. 与传动设备连接管道法兰同心度超标

规范标准要求　《石油化工金属管道工程施工质量验收规范》（GB 50517）第8.2.2条规定：与转动机器连接的管道及其支、吊架安装完毕后，应卸下接管上的法兰螺栓，在自由状态下所有螺栓应能在螺栓孔中顺利通过。

质量问题

（1）现象

① 与泵连接的管段螺栓无法在螺栓孔中顺利通过。

（2）原因分析

① 与转动机械连接的管道施工顺序错误，采取从远及近的施工方向，造成管道累积误差超标，无法与设备口法兰顺利连接。

② 管道支架、导向支架等各类支、吊架安装不及时或不达标，造成管道偏移较大，无法与设备口法兰顺利连接。

③ 管道强行组对，设备口管道存在应力。

正确做法及防治措施

（1）防治措施

① 与传动设备连接的工艺管线配置应从转动设备端向远端进行。

② 工艺管段法兰与直管提前预制完成，并与转动设备法兰口使用临时垫片、临时螺栓连接。该直管段焊口作为管线配置第一道口进行施工。

③ 工艺管线各类支架应及时安装，确保管线及时定位牢固。定位后，卸开临时连接螺栓，释放法兰口，查看双侧法兰口是否在自由状态下同轴同心。如有偏差，对管线进行相应调整。

④ 配管过程中使用各类仪器、设备、工具，实时监控设备口法兰与管道法兰的平行度和同心度，如超差应及时进行调整。

3. 管道法兰连接螺栓长短不一

《石油化工金属管道工程施工质量验收规范》（GB 50517）第8.1.10条规定：法兰连接螺栓安装方向应一致，螺栓紧固后应与法兰紧贴。需加垫圈时，每个螺栓不应超过1个。紧固后的螺栓与螺母宜齐平或露出1个～2个螺距，同侧螺栓露出部分宜齐平。

质量问题

（1）现象

① 管道法兰紧固后螺栓短，螺母缺扣。

（2）原因分析

① 使用螺栓规格不统一，长短不齐。

② 材料管理混乱，发放不当。

③ 法兰、螺栓规格不匹配，螺栓长度不一，有的外露丝扣长，有的缺扣。

④ 施工随意，两侧预留长度不均匀。无视螺栓方向标识，安装方向混乱。

正确做法及防治措施

（1）防治措施

① 详细识图，领用合规的法兰连接螺栓，配对法兰领用相同规格螺栓、螺母、垫片备用，且妥善存放。

② 根据现场实际安装位置合理确定螺栓安装方向，安装方向必须确保一致。

③ 螺栓全部穿过后，调整两侧预留长度，均匀一致后拧紧螺母。

④ 螺母采取对侧同时紧固，螺栓采取对称紧固的方式。紧固后的螺栓与螺母宜齐平或露出1个～2个螺距，同侧螺栓露出部分宜齐平。

4. 刚性套管安装不合规

《石油化工金属管道工程施工质量验收规范》（GB 50517）第8.1.15条规定：
穿墙及过楼板的管道，应加套管，管道焊缝不应置于套管内，穿墙套管长度不得小于墙厚，穿楼板套管应高出楼面50mm。穿过屋面的管道应有防水肩和防雨帽，管道与套管之间的空隙应采用不燃材料填塞。

质量问题

（1）现象

① 穿墙及过楼板的管道，未加套管（管道焊缝不应置于套管内，穿墙套管长度不得小于墙厚，穿楼板套管应高出楼面50mm）。

（2）原因分析

① 不同专业间工序交接不严谨，上道工序施工漏项未被查出，带入下道工序。

② 管道施工单位未提出上道工序施工漏项，同时也未采取补救措施，带问题完成安装。

正确做法及防治措施

（1）防治措施

① 提高各专业之间图纸会审质量，加强沟通，上下工序互相协调，合理安排施工内容。

② 工序前置，将穿墙套管安排在土建钢筋绑扎时施工，确保穿墙套管位置准确。此时，安装技术员需指导穿墙管线走向施工。

③ 穿墙管线安装过程中应将管线设置在穿墙孔中心位置，且符合标准要求：穿墙及过楼板的管道，应加套管，管道焊缝不应置于套管内，穿墙套管长度不得小于墙厚，穿楼板套管应高出楼面50mm。穿过屋面的管道应有防水肩和防雨帽，管道与套管之间的空隙应采用不燃材料填塞。

5. 不锈钢管道与碳钢支架之间未采取隔离措施

规范标准要求	《石油化工金属管道工程施工质量验收规范》（GB 50517）第8.1.17条规定：不锈钢管道与非不锈钢的金属支架之间，应垫入不锈钢薄板或氯离子含量不超过50mg/kg的非金属隔离垫。

质量问题

（1）现象

① 不锈钢管道与非不锈钢的金属支架之间，未垫入不锈钢薄板或氯离子含量不超过50mg/kg的非金属隔离垫。

（2）原因分析

① 现场未采购满足要求的隔离垫片。

② 不锈钢材质不能与非不锈钢材质长时间接触，接触易造成渗碳，降低不锈钢的使用性能，这一常识未得到施工人员的重视。

③ 安装位置受限，管道支架安装过程中无法安装隔离垫。

正确做法及防治措施

（1）防治措施

① 详细识图，确认不锈钢管线每个支架是否为非不锈钢材质。非必要不采用不同材质支架。

② 提前购置不锈钢薄板或氯离子含量不超过50mg/kg的非金属板备用。

③ 技术交底时，严格执行不锈钢防渗碳管理要求。避免不了的不锈钢管道与非不锈钢的金属支架之间，根据实际接触面积宽度裁剪适当尺寸的垫片，垫入不锈钢薄板或氯离子含量不超过50mg/kg的非金属隔离垫。

6. 管道未及时安装支架，直线度超标

<table>
<tr><td>规范标准
要　　求</td><td>《石油化工金属管道工程施工质量验收规范》（GB 50517）第 8.1.21 条规定：管道安装质量的允许偏差应符合表 8.1.21 的规定。水平管道直线度 $DN \leqslant 100mm$，允许偏差为 $0.2\%L$，且 $\leqslant 50mm$。</td></tr>
</table>

质量问题

（1）现象

① 管道安装时没有及时安装支架，随着直管施工长度增加，造成管道直线度超出规范要求。

（2）原因分析

① 小管径管道在施工过程中没有及时安装支架。

② 管道原材料存在弯曲。

③ 小管径管道在焊接过程中产生的焊接应力较大，未及时调直，造成管线弯曲。

正确做法及防治措施

（1）防治措施

① 小管径管线焊接，尽量采用低线能量减小热输入，减小焊接变形。随着长度增加，适当采取反变形措施，控制管线焊口处弯曲变形。

② 按施工顺序及时加装支架、限位/导向支架，确保管线随时保持直线度。

③ 使用测量工具随时监控管线直线度（垂直度）。出现偏差随时调整，确保满足标准要求：水平管道直线度 $DN \leqslant 100mm$，允许偏差为 $0.2\%L$，且 $\leqslant 50mm$。

7. 伴热管安装绑扎间距不合规

规范标准要 求　《石油化工金属管道工程施工质量验收规范》（GB 50517）第8.4.2条规定：水平伴热管宜安装在主管下方或靠近支架的侧面，垂直伴热管应均匀分布在主管周围。伴热管应采用绑扎带或镀锌铁丝等固定在主管上。弯头部位的伴热管绑扎带不得少于3道，直伴热管绑扎点间距应符合表8.4.2的规定。

质量问题

（1）现象

① 伴热管绑扎间距不符合规范要求。

（2）原因分析

① 为了省工省料，随意减少伴热管绑扎数量，扩大绑扎间距。

② 绑扎位置设置不合理，施工人员不知晓弯头处应该设置绑扎带且不得少于3道。

③ 伴热管绑扎间距没有经过测量，仅凭目视测量。

正确做法及防治措施

表8.4.2　直伴热管绑扎点间距（mm）

伴热管公称直径	绑扎点间距
10	800
15	1000
20	1500
＞20	2000

（本表为GB 50517中表8.4.2）

（1）防治措施

① 技术交底时，明确伴热管绑扎带设置的位置、个数及间距等相关技术要求。

② 伴热管施工过程中及时进行绑扎带安装，避免先完成伴热管施工后进行绑扎固定的做法。

③ 伴热管施工及绑扎带安装应满足标准要求：水平伴热管宜安装在主管下方或靠近支架的侧面，垂直伴热管应均匀分布在主管周围。伴热管应采用绑扎带或镀锌铁丝等固定在主管上。弯头部位的伴热管绑扎带不得少于3道，直伴热管绑扎点间距应符合GB 50517中表8.4.2的规定。

8. 临时支架直接焊接在主管道上

规范标准 要　求	《工业金属管道工程施工规范》（GB 50235）第7.12.9条规定：

管道安装时不宜使用临时支、吊架。当使用临时支、吊架时，不得与正式支、吊架位置冲突，不得直接焊在管子上，并应有明显标记。在管道安装完毕后应予拆除。

质量问题

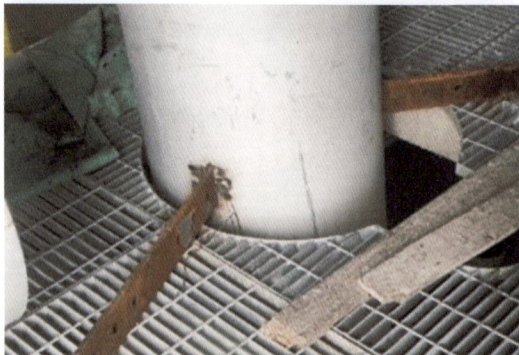

（1）现象

① 临时支架直接焊接在主管道上。

（2）原因分析

① 非主观原因造成管段安装时正式支、吊架不能同步匹配安装。

② 施工准备不充分，作业不规范，临时支架与主管道没有采取机械连接方式，而是随意使用钢板、型钢等临时材料充当支架，且没有合理连接方式。

③ 施工位置受限，无法安装临时或正式支、吊架。

④ 施工作业受影响不能连续完成，需暂停作业，需临时固定管线。

正确做法及防治措施

（1）防治措施

① 管道组成件、支吊架同时验收，同时领用到场。配管时及时安装管道正式支架。

② 施工前做好充分分析，如必须使用临时支、吊架，则提前预制可机械安装拆卸的临时支、吊架备用。

③ 当设计的管道支、吊架位置严重受限不能安装临时或正式支、吊架时，应选择在其附近适合位置加装临时支、吊架，以保证管线整理位置稳定。

④ 确需暂停施工作业的情况，一定要在合理位置加装临时管支架，确保管线固定。

9. 管支架焊缝咬边

规范标准要求　《石油化工金属管道工程施工质量验收规范》（GB 50517）第8.8.1条规定：支架与管道焊接时焊脚高度和焊缝长度应符合设计文件规定，焊缝不得有裂纹，管子表面不得有咬边缺陷。

质量问题

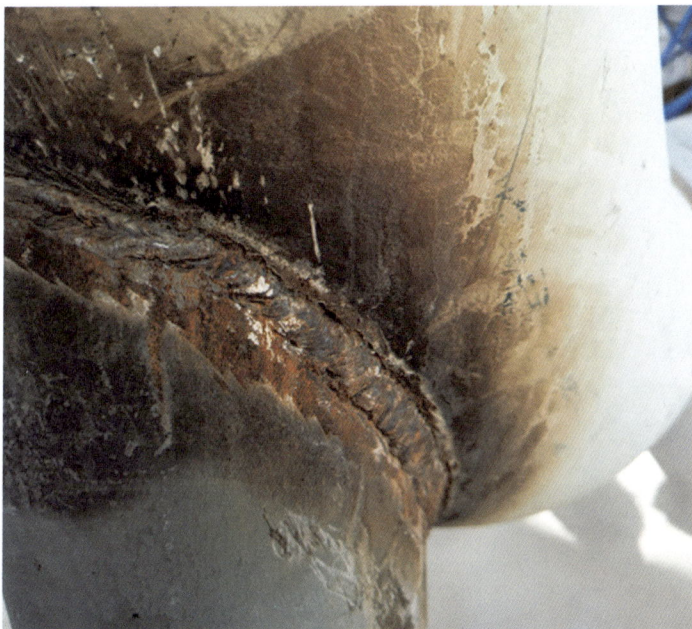

（1）现象
① 管道支架焊缝咬边严重。
（2）原因分析
① 忽视焊缝强度要求，焊接没有严格执行焊接工艺规程。
② 为快速完成焊接，焊接速度过快，投入焊材速度过慢，造成熔覆金属过少，冷却形成焊脚高度不足。
③ 焊接过程中电流过小、电压过大造成熔池金属扁平，熔覆金属厚度不足，且对母材造成咬边等焊接缺陷。

正确做法及防治措施

（1）防治措施
① 支架与管道焊接时焊脚高度和焊缝长度应符合设计文件规定，焊缝不得有裂纹，管子表面不得有咬边缺陷。
② 焊工焊接过程严格执行工艺规程确定的各项工艺参数。
③ 根据现场施焊实际位置调整焊材摆动位置及角度，确保熔覆金属足够填充，层数不足时可通过增加焊接遍数来保证焊接厚度最小规范要求。

10. 管道滑动支架点焊固定

规范标准要求	《石油化工金属管道工程施工质量验收规范》（GB 50517）第8.8.5条规定：导向支架或滑动支架的滑动面应洁净平整，不得有歪斜和卡涩现象。当设计文件要求偏置安装时，偏置量和偏置方向应满足设计文件的要求。

质量问题

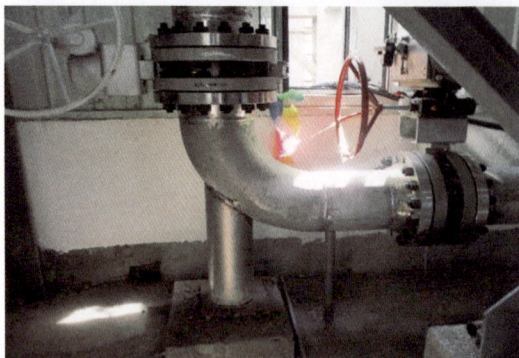

（1）现象

① 滑动支架被焊死，失去滑动作用。

（2）原因分析

① 施工经验缺乏，安装滑动支架时采用错误固定方式，临时点焊滑动支架。

② 配管完成后没有去除焊点。

③ 未识别支架形式为滑动支架，认为是普通支架，进行焊接固定。

正确做法及防治措施

（1）防治措施

① 技术交底中明确管线导向支架、滑动支架的类型及安装注意事项。

② 明确要求导向支架或滑动支架的滑动面应洁净平整，不得有歪斜和卡涩现象。

③ 安装过程中尽量采用机械定位方式固定导向、滑动支架位置。待定位完成后，再进行可焊部位的焊接作业。

④ 安装前后均应及时检查滑动面的洁净平整及所在位置是否存在影响滑动的凸起、异物等，如有应及时清除，避免造成支架歪斜和卡涩。

五、管道焊接检查和检验

1. 焊缝外观检查不合格

规范标准要求 《石油化工金属管道工程施工质量验收规范》（GB 50517）第9.2.1条规定：除本规范第9.2.2条外，管道焊接接头的外观质量应按表9.2.1进行验收，并应符合下列规定：

符号○表示焊缝不允许有表面线性缺陷、表面气孔、外露夹渣和咬边等缺陷存在。

质量问题

咬边

（1）现象
① 管道焊接出现咬边缺陷。
（2）原因分析
① 焊接工艺规程给出的工艺参数组合，不能满足母材金属焊接性能要求。
② 焊接工艺规程在满足焊接要求的前提下，焊工未按规程规定的工艺参数施焊。

③ 焊接电流过小、焊条药皮湿度大、焊接速度过慢、焊条摆动角度过大等多种原因造成咬边等缺陷发生。
④ 焊机上的仪表不准确。焊接电流电压等工艺参数无法有效监控。

正确做法及防治措施

（1）防治措施
① 根据PQR（焊接工艺评定）合理编制WPS（焊接工艺规程）指导施工。
② 焊工在遵守焊接工艺规程给出工艺参数的基础上，宜采用较小电流、均匀摆动幅度、合理的焊接速度完成焊接。
③ 厚壁大管径焊口应采用多层多遍多道焊完成。且盖面每道焊缝宽度不得超过使用焊条直径的3倍。
④ 管道焊接完成后不允许有表面线性缺陷、表面气孔、外露夹渣和咬边等缺陷存在。

六、管道试验

1. 管道试压用压力表未校验

质量问题

（1）现象

① 管道试压用压力表没有经过校验。

（2）原因分析

① 计量器具管理混乱，强制检定计量器具管理意识淡薄。

② 使用未经校验的压力表。

③ 压力表标签脱落。

④ 压力表较小，使用频繁，属于易碎不易保存仪表，损坏后更换及检定周期较长。

正确做法及防治措施

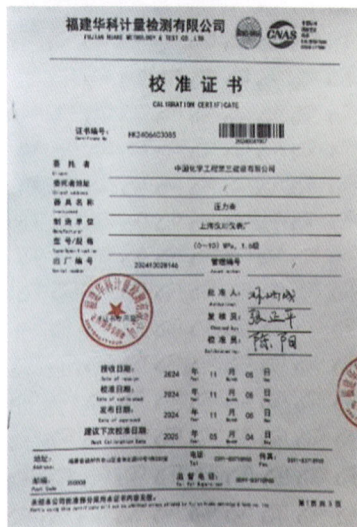

（1）防治措施

① 提前策划所用压力表的数量、量程等情况，提前购置满足需求的压力表。

② 建立强制检定计量器具管理机制，专人管理：台账登记，检定校准证书智能化管理，有效期内使用，超期复检，损坏报废。

③ 专表专用，专人管理，避免造成人为损坏。

④ 逐一监控压力表校验状态，满足标准要求：管道试验用压力表应经过校验且在有效期内，压力表的精度不得低于1.6级。

第二节　地下工艺管道安装

一、土石方与地基处理

1. 管沟开挖过程中，未对原有管线采取保护措施

规范标准要求	《给水排水管道工程施工及验收规范》（GB 50268）第4.1.1条规定：建设单位应向施工单位提供施工影响范围内地下管线（构筑物）及其他公共设施资料，施工单位应采取措施加以保护。

质量问题

（1）现象
① 地管施工过程中，由于新建地下消防管道埋置深度在原有一段老管线下方，导致老管线被悬空下坠60mm未加保护。
（2）原因分析
① 未查阅地下管线及其他公共资料就进行管沟开挖。
② 未对开挖后暴露出来的原管段采取保护措施。

正确做法及防治措施

（1）防治措施
① 建设单位应向施工单位提供施工范围内地下管线（构筑物）及其他公共设施资料。
② 施工单位作业前应详细识别原有管线的安装位置、使用状态等情况。
③ 开槽挖土找到原有管线后立即设置警示标识，全部暴露后立即采取下垫方式保证原有管线处于原标高位置，如有需要则采用全覆盖方式加以保护。
④ 及时完成原有管线周边新敷设管线的施工，及时回填，并按要求分层夯实土层。

2. 柔性管道铺设不合规

规范标准 要　　求	《给水排水管道工程施工及验收规范》（GB 50268）第4.1.9条规定：给排水管道铺设完毕并经检验合格后，应及时回填沟槽。回填前，应符合下列规定： 化学建材管道或管径大于900mm的钢管、球墨铸铁管等柔性管道在沟槽回填前，应采取措施控制管道的竖向变形。

质量问题

（1）现象
① 柔性结构壁管铺设完毕后，竖向变形较大且未采取措施。
（2）原因分析
① 管段接口连接不符合要求。
② 管段下方垫层不平。
③ 未使用有效测量仪器监控柔性管竖向变形。

正确做法及防治措施

（1）防治措施
① 柔性管道敷设前，地基施工必须保证底部夯实，竖向平直。
② 接口连接方法符合施工工艺要求。确保接口无竖向变形。
③ 长距离接口施工时应使用测量设备进行竖向变形监测。
④ 管径大于900mm的钢管、球墨铸铁管道等柔性管道在沟槽回填前，应采取措施控制管道的竖向变形。
⑤ 管子下方人工填土重新夯实底部回填材料，填充管基有效支撑角范围，修复竖向变形，重新进行管道复测报验。

3. 沟槽开挖后槽底被水浸泡

规范标准要求	《给水排水管道工程施工及验收规范》（GB 50268）第4.3.7条规定：沟槽的开挖应符合下列规定：

槽底不得受水浸泡或受冻，槽底局部扰动或受水浸泡时，宜采用天然级配砂砾石或石灰土回填；槽底扰动土层为湿陷性黄土时，应按设计要求进行地基处理。

质量问题

（1）现象

① 地管开挖后槽底被水浸泡且未及时排水。

（2）原因分析

① 天气原因造成槽底积水。

② 槽底积水没有及时排出。

③ 未采用有效降水方式或降水止水方式错误。

正确做法及防治措施

（1）防治措施

① 提前降水，保证沟槽底部干燥。

② 做好技术交底，降水未完成前不允许下管道。

③ 地下水位较高时应采用布置毛细降水管、打钢板桩等方式，起到止水作用。

④ 槽底不应受水浸泡或受冻，槽底局部扰动或受水浸泡时，宜采用天然级配砂砾石或石灰土回填。

二、开槽施工管道主体结构

1. 地管防腐层破坏

<table>
<tr>
<td>规范标准
要　　求</td>
<td>《给水排水管道工程施工及验收规范》（GB 50268）第5.3.4条规定：
下管前应先检查管节的内外防腐层，合格后方可下管。</td>
</tr>
</table>

质量问题

（1）现象

地管防腐层破坏。

（2）原因分析

① 防腐管段外部3PE防腐层厚度不足、强度不够，易造成损坏。

② 已防腐管段在入场运输、场内倒运摆放等阶段未进行有效成品保护，造成防腐层破坏。

③ 施工过程中使用叉车、钢丝绳等机锁具直接接触已防腐管道，导致防腐层破坏。

④ 敷设至管沟后，未对防腐层加以保护，在其上搭设脚手架、人行通道等硬质设施，导致防腐层遭到破坏。

正确做法及防治措施

（1）防治措施

① 做好已防腐管段的入场运输、二次倒运、摆放等环节的成品保护。

② 吊装过程中采用吊装带、吊装两端管口等措施进行，避免损伤防腐层。

③ 在防腐管道上方合理设置人行通道等必备设施，如必须设置则采取有效措施保护防腐层。

④ 对防腐层破坏部位及时做好补伤，并进行电火花检测。

三、管道附属构筑物

1. 井室未使用预拌砂浆抹面

规范标准要求	《给水排水管道工程施工及验收规范》（GB 50268）第8.2.2条规定：管道穿过井壁的施工应符合工程设计要求。如项目设计要求使用预搅拌砂浆抹面。

质量问题

（1）现象

① 现场施工人员就地取沙，人工拌制水泥砂浆抹面。

正确做法及防治措施

（1）防治措施

① 合理组织施工顺序，提前预判施工进度。提前准备预拌砂浆备用。

② 现场使用预拌砂浆，按照设计要求进行抹面。

③ 使用合适的工具完成特殊位置抹面，保证抹面质量，表面平整光滑。

2. 井圈未坐浆安装

规范标准要求	《给水排水管道工程施工及验收规范》（GB 50268）第8.2.7条规定：井室施工达到设计高程后，应及时浇筑或安装井圈，井圈应以水泥砂浆坐浆并安放平稳。

质量问题

（1）现象

① 井室施工达到设计高程后未坐浆直接放置井圈。

（2）原因分析

① 施工人员存在省工省料心理，随意删减施工工序。

② 施工前准备不足，未准备水泥砂浆浇筑。

③ 施工地点极远，预拌水泥砂浆没能及时送达施工现场。

正确做法及防治措施

（1）防治措施

① 提前预判施工进度，做好水泥砂浆施工准备。

② 针对即将达到设计高程的井室，尽快进行浇筑。使用井圈的作业，在施工前备好井圈，并备好确保井圈安放平稳的水泥砂浆。

③ 井室施工达到设计高程后灌注水泥砂浆，将井圈坐浆并安放平稳。水泥砂浆要求灌注密实，边缘形状规则、清晰，不造成过度污染。

第三节 消防管道安装

一、供水设施

1. 消防水泵房无排水设施

规范标准要求	《消防给水及消火栓系统技术规范》（GB 50974）第5.5.9条规定：消防水泵房应设置排水设施。

质量问题

（1）现象

① 消防水泵房未设置排水设施。

（2）原因分析

① 设计漏项。

② 地面排水设施在土建装饰装修专业图中提出，施工作业人员识图不细致，施工漏项。

③ 消防水泵房机泵、管线安装存在漏点，造成漏水。

正确做法及防治措施

（1）防治措施

① 设计阶段充分考虑消防水泵房工作工况，合理设计排水设施，如集水坑、排水沟等。并将排水设施根据施工最便捷原则明确在相关专业图纸中。确保无设计漏项。

② 施工单位做好图纸会审，跨专业内容，涉及的不同专业施工队伍双方技术人员共同阅图，确定消防水泵房内的所有施工内容，及确定施工内容的专业归属。确保设计内容全部完成，无施工漏项。

③ 施工过程中、施工完成后组织各专业联合检查、验收，清点全部施工内容，如发现功能项目缺失，及时联系补充设计或补救施工。

二、消防管道施工

1. 消防管法兰密封面不光滑

规范标准要求	《消防给水及消火栓系统技术规范》（GB 50974）第12.2.5条规定：管材、管件应进行现场外观检查，并应符合下列要求：法兰密封面应完整光洁，不应有毛刺及径向沟槽；螺纹法兰的螺纹应完整、无损伤。

质量问题

（1）现象

① 法兰密封面存在飞溅，不光滑，法兰焊接角焊缝不符合规范要求。

（2）原因分析

① 消防系统用管材管件未从正规生产厂家进行采购。配套法兰制作质量不合格。

② 消防成套设施、管材、管件等采购入场后，未严格进行入场验收，存在质量问题的材料未被检出。

③ 施工过程中对法兰面、螺纹等保护不到位。

④ 法兰与管连接焊口完成后，焊接飞溅等未及时处理或处理不到位。

正确做法及防治措施

（1）防治措施

① 消防系统用材料从正规生产厂家采购，出厂验收，确保原材料合格。

② 材料入场后，逐件严格进行入场验收，存在质量问题的材料拒绝入场。

③ 法兰密封面保护设施在最后安装投用前始终处于保留状态。

④ 对存在缺陷的法兰，现场无法修补的做退货处理。

2. 阀门手柄方向安装不合规

规范标准要求　《消防给水及消火栓系统技术规范》（GB 50974）第12.3.1条和第12.3.25条规定：消防供水设施应采取安全可靠的防护措施，其安装位置应便于日常操作和维护管理。

阀门应有明显的启闭标志。

质量问题

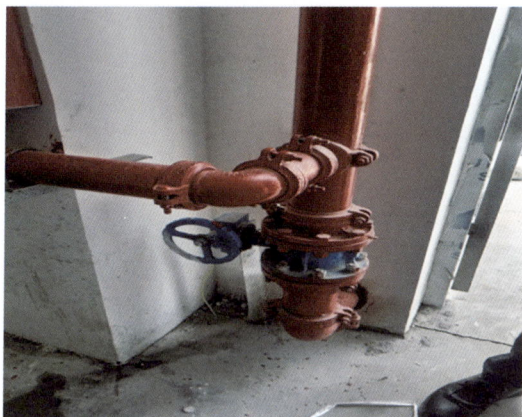

（1）现象

① 阀门手柄安装方向不便于操作，且没有常开标识。

（2）原因分析

① 安装人员未考虑到阀门使用状态，按照施工方便随意安装，导致阀门方向安装错误。

② 设计图纸、安装说明、施工方案等技术指导性文件中未对阀门手柄安装方向做明确提示，导致施工人员疏忽。

正确做法及防治措施

（1）防治措施

① 熟悉系统图，安装阀门时，将手柄方向朝外，便于操作。

② 技术指导性文件中明确提出阀门手柄安装的原则，确保施工人员知晓。

③ 管线安装后，阀门应处于常启状态，并进行挂牌标识。

3. 消防管未安装支架

《消防给水及消火栓系统技术规范》（GB 50974）第12.3.21条规定：

架空管道每段管道设置的防晃支架不应少于1个；当管道改变方向时，应增设防晃支架；立管应在其始端和终端设防晃支架或采用管卡固定。

质量问题

（1）现象

① 消防管道缺少抗震支、吊架。

（2）原因分析

① 设计漏项。

② 管段安装时没有及时安装管道支架。

③ 管道支架制作数量不足，管线安装完成后无支架可用。

④ 施工人员不清楚标准要求，相关技术指导性文件中也没有明确说明，导致施工漏项。

正确做法及防治措施

（1）防治措施

① 设计图纸中按标准要求明确给出支架位置、形式、数量。

② 提前预制足够数量的支架，确保需要的位置能够有支架可用。

③ 施工过程中，管线管件与支架同步安装，并符合设计及标准规范要求。

第五章

电气、仪表安装

第一节　电缆线路安装

一、支架制作安装

1. 电缆沟支架切口处未打磨，支架防腐不到位

<table>
<tr><td>规范标准
要　求</td><td>《石油化工电气工程施工及验收规范》（SH/T 3552）第12.2.2条和第12.2.3条规定：
非镀锌支架制作前应进行除锈、防腐；支架制作时应采用机械切割，切口处应
打磨光滑，不得用电焊、气焊切割。
在允许焊接的金属结构和混凝土构筑物的预埋件上安装时，焊接牢固可靠，及时防腐。
支架安装应横平竖直，成排支架安装应整齐美观，支架间距均匀。</td></tr>
</table>

质量问题

（1）现象
① 电缆沟支架切口处毛刺未打磨、未倒角，而且在支架末端焊接钢筋，易划伤电缆。
② 支架安装后防腐处理不到位。

正确做法及防治措施

（1）防治措施
① 型钢采用切割机等机械切割，不得采用电焊或气焊切割，切割后用磨光机等打磨卷边和毛刺。
② 支架焊接后及时清理焊渣，切口、焊接等部位应进行除锈、防腐处理。

2. 电缆沟支架安装不规范，接地线未防腐

规范标准要求 《石油化工电气工程施工及验收规范》（SH/T 3552）第12.2.2条和第12.2.3条规定：非镀锌支架制作前应进行除锈、防腐；支架制作时应采用机械切割，切口处应打磨光滑，不得用电焊、气焊切割。

在允许焊接的金属结构和混凝土构筑物的预埋件上安装时，焊接牢固可靠，及时防腐。

支架安装应横平竖直，成排支架安装应整齐美观，支架间距均匀。

质量问题

（1）现象

① 支架未用膨胀螺栓固定在混凝土上，而是焊接在膨胀螺栓固定的扁钢上，安装固定不牢固。

② 接地扁钢未进行除锈和防腐处理。

正确做法及防治措施

（1）防治措施

① 电缆沟施工前，电气专业要和土建专业沟通电缆沟是否有预埋件，以及预埋件位置、大小是否满足安装要求。

② 电缆沟内未埋设预埋件的，电缆支架采用膨胀螺栓安装固定在混凝土上，固定要牢固可靠。

③ 电缆沟支架及接地线要及时除锈、防腐。

3. 电缆夹层桥架支架切口处未打磨，焊接处未防腐

规范标准要求	《石油化工电气工程施工及验收规范》（SH/T 3552）第12.2.2条和第12.2.3条规定：

非镀锌支架制作前应进行除锈、防腐；支架制作时应采用机械切割，切口处应打磨光滑，不得用电焊、气焊切割。

在允许焊接的金属结构和混凝土构筑物的预埋件上安装时，焊接牢固可靠，及时防腐。

支架安装应横平竖直，成排支架安装应整齐美观，支架间距均匀。

质量问题

（1）现象

① 桥架支架切口处毛刺未打磨、未倒角。

② 切口、焊接等部位未及时清理焊渣和防腐处理。

正确做法及防治措施

（1）防治措施

① 型钢采用切割机等机械切割，不得采用电焊或气焊切割，切割后用磨光机等打磨卷边和毛刺。

② 支架焊接后及时清理焊渣，切口、焊接等部位应进行除锈、防腐处理。

4. 管廊上电缆桥架支架安装偏差大，焊接处未防腐

规范标准要求	《石油化工仪表工程施工及验收规范》（SH/T 3551）第9.2.3条规定：支架安装应固定牢固、横平竖直，成排支架安装应整齐美观，支架间距应均匀。支架水平安装时，各支架的同层横档应在同一水平面上，偏差不应大于5mm。电缆桥架支吊架沿桥架走向左右偏差不应大于10mm。

质量问题

（1）现象

① 成排支架安装不整齐，同一层横档不在同一水平面上，偏差大于5mm；桥架立柱沿桥架走向左右偏差大于10mm。

② 桥架支架切口处毛刺未打磨、未倒角。

③ 切口、焊接等部位未及时清理焊渣和防腐处理。

正确做法及防治措施

（1）防治措施

① 成排支架安装应先在两侧各安装一个支架，然后在两个支架之间拉粉线或钢丝，依次安装中间支架。

② 型钢采用切割机等机械切割，不得采用电焊或气焊切割，切割后用磨光机等打磨卷边和毛刺。

③ 支架焊接后及时清理焊渣，切口、焊接等部位要进行除锈、防腐处理。

5. 垂直安装的电缆桥架支架间距超过规范要求

《石油化工电气工程施工及验收规范》（SH/T 3552）第12.2.7条规定：
当设计无要求时，电缆桥架水平或垂直安装的支架间距不宜大于2m，大跨距桥架的支架间距应符合制造厂要求；桥架的每个直线段、终端处、弯头处及电缆桥架伸缩节两侧宜安装支架。
《石油化工仪表工程施工及验收规范》（SH/T 3551）第9.3.2条规定：
当弯头、三通、变径等配件需要在现场制作时，应采用成品直通电缆桥架进行加工，现场制作宜采用螺栓连接，其弯曲半径不应小于该电缆桥架上的电缆最小允许弯曲半径的最大者。

质量问题

（1）现象
① 电缆桥架垂直安装的支架间距超过2m，水平安装支架后未清理焊渣和防腐处理。
② 现场制作的镀锌电缆桥架弯头采取焊接方式，焊接后未清理焊渣和防腐处理。

正确做法及防治措施

（1）防治措施
① 电缆桥架水平或垂直安装的支架间距不宜大于2m，桥架的每个直线段、终端处、弯头处及电缆桥架伸缩节两侧宜安装支架。
② 现场制作镀锌桥架弯头不宜采取焊接，宜采用螺栓连接固定。
③ 支架焊接后及时清理焊渣，切口、焊接等部位要进行除锈、防腐处理。

二、电缆桥架安装

1. 电缆桥架制作的弯头内毛刺未打磨

规范标准 要　求	《石油化工电气工程施工及验收规范》（SH/T 3552）第12.2.1条规定：电缆桥架内部平整、光洁，无杂物、无毛刺；托盘式桥架内部应有可供电缆绑扎的固定点。 《石油化工仪表工程施工及验收规范》（SH/T 3551）第9.3.3条规定：加工成形后的配件切割面应打磨光滑，不应有损伤电缆的毛刺、刃边等缺陷，并按照设计文件要求，及时涂刷底漆和面漆。

质量问题

（1）现象
① 现场制作桥架弯头未打磨切割面的毛刺、刃边等缺陷。

正确做法及防治措施

（1）防治措施
① 现场制作桥架弯头切割面要使用磨光机等及时打磨干净，不得有尖锐棱角、毛刺、刃边等现象。
② 按要求对加工处涂刷镀锌防腐漆。

2. 外管廊电缆桥架过路翻弯不满足大截面电缆敷设要求

> **规范标准要求**　《石油化工电气工程施工及验收规范》（SH/T 3552）第12.2.4条规定：
> 电缆桥（支）架安装应横平、竖直；敷设路径、坡度、固定方式应符合设计要求；桥架的支架不得用膨胀螺栓固定在砖墙上；桥架弯曲半径不应小于该桥架上的电缆最小允许弯曲半径的最大者。

质量问题

（1）现象

① 厂区过马路桥架翻弯时，桥架采用小倍率上下垂直弯通，不利于大截面电缆敷设和盖板安装。

正确做法及防治措施

（1）防治措施

① 厂区外线电缆桥架施工前要做好策划，有大截面电缆时，过马路等部位落差不大的情况下，尽量采用大倍率上下垂直弯通或现场制作鸭脖弯。

3. 非镀锌的金属电缆桥架之间未安装接地跨接线

规范标准 要　求	《石油化工电气工程施工及验收规范》（SH/T 3552）第12.2.5条和第12.2.6条规定：电缆桥架与连接板应采用半圆头螺栓牢固固定，螺母位于桥架的外侧；桥架与支架固定应牢固；桥架之间接口应紧密、无毛刺。

镀锌桥架节与节之间可不跨接接地线，但连接板两端至少应有2个带防松螺母或防松垫圈的连接固定螺栓；非镀锌的金属桥架节与节之间应跨接不小于4mm²的铜芯接地线。

质量问题

（1）现象
① 电缆桥架间连接螺栓未采用半圆头螺栓，而是采用六角头镀锌螺栓。
② 铝合金桥架之间未安装接地跨接线。

正确做法及防治措施

（1）防治措施
① 检查配套螺栓是否为半圆头螺栓，材质是否符合要求。
② 桥架连接时，半圆头在桥架内侧，螺母在桥架外侧，固定应牢固。
③ 非镀锌的金属桥架节与节之间要安装不小于4mm²的铜芯接地跨接线。

4. 镀锌电缆桥架和支架间采用焊接固定不符合要求

规范标准 要　　求	《石油化工仪表工程施工及验收规范》（SH/T 3551）第9.3.7条规定： 电缆桥架在支架上的固定方法，应按设计文件的规定进行，不应采用焊接固定。

质量问题

（1）现象

① 镀锌桥架和镀锌支架间直接焊接固定，不符合规范要求。

正确做法及防治措施

（1）防治措施

① 垂直桥架和支架间应采用平圆头螺栓固定，不得采用电焊焊接。

② 水平桥架在支架安装时，在横担端头焊接角钢固定桥架，防止桥架侧滑。

5. 电缆桥架伸缩缝设置不到位

规范标准 要　　求	《石油化工电气工程施工及验收规范》（SH/T 3552）第12.2.9条规定：

桥架在下列位置应有伸缩措施，长度不应小于20mm：

钢制桥架直线段超过30m；

铝合金或玻璃钢桥架直线段超过15m；

桥架通过建筑物伸缩缝时，桥架伸缩缝的预留宜大于建筑物伸缩缝的宽度。

质量问题

（1）现象

① 桥架未安装专用伸缩节，采用桥架连接片预留伸缩缝，连接片也未开长孔。

正确做法及防治措施

（1）防治措施

① 桥架伸缩缝宜采用专用伸缩节。

② 未采用专用伸缩节时，也可以采用桥架连接片开长孔方式连接，并预留伸缩缝。连接片开长孔位置连接螺栓应保持适当松度，不可全部带紧。

6. 垂直电缆槽盒内未设置固定电缆的支架

《石油化工仪表工程施工及验收规范》（SH/T 3551）第 9.3.12 条规定：
电缆桥架垂直段大于 2m 时，应在垂直段上、下端槽内增设固定电缆用的支架。
当垂直段大于 4m 时，还应在其中部增设支架。

质量问题

（1）现象
① 在垂直电缆槽盒内未增设固定电缆用的支架。

正确做法及防治措施

（1）防治措施
① 当电缆桥架垂直段大于 2m 时，应在垂直段上、下端槽内增设固定电缆用的支架。
② 当垂直段大于 4m 时，应在其中部增设支架。
③ 固定电缆的支架可以采用镀锌钢管或镀锌圆钢。

7. 铝合金电缆桥架与碳钢支架之间未采取防电化腐蚀隔离措施

规范标准要求	《石油化工电气工程施工及验收规范》（SH/T 3552）第12.2.10条规定：铝合金桥架或不锈钢桥架在碳钢支架上固定时，应有防电化腐蚀措施。

质量问题

（1）现象

① 铝合金桥架在碳钢支架上固定时，未采取防电化腐蚀措施。

正确做法及防治措施

（1）防治措施

① 铝合金桥架或不锈钢桥架在碳钢支架上固定时，应采取垫胶皮等防电化腐蚀措施。

8. 室外电缆桥架进建筑物处未设置向外倾斜的防水坡度

规范标准 要　求	《石油化工电气工程施工及验收规范》（SH/T 3552）第 12.2.11 条规定： 电缆桥架进入建筑物处应有向外倾斜 5‰ 的防水坡度；桥架穿过墙、楼板等处时应通过坚固平滑的洞口，且有密封措施。

质量问题

（1）现象

① 电缆桥架进入建筑物处外高内低，未设向外倾斜 5‰ 的防水坡度。

正确做法及防治措施

（1）防治措施

① 电缆桥架进入建筑物处应设向外倾斜 5‰ 的防水坡度。

② 电缆敷设后按设计要求将墙孔洞密封严密。

9. 电缆保护管进槽盒开孔位置不准确

《石油化工电气工程施工及验收规范》（SH/T 3552）第12.2.12条规定：
托盘桥架上的保护管开孔，应采用机械开孔，开孔位置宜在桥架侧壁高度的2/3
处，连接部位宜用管接头固定。

质量问题

（1）现象

① 保护管在电缆槽盒侧面高度2/3以下的区域内开孔。

② 保护管和电缆槽盒直接焊接固定，未使用锁紧螺母或管接头连接。

正确做法及防治措施

（1）防治措施

① 保护管应在桥架侧面高度2/3以上的区域内开孔。

② 电缆保护管和桥架之间应使用锁紧螺母或管接头连接。

10. 电缆桥架盖板采用铁丝绑扎不规范

规范标准 要　　求	《石油化工电气工程施工及验收规范》（SH/T 3552）第12.2.13条规定：电缆桥架隔板和盖板固定应牢固。

质量问题

（1）现象
① 电缆桥架采用铁丝固定桥架盖板不牢固。
② 电缆桥架盖板封盖不严密。

正确做法及防治措施

（1）防治措施
① 桥架盖板宜采用专用扎带、专用抱箍等固定方式，不宜采用铁丝等固定盖板。每节盖板固定不应少于两条。

三、电缆保护管安装

1. 电缆保护管管口毛刺未打磨、未封堵

规范标准 要　　求	《石油化工电气工程施工及验收规范》（SH/T 3552）第12.3.1条规定：电缆（线）保护管不应有显著的凹凸不平，管口应光滑无毛刺，在管口部位应有针对电缆（线）的保护措施；保护管及其支架应无锈蚀，油漆完整无脱落。

质量问题

（1）现象

① 保护管管口有尖锐棱角未打磨，管口未安装护口。

② 电缆穿管后管口未封堵。

正确做法及防治措施

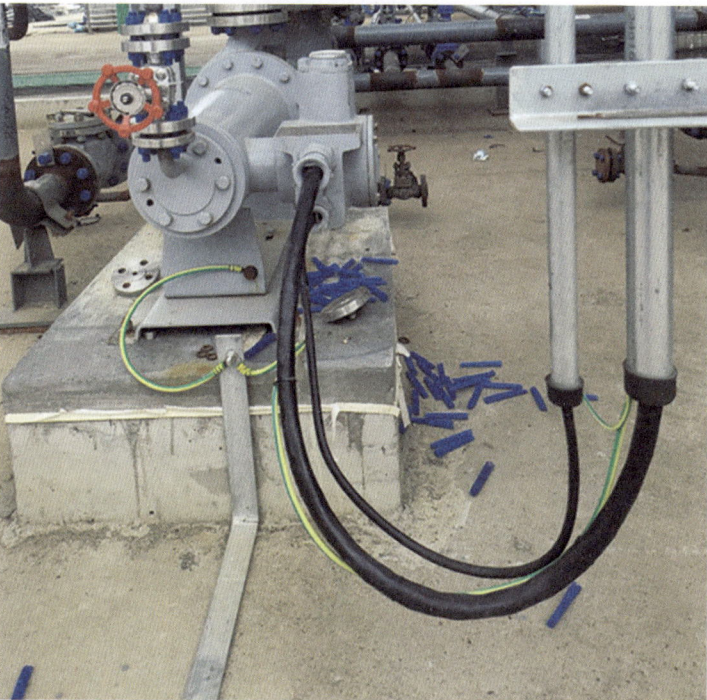

（1）防治措施

① 管口毛刺等应打磨干净，管口采用橡皮护口等保护。

② 电缆保护管管口要采用防爆胶泥等封堵措施。

2. 电缆保护管煨弯处有明显的凹凸不平现象

<table>
<tr><td>规范标准
要　　求</td><td>《石油化工电气工程施工及验收规范》（SH/T 3552）第 12.3.2 条规定：
　　电缆保护管的内径与电缆外径之比不应小于 1.5；保护管弯曲半径不应小于管内的电缆最小允许弯曲半径；保护管弯扁程度不宜大于管子外径的 10%。</td></tr>
</table>

质量问题

（1）现象

① 保护管煨弯后弯曲处有明显的凹瘪现象，弯扁程度大于管子外径的 10%。

② 成排保护管间距不一致，弯曲半径不一致，煨弯处露出地面，整体观感较差。

正确做法及防治措施

（1）防治措施

① 保护管应采用液压弯管机或手动弯管器煨弯，选用和管径同规格的模具。不得有明显的凹瘪现象，弯扁程度不得大于管子外径的 10%。

② 成排保护管间距要布置一致，拐弯处弯曲半径一致。

③ 埋地保护管深度要符合要求，保护管煨弯处不宜露出地面。

④ 保护管出地面后不能采用点焊方式固定，防止破坏镀锌层。

3. 明配电缆保护管采用直接对焊连接

规范标准 要　　求	《石油化工电气工程施工及验收规范》（SH/T 3552）第12.3.4条规定： 镀锌钢管连接宜采用螺纹连接方式，螺纹加工应光滑、完整、无锈蚀，有效丝扣应不少于6扣，外露宜为2扣～3扣，连接处应涂有电力复合脂。

质量问题

（1）现象

① 明配保护管采用对焊连接。

② 焊缝处未打磨及防腐处理。

正确做法及防治措施

（1）防治措施

① 明配镀锌钢管不能采用焊接连接，宜采用螺纹连接，可采用活接头、管箍等连接。

② 宜采用螺纹连接方式，螺纹加工应光滑、完整、无锈蚀，有效丝扣应不少于6扣，外露宜2扣～3扣。

③ 螺纹连接处应涂有电力复合脂。

4. 暗配电缆保护管采取直接对焊连接

规范标准要求 《石油化工电气工程施工及验收规范》（SH/T 3552）第12.3.4条规定：埋地敷设时宜采用套管焊接连接，套管长度宜为连接管外径的2.2倍，套焊处焊缝应完整饱满，在清除干净焊口后，焊接部位前后100mm范围内均做防腐处理。壁厚小于等于2mm的钢管不得套管熔焊连接。

质量问题

（1）现象

① 埋地保护管敷设直接对焊连接，对焊处管口不齐。

② 保护管焊接处既未清理焊渣及飞溅，也未进行防腐处理。

③ 管口未采取封堵保护措施。

正确做法及防治措施

（1）防治措施

① 埋地保护管不能直接对焊连接，应采用套管焊接连接，套管长度不应小于保护管外径的2.2倍，管子对口应处于套管的中心位置，套焊处焊缝应完整饱满，在清除干净焊口后，焊接部位前后100mm范围内均做防腐处理。

② 保护管管口应采取临时封堵保护措施。

5. 电缆保护管与支架直接焊接固定

规范标准要求	《石油化工电气工程施工及验收规范》（SH/T 3552）第12.3.5条规定：保护管应排列整齐，宜采用镀锌U型螺栓或管卡固定，固定间距宜一致。

质量问题

（1）现象

① 保护管和支架直接焊接固定，未采用镀锌U型管卡固定。

正确做法及防治措施

（1）防治措施

① 保护管应排列整齐，不得采用焊接固定，应采用镀锌U型螺栓或管卡固定，固定间距宜一致。

6. 电缆保护管埋设深度不够

规范标准要求 《石油化工电气工程施工及验收规范》（SH/T 3552）第12.3.9条规定：室外埋设的电缆保护管，埋设深度距地平面不宜小于0.5m。ϕ50mm及以下的保护管从电缆沟到邻近电气设备的埋深不应少于0.3m。

质量问题

（1）现象

① 室外埋设保护管深度不足0.5m。

正确做法及防治措施

（1）防治措施

① 室外埋设的电缆保护管，埋设深度距地平面不宜小于0.5m。

② ϕ50mm及以下的保护管从电缆沟到邻近电气设备的埋深不应少于0.3m。

7. 电缆保护管引出地面高度不够

规范标准要求	《石油化工电气工程施工及验收规范》（SH/T 3552）第12.3.10条规定：引至设备的电缆保护管管口引出地面时，管口宜高出地面200mm，并有防水、防尘措施；位置不应妨碍设备的拆装和巡视通道的进出；并排安装的保护管管口应排列整齐。

质量问题

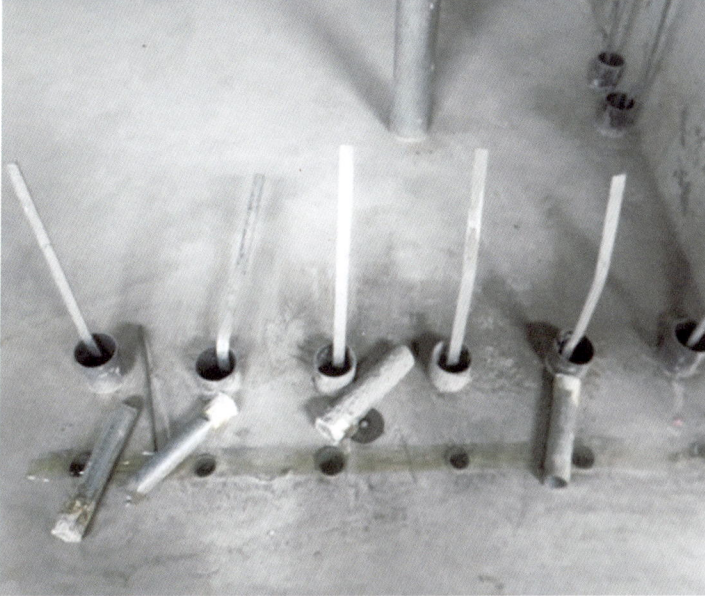

（1）现象

① 保护管管口伸出地面高度不符合要求。

正确做法及防治措施

（1）防治措施

① 引出地面保护管管口宜高出地面少于200mm，并排安装的保护管管口应排列整齐。位置不应妨碍设备的拆装和巡视通道的进出。

8. 高压电机电缆保护管安装不到位

《石油化工电气工程施工及验收规范》（SH/T 3552）第12.3.10条规定：
引至设备的电缆保护管管口引出地面时，管口宜高出地面200mm，并有防水、防尘措施；位置不应妨碍设备的拆装和巡视通道的进出；并排安装的保护管管口应排列整齐。

质量问题

（1）现象

① 电机接线盒进线口和保护管管口很近，加上高压电缆截面大，电缆穿电机接线盒非常困难。

正确做法及防治措施

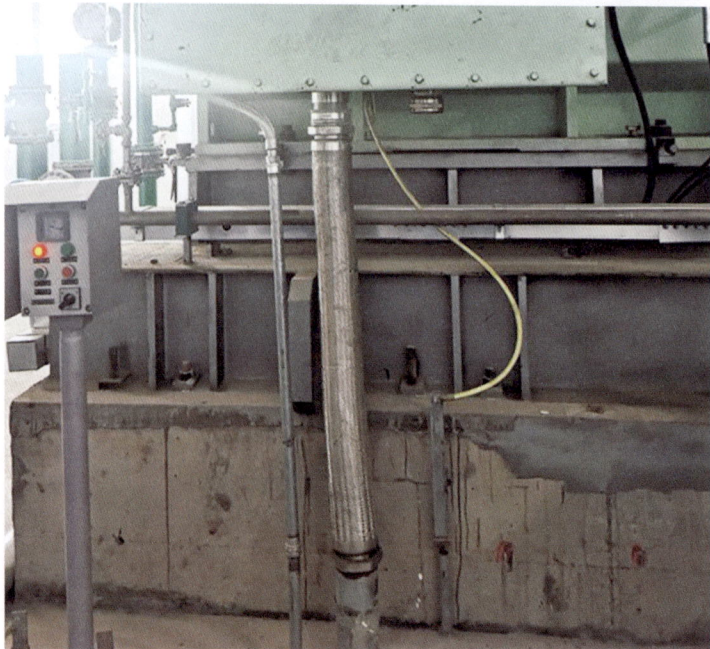

（1）防治措施

① 电机进线口距地面1.2m以上且安装挠性管时，可考虑正对电机进线口配管，管口宜高出地面200mm。

② 电机进线口距地面1.2m以下时，可考虑在电机接线盒一侧配管并符合电缆最小弯曲半径要求，这样方便电缆进入电机接线盒。

9. 低压电机电缆保护管安装不规范

规范标准要求

《石油化工电气工程施工及验收规范》（SH/T 3552）第12.3.10条规定：引至设备的电缆保护管管口引出地面时，管口宜高出地面200mm，并有防水、防尘措施；位置不应妨碍设备的拆装和巡视通道的进出；并排安装的保护管管口应排列整齐。

质量问题

（1）现象

① 两根保护管引出地面时未和基础平行布置。

② 保护管采用直接对焊连接，不符合规范要求。

③ 管口螺纹生锈。

正确做法及防治措施

（1）防治措施

① 低压电机保护管管口宜正对电机进线口，其保护管安装高度要考虑电缆最小弯曲半径和挠性管自然弯曲不带应力且安装高度不得高于进线口。安装高度高于进线口应采取防水措施。

② 保护管距电机基础50mm左右，并排保护管管口应排列整齐。

③ 明敷保护管宜采用丝扣连接方式，螺纹加工应光滑、完整、无锈蚀。

10. 电缆保护管管口高于仪表进线口

<table>
<tr><td>规范标准
要　　求</td><td>《石油化工仪表工程施工及验收规范》（SH/T 3551）第9.4.12条规定：
保护管的仪表端宜低于仪表及接线箱的进线口，当保护管有可能受到雨水或潮湿气体浸入时，在可能积水的位置或最低处，应安装排水三通。</td></tr>
</table>

质量问题

（1）现象

① 保护管管口高于仪表进线口，雨水或潮气很容易顺着挠性管进入仪表内。

正确做法及防治措施

（1）防治措施

① 保护管安装时，管口不得高于仪表进线口，而且要考虑挠性管或电缆安装后最高点不得高于仪表进线口。

② 在可能积水的位置或最低处，安装排水三通。

11. 进出建筑物的电缆保护管预埋长度不够

规范标准要 求	《石油化工电气工程施工及验收规范》（SH/T 3552）第12.4.9条规定：电缆保护管埋入非混凝土地面的深度不应小于100mm，伸出道路路基两边的长度不应小于500mm，伸出建筑物散水坡的长度不应小于250mm； 电缆敷设前，应对保护管内进行疏通、清除杂物； 电缆敷设完成后，保护管口应做封堵。

质量问题

（1）现象

① 埋地电缆保护管未伸出散水坡。

② 埋地电缆保护管未制作喇叭口。

正确做法及防治措施

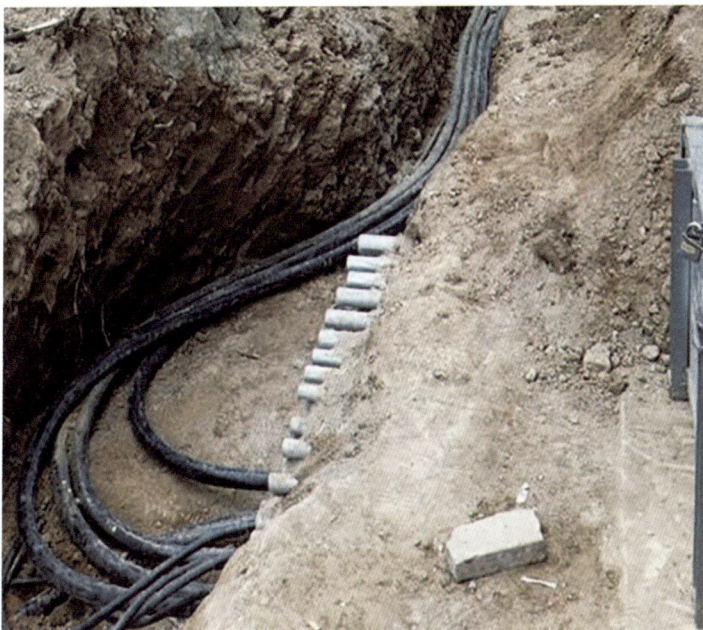

（1）防治措施

① 电缆保护管埋入非混凝土地面的深度不应小于100mm，伸出道路路基两边的长度不应小于500mm，伸出建筑物散水坡的长度不应小于250mm。

② 埋地电缆保护管应制作喇叭口，且管口毛刺要打磨干净。

四、电缆敷设

1. 电缆夹层电缆敷设排列不整齐

规范标准要求	《石油化工电气工程施工及验收规范》（SH/T 3552）第12.4.3条规定：电力电缆在终端头和接头附近宜留有备用长度，预留位置宜在电缆沟、夹层或桥架中。

质量问题

（1）现象

① 电缆夹层电缆头预留长度和弧度不一致，绑扎不规范，排列不整齐，观感较差。

正确做法及防治措施

（1）防治措施

① 电缆夹层内电缆敷设前要做好策划，夹层中预留电缆长度和弧度要一致，排列整齐美观，并在电缆头下方支架上固定。

② 电缆绑扎应用塑料扎带、专用扎线、专用固定卡等，不得用铁丝、铜丝等绑扎固定。

2. 控制室电缆敷设排列不整齐

规范标准要求　《石油化工仪表工程施工及验收规范》（SH/T 3551）第9.5.5条规定：电缆敷设应合理安排，避免交叉，防止电缆之间或电缆与其他硬物之间摩擦引起的机械损伤，并应及时装设标识牌。

质量问题

（1）现象

① 电缆排列不整齐，存在交叉现象。

② 电缆敷设后未及时绑扎，观感较差。

正确做法及防治措施

（1）防治措施

① 电缆敷设前要做好策划，根据控制柜位置及柜内接线端子排的方向，确定先放哪些电缆，后放哪些电缆。

② 电缆每敷设一趟后，要及时用扎线绑扎，避免电缆凌乱和交叉。

③ 电缆绑扎应用塑料扎带、专用扎线等，不得用铁丝、铜丝等。

3. 电缆沟内电缆绑扎不规范

规范标准要求《石油化工电气工程施工及验收规范》（SH/T 3552）第12.4.5条规定：

电缆应排列整齐，不宜交叉，固定符合下列规定：

垂直敷设电缆或超过45°倾斜敷设的电缆在每个支架上；

水平敷设的电缆，在电缆首末两端及转弯、电缆接头的两端处；

从电缆夹层引进配电柜时，在电缆头下方加以固定。

质量问题

（1）现象

① 电缆沟内电缆用铁丝绑扎。

② 电缆沟内杂物未清理干净。

正确做法及防治措施

（1）防治措施

① 电缆应排列整齐，不宜交叉；电缆应在支架上绑扎固定。

② 电缆绑扎应用塑料扎带、专用扎线等，不得用铁丝、铜丝等。

4. 电缆桥架内拐弯处电缆未绑扎

| 规范标准要求 | 《石油化工电气工程施工及验收规范》（SH/T 3552）第12.4.5条规定：
电缆应排列整齐，不宜交叉，固定符合下列规定：
垂直敷设电缆或超过45°倾斜敷设的电缆在每个支架上；
水平敷设的电缆，在电缆首末两端及转弯、电缆接头的两端处；
从电缆夹层引进配电柜时，在电缆头下方加以固定。 |

质量问题

（1）现象

① 垂直弯通处电缆长度不够，露出桥架。

② 垂直桥架内及拐弯处电缆未绑扎固定。

正确做法及防治措施

（1）防治措施

① 垂直安装槽盒内及上弯通应安装固定电缆的支架。

② 电缆在桥架内应排列整齐，不宜交叉，垂直敷设电缆或超过45°倾斜敷设的电缆绑扎要牢固。

③ 电缆绑扎应用塑料扎带、专用扎线等，不得用铁丝、铜丝等。

5. 单芯电缆未蛇形敷设摆放

<table>
<tr><td>规范标准
要　　求</td><td>《石油化工电气工程施工及验收规范》（SH/T 3552）第12.4.5条规定：
交流单芯电缆的固定间隔应符合设计的要求；</td></tr>
</table>

交流单芯电缆不得用磁性夹具固定；

大截面电缆需蛇形敷设时，抱箍应垂直电缆固定；

电缆的固定夹或固定扎带应排列整齐，固定扎带的多余长度应剪除。

质量问题

（1）现象

① 交流单芯电缆固定扎带的多余长度未剪除。

② 交流单芯电缆未蛇形敷设摆放。

正确做法及防治措施

（1）防治措施

① 交流单芯电缆宜呈品字形摆放，不得用磁性夹具固定。

② 大截面电缆蛇形敷设时，抱箍应垂直电缆固定。

③ 电缆的固定夹或固定扎带应排列整齐，扎带的多余长度应剪除。

6. 埋地电缆敷设未铺砂盖砖

规范标准要求 《石油化工电气工程施工及验收规范》（SH/T 3552）第12.4.8条规定：

直埋电缆的埋设深度不应小于0.7m，在引入建筑物、与地下设施交叉处可浅埋，但应采取保护措施；

直埋电缆的上、下部应铺有100mm厚的软土或沙子层，软土或沙子中不应有石块或其他硬质杂物，并加盖混凝土盖板或砖块，其覆盖宽度应超过电缆两侧各50mm。

质量问题

（1）现象

① 电缆敷设前电缆下未铺100mm厚的软土或沙子层。

② 电缆沟内有土块等杂物未清理。

正确做法及防治措施

（1）防治措施

① 电缆敷设前应清理沟内垃圾等杂物。

② 直埋电缆的上、下部应铺有100mm厚的软土或沙子层，软土或沙子中不应有石块或其他硬质杂物，并加盖砖块，其覆盖宽度应超过电缆两侧各50mm。

五、电缆头制作安装

1. 高压电缆头制作不规范

规范标准要求　《石油化工电气工程施工及验收规范》（SH/T 3552）第 12.5.6 条规定：高压电缆头各层结构尺寸和制作工艺应符合安装工艺说明书要求，所用的材料、部件应由电缆接头制造商成套提供。

质量问题

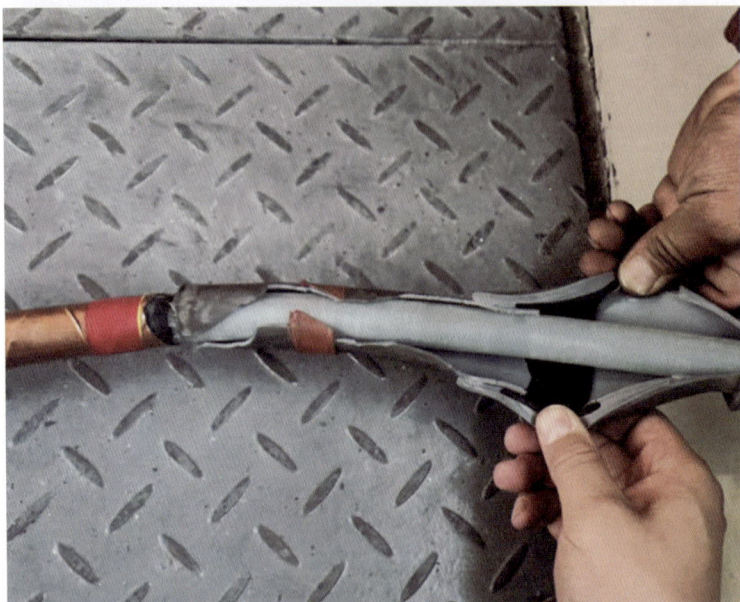

（1）现象

① 高压电缆头未按产品说明书要求制作，应力锥内半导体层未安装在电缆半导体环切部位。

② 铜屏蔽层、半导体层环切不整齐，有尖锐棱角及毛刺。

正确做法及防治措施

（1）防治措施

① 高压电缆头各层结构尺寸和制作工艺应按安装工艺说明书要求制作。

② 铜屏蔽层环切要整齐，不得有尖锐棱角及毛刺等现象。

③ 半导体环切要整齐，环切后半导体层要倒角；剥半导体层时不得划伤主绝缘层。

2. 柜内终端电缆头安装不合理

<table>
<tr><td>规范标准
要　　求</td><td>《石油化工电气工程施工及验收规范》（SH/T 3552）第12.5.9条规定：
电缆终端固定应牢靠；相色应正确，相序排列应与设备连接相序一致；电缆支架等的金属部件防腐层应完好；电缆管口封堵应严密。</td></tr>
</table>

质量问题

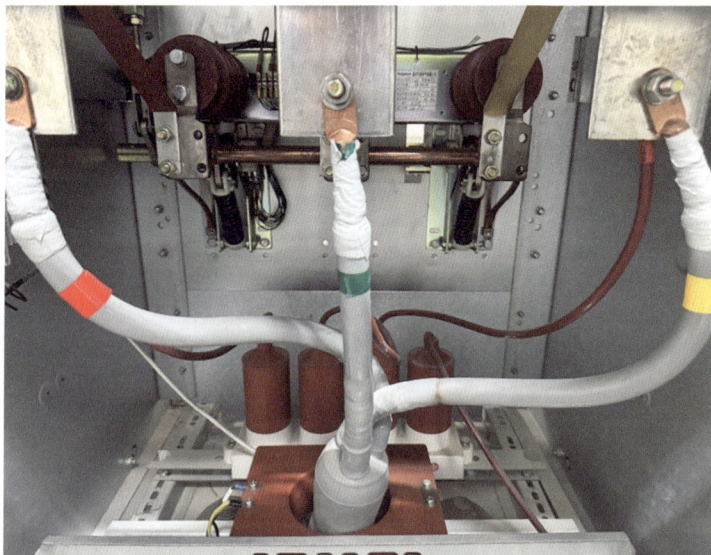

（1）现象

① 电缆头制作前未考虑布局，安装不合理，芯线交叉，不整齐美观。

② 电缆头接线端子部位绝缘层被损坏。

正确做法及防治措施

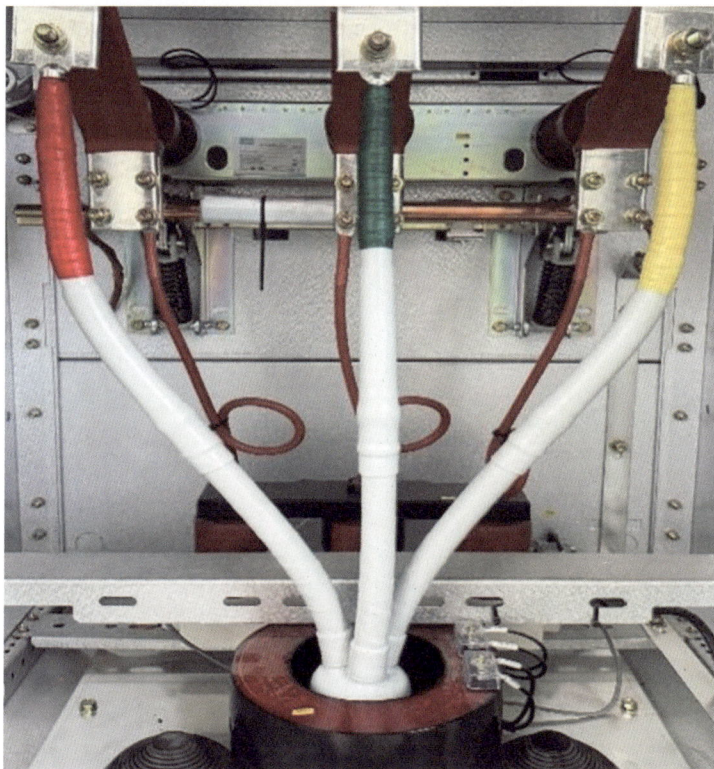

（1）防治措施

① 电缆头制作前要认真进行策划，确保电缆头相序和设备相序一致，安装后电缆芯线不受额外应力。

② 电缆头安装固定牢靠，绝缘不能损坏，相色标识正确，接地线安装符合要求。

3. 柜内低压电缆头安装不合理

<table>
<tr><td>规范标准
要　　求</td><td>《石油化工电气工程施工及验收规范》（SH/T 3552）第12.5.9条规定：
电缆终端固定应牢靠；相色应正确，相序排列应与设备连接相序一致；电缆支架等的金属部件防腐层应完好；电缆管口封堵应严密。</td></tr>
</table>

质量问题

（1）现象

① 电缆在配电柜内布局不合理，未合理排列电缆顺序，电缆出现交叉现象。

② 电缆终端头处未挂标识牌。

正确做法及防治措施

（1）防治措施

① 电缆终端头制作前要认真进行策划，确保柜内电缆不出现交叉。

② 电缆终端头相序和设备相序一致，安装后电缆芯线不受额外应力。

③ 电缆终端头安装固定牢靠，绝缘不能损坏，相色标识正确，接地线安装符合要求。

④ 电缆终端头处应悬挂标识牌。

4. 柜内控制电缆排列不合理，未挂电缆标识牌

规范标准 要　　求	《石油化工仪表工程施工及验收规范》（SH/T 3551）第9.7.2条规定：

电缆敷设后，两端应做电缆头，电缆头的制作应符合下列要求：从开始剥切电缆到制作完毕，应连续一次完成。

剥切电缆时不应伤及芯线绝缘。

铠装电缆应用钢线或喉箍卡将钢铠和接地线固定。

屏蔽电缆的屏蔽层应分别各自穿绝缘套管引出，屏蔽线之间应相互绝缘隔离。

电缆头应用绝缘胶带包扎密封，或用热缩管热封。

电缆头应排列整齐、固定牢固。

质量问题

（1）现象

① 电缆布局不合理，低处接线的电缆未放在最里侧。

② 电缆终端头处未挂标识牌。

正确做法及防治措施

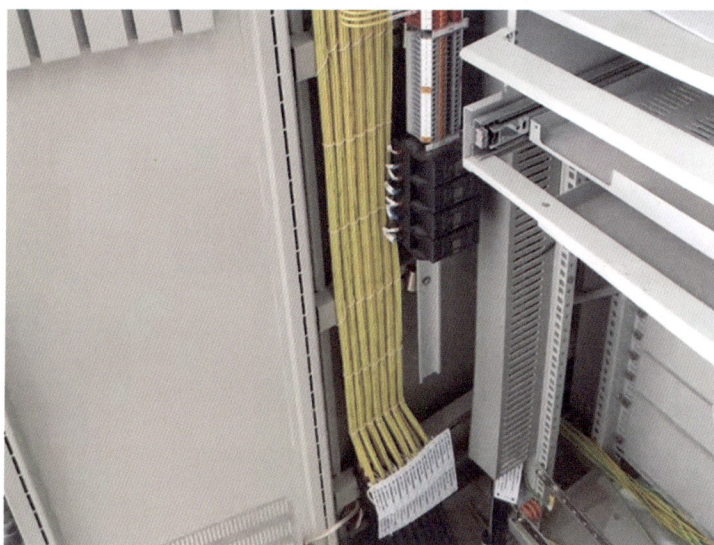

（1）防治措施

① 电缆头制作前要认真进行策划，确保柜内电缆不出现交叉，电缆芯线绑扎整齐美观。

② 电缆头处应挂标识牌；标识牌上应注明电缆编号、型号规格、长度及起点、终点；标识牌的字迹应清晰牢固，不易脱落。

5. 柜内电缆芯线绑扎不整齐，未挂电缆标识牌

规范标准要求	《石油化工仪表工程施工及验收规范》（SH/T 3551）第9.7.2条规定：电缆敷设后，两端应做电缆头，电缆头的制作应符合下列要求：从开始剥切电缆到制作完毕，应连续一次完成。

剥切电缆时不应伤及芯线绝缘。

铠装电缆应用钢线或喉箍卡将钢铠和接地线固定。

屏蔽电缆的屏蔽层应分别各自穿绝缘套管引出，屏蔽线之间应相互绝缘隔离。

电缆头应用绝缘胶带包扎密封，或用热缩管热封。

电缆头应排列整齐、固定牢固。

质量问题

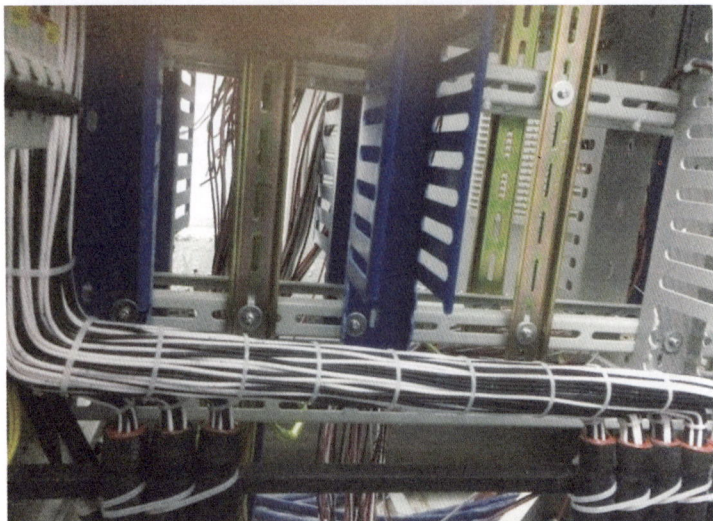

（1）现象
① 电缆芯线绑扎不顺直，不整齐。
② 电缆终端头处未挂标识牌。

正确做法及防治措施

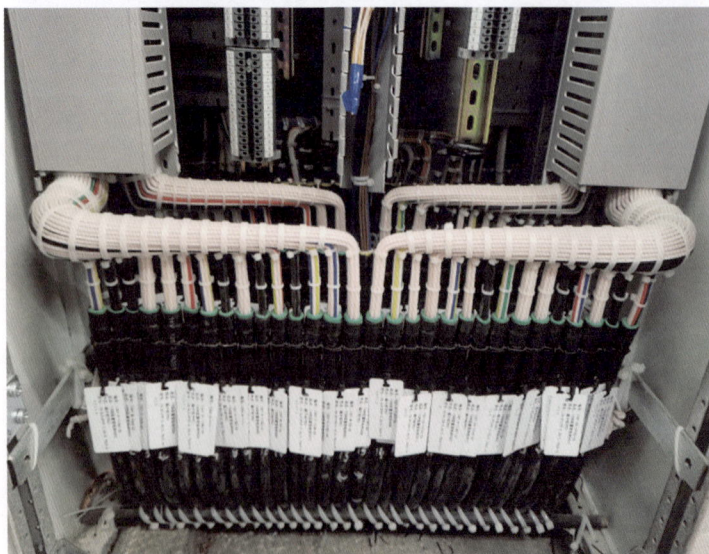

（1）防治措施
① 电缆头制作前要认真进行策划，确保柜内电缆不出现交叉，电缆芯线绑扎整齐美观。
② 电缆头处应挂标识牌；标识牌上应注明电缆编号、型号规格、长度及起点、终点；标识牌的字迹应清晰牢固，不易脱落。

6. 控制电缆屏蔽层未接到接地端子上

规范标准 要 求 《石油化工仪表工程施工及验收规范》（SH/T 3551）第10.4.6条和第10.4.7条规定：单层屏蔽电缆的屏蔽层和分屏总屏蔽电缆的内屏蔽层应在控制室/机柜室仪表盘柜侧单端接到工作接地。

分屏总屏蔽电缆的外屏蔽层、铠装电缆的铠装金属保护层应在现场和控制室/机柜室两端接到保护接地。

质量问题

（1）现象
① 屏蔽层未绑扎固定。
② 屏蔽层未接到接地端子上。

正确做法及防治措施

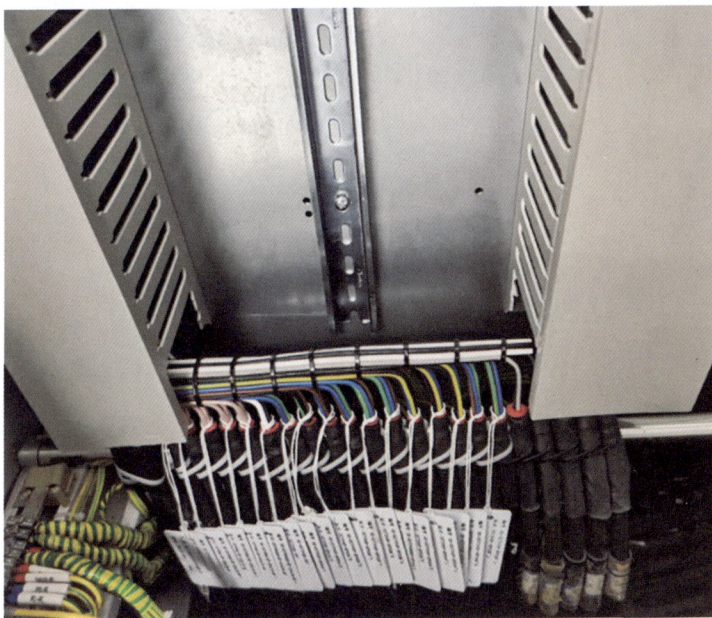

（1）防治措施
① 屏蔽电缆的屏蔽层应分别穿过绝缘套管引出，屏蔽线之间应相互绝缘隔离。
② 单层屏蔽电缆的屏蔽层和分屏总屏蔽电缆的内屏蔽层应在控制室/机柜室仪表盘柜侧单端接到工作接地。
③ 分屏总屏蔽电缆的外屏蔽层、铠装电缆的铠装金属保护层应在现场和控制室/机柜室两端接到保护接地。

7. 接线箱内铜屏蔽层未做绝缘处理

规范标准 要　　求	《石油化工仪表工程施工及验收规范》（SH/T 3551）第 10.4.10 条规定： 在中间接线箱内，主电缆的分屏蔽层宜采用端子将对应的分支电缆的屏蔽层进行连接，不同的屏蔽层应分别连接，不应混接，并应绝缘。

质量问题

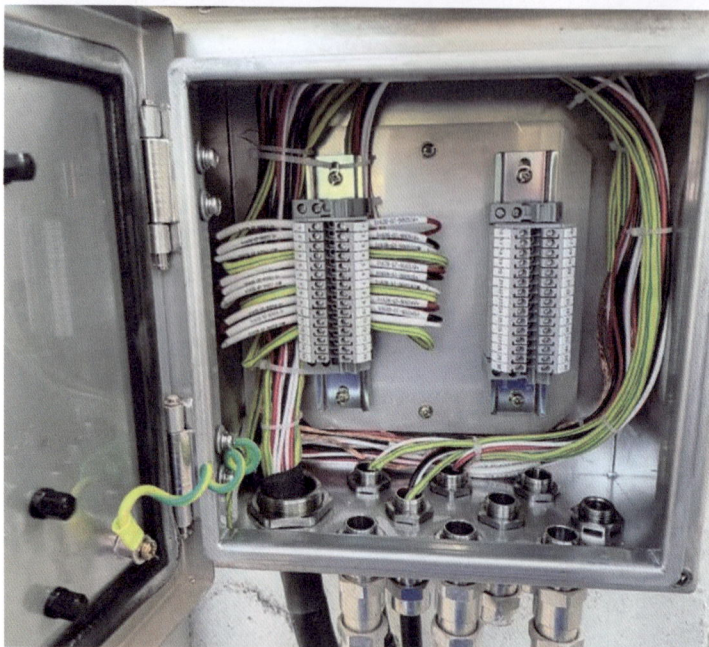

（1）现象

① 备用线芯未接到备用端子上，屏蔽层未进行绝缘处理，也未接到备用端子上。

正确做法及防治措施

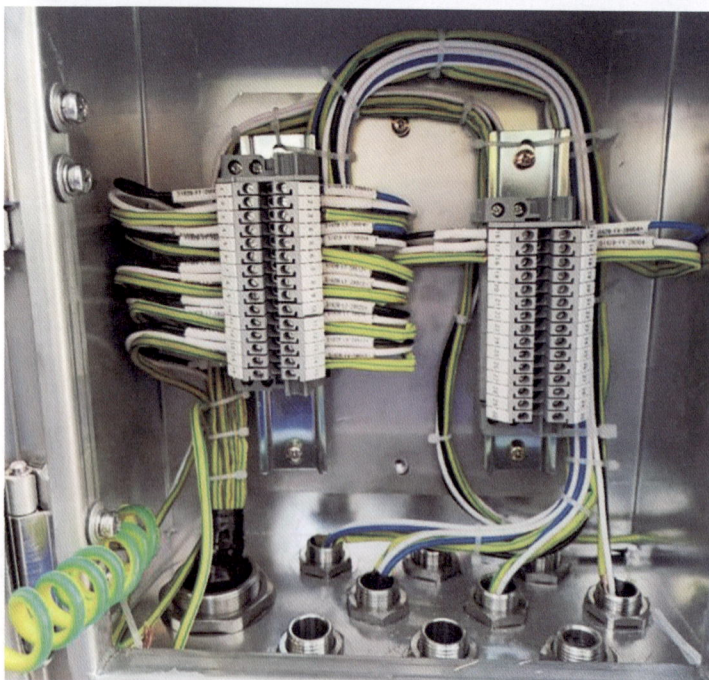

（1）防治措施

① 主电缆的分屏蔽层应采用端子将对应的分支电缆的屏蔽层进行连接，不同的屏蔽层应分别连接，不应混接，并应绝缘。

8. 电缆二次接线不规范

《石油化工仪表工程施工及验收规范》（SH/T 3551）第9.7.9条规定：

仪表电缆接线应符合下列规定：

接线前应校线，电缆芯线不应有损伤。

每根导线在接线端子处应做出明显、耐久的标识，标识长度及字母排列方向应一致。

同一个接线端子上的连接芯线，不应超过两根。

质量问题

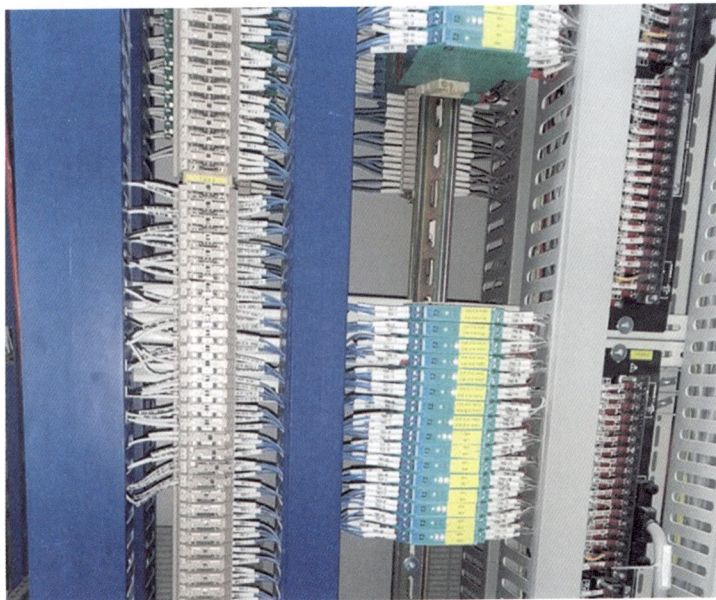

（1）现象

① 电缆接线比较乱，有交叉现象。

② 线号管长度不一致，而且线号管未统一向外。

正确做法及防治措施

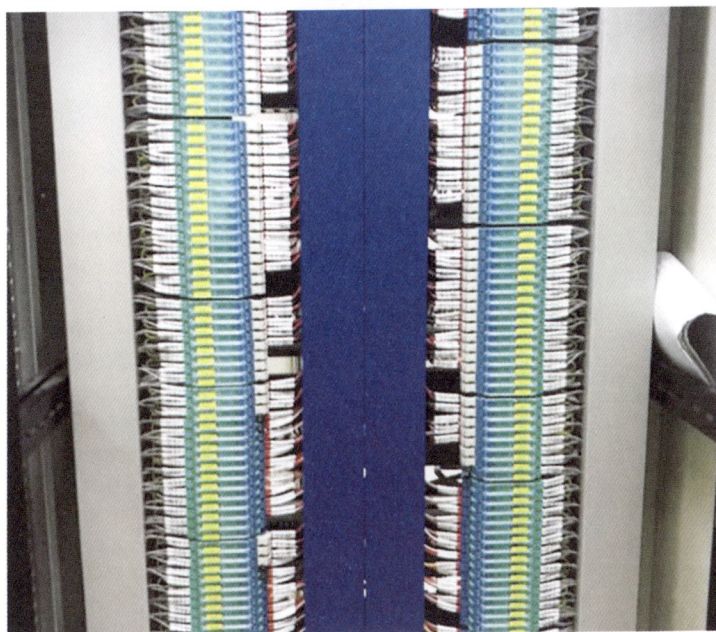

（1）防治措施

① 配线整齐美观，扎带间距均匀，接线时不能交叉，同一接线端子上不超过2根。

② 接引处预留长度适当，形式一致；控制电缆备用芯线预留长度宜至最远端子处。

③ 线号管长度及字母排列方向应一致，线号标志清晰正确。

9. 电缆二次接线预留长度不一致

规范标准要 求	《石油化工电气工程施工及验收规范》（SH/T 3552）第7.3.2条规定：

导线端部线号标志清晰正确，且不易脱色；

盘、柜内配线应整齐、美观，扎带间距离宜为100mm～200mm且一致；接引处预留长度适当，形式一致；

控制电缆备用芯线预留长度宜至最远端子处，有绝缘包扎且固定牢固。

质量问题

（1）现象

① 接引处预留长度不一致。

② 线号管长度不一致。

正确做法及防治措施

（1）防治措施

① 配线整齐美观，扎带间距均匀，接线时不能交叉，同一接线端子上不超过2根。

② 接引处预留长度适当，形式一致；控制电缆备用芯线预留长度宜至最远端子处。

③ 线号管长度及字母排列方向应一致，线号标志清晰正确。

六、电缆线路防火

1. 母线槽穿墙未封堵

规范标准要求 《石油化工电气工程施工及验收规范》（SH/T 3552）第12.7.2条规定：变压器出线到低配室母线槽孔、电缆或桥架穿过墙壁或楼板的孔洞、盘柜底板电缆入口等处应使用防火堵料或防火包密实封堵，不应有可见的孔隙或透光现象。

质量问题

（1）现象
① 变压器出线到低配室母线槽孔未封堵。

正确做法及防治措施

（1）防治措施
① 变压器出线到低配室母线槽孔应使用防火堵料或防火包密实封堵，不应有可见的孔隙或透光现象。

2. 电缆桥架穿墙未封堵严密

规范标准要求	《石油化工电气工程施工及验收规范》（SH/T 3552）第12.7.2条规定：

变压器出线到低配室母线槽孔、电缆或桥架穿过墙壁或楼板的孔洞、盘柜底板电缆入口等处应使用防火堵料或防火包密实封堵，不应有可见的孔隙或透光现象。

质量问题

（1）现象

① 电缆桥架穿过墙壁的孔洞用防火包未封堵严密，而且封堵不美观。

正确做法及防治措施

（1）防治措施

① 电缆或桥架穿过墙壁或楼板的孔洞应使用防火堵料或防火包封堵严密，不应有可见的孔隙或透光现象。

3. 电缆进出盘柜封堵不严密

规范标准要求　《石油化工电气工程施工及验收规范》（SH/T 3552）第7.1.6条规定：盘、柜试验、投运前应清扫、擦拭干净；盘、柜对外的孔洞和电缆管口应做好可靠的防火封堵。

质量问题

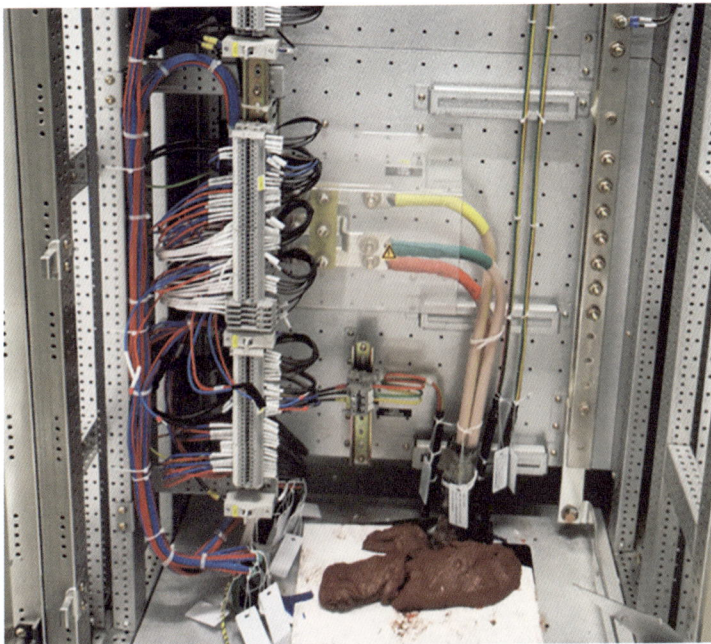

（1）现象

① 盘柜底板电缆入口处防火堵料不密实，不美观。

正确做法及防治措施

（1）防治措施

① 盘柜底板电缆入口等处应使用防火堵料或防火包密实封堵，不应有可见的孔隙或透光现象。

4.电缆进入保护管和电机接线盒未封堵

| 规范标准要求 | 《石油化工电气工程施工及验收规范》（SH/T 3552）第 12.7.6 条规定：垂直向上的电缆管管口应该有良好的封堵措施，封堵物深度应大于管口直径，并高于管口 2mm ～ 5mm；户外进线的电缆进入设备前应预留防水弯。 |

质量问题

（1）现象

① 电缆保护管管口未采取封堵措施。

② 进入电机电缆最高处高于电机进线口，未设置防水弯。

正确做法及防治措施

（1）防治措施

① 电机进线口和电缆保护管管口要采用防爆胶泥等封堵措施。

② 进入电机电缆最高处不得高于电机进线口，应设置防水弯。

第二节　电气设备安装

一、变压器安装

1. 变压器基础安装不平整

规范标准要求	《石油化工电气工程施工及验收规范》（SH/T 3552）第6.1.5条规定： 变压器、电抗器中心线、标高应符合设计文件要求； 设备基础轨道应水平，轨距与轮距应配合，误差均应小于5mm； 基础上预埋件应符合设计要求，预埋件应牢固，底部灌浆应密实。

质量问题

（1）现象

① 变压器基础灌浆不密实，预埋件底部有孔洞。

正确做法及防治措施

（1）防治措施

① 基础上预埋件应符合设计要求，预埋件应牢固，底部灌浆应密实。

2. 变压器滚轮制动采用角钢安装不牢固

规范标准
要　　求 《石油化工电气工程施工及验收规范》（SH/T 3552）第6.1.5条规定：
设备就位后固定方式应符合设计要求，固定应可靠；装有滚轮的变压器，其滚轮应能灵活转动，在设备就位后，应将滚轮用能拆卸的制动装置加以锁定。

质量问题

（1）现象
① 变压器就位后，滚轮采用角钢制动不牢固。

正确做法及防治措施

（1）防治措施
① 带滚轮的变压器采购时，要明确附带专用制动装置。
② 在变压器就位后，将滚轮用能拆卸的制动装置加以锁定。

3. 变压器套管安装位置不合理，保护管安装不规范

<table>
<tr><td>规范标准
要　　求</td><td>《石油化工电气工程施工及验收规范》（SH/T 3552）第6.1.7条和第12.3.5条规定：
户外变压器的引上电缆终端头宜垂直安装。</td></tr>
</table>

保护管应排列整齐，宜采用镀锌U型螺栓或管卡固定，固定间距宜一致。

质量问题

（1）现象

① 套管安装位置靠近变压器，不利于电缆保护管安装。

② 电缆保护管排列不整齐。

正确做法及防治措施

（1）防治措施

① 套管支架安装应靠近变压器隔油池外侧，有利于电缆保护管安装。

② 电缆保护管沿立柱垂直安装，并排安装保护管高度应一致，且埋设深度符合要求。

4. 变压器中性点接地不规范

规范标准 要　　求	《石油化工电气工程施工及验收规范》（SH/T 3552）第6.1.8条规定：变压器的中性点及辅助设备的本体接地应符合设计要求，变压器本体应有两根接地线分别引向主接地网干线的不同地点，接地线规格应符合设计要求，连接可靠，接地电阻应符合设计要求。

质量问题

（1）现象

① 变压器中性点接地不规范。

正确做法及防治措施

（1）防治措施

① 变压器的中性点引下线应单独直接连接到接地网干线上，不应接到变压器外壳后再接地。

② 变压器本体应有两根接地线分别引向主接地网干线的不同地点。

二、盘柜安装

1. 盘柜基础型钢安装不平整，防腐不到位

规范标准要 求	《石油化工电气工程施工及验收规范》（SH/T 3552）第7.2.1条规定： 基础不直度和不平度允许偏差小于1mm/m，不直度、不平度和平行度允许偏差小于5mm/全长； 基础型钢的焊接应牢固，焊接处应进行打磨并做好防腐处理； 在产品技术文件没有要求时，基础型钢顶部宜高出最终地面10mm，但不宜大于20mm。

质量问题

（1）现象
① 基础型钢不直度、不平度和平行度安装允许偏差超过规范要求。
② 基础型钢安装完成后，焊接处未清理飞溅及焊渣，也未进行防腐处理。

正确做法及防治措施

（1）防治措施
① 施工时用水准仪等检查基础型钢安装偏差，基础型钢顶部宜高出最终地面10mm。
② 基础型钢安装完成后，焊接处要打磨干净，并进行防腐处理。

2. 盘柜基础型钢与盘柜尺寸不相符

| 规范标准
要　　求 | 《石油化工电气工程施工及验收规范》（SH/T 3552）第7.2.1条规定：
基础型钢安装时，规格应符合设计文件要求，尺寸应与盘、柜相符。 |

质量问题

（1）现象

① 基础型钢宽度和盘柜底座宽度不相符。

正确做法及防治措施

（1）防治措施

① 盘柜未到货的情况下，基础制作前要和盘柜厂家沟通盘柜底座安装尺寸，不能按照盘柜门外形尺寸制作，也不能盲目按施工图施工。

② 盘柜到货的情况下，基础制作前要测量盘柜底座安装尺寸，不能按照盘柜门外形尺寸制作。

3. 盘柜底板采用电焊开、扩孔

<table>
<tr><td>规范标准
要　　求</td><td>《石油化工电气工程施工及验收规范》（SH/T 3552）第7.2.2条规定：
盘体与基础型钢至少应在四个底角可靠固定；盘体与基础型钢之间应按产品技术文件要求固定，当无要求时宜采用螺栓连接；当盘体采用焊接固定时，每处焊缝长度不应小于40mm；屏（台）固定宜采用螺栓与基础型钢牢固连接；不得在盘柜底板用火焊或电焊开、扩孔。</td></tr>
</table>

质量问题

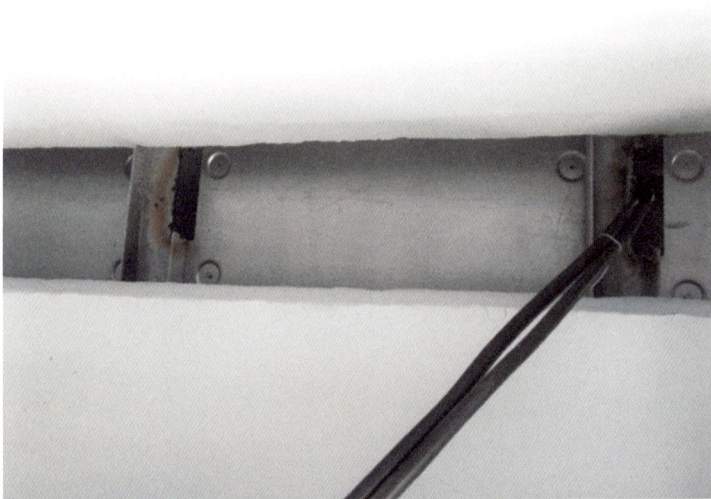

（1）现象
① 盘柜底板采用电焊开、扩孔。

正确做法及防治措施

（1）防治措施
① 基础安装前，要核实基础横撑位置是否影响盘柜电缆进线，特别是高压开关柜控制电缆进线口位置。
② 盘柜底板开孔可以采用开孔器等机械开孔，不得用火焊或电焊开、扩孔。

4. 盘柜基础型钢两端无明显接地

规范标准要求 《石油化工电气工程施工及验收规范》（SH/T 3552）第7.2.4条规定：每列基础型钢应有不少于2处明显的接地点，基础型钢两端应分别接地，接地连接牢固，导通良好。

质量问题

（1）现象

① 盘柜基础型钢两端无明显接地。

正确做法及防治措施

（1）防治措施

① 每列基础型钢应有不少于2处明显的接地点，基础型钢两端应分别接地，接地连接牢固。

5. 成排盘柜垂直度偏差超标

《石油化工电气工程施工及验收规范》（SH/T 3552）第7.2.2条规定：
盘、柜垂直度允许偏差小于1.5mm/m，相邻两盘顶部水平允许偏差小于2mm，
成列盘顶部水平允许偏差小于5mm，相邻两盘边盘面允许偏差小于1mm，成列盘面盘面允许
偏差小于5mm，盘间接缝小于2mm。

质量问题

（1）现象
① 成排盘柜垂直度偏差超出允许误差范围。

正确做法及防治措施

（1）防治措施
① 盘柜安装前，要验收盘柜基础型钢水平度、不直度及平行度，确保在允许误差范围内。
② 盘柜安装时，首先安装找正基准盘柜，其误差在允许误差范围内；然后依次安装其他盘柜。

6. 柜内母线连接螺栓安装不规范

规范标准要 求　《石油化工电气工程施工及验收规范》（SH/T 3552）第8.2.2条规定：

母线搭接面应平整、清洁，并涂有薄层电力复合脂；

螺栓穿入方向：母线平置时由下向上，其余情况下螺母应在维护侧；螺栓紧固后，螺栓宜露出螺母2扣～3扣；

螺栓两侧均应有平垫圈，螺母侧装有弹簧垫圈，螺栓紧固后应压平。

质量问题

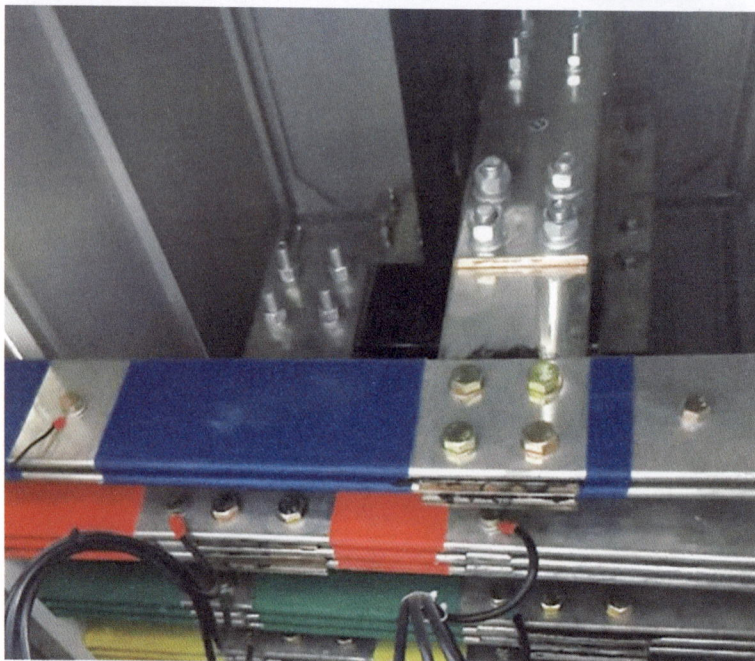

（1）现象

① 外侧母线螺母未置于开关柜维护侧。

② 母线螺栓露出螺母超出3扣。

正确做法及防治措施

（1）防治措施

① 螺栓穿入方向：母线平置时由下向上，其余情况下螺母应在维护侧。

② 螺栓紧固后，螺栓宜露出螺母2扣～3扣。

③ 螺栓两侧均应有平垫圈，螺母侧装有弹簧垫圈，螺栓紧固后应压平。

7. 母线桥长度超过3m未增设吊架，未安装接地跨接线

规范标准要求 《石油化工电气工程施工及验收规范》（SH/T 3552）第8.5.3条和第8.5.6条规定：共箱母线吊挂安装时，固定距离不应大于3m，安装应平直，无变形偏斜现象。共箱封闭母线的外壳各段间应有可靠的电气连接，其中至少有一段外壳应可靠接地。

质量问题

（1）现象

① 母线桥长度超过3m未增设吊架。

② 母线桥的外壳之间未安装接地跨接线。

正确做法及防治措施

（1）防治措施

① 吊架安装固定距离不应大于3m，安装应平直，无变形偏斜现象。

② 母线桥之间和支架应有可靠的电气连接，其中至少有一段外壳应可靠接地。

三、配电箱安装

1. 防爆配电箱进线口未用格兰头，多余进线口未封堵

规范标准要 求	《石油化工电气工程施工及验收规范》（SH/T 3552）第18.1.11条规定：防爆电气设备多余的进线口，应采用实心丝堵堵塞严密。当进线口内垫有弹性密封圈时，则弹性密封圈的外侧应设钢质堵板，其厚度不应小于2mm，钢质堵板外应用压盘或螺母压紧。

质量问题

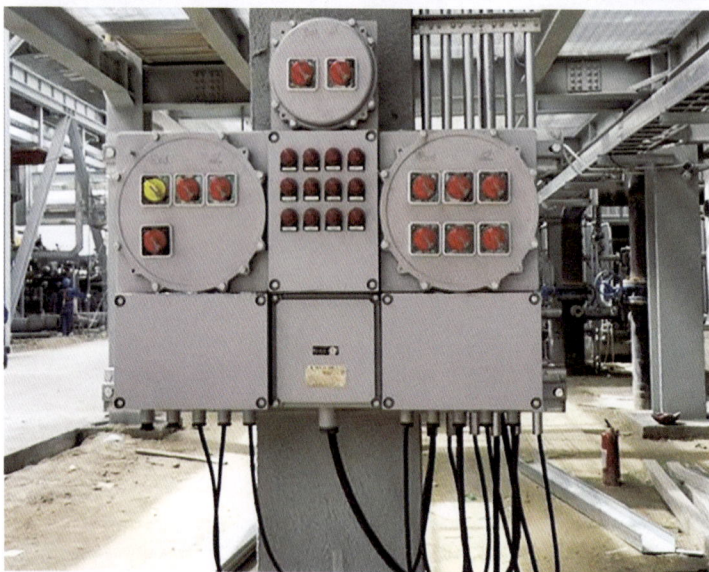

（1）现象

① 防爆配电箱进线电缆未用格兰头固定，多余的进线口未用实心丝堵堵塞严密。

② 防爆配电箱进线电缆预留长度不一致，排列不整齐，且未绑扎固定。

正确做法及防治措施

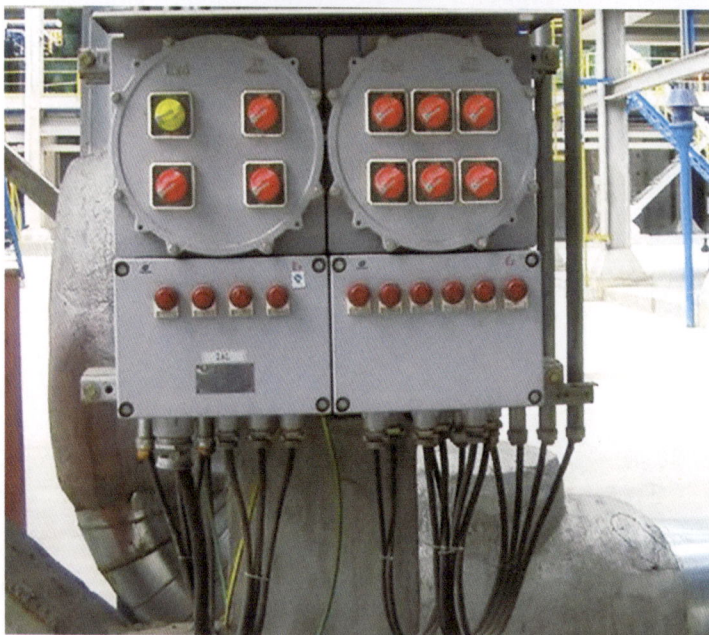

（1）防治措施

① 防爆配电箱多余进线口的弹性密封圈、金属垫片及实心丝堵应齐全且拧紧。

② 防爆配电箱进出线口应保持电缆引入装置的完整性和弹性密封圈的密封性。

③ 防爆配电箱进线电缆未穿挠性管保护时，电缆预留长度一致，绑扎整齐美观。

2. 防爆配电箱接地跨接线安装不规范

规范标准要求	《石油化工电气工程施工及验收规范》（SH/T 3552）第18.1.11条规定：防爆电气设备多余的进线口，应采用实心丝堵堵塞严密。当进线口内垫有弹性密封圈时，则弹性密封圈的外侧应设钢质堵板，其厚度不应小于2mm，钢质堵板外应用压盘或螺母压紧。

质量问题

（1）现象

① 保护管和防爆配电箱直接硬连接。

② 防爆配电箱未安装接地跨接线。

正确做法及防治措施

（1）防治措施

① 当保护管和配电箱连接不便时，可采用挠性管连接。

② 防爆配电箱多余进线口的弹性密封圈、金属垫片及实心丝堵应齐全且拧紧。

③ 防爆配电箱进出线口应保持电缆引入装置的完整性和弹性密封圈的密封性。

④ 防爆配电箱的接地跨接线宜沿着电缆走向绑扎牢固、整齐美观、接地可靠。

四、操作柱安装

1. 操作柱底盘被埋入混凝土地坪内

规范标准要求　《石油化工电气工程施工及验收规范》（SH/T 3552）第16.5.1条和16.5.3条规定：控制器及按钮安装位置应便于操作，防雨罩完好，固定牢固，接地可靠，安装在立柱上时垂直偏差不大于3mm。

同一场所按钮高度宜一致，识别标志清晰。

质量问题

（1）现象

① 立柱式操作柱在打地坪前安装，土建打地坪时也没有电气施工人员配合，造成操作柱底盘被埋入地坪内。

② 并排安装的操作柱不整齐，未安装在同一条直线上，且高度不一致。

正确做法及防治措施

（1）防治措施

① 操作柱宜在打地坪后安装；若需在打地坪前安装，要了解清楚地面标高，同时配合土建施工。

② 并排安装的操作柱要在同一条直线上，且高度一致。

2. 成排操作柱安装不在同一条直线上

规范标准要求 《石油化工电气工程施工及验收规范》（SH/T 3552）第16.5.1条和16.5.3条规定：控制器及按钮安装位置应便于操作，防雨罩完好，固定牢固，接地可靠，安装在立柱上时垂直偏差不大于3mm。

同一场所按钮高度宜一致，识别标志清晰。

质量问题

（1）现象

① 同一场所成排操作柱安装不在同一条直线上。

正确做法及防治措施

（1）防治措施

① 成排操作柱预埋管要进行详细策划，成排敷设的保护管要在同一条直线上，且管口平齐。

② 成排操作柱排列要整齐，安装固定要牢固。

3. 操作柱及保护管未安装接地跨接线

规范标准要求《石油化工电气工程施工及验收规范》（SH/T 3552）第16.5.1条和16.5.3条规定：控制器及按钮安装位置应便于操作，防雨罩完好，固定牢固，接地可靠，安装在立柱上时垂直偏差不大于3mm。

同一场所按钮高度宜一致，识别标志清晰。

质量问题

（1）现象

① 壁挂式操作柱未安装接地跨接线。

② 保护管未安装接地跨接线。

正确做法及防治措施

（1）防治措施

① 成排安装的壁挂式操作柱要排列整齐、固定牢固，成排敷设的保护管管口应平齐。

② 操作柱及保护管的接地跨接线宜沿着电缆走向绑扎牢固、整齐美观、接地可靠。

第三节　装置区照明安装

一、照明箱安装

1. 防爆照明箱多余进线口封堵不到位

规范标准要求	《石油化工电气工程施工及验收规范》（SH/T 3552）第18.1.11条规定：

防爆电气设备多余的进线口，应采用实心丝堵堵塞严密。当进线口内垫有弹性密封圈时，则弹性密封圈的外侧应设钢质堵板，其厚度不应小于2mm，钢质堵板外应用压盘或螺母压紧。

质量问题

（1）现象

① 防爆配电箱多余的进线口未用实心丝堵堵塞严密。

② 防爆配电箱进线电缆预留长度不一致，排列不整齐，且未绑扎固定。

③ 保护管管口防爆胶泥脱落。

正确做法及防治措施

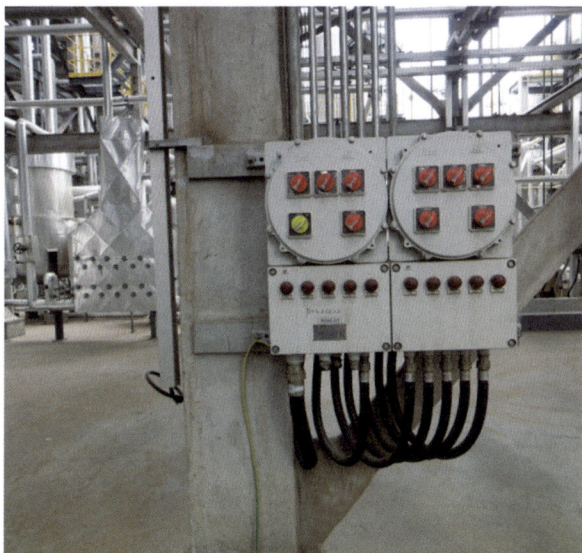

（1）防治措施

① 防爆配电箱多余进线口的弹性密封圈、金属垫片及实心丝堵应齐全且拧紧。

② 防爆配电箱进出线口应保持电缆引入装置的完整性和弹性密封圈的密封性。

③ 防爆配电箱进线电缆未穿挠性管保护时，电缆预留长度一致，绑扎整齐美观。

2. 防爆照明箱未安装接地跨接线

规范标准要 求	《石油化工电气工程施工及验收规范》（SH/T 3552）第4.1.3条规定：配电、控制、保护用的屏（柜、箱）及操作台、操作柱等的金属框架和底座均应接地。

质量问题

（1）现象

① 防爆照明箱未安装接地跨接线。

② 防爆挠性管安装存在交叉，不美观。

正确做法及防治措施

（1）防治措施

① 防爆照明箱配管要做好策划，合理安排保护管安装位置，并考虑防爆挠性管的安装。

② 防爆挠性管安装后要整齐美观。

③ 防爆配电箱的接地跨接线宜沿着电缆走向绑扎牢固、整齐美观、接地可靠。

二、照明线路安装

1. 照明明配保护管采用直接对焊连接

规范标准要求	《石油化工电气工程施工及验收规范》(SH/T 3552)第12.3.4条规定：镀锌钢管连接宜采用螺纹连接方式，螺纹加工应光滑、完整、无锈蚀，有效丝扣应不少于6扣，外露宜为2扣～3扣，连接处应涂有电力复合脂。

质量问题

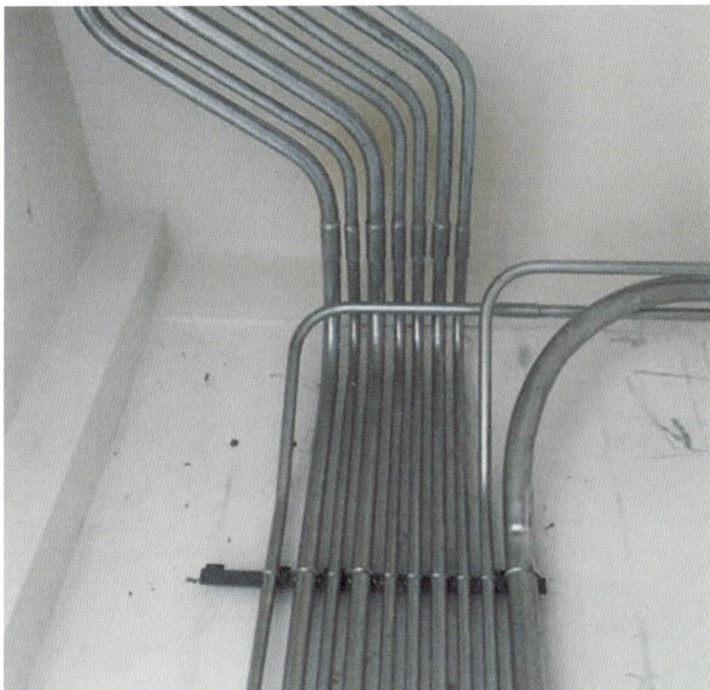

（1）现象

① 明配保护管采用对焊连接，未采用螺纹连接。

正确做法及防治措施

（1）防治措施

① 明配镀锌钢管连接不能采用焊接连接，宜采用螺纹连接，可采用活接头、管箍等连接。

② 宜采用螺纹连接方式，螺纹加工应光滑、完整、无锈蚀，有效丝扣应不少于6扣，外露宜2扣～3扣。

③ 螺纹连接处应涂有电力复合脂。

2. 防爆接线盒固定螺栓不全

质量问题

（1）现象
① 防爆接线盒固定螺栓不全。

正确做法及防治措施

（1）防治措施
① 防爆接线盒多余进线口的弹性密封圈、金属垫片及实心丝堵应齐全且拧紧。
② 防爆接线盒的固定螺栓及防松装置应齐全，弹簧垫圈应压平，接线盒盖应紧固。

3. 防爆照明保护管未安装接地跨接线

规范标准要求　《石油化工电气工程施工及验收规范》（SH/T 3552）第13.3.5条规定：爆炸危险环境镀锌钢管的螺纹连接处两端应采用专用接地卡固定跨接接地线，跨接地线应为铜芯软导线，截面积应符合设计要求。

质量问题

（1）现象

① 镀锌钢管的螺纹连接处两端未安装接地跨接线。

正确做法及防治措施

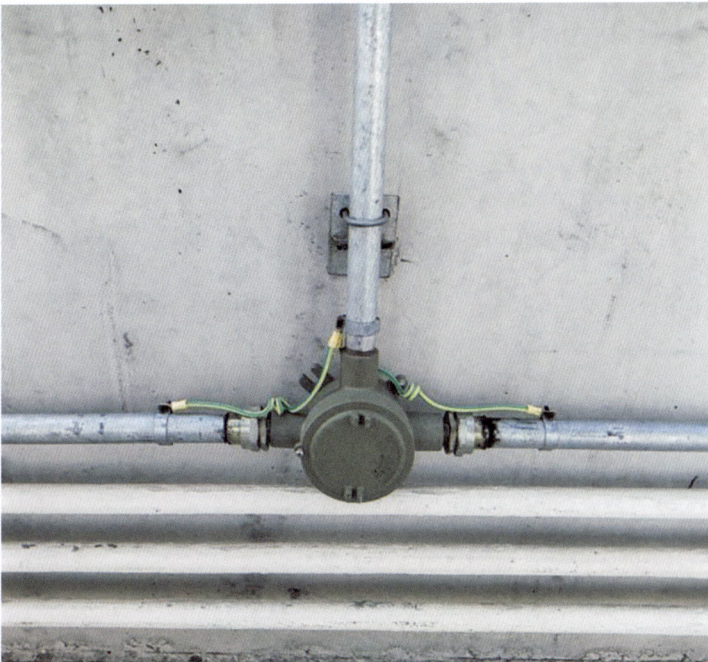

（1）防治措施

① 爆炸危险环境镀锌钢管的螺纹连接处两端应采用专用接地卡固定接地跨接线。

② 接地跨接线应为截面不小于4mm²的铜芯软线。

三、照明灯具安装

1. 防爆灯的挂钩焊在保护管上

规范标准 要　　求	《石油化工电气工程施工及验收规范》（SH/T 3552）第13.4.3条规定： 灯具外罩完好，螺栓齐全紧固，灯具与灯杆的连接螺纹处防水密封良好。

质量问题

（1）现象

① 壁挂式防爆灯挂钩焊在保护管上，焊接处未做防腐处理。

正确做法及防治措施

（1）防治措施

① 防爆灯的挂钩应焊在钢结构上或绑扎在保护管上，支架及吊钩焊接处要做防腐处理。

2. 防爆灯进线电缆未设防水弯

规范标准 要　　求	《石油化工电气工程施工及验收规范》（SH/T 3552）第13.4.3条规定： 灯具外罩完好，螺栓齐全紧固，灯具与灯杆的连接螺纹处防水密封良好。

质量问题

（1）现象

① 电缆未设防水弯，电缆高于防爆接线盒进线口。

正确做法及防治措施

（1）防治措施

① 电缆进入防爆接线盒应设防水弯，电缆不得高于进线口。

第四节　电气接地装置安装

一、接地装置安装

1. 室外接地线埋设深度不够

规范标准要求	《石油化工电气工程施工及验收规范》（SH/T 3552）第 4.2.6 条规定：接地网走向、埋设深度及间距应符合设计文件规定。当设计无规定时，深度不应小于 0.6m，且宜在大地冻土层以下。垂直接地体间距不宜小于长度的 2 倍。角钢、钢管、铜棒、铜管等接地体应垂直配置。

质量问题

（1）现象

① 室外接地线埋设深度不足 0.6m。

正确做法及防治措施

（1）防治措施

① 当设计无要求时，接地网埋设深度不应小于 0.6m。

② 垂直接地体间距不宜小于长度的 2 倍。

③ 角钢、钢管、铜棒、铜管等接地体应垂直配置。

2. 接地线搭接长度不够，焊缝未防腐

规范标准要求	《石油化工电气工程施工及验收规范》（SH/T 3552）第4.2.7条和第4.2.11条规定：接地线采用焊接时，应在焊痕外最少100mm范围内做防腐处理。

埋入地下的热镀锌接地材料连接应采用搭接焊。焊接后的焊缝表面应饱满、平整和无损伤母材的缺陷。搭接焊连接长度和焊接方法应符合表4.2.11的要求。

质量问题

（1）现象

① 接地线十字交叉搭接长度不够；

② 接地线焊缝未做防腐处理。

正确做法及防治措施

（1）防治措施

① 十字交叉可以采用水平侧弯方式连接或搭接一节扁钢。

② 扁钢与扁钢最小搭接长度为扁钢宽度2倍，至少3个棱边满焊连接且应包括两个长边。

③ 焊痕外最少100mm范围内做防腐处理，防腐前应除渣清理，防腐层表面应光滑平整，颜色一致，无起层、皱皮现象。

3. 明敷接地线距墙壁间距大

规范标准
要　　求 《石油化工电气工程施工及验收规范》（SH/T 3552）第4.2.9条和第4.2.14条规定：明敷裸接地线应在除连接部位外，全长或区间段内涂以15mm ～ 100mm宽度相等的绿色和黄色相间的颜色标识，各处的标识规格宜一致。

当沿建筑物墙壁水平敷设时，距地面高度宜为250mm ～ 300mm，与墙壁之间的间隙宜为10mm ～ 15mm；接地线支撑件之间的间距宜均等，在水平段不宜大于1.5m，在垂直段不宜大于3m。直线敷设的接地线不应有高低起伏及弯曲现象。

质量问题

（1）现象
① 接地线与墙壁之间的间隙超过15mm以上。
② 明敷接地线未涂黄绿相间的颜色标识。

正确做法及防治措施

（1）防治措施
① 沿墙壁明敷时距地面高度 宜 为250mm ～ 300mm，与墙壁之间的间隙宜为10mm ～ 15mm。
② 明敷接地线除连接部位外，全长或区间段内涂以15mm ～ 100mm宽度相等的绿色和黄色相间的颜色标识，各处的标识规格宜一致。

4. 铜包钢接地线焊接接头有气孔夹渣现象

<table>
<tr><td>规范标准
要　　求</td><td>《石油化工电气工程施工及验收规范》（SH/T 3552）第4.2.12条和第4.2.13条规定：埋入地下的铜、铜覆钢、锌覆钢或异种金属接地材料连接应采用放热焊接，焊接接头表面应平滑，不应有贯穿性气孔，被焊导体应完全包在接头里，焊接接头凸出点宜高于连接面5mm～10mm。
放热焊接接头表面的气孔应用防腐漆封闭。</td></tr>
</table>

质量问题

（1）现象
① 铜包钢接地线熔接接头存在气孔、夹渣现象。
② 放热焊接接头表面的气孔未用防腐漆封闭。

正确做法及防治措施

（1）防治措施
① 模具使用后及时清理焊渣等杂物，并放置在干燥的地方，使用前烘干处理。
② 使用中模具不能受力，各连接处应严密合缝防止漏液。
③ 放热焊接接头表面的气孔要用防腐漆封闭。

5. 设备断接卡接地螺栓长度不够

质量问题

（1）现象
① 设备断接卡连接螺栓长度不够，未安装平垫和弹垫，螺栓未露出螺帽2～3扣，螺母未置于巡视侧。
② 接触面未处理干净，也未涂电力复合脂。

正确做法及防治措施

（1）防治措施
① 接地线与设备、管道、构架采用热镀锌螺栓连接，螺栓连接应有防松装置，螺母应置于巡视侧。
② 接触面应清除干净并涂有电力复合脂。

6. 接地断接卡直接焊在设备底座上

规范标准
要 求 《石油化工电气工程施工及验收规范》（SH/T 3552）第4.1.4条和第4.2.16条规定：接地线与埋地接地体的连接处应采用焊接，接地线与被接地设备的连接应采用螺栓连接或设断接卡；接地断接卡连接螺栓的规格不应小于M10，螺栓应带有防松垫片，断接卡连接固定点不应少于2处；金属储罐防雷接地引下线断接卡的连接应采用带有防松垫片的不少于2个M12的不锈钢螺栓。

同一区域内同类设备的接地线朝向和制作工艺应一致，接地线不得直接和设备焊接。

质量问题

（1）现象

① 接地线断接卡直接和设备底座焊接。

② 接地断接卡连接螺栓的规格小于M10，螺栓未带防松垫片。

正确做法及防治措施

（1）防治措施

① 接地线不得直接和设备焊接，可采取螺栓连接在设备专用接地板上。

② 接地断接卡连接螺栓的规格不应小于M10，螺栓应带防松垫片。

③ 金属储罐防雷接地引下线断接卡的连接应采用带有防松垫片的不少于2个M12的不锈钢螺栓。

7. 接地线穿楼板未加保护管等防护措施

<table>
<tr><td>规范标准
要　　求</td><td>《石油化工电气工程施工及验收规范》（SH/T 3552）第4.2.17条规定：
接地线穿过墙壁、楼板和地坪处应有坚固防护和防腐措施。地上和地下保护长度不宜小于200mm，或符合设计要求。</td></tr>
</table>

质量问题

（1）现象
① 接地线穿楼板未设保护管等防护措施。

正确做法及防治措施

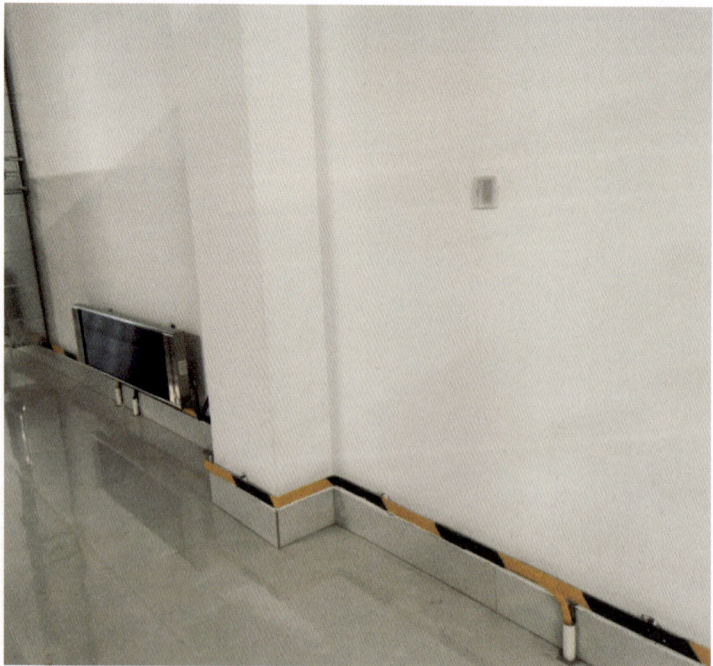

（1）防治措施
① 接地线穿过墙壁、楼板和地坪处应有坚固防护和防腐措施。
② 地上和地下保护长度不宜小于200mm，或符合设计要求。

8. 接地线穿地面未加保护管等防护措施

<table>
<tr><td>规范标准
要　　求</td><td>《石油化工电气工程施工及验收规范》（SH/T 3552）第4.2.17条规定：
接地线穿过墙壁、楼板和地坪处应有坚固防护和防腐措施。地上和地下保护长度不宜小于200mm，或符合设计要求。</td></tr>
</table>

质量问题

（1）现象
① 接地线出地坪未设保护管等防护措施。

正确做法及防治措施

（1）防治措施
① 接地线穿过墙壁、楼板和地坪处应有坚固防护和防腐措施。
② 地上和地下保护长度不宜小于200mm，或符合设计要求。

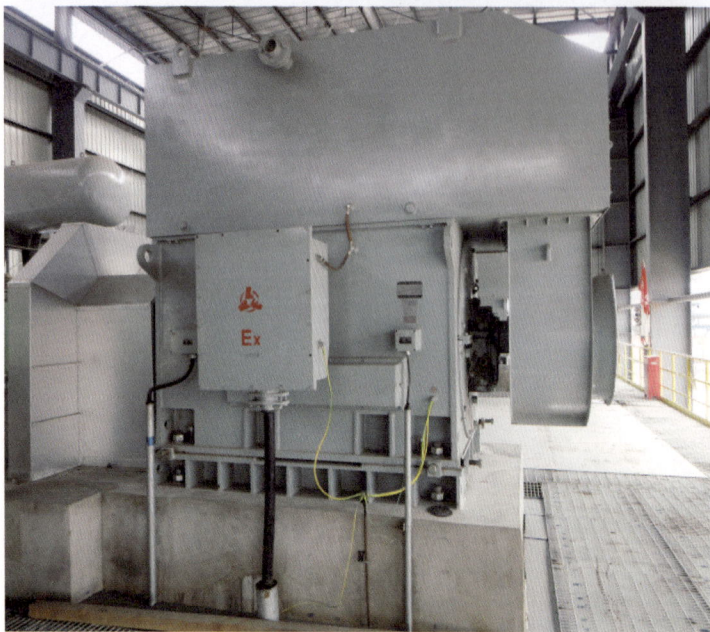

9. 同一个接地螺栓上接了多条接地跨接线

规范标准要求　《石油化工仪表工程施工质量验收规范》（SH/T 3551）第10.6.13条规定：接地系统的各种连接应牢固、可靠，并应具有良好的导电性，各种接地导线与接地汇流排、接地汇总板的连接应采用镀锡铜接线片和镀锌钢质螺栓压接，并应有防松件，同一压接点压接的导线数量不应多于两条。

质量问题

（1）现象
① 电机、保护管等多条接地跨接线接到同一个接地螺栓上。

正确做法及防治措施

（1）防治措施
① 同一接地螺栓上最多安装2条接地跨接线，并分别在接地扁钢两侧。

10. 电气仪表接地系统阻抗超标

<table>
<tr><td>规范标准
要　　求</td><td>《石油化工电气工程施工及验收规范》（SH/T 3552）第4.1.5条规定：
接地电阻及其他测试应符合设计要求；设计未明确时，应符合下列规定：
低压电气系统接地电阻一般不应大于4Ω；
仪表及控制系统接地电阻应满足制造商要求，通常≤1Ω～4Ω。</td></tr>
</table>

质量问题

（1）现象

① 接地电阻测试值大于设计要求（如＞4Ω）。

（2）原因分析

① 接地体埋设深度不足（＜0.6m）。

② 接地体材质不符合要求（如未使用镀锌扁钢）。

③ 焊接质量差，虚焊或锈蚀。

正确做法及防治措施

（1）防治措施

① 接地体埋深≥0.6m，冻土地区需在冻土层以下。

② 采用40×4镀锌扁钢，焊接长度≥扁钢宽度2倍。

③ 焊接处涂沥青防腐，测试合格后回填降阻剂。

二、静电接地安装

1. 静电接地跨接线固定螺栓未安装平垫和弹垫

> **规范标准要 求** 《石油化工电气工程施工及验收规范》（SH/T 3552）第4.4.1条规定：
> 石油化工工程设备、机组、储罐、管道、桥架等应按设计要求的接地位置和接地线、接地极布置方式进行防静电接地的安装。接地用螺栓不应小于M10，并应有防松装置，搭接面应涂电力复合脂。

质量问题

（1）现象

① 接地跨接线接地螺栓未安装平垫和弹垫。

正确做法及防治措施

（1）防治措施

① 接地用螺栓不应小于M10，并应有防松装置，搭接面应涂电力复合脂。

2. 静电接地跨接线接线端子未缠绕绝缘胶带

规范标准 要　　求	《石油化工电气工程施工及验收规范》（SH/T 3552）第4.4.4条规定：有静电接地要求的管道法兰和阀门等应按设计要求跨接或用金属螺栓卡子紧固连接；当金属法兰采用金属螺栓或卡子紧固连接时，应有两个及以上螺栓和卡子之间的接触面去锈和除油污，并加装防松螺母。

质量问题

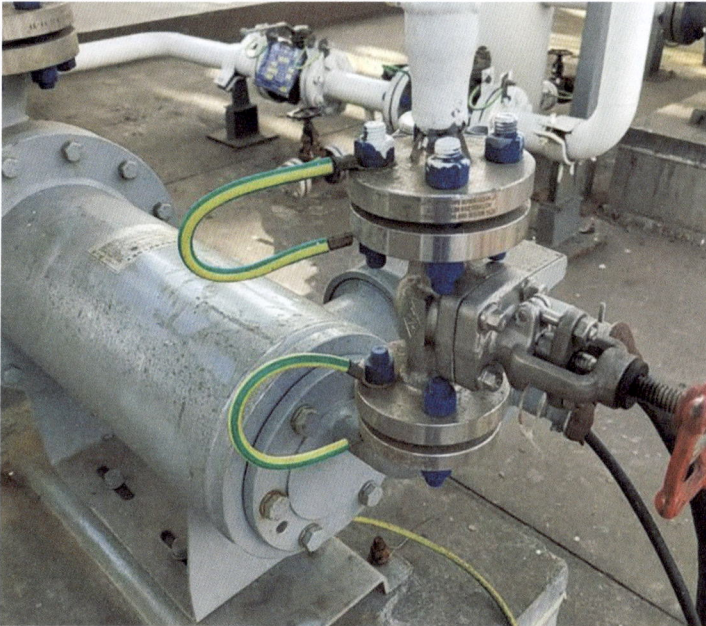

（1）现象
① 接地跨接线的铜接线端子未用绝缘胶带缠绕。

正确做法及防治措施

（1）防治措施
① 压接后铜接线端子要用绝缘胶带缠绕。
② 接地跨接线的铜接线端子要与螺栓相适配。

3. 静电接地板未伸出保温层

规范标准要求	《石油化工电气工程施工及验收规范》（SH/T 3552）第4.4.5条规定：

用于管道静电接地引下线的金属接地板的截面不宜小于50mm×10mm，管道跨接用的金属接地板的截面不宜小于50mm×6mm；最小有效长度宜为60mm；如管道有保温层，该板应伸出保温层外60mm；不锈钢管道静电接地专用接地板应采用不锈钢板制作，接地引线不得与不锈钢管直接连接。

质量问题

（1）现象
① 焊接在管道上接地板未伸出保温层外60mm。
② 接地板焊在法兰上不符合要求。

正确做法及防治措施

（1）防治措施
① 接地板不小于50mm×6mm；最小有效长度宜为60mm；如管道有保温层，该板应伸出保温层外60mm。
② 不锈钢管道静电接地板应采用不锈钢板制作。

第五节 电气设备试验

一、电气试验准备

1. 电气调试设备未在检定有效期内

规范标准要 求	《石油化工电气工程施工及验收规范》（SH/T 3552）第19.1.2条规定：试验用设备应符合下列规定：

所使用的实验仪器，设备应与被试品相适应，并具有合格的质量证明文件，保持完好状态；计量器具应经检定合格并在规定的检定周期内；定值检验用仪器仪表准确度等级不应低于0.5级；测量相位的准确等级不应低于1.0级；测量温度的误差不大于1.0℃；测量时间仪表：1s及以上准确度等级0.1%，1s以内的误差不大于1ms。

质量问题

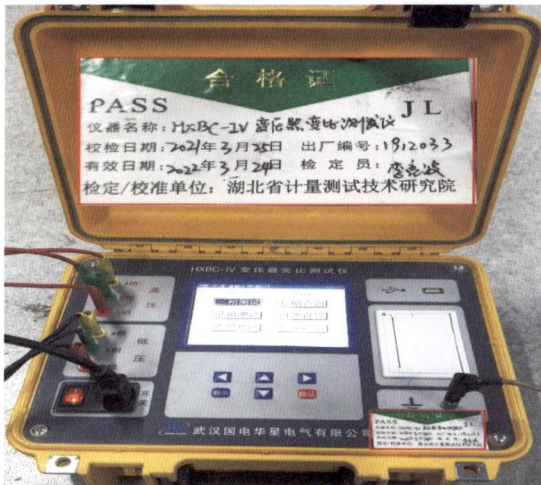

（1）现象

① 使用未经检定或不在检定有效期内的设备可能会导致测量不准确，存在潜在的安全隐患。

正确做法及防治措施

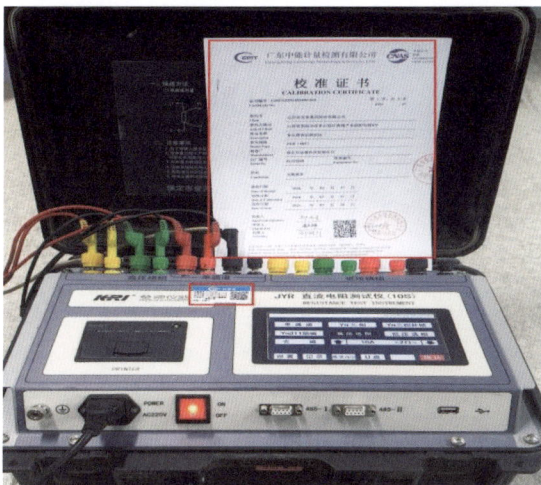

（1）防治措施

① 设备管理员对所有设备建立检定周期台账，确保每台设备都在检定周期内。

② 设备在投入使用前，确保每台设备都检定合格并在规定的检定周期内，且使用的实验仪器、设备应与被试品相适应，符合其准确度要求。

2. 试验条件和过程不符合规范规定

《石油化工电气工程施工及验收规范》（SH/T 3552）第19.1.3条规定:

试验条件和过程应符合下列规定:

在进行与温度及湿度有关的各种试验时，应同时测量被试物周围的温度及湿度；绝缘试验应在良好天气且被试物及仪器周围温度不低于5℃，空气相对湿度不高于80%的条件下进行；试验时应记录试验温度、湿度，必要时进行温度换算；交流试验电源和相应调整设备应有足够的容量，以保证在最大试验负载下，通入装置的电压及电流接近正弦波；试验区域内应无交叉施工、无振动、无强电场、无强电磁场干扰等妨碍试验工作的因素；试验前应将被试品表面擦拭清洁并保持干燥；试验过程应有原始记录。

质量问题

（1）现象
① 试验区域各专业交叉施工。
② 被试品表面尘土覆盖。

正确做法及防治措施

（1）防治措施
① 合理组织项目各专业施工进度，保证互不影响。
② 试验前清理被试品，保证被试品清洁，满足试验环境要求。

二、电气一次设备试验

1. 直流电阻测量不准确

<table>
<tr><td>规范标准
要　　求</td><td>《石油化工电气工程施工及验收规范》（SH/T 3552）第19.3.2条规定：
直流电阻测量应符合下列规定：</td></tr>
</table>

测量表计引线应与被试品正确连接并可靠接触；测量高压开关设备主触头接触电阻时，测试电流应不小于100A；测量变压器有载开关直流电阻应在手动操作2个循环或自动操作5个循环后进行。

质量问题

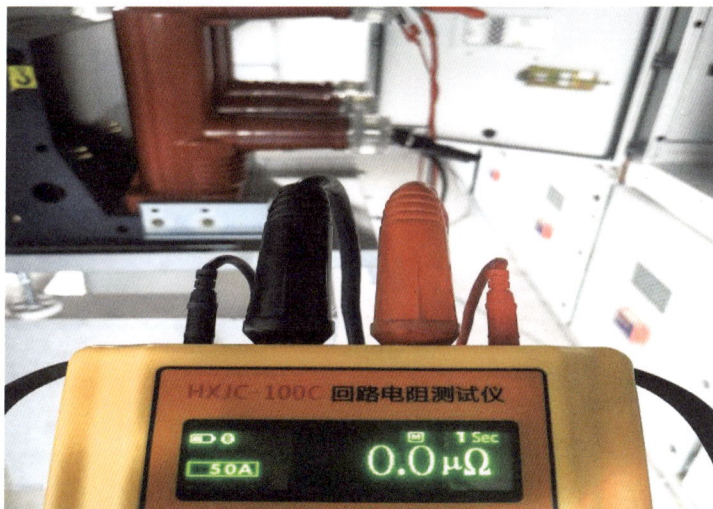

（1）现象

① 高压开关主触头接触电阻测量不准确。

（2）原因分析

① 试验设备不满足测试电流100A输出要求，或测量仪器使用双臂电桥、万用表等仪器。

② 测试仪器线夹与高压开关设备主触头接触不良。

正确做法及防治措施

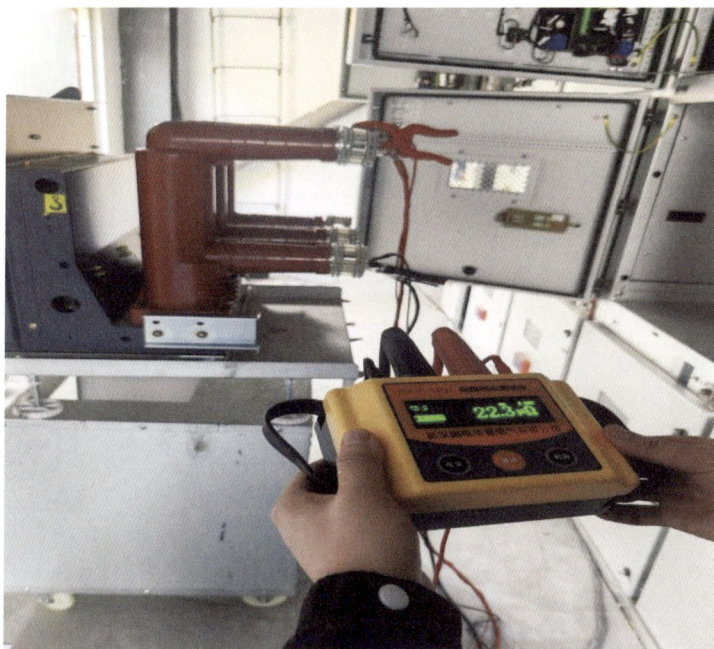

（1）防治措施

① 正确使用标准仪器测量高压开关设备主触头接触电阻值。

② 清洁线夹及触头，且保证测试仪器线夹与高压开关设备主触头接触良好。

2. 直流耐压及直流泄漏电流试验异常

《石油化工电气工程施工及验收规范》（SH/T 3552）第19.3.3条规定：

直流耐压及直流泄漏电流试验应符合下列规定：

潮湿场所或直流电压较高时应采取屏蔽措施；对不同温度下测得的泄漏电流应考虑温度的影响；泄漏电流读数异常时，应排查试验设备或接线的原因；具备分相测试条件的设备，应分相进行试验；泄漏电流试验时直流输出电压应采取负极性；试验前和重复试验时应充分放电，大容量被试品放电应采用高电阻。

质量问题

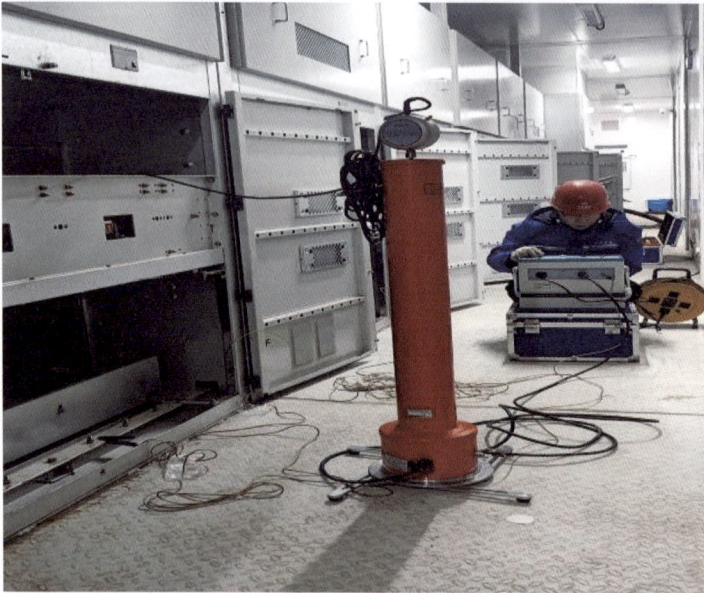

（1）现象

① 泄漏电流过大、微安表指针摆动明显，出现闪落、击穿等现象。

（2）原因分析

① 未采取屏蔽措施。

② 温湿度的影响。

③ 高压连接导线对柜体及地距离不满足要求。

④ 被试品表面受潮、脏污等。

正确做法及防治措施

（1）防治措施

① 连接导线采用粗而短的屏蔽导线，增加导线对地距离。

② 保证被试品表面干燥、清洁，采取屏蔽措施。

③ 保证设备、接线、温湿度等符合试验要求。

3. 介质损耗角正切值tanδ超差

规范标准要　　求	《石油化工电气工程施工及验收规范》（SH/T 3552）第19.3.4条规定：介质损耗角正切值tanδ测量应符合下列规定：测量宜在天气干燥且被试品表面清洁的情况下进行；宜在环境温度10℃～40℃范围内进行。

质量问题

（1）现象

① tanδ测量值超差，不符合规范要求。

（2）原因分析

① 被试品表面覆盖保护膜，内部积水、湿度大。

② 试验被试品起吊高度及角度不符合测量状态。

正确做法及防治措施

（1）防治措施

① 被试品在试验时的起吊高度及倾斜角度满足试验要求。

② 保证被试品表面干燥、清洁，环境温湿度满足试验要求。

4. 绝缘油电气强度试验不合格

规范标准要求	《石油化工电气工程施工及验收规范》（SH/T 3552）第19.3.6条规定：

绝缘油电气强度试验应符合下列规定：

绝缘油电气强度试验应在其他高压试验项目之前进行；试验前应清洗油杯，试验时宜在温度15℃～35℃，湿度不高于75%的环境条件下进行；绝缘油应在采样静置20min后试验，且应使油样接近环境温度，倒油前应将油样容器缓慢颠倒使混匀且不产生气泡；从零起升压，以3kV/s的速度，直至油间隙击穿；升压重复6次，每次击穿后对电极间油品进行充分搅拌，并静置5min。

质量问题

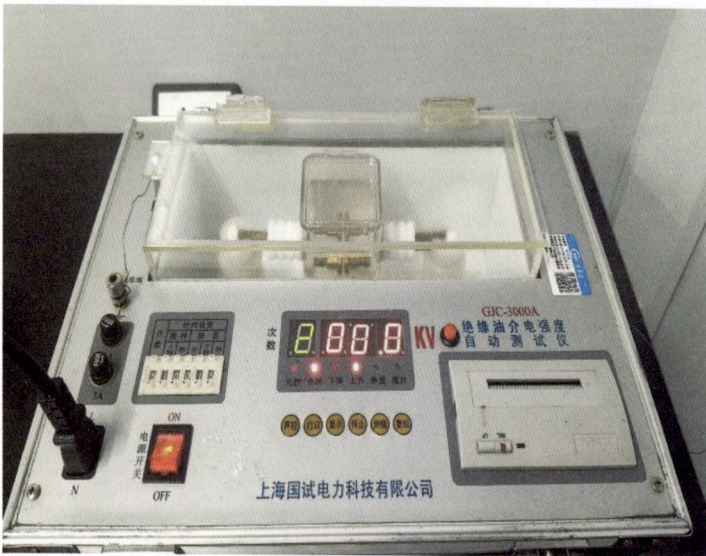

（1）现象

① 绝缘油瞬时击穿电压值不符合试验标准要求，未到达规定值前被击穿，绝缘油不合格。

（2）原因分析

① 绝缘油样提取操作不规范。

② 试验油杯未烘干、清洁，油杯电极距离未调整。

③ 绝缘油提取后未静置，试验环境未按要求达到环境温湿度要求。

正确做法及防治措施

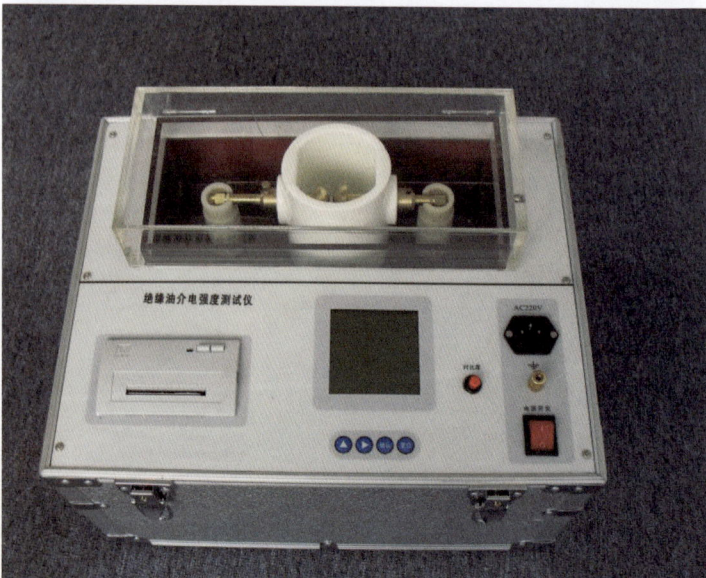

（1）防治措施

① 严格按油样提取作业指导书进行油样提取。

② 试验用油杯洗净烘干，调整好电极距离，油杯上试验时加玻璃盖。

③ 油样送到试验室后，必须静置相当时间，直至油样接近室温，倒油前应将油样容器缓慢颠倒使油样混匀且不产生气泡。

④ 其他试验操作应严格按要求进行。

三、电气二次设备试验

1. 电流、电压互感器二次极性错误

规范标准要求　《石油化工电气工程施工及验收规范》（SH/T 3552）第19.4.1条和第19.4.18条规定：测量互感器各绕组间的极性关系，核对铭牌上的极性标志应正确，检查互感器各次绕组的连接方式及其极性关系应符合设计要求，相别标识应正确。

对接入电流、电压的相互相位、极性有严格要求的保护装置，其相别、相位关系以及所保护的方向应正确。

质量问题

（1）现象

① 电流互感器的二次回路极性连接错误，相别标识不正确。

② 系统投入运行带方向保护误动作。

③ 系统投入运行后，计量、显示电量值与习惯不一致。

（2）原因分析

① 图纸设计及设备厂家原因。

② 接线人员接线错误。

③ 调试技术人员对系统不熟悉、检查不仔细。

正确做法及防治措施

（1）防治措施

① 根据保护装置说明书确认各保护装置方向保护的电流方向。

② 熟悉整个系统电流方向，提前标识互感器二次接线方式。

③ 根据提前确定的互感器接线方式，检查所有互感器二次接线满足要求。

④ 进行一次通流、通压试验，确定电流回路表计指示正确及方向保护动作正常。

2. 电流互感器一次绕组接线错误

质量问题

（1）现象

① 变压器低压侧中性点接地位置错误导致零序互感器起不到应有作用。

② 变压器投入运行后，零序电流采集错误。

（2）原因分析

① 图纸设计标注不清楚。

② 施工人员不懂原理，连接错误。

③ 调试技术人员检查不仔细。

正确做法及防治措施

（1）防治措施

① 技术人员对施工人员交底应详细、准确，明确接地扁钢连接位置。

② 调试技术员对系统检查仔细，发现错误及时提出整改要求。

3. 电流互感器二次回路接线错误

规范标准
要 求 《石油化工电气工程施工及验收规范》（SH/T 3552）第 19.4.2 条规定：

电流互感器二次回路应进行下列检查：

电流互感器二次绕组所有二次接线应正确，端子排引线螺钉压接应可靠；电流互感器的二次回路应分别且只能有一点接地；由几组电流互感器二次组合的电流回路，应在有直接电气连接处一点接地。

质量问题

（1）现象

① 电流互感器的二次回路存在多点接地。

② 电流回路存在分流现象。

③ 造成保护误动作。

（2）原因分析

① 图纸设计及设备厂家原因。

② 接线人员接线错误。

正确做法及防治措施

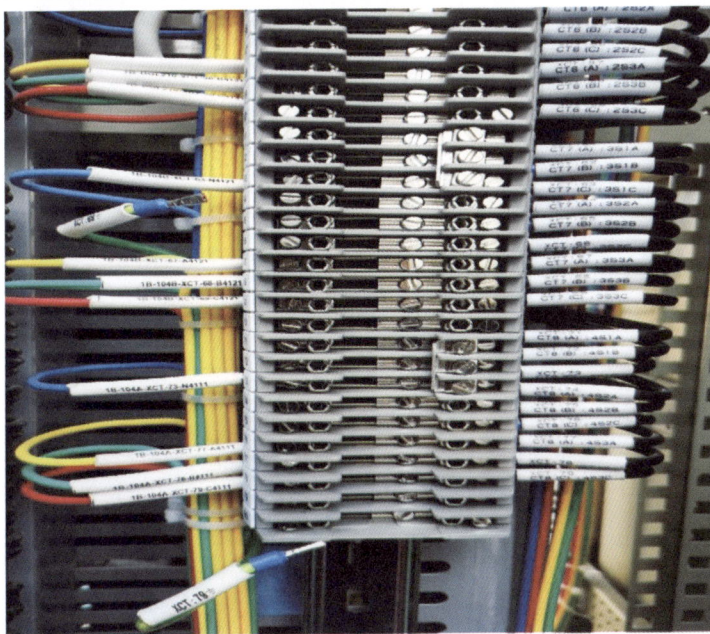

（1）防治措施

① 拆除多余地线，保证一个电流回路只能有一点接地。

② 通过电流回路校验，确定电流回路表计指示正确及保护动作正常。

4. 电压互感器二次回路接线错误

《石油化工电气工程施工及验收规范》（SH/T 3552）第19.4.3条规定：

电压互感器二次回路应进行下列检查：

经控制室零相小母线（N600）联通的几组电压互感器二次回路，应在控制室将N600一点接地；各电压互感器的中性线不得接有可能断开的熔断器、自动开关、接触器等；检查串联在电压回路中的熔断器、自动开关、隔离开关及切换设备触点接触可靠。

质量问题

（1）现象

① 电压互感器的二次回路除控制室接地点外还存在接地点。

② 电压互感器的中性线接有熔断器、自动开关、接触器等。

③ 电压回路中的切换设备触点接触不可靠。

（2）原因分析

① 图纸设计及设备厂家原因。

② 接线人员接线错误。

正确做法及防治措施

1UD				
$ XS:41	1	L601	1TVa:da	$
$ XXQ:L1	2			
$ 1TVc:dn	3	N601	1JB:1	$
$ XXQ:N1	4			
	5			
	6			
$ 1ZKKa:1	7	A601	1TVa:2a	$
$ 1ZKKb:1	8	B601	1TVb:2a	$
$ 1ZKKc:1	9	C601	1TVc:2a	$
$ 1ZKKa:2	10	A603	XS:38	$
$ 1ZKKb:2	11	B603	XS:36	$
$ 1ZKKc:2	12	C603	XS:34	$
$ 1TVa:2n	13	N602		
$ 1TVb:2n	14			
$ 1TVc:2n	15			
$ 2JB:1	16			
!$ 1TVa:1a	17	A601j	2ZKKa:1	!$
!$ 1TVb:1a	18	B601j	2ZKKb:1	!$
!$ 1TVa:1a	19	C601j	2ZKKc:1	!$
!$ XS:32	20	A603j	2ZKKa:2	!$
!$ XS:10	21	B603j	2ZKKb:2	!$
!$ XS:8	22	C603j	2ZKKc:2	!$
$ 1TVa:1n	23	N603		
$ 1TVb:1n	24			
$ 1TVc:1n	25			

上接：1UD-44				
!$ XS:9	45	C631j		
	46			
	47			
$ PD:14	48	N600	YMn	
$ 21n:502	48A			
	49			
$ 21n:503	49A			
	50			
	51			
	52			
$ 21n:515	53	L630	1YML	$
	54			
	55	A630	1YMa	
$ ZKK:1	55A			
	56			
	57	B630	1YMb	
$ ZKK:3	57A			
	58			
	59	C630	1YMc	
$ ZKK:5	59A			
	60			
	61	A630j	1YMaj	!$
	62			
	63	B630j	1YMbj	!$
	64			

（1）防治措施

① 通过仪器测量电压回路接地情况，确定电压回路控制室一点接地。

② 电压回路输入模拟量，切换相关回路开关，确认中性线没有可能断开设备，同时电压回路中的切换设备触点接触良好。

③ 拆除经控制室零相小母线（N600）连通的几组电压互感器二次回路多余地线，保证电压回路只能有一点接地。

5. 断路器防跳回路错误

规范标准要求 《石油化工电气工程施工及验收规范》（SH/T 3552）第19.4.14条规定：

操作箱检查应符合下列规定：

使用操作箱本体的防跳回路和三相不一致回路时，检查操作箱应满足运行要求。

质量问题

（1）现象

① 断路器操作后，位置指示灯显示不正确。

② 断路器操作一次后不能再次操作。

（2）原因分析

① 图纸设计及设备厂家原因。

② 接线人员接线错误。

③ 操作箱与断路器防跳回路同时应用。

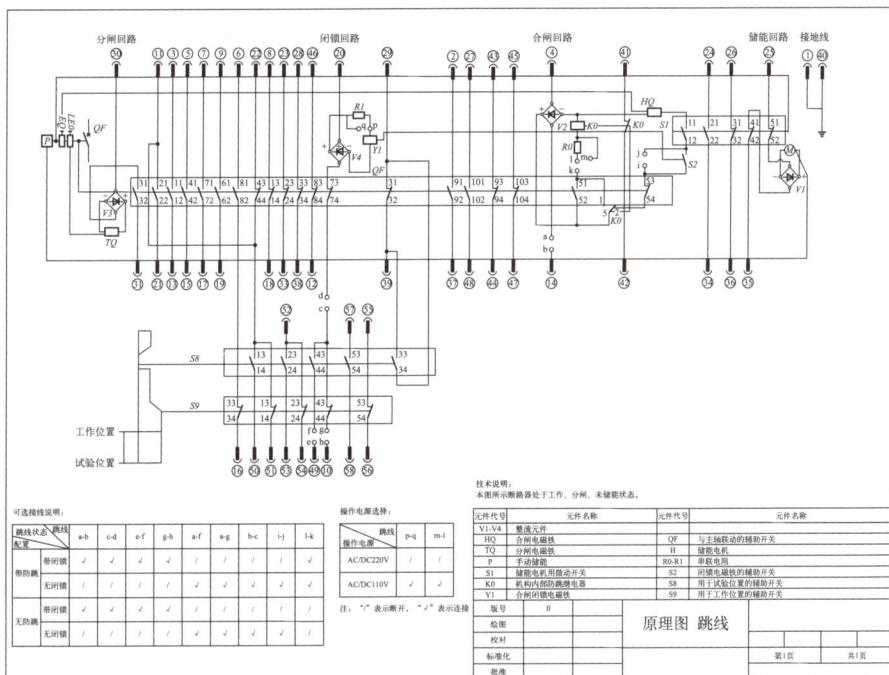

正确做法及防治措施

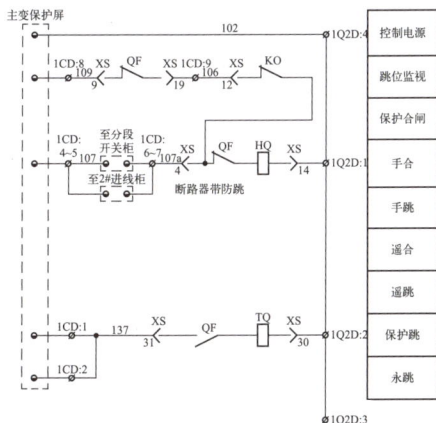

（1）防治措施

① 熟悉操作箱及断路器控制回路原理图，分析设计图纸是否有重复使用防跳回路现象。

② 检查接线是否正确，是否满足防跳回路要求。

③ 控制回路通电，控制室多次操作断路器并模拟防跳操作，检查断路器动作正常且显示与实际位置一致。

四、主要电气设备及设施受电前检查

1. 变压器低压侧母线（400V）绝缘低

规范标准
要　　求

《石油化工电气工程施工及验收规范》（SH/T 3552）第20.4.1条规定：
油浸式变压器的检查应符合下列要求：

变压器低压侧宜与母线分开，分别测试绝缘电阻，确认各侧绝缘及母线侧各相绝缘合格，检测确认铁芯绝缘合格。

质量问题

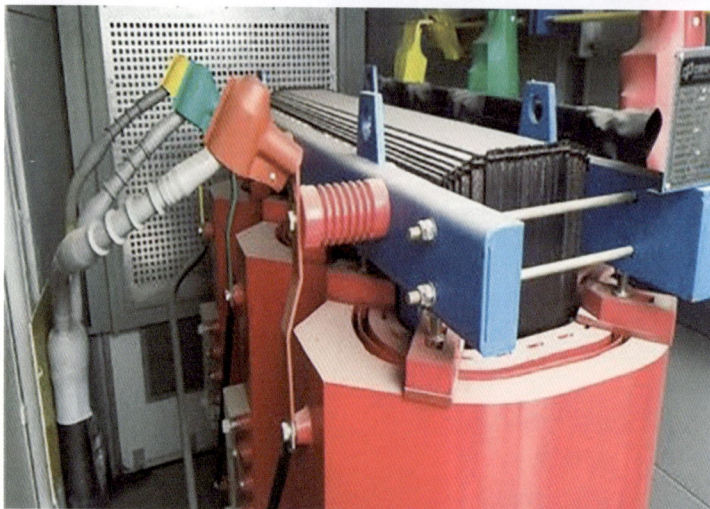

（1）现象
① 变压器低压侧母线（400V）绝缘低。
（2）原因分析
① 设备厂家原因，母线夹件、支座有绝缘不合格产品。
② 低压母线连接测量、保护、切换等二次设备，测量时未与母线断开。

正确做法及防治措施

（1）防治措施
① 熟悉变压器低压侧各原理图，检查与母线连接的相关测量、保护、切换等二次回路是否与母线断开；
② 检查与母线连接的所有断路器、开关处于检修状态；
③ 确认母线绝缘低后，配合厂家分段确认绝缘不合格部位。

2. 干式变压器温控器工作不正常

规范标准要求 《石油化工电气工程施工及验收规范》（SH/T 3552）第20.4.2条规定：

干式变压器的检查应符合下列要求：

温控器工作应正常，并按整定值通知单要求正确设置。

质量问题

（1）现象

① 变压器投入运行后，温控器不工作。

② 变压器温度高不报警、不跳闸、冷却风机不运行。

③ 变压器温控器不工作导致变压器高温烧毁。

（2）原因分析

① 设计、设备厂家原因，温控器电源接入部位不对。

② 温控器电源开关容量小，运行过程跳闸。

③ 温控器整定值不正确。

正确做法及防治措施

（1）防治措施

① 熟悉干式变压器温控器原理图，确认温控器电源取点在变压器低压侧且不过低压侧开关。

② 检查干式变压器温控器电源开关的容量，满足所有风机运行时容量要求。

③ 确认温控器整定值正确且满足变压器厂家技术要求。

④ 加强运行巡检，发现温控器不工作，尽快停电检修，查找原因。

3. 电缆接地线穿零序互感器连接不正确

规范标准要 求	《石油化工电气工程施工及验收规范》（SH/T 3552）第20.4.4条规定：高压开关柜的检查应符合下列要求：

电缆金属护层接地线应回穿过零序电流互感器，接地线应加绝缘套管；电缆终端根部引出部位应有绝缘措施，且应检查未被电缆夹具压破接地。

质量问题

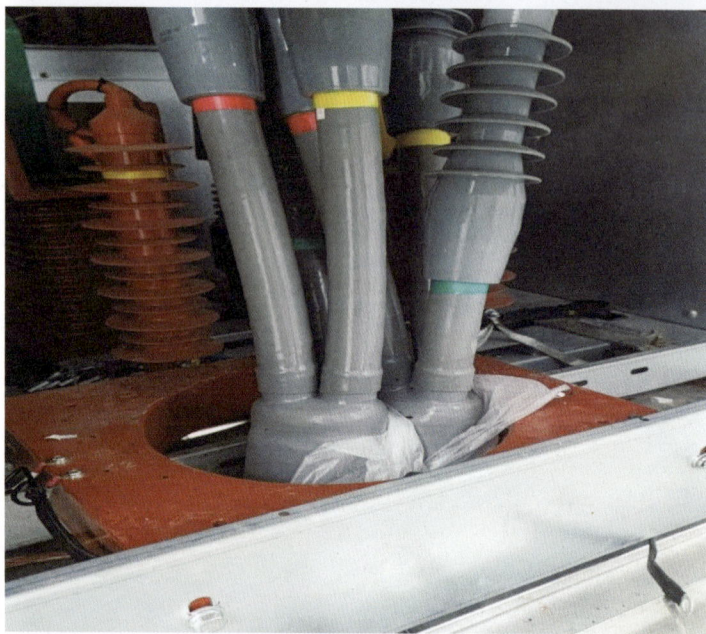

（1）现象
① 电缆分叉头已过零序互感器金属护层接地线未回穿过零序电流互感器。
② 电缆分叉头未过零序互感器，金属护层接地线穿过零序电流互感器。
③ 电缆终端根部引出部位没有绝缘措施，未回穿互感器接地。
④ 电缆运行后，零序保护不能实现保护功能。

正确做法及防治措施

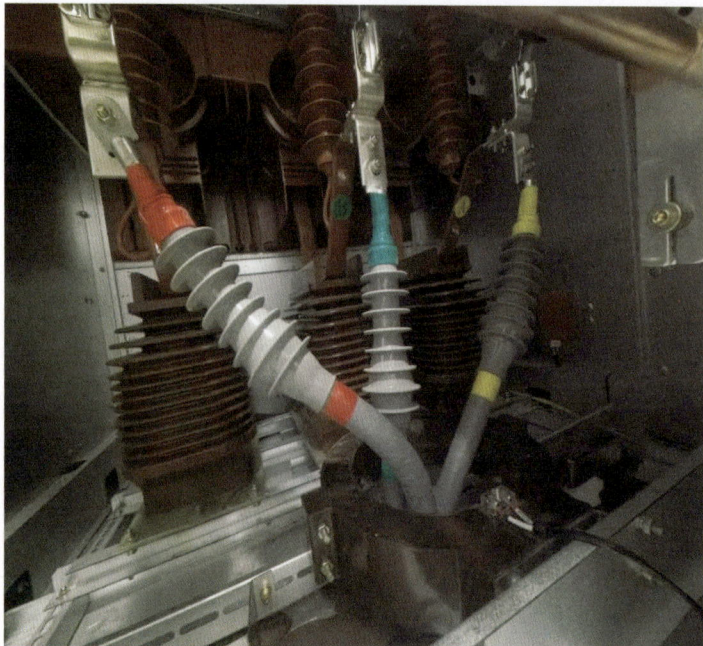

（1）防治措施
① 电缆通过零序电流互感器时，电缆金属护层及接地线应对地绝缘。
② 电缆接地点在互感器以下时，接地线应直接接地；接地点在互感器以上时，接地线应穿过互感器接地。

第六节　仪表盘、柜、箱安装

一、仪表盘柜安装

1. 盘柜基础型钢与盘柜尺寸不相符

<table>
<tr><td>规范标准
要　　求</td><td>《石油化工仪表工程施工质量验收规范》（SH/T 3551）第7.2.3条规定：
仪表盘、柜、操作台的型钢底座应按设计文件的要求制作，其尺寸应与仪表盘、柜、操作台一致，直线度允许偏差为1mm/m；当型钢底座长度大于5m时，全长直线度允许偏差应为5mm。</td></tr>
</table>

质量问题

（1）现象
① 基础型钢宽度和盘柜底座宽度不相符。

正确做法及防治措施

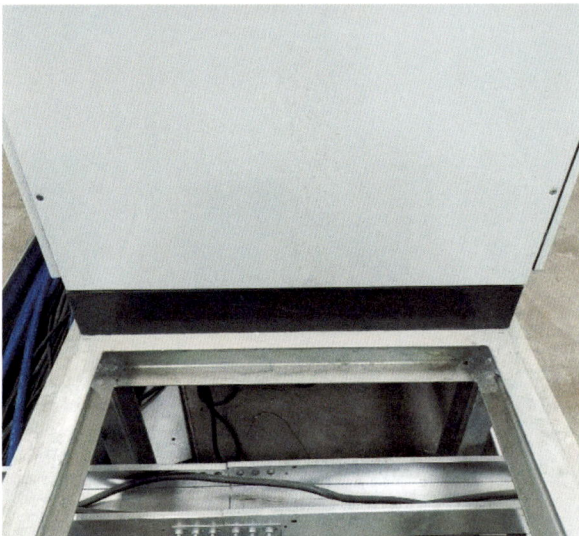

（1）防治措施
① 盘柜未到货的情况下，盘柜基础型钢制作前要和厂家沟通盘柜底座安装尺寸，不能按照含柜门外形尺寸制作，也不能盲目按施工图施工。
② 盘柜到货的情况下，盘柜基础型钢制作前要测量盘柜底座安装尺寸，不能按照含柜门外形尺寸制作。

2. 盘柜基础焊接部位防腐不到位

<table>
<tr><td>规范标准
要　　求</td><td>《石油化工仪表工程施工质量验收规范》（SH/T 3551）第7.2.4条和第7.2.5条规定：
型钢底座制成后应进行除锈、防腐处理。</td></tr>
</table>

仪表盘、柜、操作台的型钢底座应在地面二次抹面前安装完毕，其上表面宜高出地面，安装固定应牢固，上表面应保持水平，其水平度允许偏差为1mm/m；当型钢底座长度大于5m时，全长水平度允许偏差应为5mm。

质量问题

（1）现象
① 基础型钢安装完成后，焊接处没有清理飞溅及焊渣，焊接处也未做防腐处理。
② 基础型钢安装时，未在基础型钢下方焊接绑扎电缆用的钢管和四周固定静电地板角钢。

正确做法及防治措施

（1）防治措施
① 施工时用水准仪等检查基础型钢安装偏差。
② 施工前与设计、建设单位沟通，是否在基础型钢上增加绑扎电缆的钢管和固定静电地板的角钢。
③ 基础型钢安装完成后，焊接处要打磨干净，并进行防腐处理。

二、仪表保温（护）箱安装

1. 保温箱支架安装不规范、排列不整齐

<table>
<tr><td>规范标准
要　求</td><td>《石油化工仪表工程施工质量验收规范》（SH/T 3551)第7.3.4条规定:
仪表箱、保温（护）箱的安装应符合下列规定:</td></tr>
</table>

固定牢固；垂直度允许偏差为3mm；当箱体的高度大于1.2m时，垂直度允许偏差为4mm；水平度允许偏差为3mm；保温（护）箱底距地面或操作平面的高度应满足设计文件的要求，表箱支架应牢固可靠，并应作防腐处理；成排安装时应整齐美观。

质量问题

（1）现象

① 保温（护）箱在土建打地坪前安装，很容易造成碰撞破坏，打地坪后保温（护）箱容易歪斜。

② 保温（护）箱支架焊接处未除锈及防腐处理。

正确做法及防治措施

（1）防治措施

① 保温（护）箱安装宜在土建浇筑地坪后安装，保证安装牢固。

② 成排保温箱安装高度要一致，整齐美观。

2. 保温箱宽度和底座宽度不相符

规范标准要求 《石油化工仪表工程施工质量验收规范》（SH/T 3551）第7.3.4条规定：

仪表箱、保温（护）箱的安装应符合下列规定：

固定牢固；垂直度允许偏差为3mm；当箱体的高度大于1.2m时，垂直度允许偏差为4mm；水平度允许偏差为3mm；保温（护）箱底距地面或操作平面的高度应满足设计文件的要求，表箱支架应牢固可靠，并应作防腐处理；成排安装时应整齐美观。

质量问题

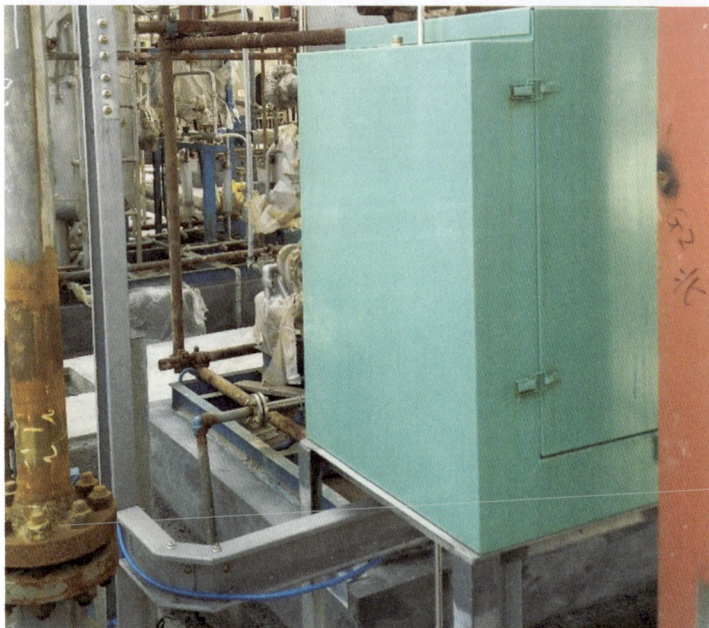

（1）现象
① 保温箱宽度和底座宽度不相符。

正确做法及防治措施

（1）防治措施
① 保温箱未到货的情况下，底座制作前要和厂家沟通底座安装尺寸。
② 保温箱到货的情况下，底座制作前要测量保温箱底座安装尺寸。

三、仪表接线箱安装

1. 仪表接线箱支架安装不牢固、不整齐

规范标准要求	《石油化工仪表工程施工质量验收规范》（SH/T 3551）第7.1.3条规定：仪表支托架应固定在地面、构架或设备平台等牢固可靠之处；集中或成排安装的仪表，应布置整齐、美观。

质量问题

（1）现象
① 接线箱支架与地面固定不牢固；
② 部分保护管歪斜严重。

正确做法及防治措施

（1）防治措施
① 土建地面施工时，仪表施工人员要与土建紧密配合，防止土建施工时损坏已安装的接线箱；
② 成排接线箱安装前要进行策划，确保安装后高度一致，固定牢固，整齐美观。

2. 仪表接线箱上端进出线不规范

<table>
<tr><td>规范标准
要　　求</td><td>《石油化工仪表工程施工质量验收规范》（SH/T 3551）第 7.1.8 条和第 9.1.13 条规定：仪表设备上电气接口不应朝上，当不可避免时，除应采取密封措施外，还应增设遮挡措施。</td></tr>
</table>

线路进入室外的盘、柜、箱时，应从底部或侧面进入，并应有满足设计文件规定的密封措施。

质量问题

（1）现象

① 接线箱的电气接线口朝上布置，且未采取遮挡措施。

正确做法及防治措施

（1）防治措施

① 接线箱采购时，要明确进出线口不能向上布置，当不可避免时，应增设防雨罩。

② 线路进入室外的接线箱时，应从底部或侧面进入，引下保护管要设三通穿线盒排水。

3. 仪表接线箱多余接线口未封堵，箱盖螺栓不全

<table>
<tr><td>规范标准
要　　求</td><td>《自动化仪表工程施工及质量验收规范》（GB 50093）第6.2.13条规定：
接线箱应密封并应标明编号，箱内接线应标明线号。</td></tr>
</table>

质量问题

（1）现象
① 接线箱箱盖螺栓不全，密闭不严，多余进线口未采用丝堵封闭。
② 接线箱没有标明回路编号。

正确做法及防治措施

（1）防治措施
① 接线箱螺栓要齐全、紧固，多余进线口采取丝堵等措施密闭。
② 接线箱盖上要标明接线箱编号。

4. 不锈钢接线箱与碳钢支架间未隔离

规范标准要求	《自动化仪表工程施工及质量验收规范》（GB 50093）第6.2.13条规定：不锈钢材质的接线箱固定时，不得与碳钢材料直接接触。

质量问题

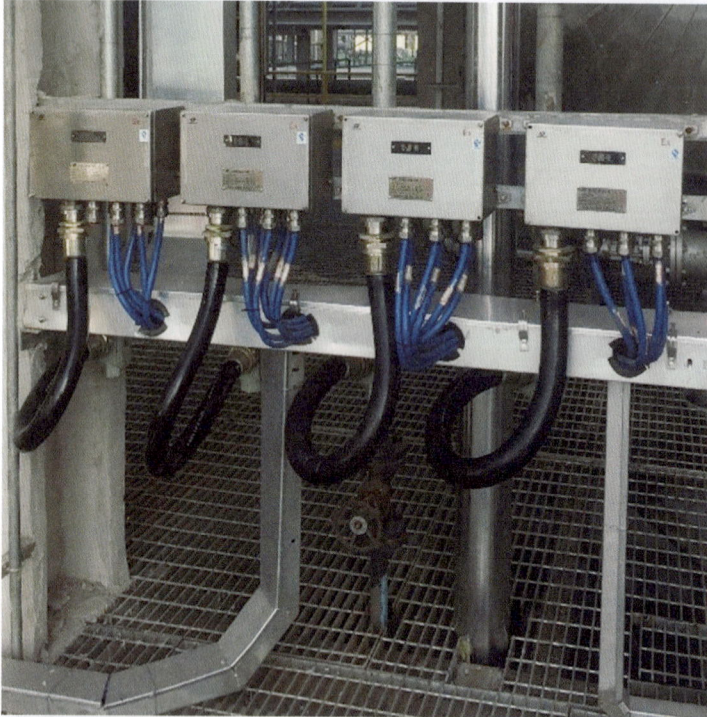

（1）现象

① 不锈钢接线箱与碳钢支架直接接触，没有采取隔离措施；

② 接线箱多余进线口未采用丝堵封闭。

正确做法及防治措施

（1）防治措施

① 不锈钢接线箱与碳钢支架采取隔离措施；

② 接线箱螺栓要齐全、紧固，多余进线口采取丝堵等措施密闭。

第七节　仪表设备安装

一、温度仪表安装

1. 保护管安装不合理，热电阻承受非正常外力

| 规范标准要求 | 《石油化工仪表工程施工质量验收规范》（SH/T 3551）第7.1.5条规定：仪表安装过程中不应敲击及振动，安装后应平正牢固。仪表与工艺设备、管道或构件的连接及固定部位应受力均匀，不应承受非正常的外力。 |

质量问题

（1）现象

① 保护管安装距热电阻近，挠性管与热电阻连接后，挠性管和热电阻都承受非正常外力。

正确做法及防治措施

（1）防治措施

① 保护管安装前要提前掌握挠性管的长度，做好配管的策划。

② 保护管安装时要考虑与仪表进线口的距离，挠性管安装后不应使仪表受非正常外力。

2. 双金属温度表盘位置不便于观察

<table>
<tr><td>规范标准
要　　求</td><td>《石油化工仪表工程施工质量验收规范》（SH/T 3551）第 7.4.5 条规定：
双金属温度计安装时，刻度盘面应便于观察。</td></tr>
</table>

质量问题

（1）现象

① 双金属温度计表盘向下。

正确做法及防治措施

（1）防治措施

① 双金属温度计安装时，要将刻度盘面调整到便于观察位置。

二、压力仪表安装

1. 压力仪表取源部件安装位置不正确

规范标准要求	《石油化工仪表工程施工质量验收规范》（SH/T 3551）第7.5.2条规定：压力取源部件与温度取源部件邻近安装在同一管道上时，应安装在温度取源部件的上游侧。

质量问题

（1）现象

① 压力取源部件安装在温度取源部件的下游侧，不符合要求。

正确做法及防治措施

（1）防治措施

① 压力取源部件与温度取源部件邻近安装在同一管道上时，应安装在温度取源部件的上游侧。

2. 变送器的立柱安装位置不牢靠

规范标准
要　　求《石油化工仪表工程施工质量验收规范》（SH/T 3551）第7.1.3条规定：
仪表支托架应固定在地面、构架或设备平台等牢固可靠之处。

质量问题

（1）现象
① 变送器立柱直接安装到钢格板上，不符合要求。

正确做法及防治措施

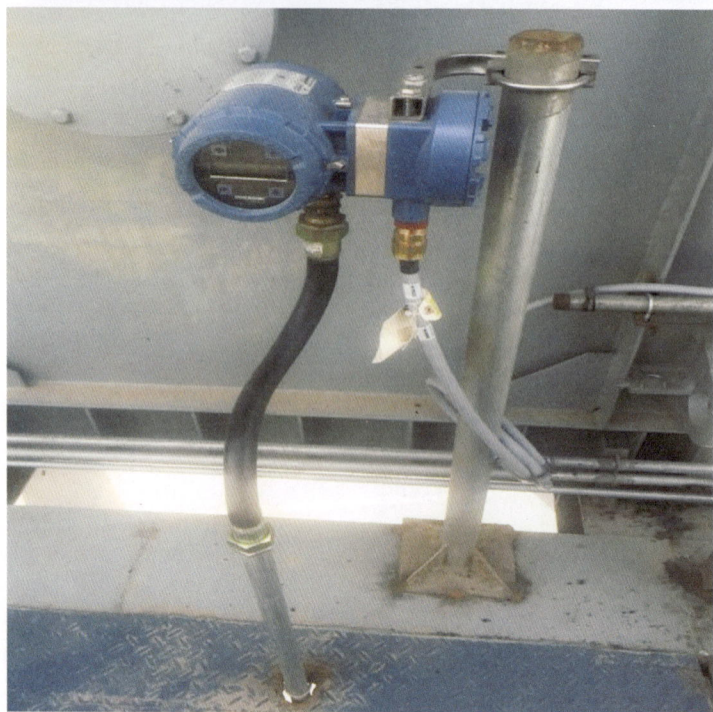

（1）防治措施
① 仪表立柱定位时，应选择在地面、构架或设备平台等牢固可靠之处，不能选择在钢格板上，应单独设置支架安装仪表立柱。

3. 变送器的电缆进线位置不正确

| 规范标准要　　求 | 《石油化工仪表工程施工质量验收规范》（SH/T 3551）第7.1.8条规定：仪表设备上电气接口不应朝上，当不可避免时，除应采取密封措施外，还应增设遮挡措施。 |

质量问题

（1）现象

① 变送器进线口向上布置，电缆从上端进线口进线。

正确做法及防治措施

（1）防治措施

① 仪表安装时，仪表进线口尽可能向下或水平布置，非必要不向上布置。

② 仪表户外安装时，也可以安装防雨罩防止仪表进水。

4. 变送器多余进线口未用专用丝堵封堵

规范标准要　　求	《石油化工仪表工程施工质量验收规范》（SH/T 3551）第10.2.4条规定：防爆仪表和电气设备引入电缆时，应采用相应防爆级别的电缆引入装置，宜采用防爆电缆密封接头进行密封；防爆电缆密封接头的弹性密封圈应与电缆外径匹配，直径误差不宜大于±1mm，弹性密封圈的一个孔应密封一根电缆。外壳上未使用的孔应采用与防爆型式相适应的封堵件堵塞。

质量问题

（1）现象

① 变送器多余进线口未采用专用丝堵封堵。

正确做法及防治措施

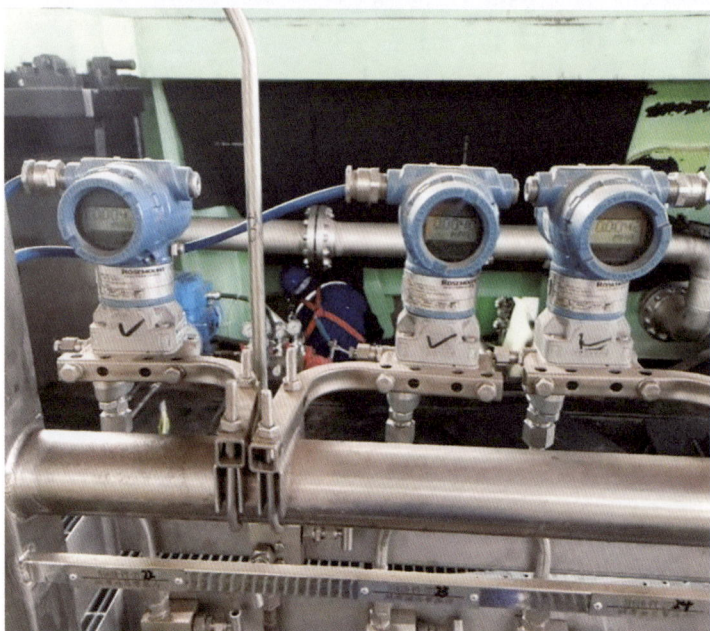

（1）防治措施

① 变送器安装时，仪表多余进线口要及时封堵，防止仪表进水。

② 防爆电缆密封接头的弹性密封圈应与电缆外径匹配。

三、物位仪表安装

1. 物位仪表毛细管保护措施不到位

规范标准要求《石油化工仪表工程施工质量验收规范》（SH/T 3551）第 7.1.7 条规定：
带毛细管的仪表设备安装时，毛细管应敷设在角钢或管槽内，并防止机械损伤。
毛细管固定时不应敲打，弯曲半径不应小于 50mm 且不应扭折；毛细管多余部分，宜在仪表侧盘绕不小于 100mm 直径的圆圈，并适当绑扎；差压仪表正负压室的毛细管应靠在一起敷设，避免外界环境温度对测量的影响。

质量问题

（1）现象

① 双法兰差压变送器毛细管固定在穿线管上，采取的保护措施不规范。

正确做法及防治措施

（1）防治措施

① 差压变送器毛细管应安装在角钢或管槽内，且弯曲半径不应小于 50mm。

② 毛细管多余部分，宜在仪表侧盘绕不小于 100mm 直径的圆圈，并适当绑扎。

③ 差压仪表正负压室的毛细管应靠在一起敷设。

四、仪表阀门安装

1. 电缆保护管管口高于仪表阀门进线口

规范标准要求	《石油化工仪表工程施工及验收规范》（SH/T 3551）第9.4.12条规定：保护管的仪表端宜低于仪表及接线箱的进线口，当保护管有可能受到雨水或潮湿气体浸入时，在可能积水的位置或最低处，应安装排水三通。

质量问题

（1）现象
① 保护管管口高于仪表进线口。

正确做法及防治措施

（1）防治措施
① 保护管安装时，管口不得高于仪表进线口，而且要考虑挠性管或电缆安装后最高点不得高于仪表进线口。
② 在可能积水的位置或最低处，应安装排水三通。

2. 仪表阀门进线口未安装电缆密封接头

<table>
<tr><td>规范标准
要　　求</td><td>《石油化工仪表工程施工及验收规范》（SH/T 3551）第9.4.15条规定：
保护管与仪表、接线箱连接时，应按设计文件规定安装电缆密封接头、密封管件或挠性软管，并作防水处理；当保护管与仪表之间不采用挠性软管连接时，管末端应带护线帽或加工成喇叭口。</td></tr>
</table>

质量问题

（1）现象

① 电缆进仪表阀门进线口未安装电缆密封接头。

正确做法及防治措施

（1）防治措施

① 保护管与仪表、接线箱连接时，应按设计文件规定安装电缆密封接头、密封管件或挠性软管，并作防水处理。

② 当保护管与仪表之间不采用挠性软管连接时，管末端应带护线帽或加工成喇叭口。

五、仪表接地安装

1. 流量仪表法兰未等电位连接

规范标准要求	《石油化工仪表工程施工质量验收规范》（SH/T 3551）第10.3.5条规定：需要实施保护接地的现场仪表金属外壳、金属保护箱、金属接线箱应就近连接到接地网，或连接到已经接地的金属支架、框架、平台、围栏、设备等金属构件上。

质量问题

（1）现象
① 流量计外壳接地，但法兰未作等电位连接。

正确做法及防治措施

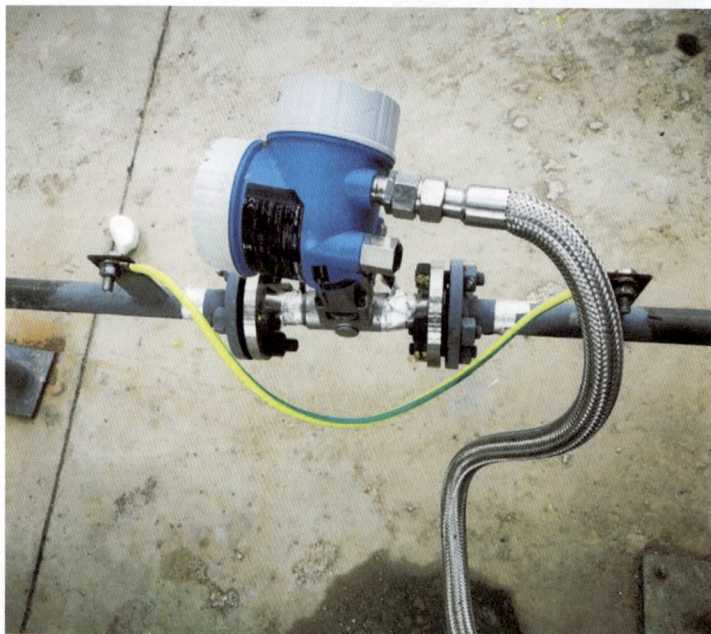

（1）防治措施
① 流量计法兰两侧要作等电位连接。
② 接地用螺栓不应小于M10，并应有防松装置，搭接面应涂电力复合脂。

2. 可燃性气体报警器接地跨接线接到穿线管上

<table>
<tr><td>规范标准
要　求</td><td>《石油化工仪表工程施工质量验收规范》（SH/T 3551）第10.3.5条规定：需要实施保护接地的现场仪表金属外壳、金属保护箱、金属接线箱应就近连接到接地网，或连接到已经接地的金属支架、框架、平台、围栏、设备等金属构件上。</td></tr>
</table>

质量问题

（1）现象

① 可燃性气体报警器接地线直接接在穿线管上不符合要求。

正确做法及防治措施

（1）防治措施

① 仪表接地采用黄绿接地线沿电缆或挠性管引至接地支线上。

② 接地用螺栓不应小于M10，并应有防松装置，搭接面应涂电力复合脂。

3. 变送器接地跨接线接到管道法兰上

规范标准
要　　求　《石油化工仪表工程施工质量验收规范》（SH/T 3551）第10.3.8规定：
不得利用储存、输送可燃性介质的金属设备、管道以及与之相关的金属构件进
行接地。

质量问题

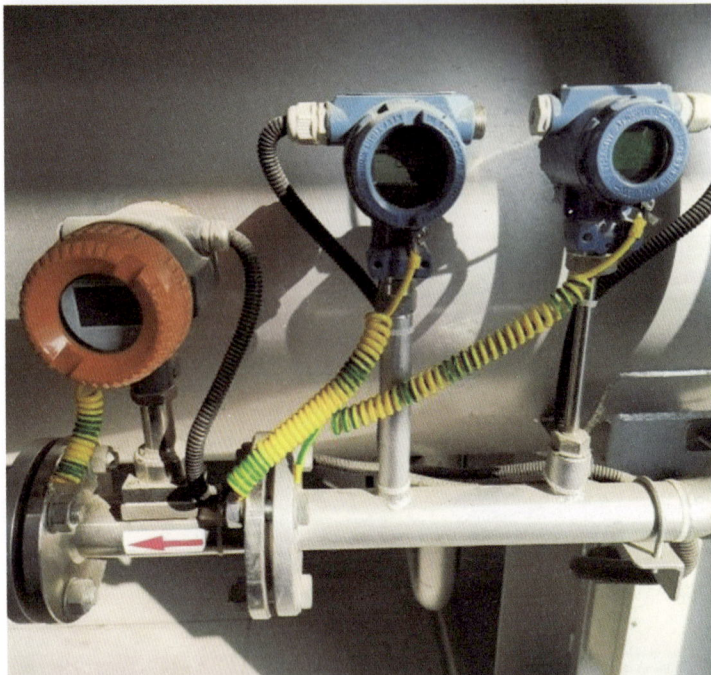

（1）现象

① 仪表接地线直接接在法兰螺栓上不符合要求。

② 仪表接地线不能绕成螺线管状或盘成环状。

正确做法及防治措施

（1）防治措施

① 仪表设备接地不能利用存输送可燃性介质的金属设备、管道以及与之相关的金属构件进行接地。

② 仪表接地采用黄绿接地线沿电缆或挠性管引至接地支线上。

4. 同一个接地螺栓上接了多条接地跨接线

规范标准 要　求	《石油化工仪表工程施工质量验收规范》（SH/T 3551）第10.6.13条规定：接地系统的各种连接应牢固、可靠，并应具有良好的导电性，各种接地导线与接地汇流排、接地汇总板的连接应采用镀锡铜接线片和镀锌钢质螺栓压接，并应有防松件，同一压接点压接的导线数量不应多于两条。

质量问题

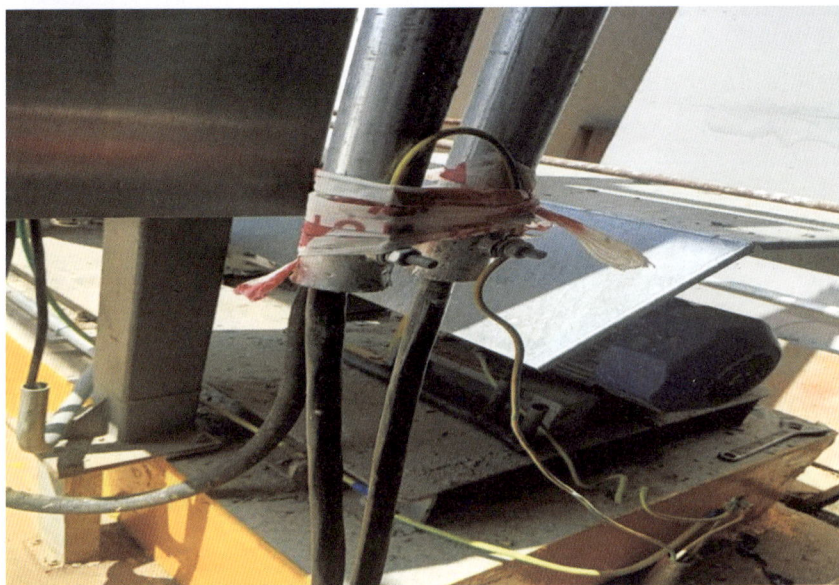

（1）现象

① 多条接地跨接线接到同一个接地螺栓上。

正确做法及防治措施

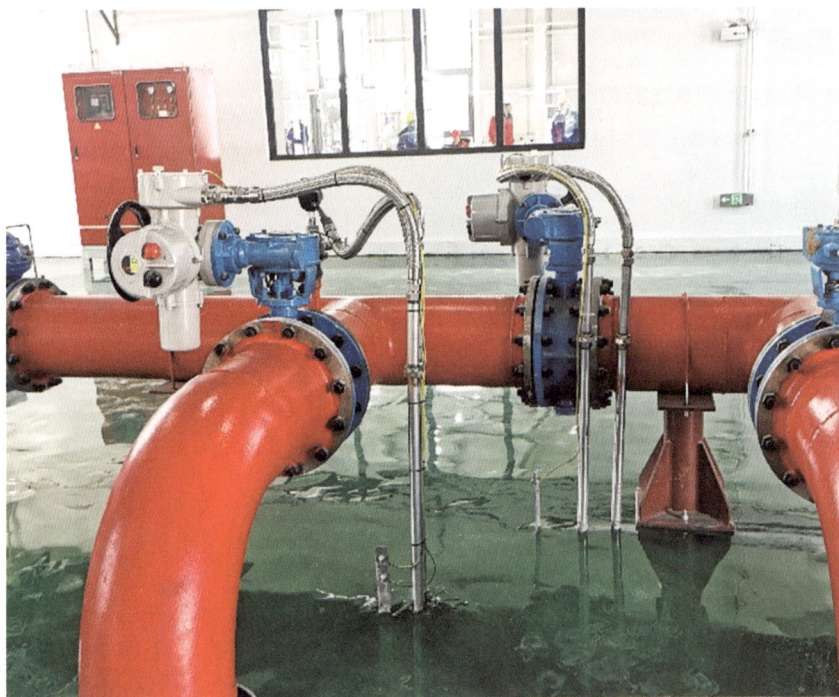

（1）防治措施

① 同一接地螺栓上最多安装2条接地跨接线，并分别在接地扁钢两侧。

② 仪表接地采用黄绿接地线沿电缆或挠性管引至接地支线上。

第八节　仪表管道安装

一、仪表测量管道安装

1. 仪表测量管道安装不合理，出现交叉现象

规范标准要求	《石油化工仪表工程施工及验收规范》（SH/T 3551）第11.1.9条规定：测量管道安装路径应根据现场实际情况合理安排，不宜强求集中，但应整齐、美观、固定牢固，宜减少弯曲和交叉。当测量管道成排安装时，应排列整齐、美观，间距应均匀一致。

质量问题

（1）现象
① 变送器测量管道安装不合理，出现交叉现象。

正确做法及防治措施

（1）防治措施
① 当测量管道成排安装时，要做好策划，管道应排列整齐、美观，间距应均匀一致，宜减少弯曲和交叉。
② 测量管道安装时，要考虑安装和维护方便。

2. 仪表测量管道卡套接头未错开安装

<table>
<tr><td>规范标准
要 求</td><td>《石油化工仪表工程施工及验收规范》（SH/T 3551）第11.1.20条规定：
测量管道采用卡套连接方式时，应使用与卡套接头匹配的卡套管；卡套管末端应光滑无明显缺陷，切口断面应平整、无毛刺，管子端面应与轴线垂直；成排管道并列连接时，连接接头应错开设置并预留适当间距，以方便维修。</td></tr>
</table>

质量问题

（1）现象
① 成排管道并列连接时，连接接头未错开设置。

正确做法及防治措施

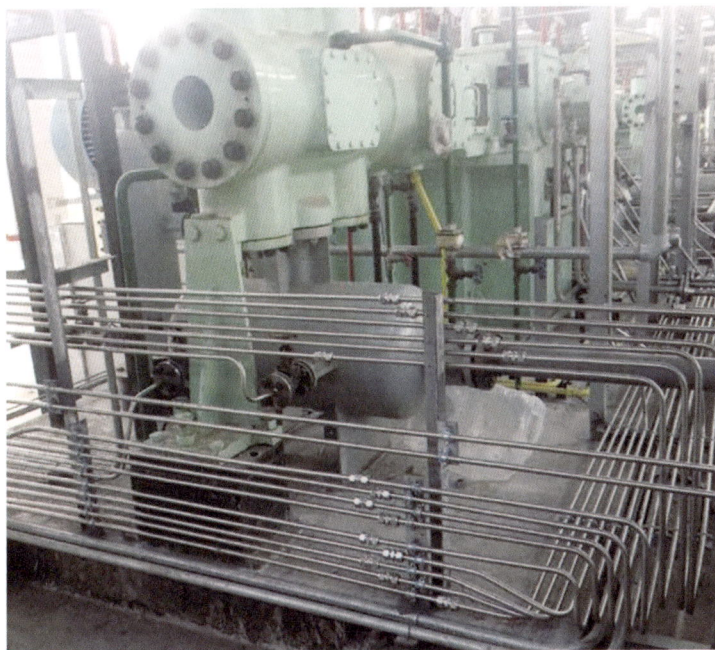

（1）防治措施
① 当测量管道成排安装时，要做好策划，管道应排列整齐、美观，间距应均匀一致，宜减少弯曲和交叉。
② 测量管道成排安装时，连接接头应错开设置并预留适当间距，以方便维修。

3. 仪表测量管道煨弯处出现压扁、凹陷现象

规范标准要求 《石油化工仪表工程施工及验收规范》（SH/T 3551）第11.1.11条规定：测量管道现场弯制宜选用壁厚为正偏差的无缝管，且应采用冷弯方法，高压钢管（管道设计压力≥10MPa）宜一次冷弯成型。管子弯制后，应无裂纹和凹陷。

质量问题

（1）现象
① 不锈钢管煨弯处有明显压扁、凹陷现象。

正确做法及防治措施

（1）防治措施
① 选用与管子同规格的专用弯管器煨弯，不宜采用现场简易制作的手动弯管器。
② 管子弯制后，应无裂纹、压扁、凹陷等现象，经气密试验合格。

4. 不锈钢管道与碳钢支架未隔离

规范标准要求	《石油化工仪表工程施工及验收规范》（SH/T 3551）第 11.1.18 条规定：不锈钢管固定时，不应与碳钢材料直接接触；不锈钢管道与非不锈钢材料之间，应采取有效的隔离措施。

质量问题

（1）现象

① 不锈钢管道与碳钢支架间没有采取隔离措施。

正确做法及防治措施

（1）防治措施

① 不锈钢管道与碳钢支架间采用垫胶皮等隔离措施。

5. 不锈钢管道焊缝未酸洗

<table>
<tr><td>规范标准
要　　求</td><td>《石油化工仪表工程施工及验收规范》（SH/T 3551）第11.1.21条规定：
焊接完毕后，应及时将焊缝表面的熔渣及附近的飞溅物清理干净；奥氏体不锈钢、双相不锈钢焊接接头焊后应按设计文件规定进行酸洗与钝化处理。</td></tr>
</table>

质量问题

（1）现象

① 不锈钢管道焊接后，焊缝表面的熔渣及飞溅未清理，接头也未酸洗与钝化处理。

正确做法及防治措施

（1）防治措施

① 管道焊接后要及时清理熔渣及飞溅，不锈钢管道焊缝要及时酸洗与钝化处理。

二、仪表气源管道安装

1. 仪表气源分支管线未从供气主管的顶部引出

规范标准要求	《石油化工仪表工程施工及验收规范》（SH/T 3551）第12.1.4条规定：气源管道分支管线应从供气主管的顶部引出，安装管路应避免出现袋形弯。

质量问题

（1）现象

① 气源管道分支管线不应从供气主管的侧面引出。

② 不锈钢管道焊接后，焊缝表面的熔渣及飞溅未清理，焊缝也未酸洗与钝化处理。

正确做法及防治措施

（1）防治措施

① 气源管道分支管线应从供气主管的顶部引出。

② 管道焊接后要及时清理熔渣及飞溅，不锈钢管道焊缝要及时酸洗与钝化处理。

2. 仪表气源管道支架安装间距大

<table>
<tr><td>规范标准
要　　求</td><td>《石油化工仪表工程施工及验收规范》（SH/T 3551）第12.2.2条规定：
气动信号管道的安装路径宜尽量短，配管应相对集中、固定牢固、横平竖直、
整齐美观，宜减少拐弯和交叉。安装时，应避免水平U型弯的出现，确保管道能够自然排凝。</td></tr>
</table>

质量问题

（1）现象

① 不锈钢管道支架间距大，管道安装不水平，整体不美观；

② 不锈钢管道与碳钢支架间没有采取隔离措施。

正确做法及防治措施

（1）防治措施

① 集中配管时要做好策划，配管固定牢固、横平竖直、整齐美观；

② 支架间距设置要合理，符合要求；煨弯角度一致，无裂纹、凹陷、皱折、椭圆等现象；

③ 不锈钢管道与碳钢支架间采用垫胶皮等隔离措施。

三、仪表伴热系统安装

1. 仪表伴热管道绑扎不规范

规范标准要求 《石油化工仪表工程施工及验收规范》（SH/T 3551）第13.2.8条和第13.2.9条规定：伴热管道应采用镀锌铁丝、金属扎带或不锈钢丝与测量管道捆扎在一起，捆扎间距宜为1.0m～1.5m，固定时不应过紧，应能自由伸缩。

碳钢伴热管道与不锈钢管道不应直接接触；不锈钢管和碳钢管之间，应采取有效的隔离措施，并应采用不锈钢丝或不引起渗碳的绑扎带绑扎。

质量问题

（1）现象

① 不锈钢伴热管和不锈钢测量管道直接用铁丝绑扎，未采取隔离措施。

正确做法及防治措施

（1）防治措施

① 伴热管道应采用镀锌铁丝、金属扎带或不锈钢丝与测量管道捆扎在一起，捆扎间距宜为1.0m～1.5m，固定时不应过紧，应能自由伸缩。

② 不锈钢管和碳钢管不应直接接触，应采取有效的隔离措施。

2. 电伴热带安装固定不牢固

规范标准
要　求

《石油化工仪表工程施工及验收规范》（SH/T 3551）第13.3.6条规定：
电伴热带敷设时，不应打结、扭曲、踩踏，其最小弯曲半径不应小于电伴热带厚度的6倍，应避免重叠或交叉，防止其局部过热损坏；在设备和管道上安装时，外观宜平直，间距宜均匀。

质量问题

（1）现象

① 电伴热带绑扎间距远，固定不牢固。

正确做法及防治措施

（1）防治措施

① 电伴热带敷设时，不应打结、扭曲、踩踏，避免重叠或交叉；

② 电伴热带直线段宜每隔300mm ～ 500mm固定一次，弯曲固定时可适当减小固定间距，并应与管道紧贴。

③ 自限温电伴热带可使用铝箔胶带、耐压热敏胶带、玻璃纤维带、尼龙扎带等固定在管道上，缠绕应紧固。

第六章

储罐及非标设备制作安装

第一节　材料验收

1. 钢板外观质量存在缺陷

<table>
<tr><td>规范标准
要　　求</td><td>《立式圆筒形钢制焊接储罐施工规范》（GB 50128）第3.0.3条规定：
施工前，应对钢板逐张进行外观检查，其质量应符合设计文件和现行国家标准
《冷轧钢板和钢带的尺寸、外形、重量及允许偏差》GB/T 708和《热轧钢板和钢带的尺寸、外形、重量及允许偏差》GB/T 709的有关规定。</td></tr>
</table>

质量问题

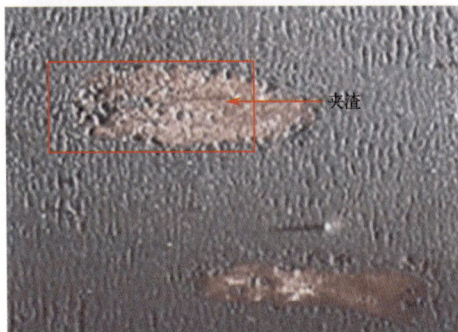

（1）现象

① 钢板外观检查时有纵向裂纹、夹杂、横向裂纹等缺陷。

（2）原因分析

① 原材料制造存在质量问题。

② 原材料未在合格供方采购。

正确做法及防治措施

（1）防治措施

① 采购要选择合格供应商，采购有信誉的钢厂的钢材。

② 严格材料到货验收：施工前，应对钢板逐张进行外观检查，其质量应符合设计文件和现行国家标准《冷轧钢板和钢带的尺寸、外形、重量及允许偏差》（GB/T 708）和《热轧钢板和钢带的尺寸、外形、重量及允许偏差》（GB/T 709）的有关规定。

③ 禁止不合格材料使用。

2. 钢板厚度负偏差超标

规范标准 要　　求	《立式圆筒形钢制焊接储罐施工规范》（GB 50128）第3.0.4条规定：钢板表面局部减薄量、划痕深度与钢板实际厚度负偏差之和，应符合设计文件要求，且不应大于相应钢板标准的允许负偏差值。

质量问题

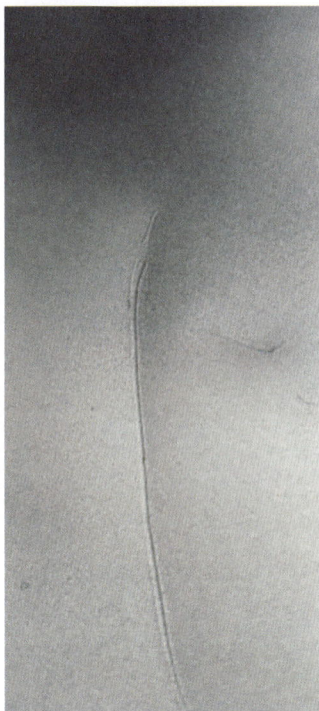

（1）现象

① 局部减薄量大。

② 划痕深度较大。

③ 钢板厚度负偏差超过标准要求。

（2）原因分析

① 材料制造不合格。

② 装载运输过程中未采取成品保护措施。

正确做法及防治措施

（1）防治措施

① 选择经评价的合格供方采购钢板。

② 钢板到货逐张进行测厚，厚度负偏差符合标准及设计文件要求。

③ 钢板运输装卸过程中使用专用工具，成品保护到位。

④ 对于不符合标准的钢板进行退货处理。

3. 法兰密封面损伤

规范标准 要　求	《立式圆筒形钢制焊接储罐施工规范》（GB 50128）第5.7.1条规定： 开孔接管法兰的密封面不应有焊瘤和划痕。

质量问题

压痕严重

（1）现象

① 密封面径向压痕严重，不能使用。

（2）原因分析

① 法兰制造、运输、存放过程中，密封面防护不到位。

正确做法及防治措施

DN32

（1）防治措施

① 法兰密封面出厂时，应及时涂油，并用塑料布或木板包（盖）好。

② 法兰运输、存放及安装过程中，避免尖锐物体接触密封面。

③ 法兰安装前，应对密封面进行擦拭、检查，表面应无焊瘤、划痕等现象。

④ 对法兰密封面有径向压痕、焊瘤等缺陷，影响密封质量的，不得使用。

（2）治理措施

① 对损坏法兰的密封面进行机械加工，划痕的部分切削掉，使法兰恢复平整。

② 更换法兰。

4. 不锈钢直接与碳钢材料接触

规范标准要求	《立式圆筒形钢制焊接储罐施工规范》（GB 50128）第4.19.1条规定：不锈钢材料不应与碳素钢及存放过氯化物的材料接触。

质量问题

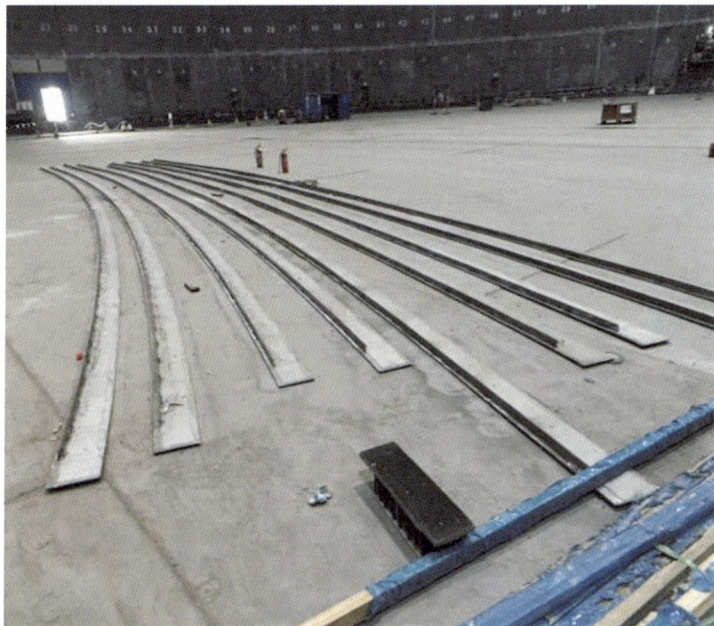

（1）现象

① 不锈钢板材料与碳钢板直接接触。

正确做法及防治措施

（1）防治措施

① 对特殊材料标识清晰，避免误操作导致不锈钢与碳钢接触。

② 采用防护栏或防护垫进行隔离，如使用木制垫块垫高隔离，或进行空间隔离，将不锈钢与碳素钢分区域存放，距离≥3m，避免直接接触或飞溅污染物（如铁屑）。

③ 不锈钢材料吊装宜采用吊装带，运输胎具上应采取防护措施。

④ 不锈钢板及构件不得采用铁锤直接敲击。

第二节　预制组装

1. 拱形顶板尺寸偏差超标

规范标准要　　求	《立式圆筒形钢制焊接储罐施工规范》（GB 50128）第4.5.4条规定：顶板拼装成型脱胎后，应用弧形样板检查，其间隙不应大于10mm。

质量问题

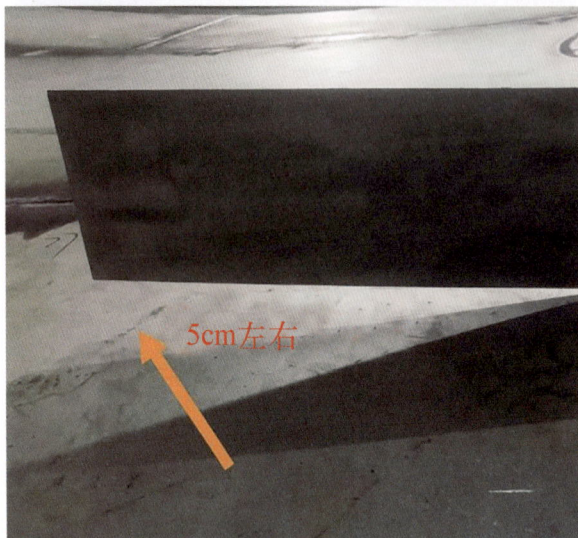

5cm左右

（1）现象
① 顶板成型后弧度形状用样板检查偏差超标。
（2）原因分析
① 顶板加强筋卷制尺寸偏差大。
② 顶板拼装焊接变形。
③ 胎架工装尺寸不准确。

正确做法及防治措施

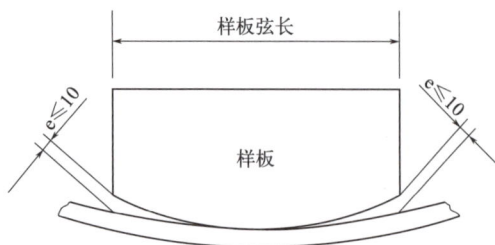

（1）防治措施
① 顶板加强筋卷制后，用样板检查，间隙小于2mm。
② 预制前检查胎架的尺寸和形状符合要求再进行预制。
③ 采取先内后外，径向的长焊缝隔缝对称施焊方法。
④ 顶板焊接完成后，用样板检查，其间隙不应大于10mm。
⑤ 对超标的顶板应冷切割矫正，用样板检查间隙小于10mm。

2. 坡口加工面存在缺陷

规范标准要求 《立式圆筒形钢制焊接储罐施工规范》（GB 50128）第4.1.4条规定：焊缝坡口的加工应平整，不得有夹渣、分层、裂纹等缺陷；应去除火焰及等离子切割坡口产生的表面硬化层。

质量问题

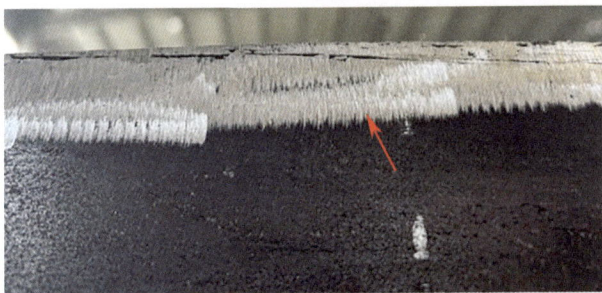

（1）现象

① 板材焊缝坡口打磨后出现纵向裂纹、分层等现象。

（2）原因分析

① 原材料制造质量问题。

② 切割工艺选择不当。

正确做法及防治措施

（1）防治措施

① 加强采购管控，选择经评价的合格供方采购原材料。

② 碳素钢、低合金钢坡口应采用机械加工或自动、半自动火焰切割，不锈钢应采用机械或等离子切割加工。

③ 焊缝坡口的加工应平整，不得有夹渣、分层、裂纹等缺陷；应去除火焰及等离子切割坡口产生的表面硬化层。

④ 对于标准规定的最低屈服强度大于390MPa的坡口采用火焰切割时，去除硬化层后，坡口表面应进行渗透或着色无损检测；

⑤ 根据坡口出现裂纹、分层缺陷的程度，打磨至合格使用或做退货处置。

3. 加强圈变形

《立式圆筒形钢制焊接储罐施工规范》（GB 50128）第4.6.1条规定：
抗风圈、加强圈、包边角钢、抗拉环等弧形构件加工成型后，应用弧形样板检
查弧度，其间隙不应大于2mm；应放在平台上检查其翘曲变形，变形量不应超过构件长度的
0.1%，且不应大于6mm。

质量问题

（1）现象

① 加强圈翘曲变形严重。

（2）原因分析

① 卷制时，卷板机受力不均匀，加强圈压制变形。

② 没有放置在合规的胎具上运输、储存。

③ 吊装过程中，吊点选择不合理，引起加强圈受力变形。

正确做法及防治措施

（1）防治措施

① 卷制过程用样板尺检查，其间隙不应大于2mm。

② 卷制合格的加强圈应放在胎具上储存、运输。

③ 加强圈吊装过程中，吊耳设置合理，确保其受力均匀。

④ 组装中发现加强圈翘曲变形严重，采用冷切开缝，锤击凸起的棱边来矫直，确保变形量不应超过构件长度的0.1%，且不应大于6mm。

4. 补强圈或垫板曲率不一致

<table>
<tr><td>规范标准
要　　求</td><td>《立式圆筒形钢制焊接储罐施工规范》（GB 50128）第5.7.11条规定：
开孔补强板的曲率，应与罐体曲率一致。</td></tr>
</table>

质量问题

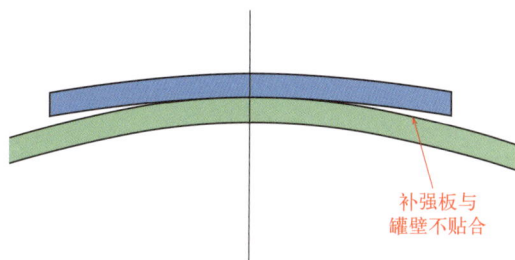

补强板与
罐壁不贴合

（1）现象
① 补强圈或垫板与筒体曲率不一致，补强圈与罐体不贴合。
（2）原因分析
① 加工设备精度不足，出现尺寸偏差。
② 补强圈受不均匀的外力，或者安装位置存在偏差，可能会使它们在安装过程中发生变形，导致曲率改变。

正确做法及防治措施

（1）防治措施
① 检查加工设备的进度，补强圈卷制时样板控制。
② 材料加工时消除内应力，保证材料均匀性。
③ 安装前提前校正。
（2）治理措施
① 现场修整，对不一致部位进行修整。
② 更换符合曲率要求的补强圈。

第三节 焊接

1. 底板组焊后凹凸变形

《立式圆筒形钢制焊接储罐施工规范》（GB 50128）第7.3.2条规定：罐底焊接后，其局部凹凸变形的深度不应大于变形长度的2%，且不应大于50mm，单面倾斜式罐底不应大于40mm。

质量问题

（1）现象

① 罐底板拼装焊接成形后局部凹凸变形大。

（2）原因分析

① 底板组对后未设置反变形加强板。

② 焊接时未严格按照底板焊接顺序施焊。

③ 焊接电流过大。

正确做法及防治措施

（1）防治措施

① 底板焊接前应设置反变形加强板。

② 按照先短后长、分段退步法或分段顺向跳焊法施焊。

③ 初层焊道宜采用分段退焊或跳焊法。

④ 严格执行焊接作业指导书之规定，控制焊接电流。

（2）治理措施

① 采用锤击结合火焰的方法对局部小范围的鼓包处理。

② 在合适的地方设置千斤顶，将凹陷的底板逐步恢复正常。

③ 更换底板。

2. 焊缝的棱角度超标

《立式圆筒形钢制焊接储罐施工规范》（GB 50128）第5.4.2条规定：

组装焊接后，纵焊缝的棱角度应用1m长的弧形样板检查，环焊缝棱角度应用1m直线样板检查，且应符合表5.4.2-4的规定。板厚≤12mm时，棱角度≤12mm。

质量问题

（1）现象

① 焊缝对口处棱角度超差。

（2）原因分析

① 壁板对接焊缝圆弧度超差；

② 卷板后材料堆放不规范导致板材变形；

③ 焊接工艺不正确，如焊接参数不合理，焊接顺序不当。

正确做法及防治措施

（1）防治措施

① 卷制好的板材摆放在胎架上；

② 吊装时多点吊装防变形；

③ 组对的工装要保证精度，在焊接时不发生相对移动；

④ 使用专门的样板检查。

（2）治理措施

① 对超标部分进行打磨处理；

② 对焊接变形引起的超标可采用热校正处理。

3. 底层壁板立缝处变形超标

规范标准 要　　求	《立式圆筒形钢制焊接储罐施工规范》（GB 50128）第5.4.2条规定：组装焊接后，纵焊缝的棱角度应用1m长的弧形样板检查，环焊缝棱角度应用1m直线样板检查，且应符合表5.4.2-4的规定。板厚≤12mm时，棱角度≤12mm。

质量问题

（1）现象

① 底圈壁板组装时，立缝位置角变形及圆弧半径超标。

（2）原因分析

① 底圈壁板设置的挡板数量不能满足组对要求，未设置调节垫板。

正确做法及防治措施

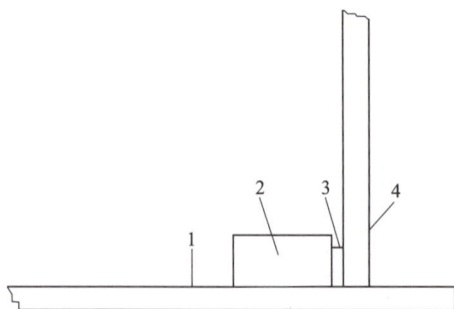

1—底板；2—挡板；3—调节垫板；4—壁板

（1）防治措施

① 增加挡板数量，设置调节垫板，保证组对质量。

② 组对前，应用弧形样板检查壁板卷制曲率半径，偏差超标时，必须矫正合格后方可使用。

4. 纵缝的角变形

规范标准要求　《液化天然气（LNG）全容式钢制内罐组焊技术规范)》（SH/T 3561）第8.6.5条规定：

焊接后，纵向焊缝的角变形，用长1000mm的弧形样板检查，环向焊缝用长1000mm直线样板检查，板厚≤12mm，角变形不大于12mm。

质量问题

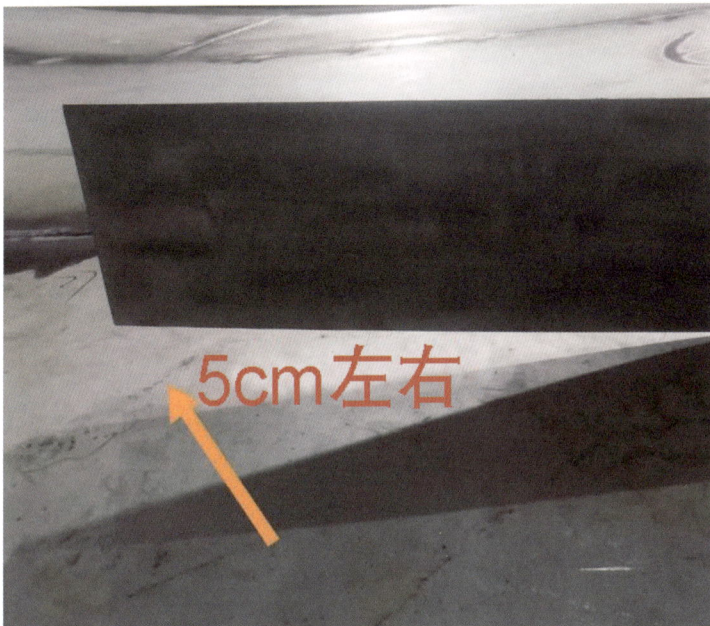

5cm左右

（1）现象
① 焊缝角变形严重超标。
（2）原因分析
① 组对时间隙过大未进行调整，致使焊缝局部位置受热过大。
② 组对时焊缝位置内凹。
③ 焊接时未增设防变形措施。

正确做法及防治措施

（1）防治措施
① 焊前调整组对间隙或焊接时加深清根厚度。
② 组对时增加站板或弧板调整局部变形。
③ 按照正确的焊接工艺，选择合理的焊接参数。
（2）治理措施
采用机械或火焰的方法进行矫正。

5. 环缝错边量大

《立式圆筒形钢制焊接储罐施工规范》（GB 50128）第5.4.2条规定：

环向焊缝：采用焊条电弧焊时，当上壁板厚度小于或等于8mm时，任何一点的错边量均不应大于1.5mm；当上圈壁板厚度大于8mm时，任何一点的错边量均不应大于板厚的0.2倍，且不应大于2mm；采用自动焊时，错边量不应大于1.5mm。

质量问题

错边量大

（1）现象

壁板组对时错变量过大。

（2）原因分析

① 壁板切割、坡口加工等精度不够。

② 罐体卷制工艺不当或者在运输、吊装过程中发生变形，使罐体的圆周不是标准的圆形。

③ 组对时没有使用合适的工具进行调整。

④ 内部支持结构安装位置不准确或有变形。

⑤ 组对时没有沿圆周统一预调整上下壁板，直接沿一个或几个点开始组对，造成局部累积误差大

正确做法及防治措施

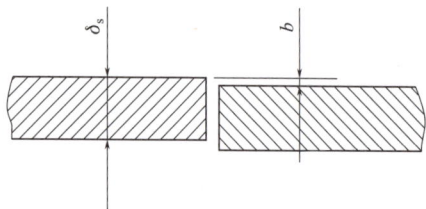

（1）防治措施

① 壁板在切割下料时控制精准度，切割完成后进行检查。

② 采用合适坡口加工方法。

③ 正确使用组对工具。

④ 组对过程中实时的测量调整。

⑤ 在组对时控制错变量 b 值符合标准规定后，再将两边点焊固定，点焊的距离要缩短对称布置。

⑥ 首先采用工装卡具对上下壁板焊缝进行初步调整，焊缝间隙均匀时，再分段同时同方向进行合缝组对。

（2）治理措施

① 采用机械或火焰加热方法进行矫正。

6. 飞溅物未清理

规范标准要求《石油化工立式圆筒形低温储罐施工质量验收规范》（SH/T 3560）第11.3.1条规定：焊缝外观应成形良好，焊渣和飞溅物应清理干净。低温钢焊缝及母材不得存在电弧擦伤。拆除低温钢钢板上的工卡具时，不得损伤钢板母材。

质量问题

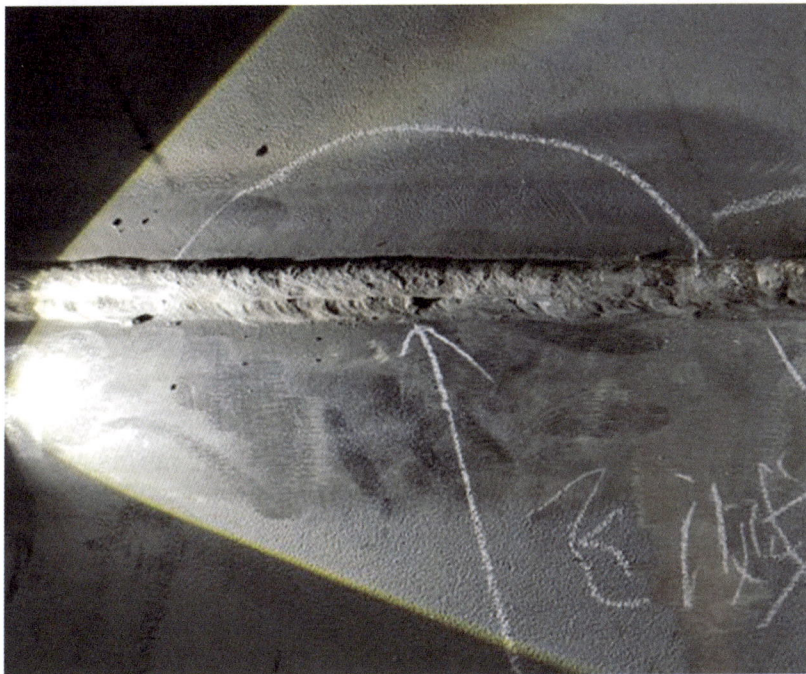

（1）现象

① 焊缝存在飞溅物，影响外观。

（2）原因分析

① 焊接时电流过大，热输入过高，电弧不稳定。

正确做法及防治措施

（1）防治措施

① 调整焊接电流电压，控制焊接速度。

② 选择合适的焊接角度，控制好焊条与焊件的距离，保持电弧稳定。

③ 焊件表面油污、铁锈、氧化皮等清理干净。

（2）治理措施

① 及时采用机械打磨清除飞溅物。

7. 残余焊瘤

规范标准要求　《石油化工立式圆筒形低温储罐施工质量验收规范》（SH/T 3560）第11.3.1条规定：焊缝外观应成形良好，焊渣和飞溅物应清理干净。低温钢焊缝及母材不得存在电弧擦伤。拆除低温钢钢板上的工卡具时，不得损伤钢板母材。

质量问题

（1）现象

① 工装拆除后焊瘤未清理。

正确做法及防治措施

（1）防治措施

① 拆除时采用机械打磨清除焊瘤。

8. 焊缝高度低于母材

《石油化工立式圆筒形低温储罐施工质量验收规范》（SH/T 3560）第11.3.2条规定：罐本体焊缝外观质量不得有裂纹、表面气孔、表面夹渣、表面未熔合、弧坑和未焊满等缺陷。

质量问题

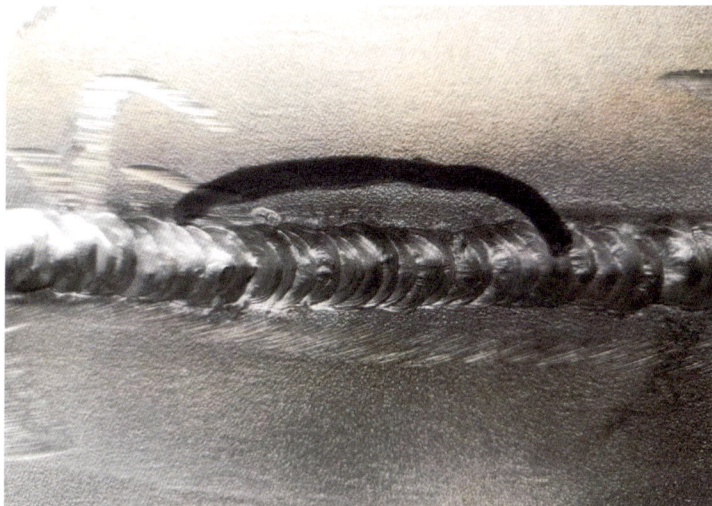

（1）现象
① 焊缝未焊满，低于母材高度。
（2）原因分析
① 焊接参数选用不合理，焊接电流过小或焊接速度太快。
② 焊材选用质量差。
③ 焊缝局部过宽时未分道进行焊接。

正确做法及防治措施

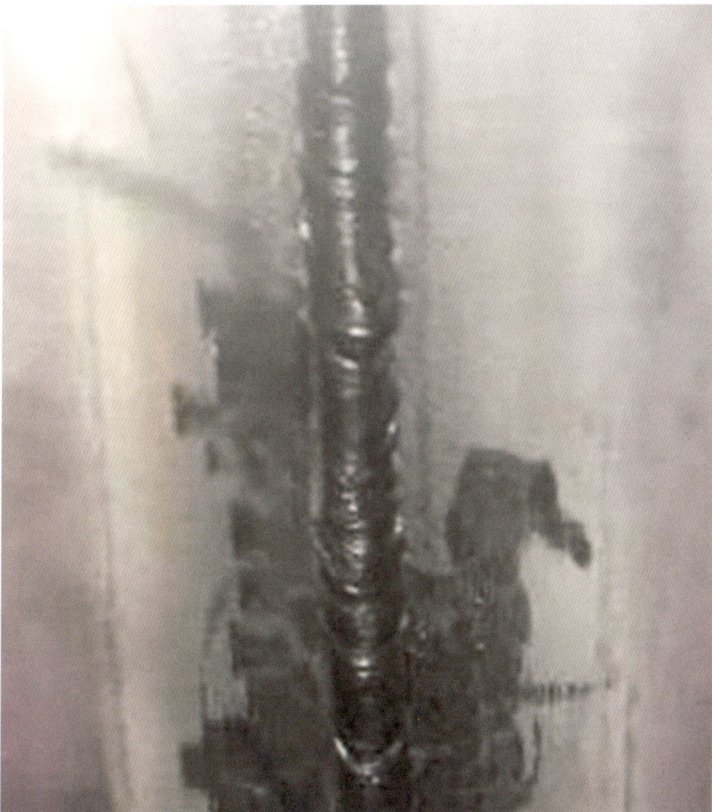

（1）防治措施
① 严格执行焊接工艺，合理设置焊接电流和控制焊接速度，确保每层焊缝焊接高度。
② 正确选择和使用焊材。
③ 焊后清除焊渣及时自检，发现未焊满时进行补焊。
（2）治理措施
① 低于母材处进行补焊。

9. 母材划伤

规范标准要求 《立式圆筒形钢制焊接储罐施工规范》（GB 50128）第6.6.1条规定：
在施工过程中产生的各种表面缺陷的修补，应符合下列规定：

深度超过0.5mm的划伤、电弧擦伤、焊疤等缺陷，应打磨平滑。打磨后的钢板厚度不应小于钢板名义厚度扣除负偏差值。

缺陷深度或打磨深度超过1mm时，应进行补焊，并打磨平滑。

质量问题

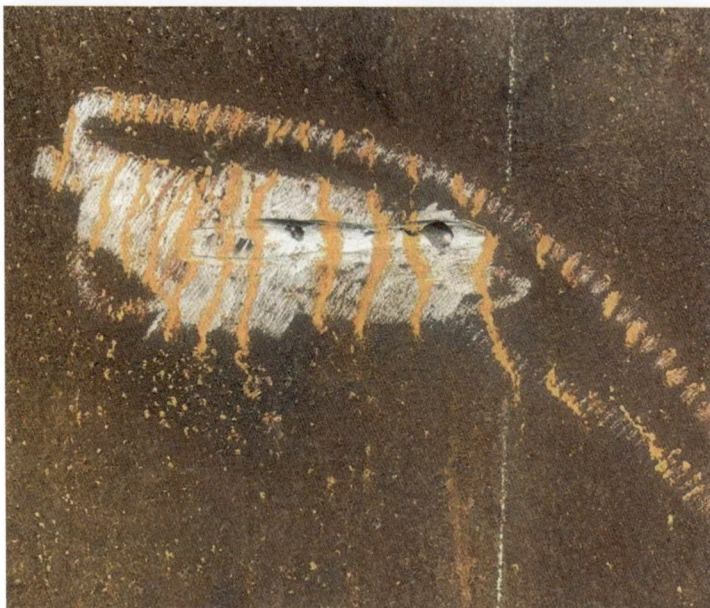

（1）现象
划伤母材缺陷深度超过1mm。

（2）原因分析
① 运输、吊装过程中使用尖锐的吊具或相互挤压、摩擦划伤。
② 加工过程中切割机划伤。
③ 焊接清理时刮伤母材。
④ 焊缝组对工装拆除时损伤母材。

正确做法及防治措施

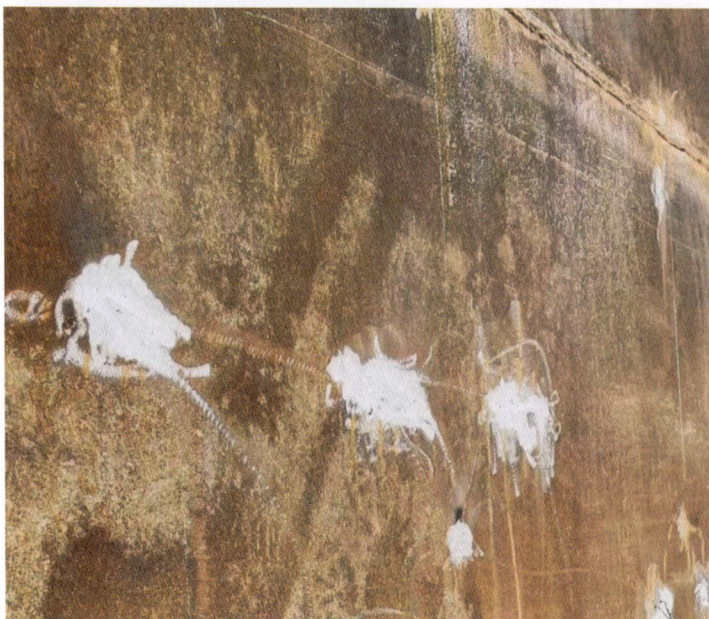

（1）防治措施
① 使用合适的吊具和正确的方法。
② 严格控制加工过程和采用合适的加工工具。
③ 拆除时使用机械切割，保留余量，再打磨平整。

（2）治理措施
① 对凹陷处进行补焊，并打磨平滑。提高成品保护意识。
② 有特殊要求的补焊后进行渗透检测。

10. 气刨清理不彻底

质量问题

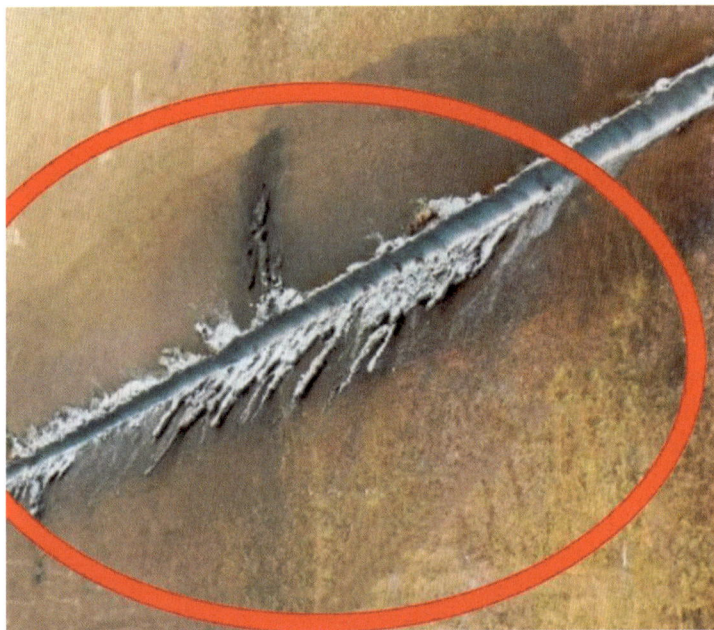

（1）现象

① 碳弧气刨清根不彻底，根部的夹渣、未熔合缺陷未清理干净。

（2）原因分析

① 气刨速度过快。

② 气刨角度不当。

③ 气刨的深度不够。

④ 碳棒的质量不合格或压缩空气压力不足；

⑤ 焊缝结构复杂，空间受限难以清理彻底。

正确做法及防治措施

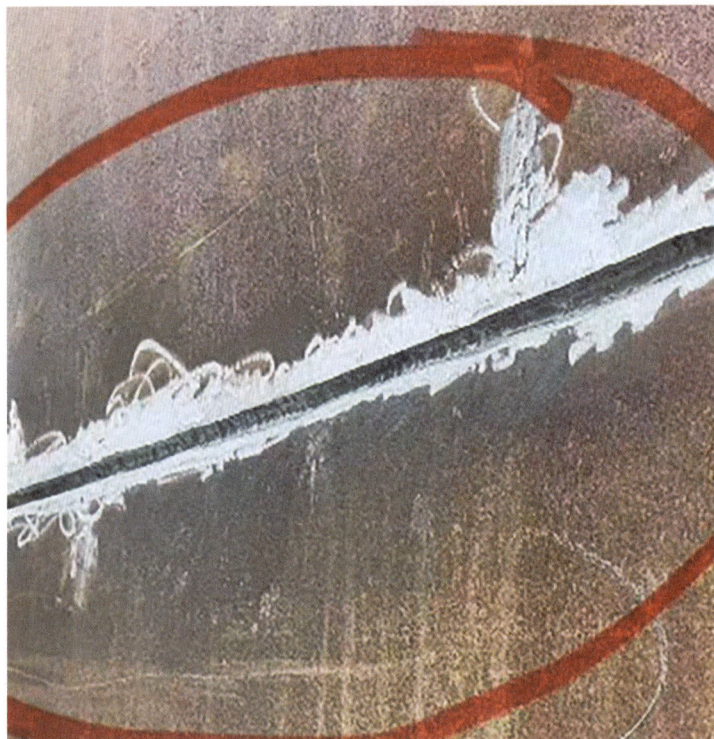

（1）防治措施

① 控制气刨速度。

② 调整气刨角度，一般在45°～60°之间。

③ 保证气刨切入的深度，气刨后再进行打磨，将残留渗碳层清理干净，检查清理效果，露出母材本色。

④ 选择优质碳棒和保障压缩空气压力稳定一般在0.4MPa～0.6MPa之间。

11. 电弧擦伤

规范标准要求	《石油化工立式圆筒形低温储罐施工质量验收规范》（SH/T 3560）第11.3.1条规定：

焊缝外观应成形良好，焊渣和飞溅物应清理干净。低温钢焊缝及母材不得存在电弧擦伤。拆除低温钢钢板上的工卡具时，不得损伤钢板母材。

质量问题

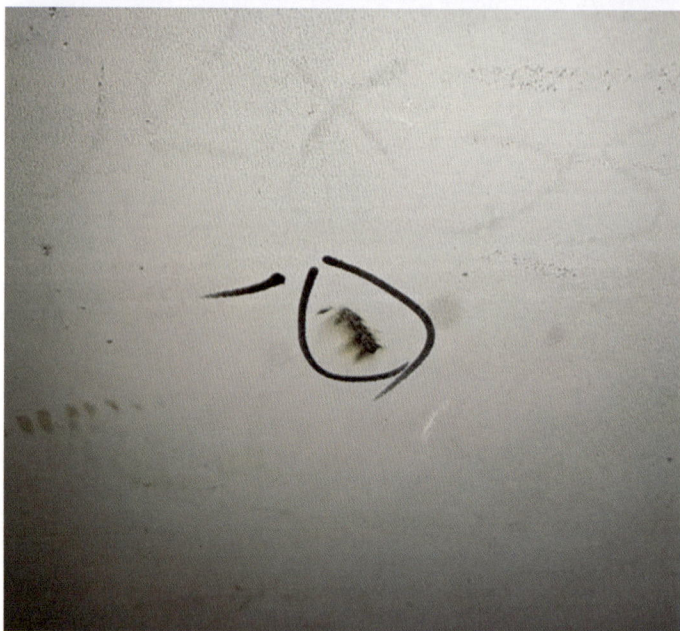

（1）现象

① 母材表面有电弧擦伤。

（2）原因分析

① 起弧和收弧不规范，在非焊接区起弧。

② 焊工在焊接过程中更换新焊条，在继续焊接作业时擦伤母材。

③ 引焊钳随意性摆放、移动，防护措施没做好，焊钳、焊把线破损。

正确做法及防治措施

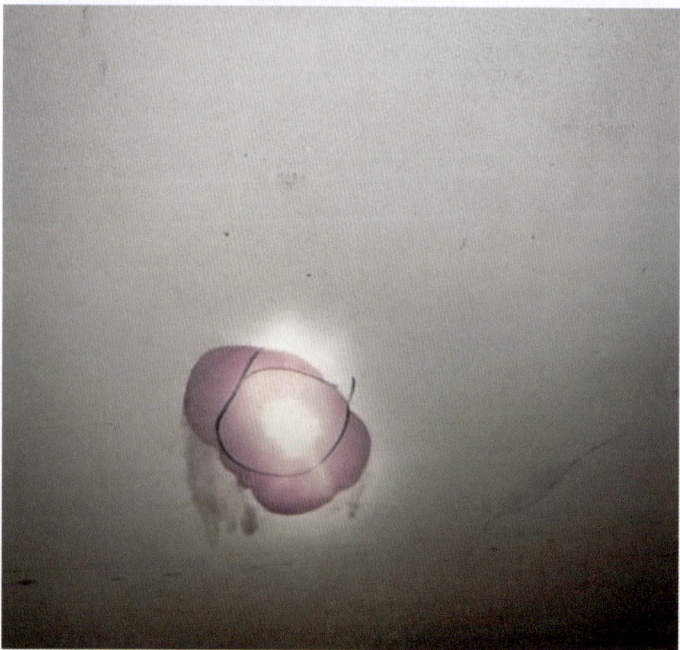

（1）防治措施

① 正确的起弧和收弧方法，设置引弧板，在引弧板上引弧。

② 检查焊接机具设备，焊接电缆，确保完好。

③ 规范焊接人员操作。

（2）治理措施

① 对擦伤区域进行打磨处理，并且进行PT检测。

12. 焊前焊道未清理

《液化天然气（LNG）全容式钢制内罐组焊技术规范》（SH/T 3561）第8.4.1条规定：

热角保护壁板组装应符合规定：

壁板安装前应将焊缝两侧25mm范围内及垫板表面的铁锈、油污等清理干净。

质量问题

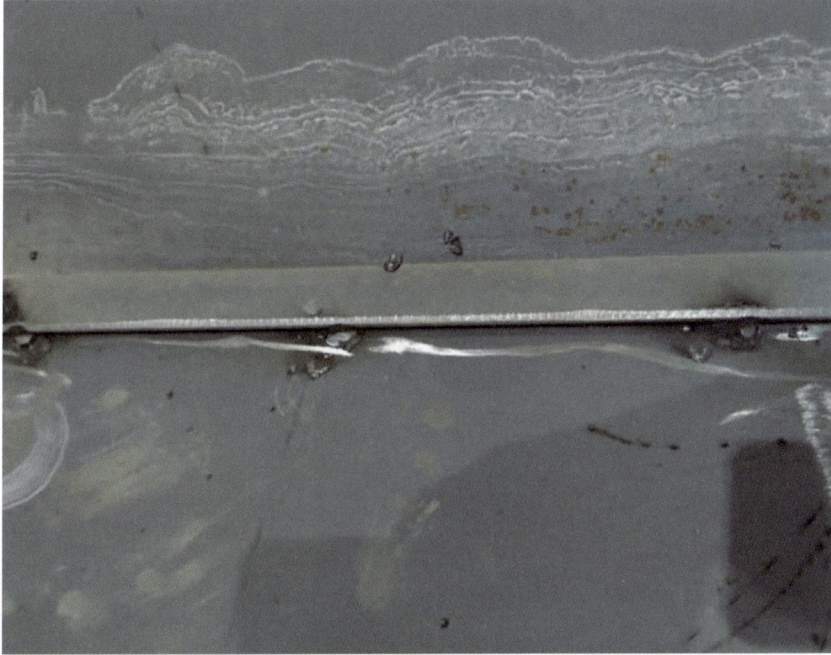

（1）现象

① 焊前焊缝两侧氧化物、油漆、铁锈未清理干净，导致气孔产生和夹渣缺陷。

正确做法及防治措施

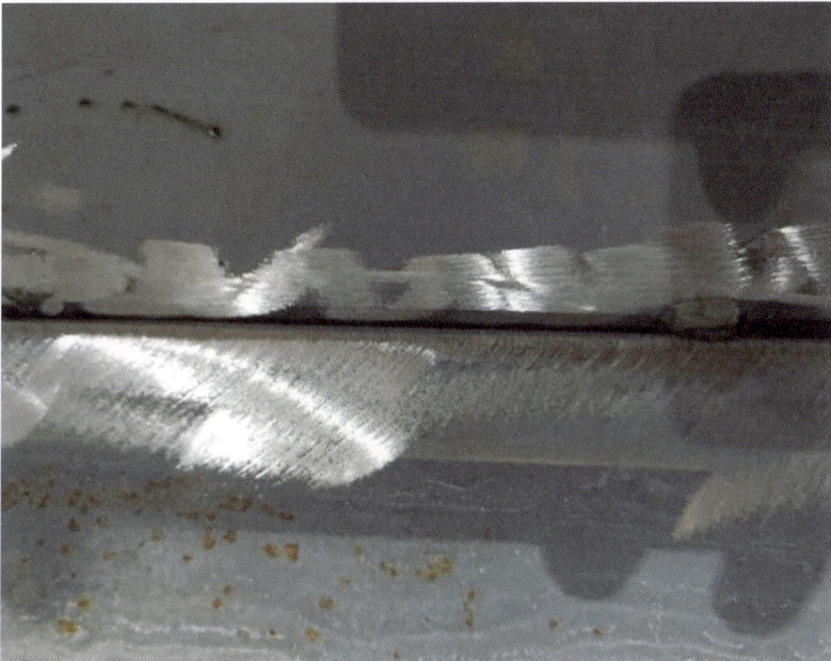

（1）防治措施

① 明确焊前清理的标准和制度，加强现场检查，报质检人员检查验收后方可施工。
② 对现场焊前未清理的进行清理打磨，露出金属光泽。

13. 焊缝咬边

规范标准要求	《立式圆筒形钢制焊接储罐施工规范》（GB 50128）第6.6.2条规定：焊缝两侧的咬边和焊趾裂纹的磨除深度不应大于0.5mm，当不符合要求时应进行焊接修补。

质量问题

（1）现象

① 咬边过深，不符合相应规范要求。

（2）原因分析

① 焊接电流过大，焊接速度过快。

② 操作方法不当。

③ 焊件焊接位置不顺，容易形成咬边。焊缝形状不规则。

正确做法及防治措施

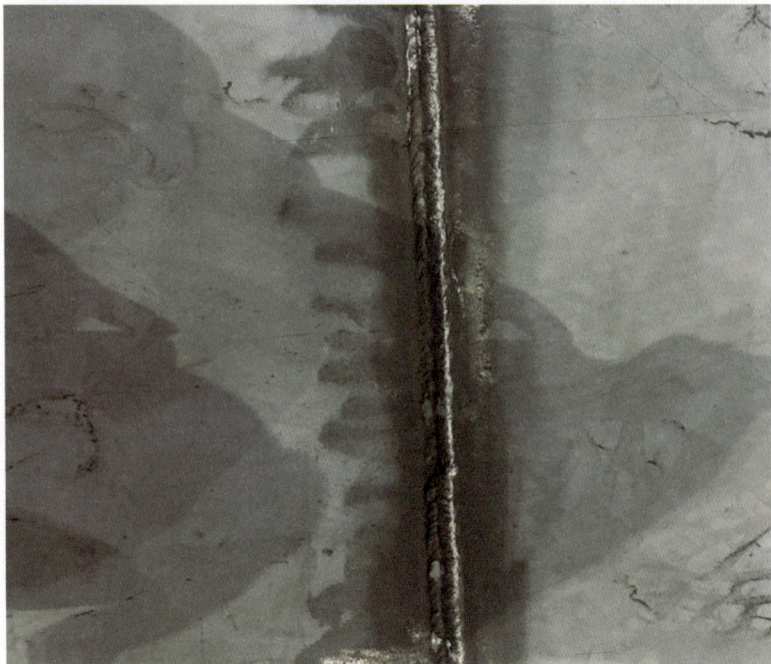

（1）防治措施

① 采用合理的焊接参数。控制好焊接电流和焊接速度。

② 焊条摆动参数和宽度应满足相关要求，可采用多层多道焊接。

（2）治理措施

① 采用小电流堆焊修补，打磨处理。

14. T形接头焊缝高度不够

规范标准要 求	《立式圆筒形钢制焊接储罐施工规范》（GB 50128）第7.1.2条第3项规定：边缘板的厚度大于或等于10mm时，底圈壁板与边缘板的T形接头罐内角焊缝靠罐底一侧的边缘，应平缓过渡，且不应有咬边；T形接头焊脚尺寸应符合设计文件规定。

质量问题

（1）现象
① T形状焊接接头高度不够；
② 焊缝无平缓过渡。
（2）原因分析
① 焊接速度过快；
② 焊接遍数少。

正确做法及防治措施

（1）防治措施
① 调整焊接速度。
② 多名焊工均匀分布同时向同一方向施焊。
（2）治理措施
① 增加焊接遍数。
② 焊缝高处进行打磨处理。

15. 接头搭接不到位

规范标准要求

《立式圆筒形钢制焊接储罐施工规范》（GB 50128）第6.4.4条规定：焊接时，始端应采用后退起弧法，终端应将弧坑填满。

质量问题

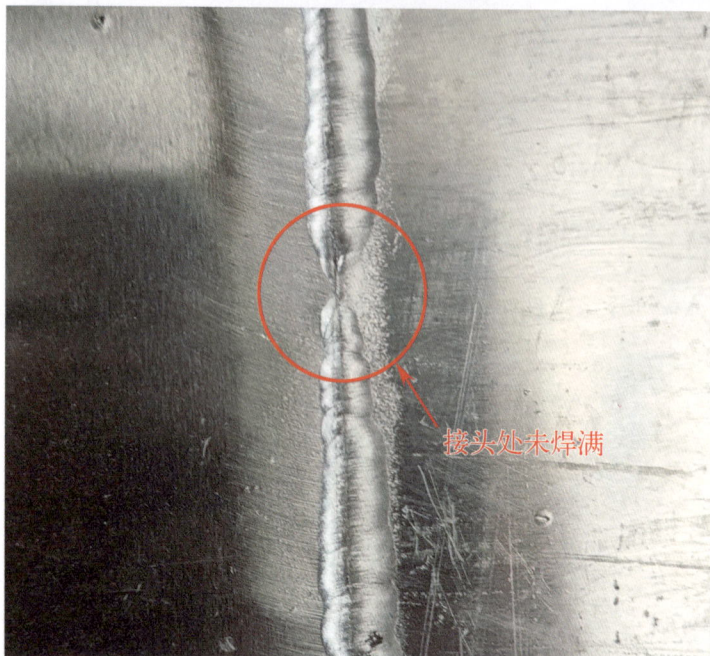

接头处未焊满

（1）现象

① 焊缝接头未填满。

（2）原因分析

① 焊接电流过小，填充的焊材融化不足。

② 焊接速度过快，在熔池的停留时间过短，填充金属未充分填充接头。

③ 填充焊材质量差。

④ 接头处有铁锈、油污、氧化皮等杂质，影响焊材与母材熔合。

正确做法及防治措施

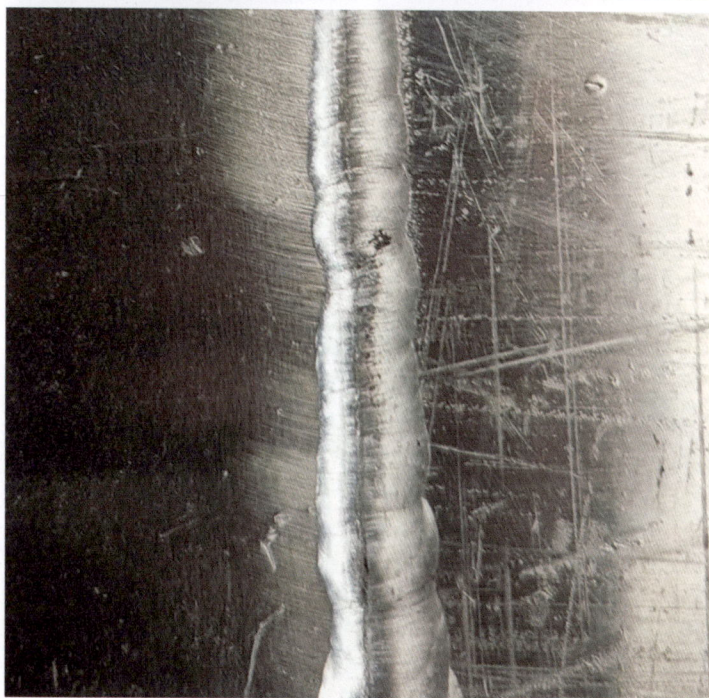

（1）防治措施

① 合理设置焊接电流，控制焊接速度。

② 选择质量好的焊接材料。

③ 彻底清理焊缝及焊接接头。

（2）治理措施

① 接头处进行清理补焊。

16. 焊缝周围污染

规范标准要求　《立式圆筒形钢制焊接储罐施工规范》（GB/T 50128）第6.4.12条规定：熔化残留物或焊接滴落物应用不锈钢工具清除，清根应用角向磨光机磨除。

质量问题

（1）现象

① 壁板上存在焊瘤与焊渣。

（2）原因分析

① 焊条药皮或焊丝剥落掉落在焊缝周围。

② 焊接飞溅物带杂质污染周围。

③ 焊接时未采用接火盆，火花掉落在主材上，且未及时处理飞溅物。

正确做法及防治措施

（1）防治措施

① 使用质量合格的焊接材料，调整焊接参数减少焊接飞溅物。

② 焊缝表面杂质进行清理，焊缝周围进行预处理，进行隔离覆盖防护。

③ 焊接时采用接火盆。

④ 保持工作区域清洁。

（2）治理措施

① 及时处理飞溅物，防止主材渗碳。

第七章
钢结构制作安装

第一节　钢构件加工

1. 构件加工端面不平齐

《石油化工钢结构工程施工及验收规范》（SH/T 3507）第6.1.1条规定：
钢材切割面或剪切面应无裂纹、夹杂、分层和大于1mm的缺棱。

质量问题

（1）现象
① 钢构件切割后，端面不平齐，有超标缺棱。

（2）原因分析
采用火焰切割时：
① 切割速度太快。
② 使用的割嘴太小，切割气体压力太低，割嘴堵塞或损坏。
③ 切割氧压力过高，风线受阻变坏。
④ 割枪不垂直、割枪距离钢板高度不均匀。
⑤ 割枪抖动，运行速度不均匀。
⑥ 切割完成后未及时打磨处理。

正确做法及防治措施

（1）防治措施
① 型钢采用火焰切割时：
a. 调整火焰至合适温度，并检查割嘴及气体存量。
b. 切割过程中，割炬固定牢靠，保持适当的速度均匀行进。
c. 切割完后及时打磨清理氧化铁等杂质。
② 建议采用机械切割。

2. 钢材表面划痕深度超标

规范标准要求 《石油化工钢结构工程施工及验收规范》（SH/T 3507）第6.2.3条规定：矫正后的钢材表面，不应有明显的凹面和损伤，划痕深度不应大于该钢材厚度负允许偏差的1/2，且不大于0.5mm。

质量问题

（1）现象

① 钢板表面划痕深度大于0.5mm。

（2）原因分析

① 所选用的板材有缺陷或者滚制前未清理表面杂物。

② 加工过程中暴力拆除卡具等辅助焊件。

③ 打磨过深，伤及母材未进行补焊。

正确做法及防治措施

（1）防治措施

① 选用合格的无缺陷的板材。

② 滚制前及时清理滚筒表面，在滚制过程中注意对钢材表面的保护。

③ 加工过程中，不得暴力拆除卡具等辅助焊件。

④ 对于母材存在的深度大于钢材厚度负允许偏差的1/2（或0.5mm）的超标凹面或者划痕应进行补焊后打磨平整。

第二节 钢构件焊接

1. 构件组对错边

规范标准要 求	《钢结构工程施工质量验收标准》（GB 50205）第5.2.8条规定：对接焊缝（一、二级焊缝）错边$\Delta<0.1t$且$\leqslant 2.0$mm。

质量问题

（1）现象

① H型钢柱对接焊缝错边大于2mm。

（2）原因分析

① 待焊H型钢外形尺寸存在超标误差。

② 未按照设计图纸要求进行组对焊接。

正确做法及防治措施

（1）防治措施

① 严格型钢入场验收，根据型钢外形尺寸，配对组焊。

② 加强型钢组对后检查，控制错边量符合$\Delta<0.1t$且$\leqslant 2.0$mm。

③ 无法避免的错边超标，可采用削边措施进行组对，但削边长度应大于4倍的错边量。

2. 构件焊接坡口作业面未清理

规范标准 要　　求	《石油化工钢结构工程施工及验收规范》（SH/T 3507）第10.1.5条规定：焊接接头坡口两侧20mm范围内应清除污物和锈蚀。

质量问题

（1）现象

① 钢结构焊接前未对焊口边缘油漆进行打磨。

（2）原因分析

① 焊接前，未清理焊件坡口及周边杂物。

② 焊条药皮湿度过大，焊接速度过快造成大量飞溅物产生。

③ 焊接后，未对焊缝表面及周边飞溅物进行打磨。

正确做法及防治措施

（1）防治措施

① 构件组对合格后，将坡口两侧20mm范围内油漆打磨清理干净。

② 严格按照焊接工艺卡施焊，焊条按要求烘干后使用。

③ 焊接后打磨焊缝表面，清理焊缝周边飞溅物。

④ 构件焊缝处清理合格后补漆处理。

3. 构件焊缝表面气孔超标

质量问题

（1）现象

① 钢构件焊缝表面有气孔。

（2）原因分析

① 钢结构坡口边缘20mm范围内未彻底清理干净。

② 施焊前构件表面水分、油污，等未及时清理。

③ 焊材未烘干，焊接速度过快或焊接电流过低，熔池内的气体未充分逸出。

④ 气保焊时，气体保护不足。

正确做法及防治措施

（1）防治措施

① 焊接前清除待焊件坡口边缘20mm范围内的油脂、水分等杂物，并露出金属光泽。

② 焊前对坡口两侧除湿。

③ 根据烘干工艺烘干焊材，选用合格的焊工，领用待焊的焊条置于保温桶内，并严格按照焊接工艺卡施焊。

④ 采取防风措施，并调节合适的保护气体流量。

⑤ 严格执行焊接工艺卡，确保焊接速度、焊接电流等参数不超标。

4. 构件焊缝咬边

规范标准要求	《钢结构工程施工质量验收标准》（GB 50205）第5.2.7条规定：二级焊缝咬边深度≤0.05t且≤0.5mm，根部收缩≤0.2mm+0.02t且≤1mm。

质量问题

（1）现象

① 焊缝根部连续咬边，且深度大于0.5mm。

（2）原因分析

① 焊接电流过大导致熔池过长。

② 焊接速度快。

③ 电弧长。

④ 焊枪摆动到坡口边缘停留时间短，焊缝金属边缘未熔透。

⑤ 焊枪操作角度不正确。

正确做法及防治措施

（1）防治措施

① 调整焊枪操作角度。

② 严格按照焊接工艺卡进行施焊，保证焊接质量。

③ 尽量采用短弧焊接，保持焊接速度均匀。

④ 焊接时，坡口边缘可以稍做停留，中间可以适当快一些，保证焊缝金属熔透坡口边缘。

⑤ 对焊缝根部咬边部位进行补焊处理。

5. 构件上点焊临时工装

规范标准要求 《石油化工钢结构工程施工及验收规范》（SH/T 3507）第10.2.5条规定：与母材焊接的工卡具材质应与母材相同或同一类别号。拆除工卡具时不应伤及母材，拆除后应将残余焊渣打磨至与母材表面平齐。

质量问题

（1）现象

① 构件上临时焊接工装，用后不及时清理，存在工程遗留。

（2）原因分析

① 施工人员就地取材，焊接工装，方便其他工序作业，忽略对安装合格结构件的成品保护。

② 工装使用完毕后，未及时割除，恢复原状。

正确做法及防治措施

（1）防治措施

① 钢结构施工验收合格后，做好成品保护，不宜在钢结构上随意点焊临时工装等附着物。

② 若必须在钢结构产品上施焊临时工装，应保证与母材焊接的工卡具材质应与母材相同或同一类别号。拆除工卡具时不应伤及母材，拆除后应将残余焊渣打磨至与母材表面平齐，刷漆恢复原状。

第三节　紧固件连接

1. 高强度螺栓连接面清理不彻底

规范标准
要　　求 《钢结构工程施工质量验收标准》（GB 50205）第6.3.7条规定：
高强度螺栓连接摩擦面应保持干燥、整洁，不应有飞边、毛刺、焊接飞溅物、焊疤、氧化铁皮、污垢等，除设计要求外摩擦面不应涂漆。

质量问题

（1）现象

① 高强度螺栓安装前未清理连接面浮锈、污垢、胶带等杂物。

（2）原因分析

① 构件出厂堆放过程中，未对高强度螺栓连接面采取贴胶带纸等保护措施；

② 安装前未对构件连接面存在的浮锈、污垢、胶纸等进行彻底清理。

正确做法及防治措施

（1）防治措施

① 构件涂漆前，对高强度螺栓连接面采取贴胶带纸等防护措施。

② 构件运输堆放过程中，保持连接面防护措施完整，不被破坏。

③ 构件安装前，清理高强度螺栓连接面杂物。

④ 若高强度螺栓连接面出现锈迹，需打磨清理干净后再进行安装，确保接触面抗滑移系数满足要求。

2. 现场高强度螺栓孔采用火焰切割

规范标准
要　　求《钢结构高强度螺栓连接技术规程》（JGJ 82）第6.4.8条规定：
高强度螺栓应能自由穿入螺栓孔，当不能自由穿入时，应用铰刀修正；修孔数量不应超过该节点螺栓数量的25%，扩孔后的孔径不应超过1.2d（d为螺栓直径）。

质量问题

（1）现象
① 节点板高强度螺栓孔距存在偏差，高强度螺栓孔采用火焰扩孔。
（2）原因分析
① 钢构件预制存在偏差，出厂前未进行预拼装，未检查连接螺栓孔位置及尺寸是否合理。
② 相互连接的构件螺栓孔未采取机械配钻加工。
③ 现场构件安装累计误差大，采用火焰扩孔。

正确做法及防治措施

（1）防治措施
① 节点板之间的高强度螺栓孔采用机械配钻加工，保证高强度螺栓孔错位符合规范要求。
② 现场采用机械铰刀扩孔，修孔数量不应超过该节点螺栓数量的25%，扩孔后的孔径不应超过螺栓直径的1.2倍。

3. 高强度螺栓作为安装螺栓使用

规范标准要求	《钢结构高强度螺栓连接技术规程》（JGJ 82）第6.4.5条规定：在安装过程中，不得使用螺纹损伤及沾染脏物的高强度螺栓连接副，不得用高强度螺栓兼作临时螺栓。

质量问题

（1）现象

① 采用高强度螺栓进行钢结构节点的临时连接。

（2）原因分析

① 施工人员省略了钢结构安装节点定位连接工序，直接采用高强度螺栓固定节点。造成对孔不正，或强行对孔损伤螺纹，螺栓轴力不均，或连接板产生内应力，而导致螺栓预紧力不足，降低连接强度。

正确做法及防治措施

（1）防治措施

① 钢结构节点连接对孔后，先插入数量不少于接头螺栓1/3数量的临时螺栓进行结构中心对位，用扳手拧紧。

② 检查其余螺栓孔对中情况，修孔合格后，再安装高强度螺栓，这样才能保证螺栓对孔准确和螺栓轴力均匀，从而确保节点连接牢靠，满足设计预紧力要求。

4. 高强度螺栓连接方向不一致

| 规范标准要 求 | 《石油化工钢结构工程施工及验收规范》（SH/T 3507）第11.2.6条规定：高强度螺栓安装时，穿入方向应一致，且不得强行穿入。 |

质量问题

（1）现象

① 钢结构管廊柱与横梁节点连接处高强度螺栓穿入方向不一致。

正确做法及防治措施

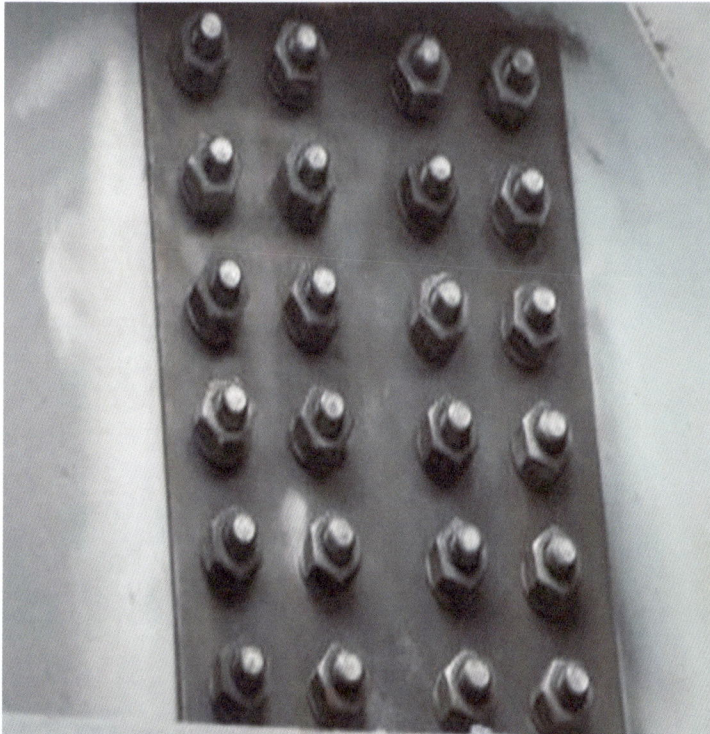

（1）防治措施

① 高强度螺栓的安装应在钢结构构件中心位置调整准确后进行。

② 多方向连接节点宜提前策划高强度螺栓穿入方向及安装顺序，原则应以施拧及维修方便为准，但方向宜一致。

③ 一般主桁节点的高强度螺栓，其螺母一律安装在拼接板外侧。纵梁上翼缘的螺栓，螺栓头一律朝上，其余平面及斜面上的高强度螺栓，螺母一律朝上或朝外。

5. 高强度螺栓螺母安装方向错误

规范标准要求	《钢结构工程施工规范》（GB 50755）第7.4.4条1款规定：高强度螺栓应在构件安装精度调整后进行拧紧，高强度螺栓安装应符合下列规定，扭剪型高强度螺栓安装时，螺母带圆台面的一侧应朝向垫圈有倒角的一侧。

质量问题

（1）现象

① 高强度螺栓连接副件组装时，螺母带圆台面的一侧未朝向垫圈有倒角的一侧，螺母安装方向错误。

正确做法及防治措施

（1）防治措施

① 柱与梁、柱间垂直支撑与柱连接节点采用抗扭剪型高强度螺栓连接。螺栓安装时，施工人员应仔细识别螺母、垫片的安装方向，确保螺母带圆台面的一侧应朝向垫片带倒角的一侧。

② 每一节点的高强度螺栓按照紧固顺序经初拧、终拧后，拧掉梅花头，紧固完成。未在终拧中拧掉梅花头的螺栓不得大于本节点螺栓数的5%。

③ 高强度螺栓在终拧完成1h后、48h内应抽节点的10%，不少于10个，每节点的10%，不少于2颗螺栓进行终拧质量检查。

6. 高强度螺栓终拧后外露丝扣超标

规范标准要求	《钢结构工程施工质量验收标准》（GB 50205）第6.3.5条和6.3.6条规定：高强度螺栓连接副的施拧顺序和初拧、终拧扭矩应满足设计要求并符合行业标准。《钢结构高强度螺栓连接技术规程》JGJ 82规定：高强度螺栓连接副终拧后，螺栓丝扣外露应为2扣～3扣，其中允许有10%的螺栓丝扣外露1扣或4扣。

质量问题

（1）现象

① 钢结构高强度螺栓安装露牙不足；螺栓未拧紧；大六角螺栓没有初拧终拧标记。

（2）原因分析

① 连接钢结构大六角螺栓型号选择有误，长度不足。

② 螺栓初拧终拧后未进行标记。

正确做法及防治措施

（1）防治措施

① 严格按照图纸及规范要求，领用与节点配套的连接螺栓。

② 按照规定的力矩分次紧固，初拧终拧后，螺栓丝扣外露应为2扣～3扣，其中允许有10%的螺栓丝扣外露1扣或4扣。

③ 对紧固合格的螺栓进行终拧标记。

7. 钢结构高强螺栓扭矩控制不达标

<table>
<tr><td>规范标准
要　　求</td><td>《钢结构工程施工质量验收标准》（GB 50205）第6.3.3条规定：高强度螺栓连接
副应在终拧完成1h后、48h内进行终拧质量检查。</td></tr>
</table>

检查数量：按节点数抽查10%，且不少于10个，每个被抽查到的节点，按螺栓数抽查10%，且不少于2个。

允许偏差：终拧扭矩值与设计值的偏差不得大于±10%。

质量问题

（1）现象

① 高强螺栓终拧扭矩不符合设计要求，导致连接松动。

（2）原因分析

① 未使用标定合格的扭矩扳手。

② 未按"初拧-终拧"顺序施工。

③ 螺栓预拉力损失未及时补偿。

正确做法及防治措施

（1）防治措施

① 扭矩扳手定期校验，施工前归零。

② 严格按"初拧→终拧"流程，初拧扭矩为终拧的50%。

③ 终拧后48h内进行扭矩检查，不合格的需调整或更换螺栓。

第四节　钢结构安装

1. 垫铁安装位置错误

《石油化工钢结构工程施工及验收规范》（SH/T 3507）第8.2.2条规定：
垫铁组应设置在靠近地脚螺栓（锚栓）的柱脚底板加劲板或柱肢下，每个地脚螺栓（锚栓）侧设置1组～2组垫铁，每组垫铁的垫铁数量不宜超过4块。

质量问题

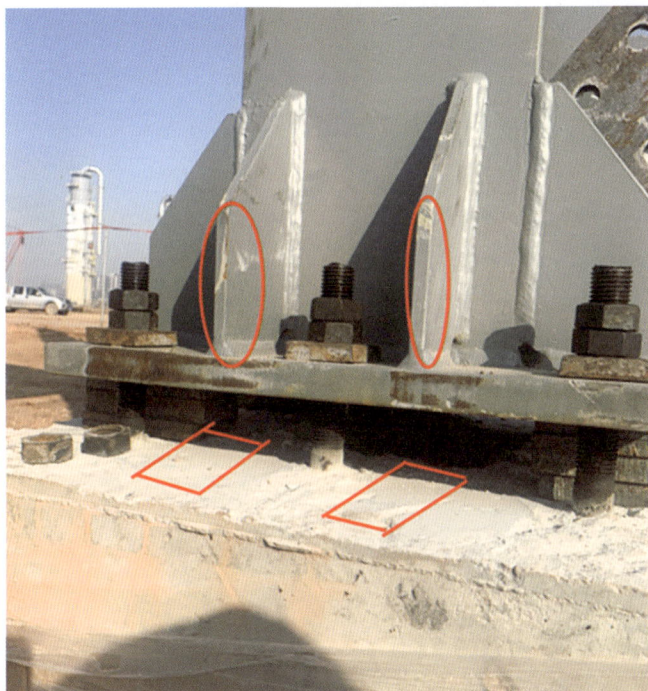

（1）现象

① 钢结构柱脚板垫铁未安放在柱脚底板加劲板或柱肢下。

（2）原因分析

① 未经计算，垫铁组数量及放置位置不足。

② 每个地脚螺栓侧未设置1组～2组垫铁。

③ 现场垫铁材料规格不足、数量不足。

正确做法及防治措施

（1）防治措施

① 垫铁安装前，进行构件垫铁接触面受力计算，依据选定的垫铁组规格尺寸确定垫铁组数量。

② 将钢结构立柱底板垫铁安放在柱脚底板加劲板或柱肢下，确保立柱受力良好。

2. 垫铁安装数量超标

《石油化工钢结构工程施工及验收规范》（SH/T 3507）第8.2.2条规定：
垫铁组应设置在靠近地脚螺栓（锚栓）的柱脚底板加劲板或柱肢下，每个地脚
螺栓（锚栓）侧设置1组～2组垫铁，每组垫铁的垫铁数量不宜超过4块。

质量问题

（1）现象

① 钢结构立柱底板每组垫铁数量超过4块。

（2）原因分析

① 钢结构底板基础标高超标。

② 垫铁组内每块垫铁厚度选择不合适。

③ 超过4块垫铁的垫铁组未重新选择厚度合适的垫铁。

正确做法及防治措施

（1）防治措施

① 钢结构基础验收时，严格控制混凝土基础顶标高误差在0～-10mm。

② 根据钢构件底板设计标高，经计算垫铁接触面积，合理搭配厚度适宜的垫铁，每组垫铁不得超过4块。

③ 对超过4块垫铁的垫铁组，重新进行厚度组合，以满足其不超过4块的数量要求。

3. 斜垫铁未成对使用

质量问题

（1）现象
① 钢结构立柱底板斜垫铁搭接长度不足一半。
（2）原因分析
① 斜垫铁厚度选择偏大，不能满足钢构件底板设计标高要求。
② 钢结构基础标高过高。
③ 斜垫铁安装找正合格后，外露底板边缘10mm～30mm，超过部分未切除。

正确做法及防治措施

（1）防治措施
① 根据钢构件实际标高，经计算后，合理搭配垫铁，斜垫铁应成对使用，搭接长度不小于全长的3/4，且斜垫铁下面应有平垫铁。
② 基础交接时严格复验，对偏差超标的要及时处理。
③ 钢结构支撑面找正合格后，一般要求垫铁外露底板边缘10mm～30mm，多余部分应切除。
④ 找正合格后，同组垫铁之间点焊固定，安排二次灌浆。

4. 垫铁与钢构件底面有间隙

规范标准要求 《石油化工钢结构工程施工及验收规范》（SH/T 3507）第8.2.2条规定：垫铁表面的油污等应清理干净，垫铁与基础面和柱底面的接触应平整、紧密。

质量问题

（1）现象

① 钢结构立柱底板垫铁与底板接触不紧密，有间隙。

（2）原因分析

① 安装的垫铁高度不能满足钢结构支撑面的设计标高。

② 垫铁组内选择的垫铁厚度不合理，顶面不能与构件支撑面紧密结合。

③ 基础上表面垫铁窝未铲平。

正确做法及防治措施

（1）防治措施

① 经计算，结合钢构件实际标高，合理搭配垫铁。

② 钢结构立柱底应使用斜垫铁调整，并选用合适厚度的垫铁。

③ 垫铁安装前，将基础上垫铁窝表面打磨平整，水平度偏差不大于1/1000L（垫铁长度）。

5. 二次灌浆前垫铁未点焊

《石油化工钢结构工程施工及验收规范》（SH/T 3507）第8.2.3条规定：钢结构安装找正完成并形成稳定空间单元后，垫铁间应定位焊固定。

质量问题

（1）现象

① 钢结构二次灌浆前垫铁间未点焊固定。

（2）原因分析

① 钢结构找正合格后，同组垫铁间未及时进行点焊固定。

正确做法及防治措施

（1）防治措施

① 钢结构采用垫铁找正合格后，应及时组织同组垫铁间焊接固定工作。

② 混凝土基础表面清理干净，垫铁点焊完成，隐蔽工程检查合格后，方可安排二次灌浆。

6. 地脚螺栓未防护

<table>
<tr>
<td>规范标准
要　　求</td>
<td>《石油化工钢结构工程施工及验收规范》（SH/T 3507）第8.1.2条规定：
预埋螺栓的螺纹部分应无损伤，并应涂油脂保护。</td>
</tr>
</table>

质量问题

（1）现象

① 钢结构安装完成后，地脚螺栓未安装备帽，外露丝扣未涂油脂保护。

（2）原因分析

① 钢结构地脚螺栓未安装备帽。

② 地脚螺栓外露丝扣未涂润滑脂。

正确做法及防治措施

（1）防治措施

① 钢结构安装完成后，地脚螺栓安装双帽，备帽必须拧紧。

② 地脚螺栓外露丝扣涂油脂保护。

③ 安装螺栓保护帽，对地脚螺栓螺帽进行保护。

第五节　梯子栏杆安装

1. 防护栏杆安装存在瑕疵

规范标准要求	《固定式钢梯及平台安全要求第3部分：工业防护栏杆及钢平台》（GB 4053.3）第4.5.2条规定：

防护栏杆制造安装工艺应确保所有构件及其连接部分表面光滑，无锐边、尖角、毛刺或其他可能对人员造成伤害或妨碍其通过的外部缺陷。

质量问题

（1）现象
① 劳动保护扶手转角处不成直角或不圆滑过渡，存在毛刺、焊瘤，未打磨圆滑等。
（2）原因分析
① 劳动保护扶手转角组对不规范，间隙预留不均匀，焊接工艺不严谨，焊后变形大。
② 转角焊后未进行打磨、清理，直接刷漆。

正确做法及防治措施

（1）防治措施
① 劳动保护扶手转角尽可能采用弯头，确保圆滑过渡。
② 若采用焊接，焊后应将毛刺、焊瘤等打磨干净，确保转角圆滑，构件光滑。
③ 焊缝及周边打磨合格后，再按规定要求进行涂漆。
④ 栏杆端部应进行封堵，防止雨水进入。

2. 钢结构平台随意开孔

规范标准要求	《石油化工钢结构工程施工及验收规范》（SH/T 3507）第9.5.2条规定：因工艺管线、电缆管线等预留孔洞位置需要调整的，在保证支撑长度和平台或走道边缘钢格栅板边线平齐的前提下，钢格栅板之间最小安装间距不应小于5mm。

质量问题

（1）现象

① 钢结构平台随意开孔。

（2）原因分析

① 施工人员在平台上安装设备管道时，因工艺管线预留孔位置调整，未经设计变更，随意开孔。

② 未经计算，开孔不规则，影响了平台的承载力。

正确做法及防治措施

（1）防治措施

① 设备管道需穿过钢结构平台安装时，严格按照设计图册施工，开孔远离承重梁，在保证支撑长度的前提下，平台切割平整、规整，同时割口处采取加固措施。

② 平台需开孔变更的，应经设计单位出具变更图，并严格按变更后的图纸施工。

3. 踏步未围焊

<table>
<tr>
<td>规范标准
要　　求</td>
<td>《钢梯》02J401普通钢梯图集规定:
梯子踏步应围焊。</td>
</tr>
</table>

质量问题

（1）现象

① 梯子踏步未围焊。

（2）原因分析

① 施工人员作业时漏焊。

② 作业空间不方便,立焊、仰焊部位采用点焊、花焊的形式。

正确做法及防治措施

（1）防治措施

① 严格执行标准图集要求,梯子踏步全部围焊;不得花焊、漏焊。

② 漏焊、花焊部位要进行补焊。

③ 补焊前清理焊口周边油漆、杂物,焊后打磨合格,进行补漆处置。

4. 钢平台安装不平整

规范标准要 求	《钢结构工程施工质量验收标准》（GB 50205）第10.8.2条规定： 钢平台梁水平度允许偏差 $L/1000$，且不大于10.0mm（L：钢梁长度）。

质量问题

（1）现象

① 行走时，钢结构平台面板与梁接触不牢，有反弹音。

（2）原因分析

① 平台铺设时，表面不平整。

② 未按照图纸要求在平台下面安装加强筋。

③ 平台与加强筋未按图纸要求焊接。

正确做法及防治措施

（1）防治措施

① 平台面板下料安装前，平整度检测允许偏差不超过5mm。

② 平台支撑梁间距过大时，应按图纸要求增加平台支撑梁。钢平台梁水平度允许偏差 $L/1000$，且不大于10.0mm（L：钢梁长度）。

③ 平台铺设时，与平台梁严格按照图纸要求的焊接工艺合格施焊。

④ 对平台存在反弹音处，进行加筋或焊接加固处理。

5. 设备平台、梯子安装不同步

质量问题

（1）现象

① 立式设备平台逐层由下向上安装，没有同步完成平台板及栏杆、扶手和梯子的安装。

② 有热处理要求的设备本体上的支撑件垫板等未与设备同时热处理。

（2）原因分析

① 材料到货不全。

② 赶工期或占用场地原因漏项。

正确做法及防治措施

（1）防治措施

① 立式设备从下至上在筒体上划出各层平台标高位置及每层平台悬臂梁的位置。逐层由下向上安装，并同步完成栏杆、扶手和梯子的安装；

② 焊接要求预热的设备，与其相焊的平台、梯子连接件焊前应按设备焊接工艺要求进行预热；

③ 焊后进行热处理的设备，与其相焊的平台、梯子的连接件应在热处理之前焊接完。

6. 设备平台、梯子角钢对接错边量超标

规范标准要求	《石油化工静设备安装工程施工技术规程》（SH/T 3542）第5.11.2条规定：栏杆应横平竖直，栏杆扶手的转弯处应圆滑，花纹板平台排水孔应钻孔。

质量问题

（1）现象

① 设备平台角钢对接错边，不圆滑，焊缝成型不美观。

（2）原因分析

① 滚圆曲率不一致。

② 对接不仔细，焊缝没打磨。

正确做法及防治措施

（1）防治措施

① 设备平台角钢滚圆曲率要一致，每次滚制要用样板检查，确保曲率一致，接口对接应圆滑，不得错边，焊缝应打磨使其成型美观。

② 栏杆应横平竖直，栏杆扶手的转弯处应圆滑。

7. 平台栏杆扶手对接不圆滑，有棱角

<table>
<tr><td>规范标准
要　　求</td><td>《石油化工静设备安装工程施工技术规程》（SH/T 3542）第5.11.2条规定：
栏杆应横平竖直，栏杆扶手的转弯处应圆滑，花纹板平台排水孔应钻孔。</td></tr>
</table>

质量问题

（1）现象

① 设备栏杆对接不圆滑，存在棱角。

② 焊缝未除锈防腐。

③ 花纹板平台未钻排水孔。

正确做法及防治措施

（1）防治措施

① 设备平台栏杆卷制或煨弯对接处应圆滑。

② 栏杆应横平竖直，栏杆扶手的转弯处应圆滑。

③ 花纹板平台排水孔应钻孔。

8. 平台、梯子螺栓安装及焊接缺陷

规范标准 要　　求	《石油化工静设备安装工程施工技术规程》（SH/T 3542）第5.11.3条规定：平台、梯子的螺栓安装方向应一致，螺栓露出螺母的长度应均匀。

质量问题

（1）现象

① 平台、梯子的螺栓安装方向不一致。

② 螺栓露出螺母的长度不均匀。

③ 栏杆立柱与平台焊接未满焊。

④ 平台花纹板未与牛腿间断焊接。

正确做法及防治措施

（1）防治措施

① 平台、梯子的螺栓安装方向应一致。

② 螺栓露出螺母的长度应一致。

③ 栏杆立柱与平台焊接应满焊。

④ 平台花纹板应与牛腿间断焊接。

9. 设备平台连接未考虑温度变化影响

规范标准要求	《石油化工静设备安装工程施工技术规程》（SH/T 3542）第5.11.4条规定：平台、梯子安装质量应符合本规范表21的规定。

质量问题

（1）现象

① 不同温度变化的立式设备上平台与立式设备之间的平台连接产生内应力或拉损。

② 立式设备的平台与框架结构间焊接在一起产生内应力或拉损。

正确做法及防治措施

（1）防治措施

① 不同温度变化的立式设备上，平台与立式设备平台之间应考虑温度变化，不应焊接在一起。

② 设备上平台与框架不应连接在一起。

第八章
防腐、防火与绝热工程施工

第一节　防腐工程施工

1. 储罐顶板动力工具除锈未达到St3级

规范标准要求	《工业设备及管道防腐蚀工程技术标准》（GB/T 50726）第4.1.3条第2项规定：动力工具或手工工具清理等级应分为St2级和St3级。

质量问题

（1）现象
① 储罐顶板表面动力工具除锈未达到St3级，存在明显锈迹。
（2）原因分析
① 未按标准除锈等级要求进行除锈。
② 除锈后未及时涂刷油漆造成返锈。
③ 下道工序施工时，上道工序成品保护不到位。

正确做法及防治措施

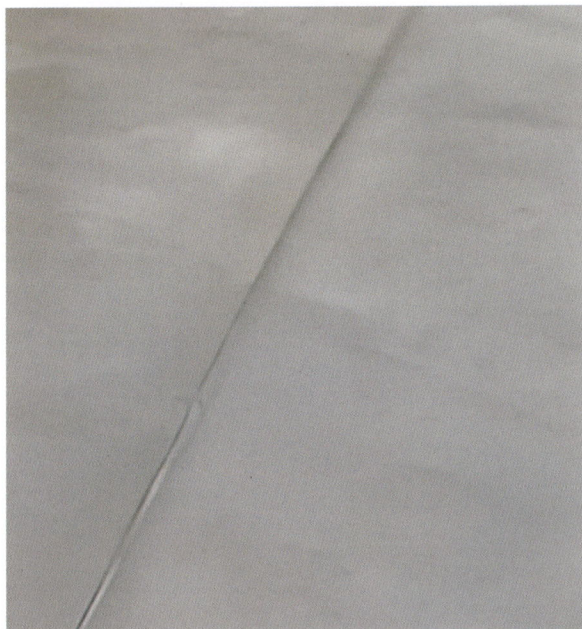

（1）防治措施
① 采用动力工具除锈应达到St3级。
② 除锈后及时涂刷油漆防护。
③ 交叉施工时加强成品保护。
（2）治理措施
重新进行动力工具除锈直至除锈等级达到St3级。

2. 喷射或抛射除锈未达到Sa2.5级

规范标准要 求	《工业设备及管道防腐蚀工程技术标准》（GB/T 50726）第4.2.2条表4.2.2-2规定：无机富锌、环氧富锌、环氧磷酸锌、环氧酚醛、有机硅、无机硅和氯化橡胶类底涂层涂料基体表面处理等级Sa2.5级。

质量问题

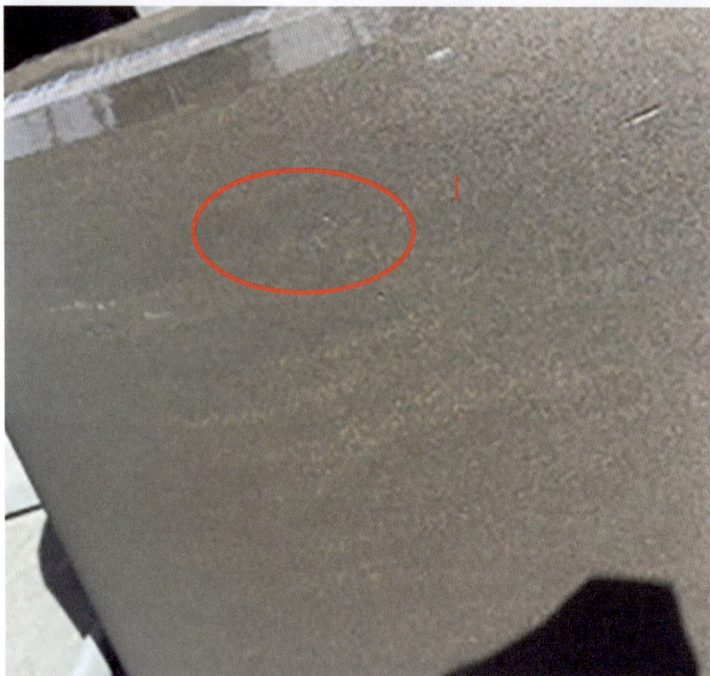

（1）现象

喷射或抛射除锈未达到Sa2.5级，仍有较明显锈蚀未去除。

（2）原因分析

① 未按标准除锈等级要求进行除锈。

② 管道行进速度过快。

③ 设备喷嘴喷射角度或数量存在问题。

正确做法及防治措施

（1）防治措施

① 采用喷射或抛射除锈应达到Sa2.5级。

② 适当降低管道行进速度。

③ 合理调整设备喷射角度，喷嘴数量。

（2）治理措施

① 重新喷射或抛射除锈直至除锈等级达到Sa2.5级。

3. 管道涂层厚度未达到设计要求

规范标准要求　《工业设备及管道防腐蚀工程技术标准》（GB/T 50726）第15.5.5条规定：涂层的厚度应均匀一致，涂层的层数和厚度应符合设计规定。

质量问题

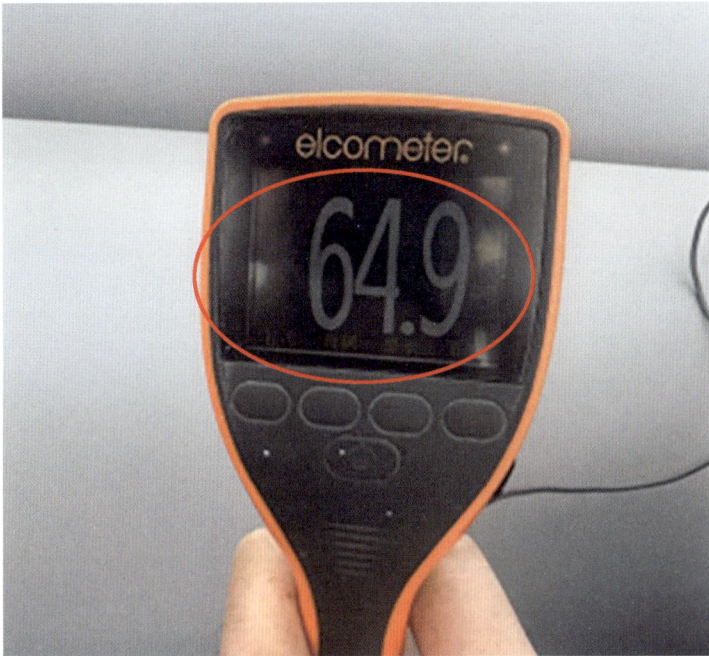

（1）现象

① 管道漆膜厚度未达到设计要求。

（2）原因分析

① 未按设计要求涂刷油漆；

② 油漆调配比例存在问题；

③ 涂层涂刷不均匀。

正确做法及防治措施

（1）防治措施

① 按设计和规范要求采购油漆并验收合格；

② 选一段管道按设计和规范要求进行涂刷施工工艺评定，合格后形成涂刷工艺；

③ 按验收合格后形成的涂刷工艺进行现场施工。

（2）治理措施

① 补刷油漆至设计规定要求厚度。

4. 管道局部漏涂

| 规范标准要求 | 《工业设备及管道防腐蚀工程技术标准》（GB/T 50726）第15.5.7条规定：涂层表面应平整、色泽应一致，并应无流挂、起皱、脱皮、返锈、漏涂等缺陷。 |

质量问题

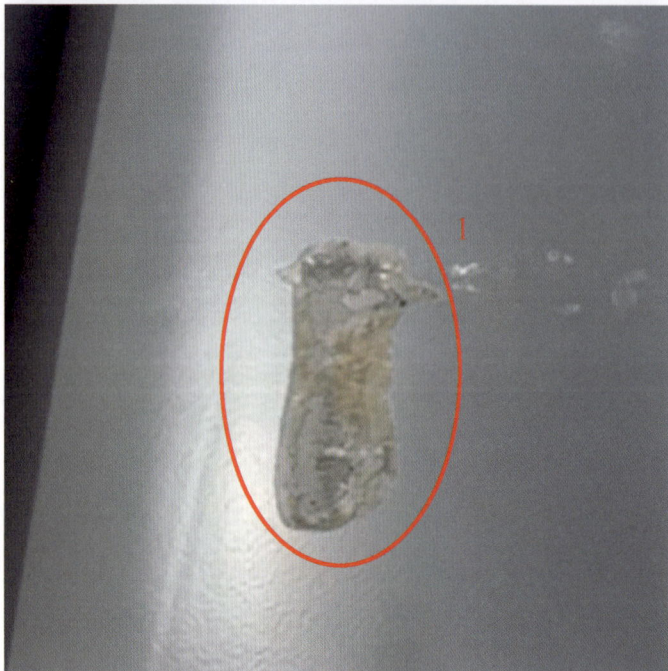

（1）现象

① 管道涂层存在局部漏涂现象。

（2）原因分析

① 涂层涂刷时未全部覆盖。

② 涂层涂刷后被刮擦。

正确做法及防治措施

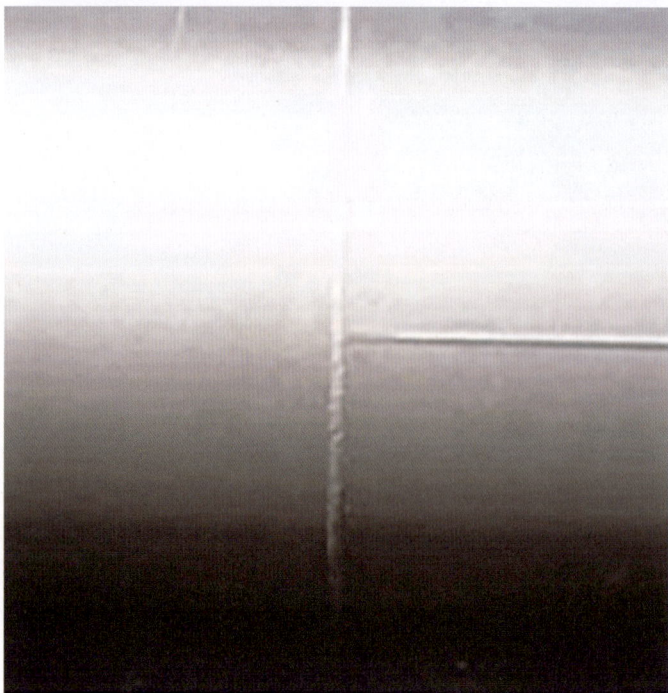

（1）防治措施

① 涂层应100%覆盖基体表面。

② 涂层涂刷完毕后，注意保护，防止刮擦损伤涂层。

（2）治理措施

① 发现漏涂时及时补刷涂层。

② 漏涂处金属基层返锈时，应重新做局部除锈处理

5. 管道图层流挂

规范标准 要　求	《工业设备及管道防腐蚀工程技术标准》（GB/T 50726）第15.5.7条规定要求：涂层表面应平整、色泽应一致，并应无流挂、起皱、脱皮、返锈、漏涂等缺陷。

质量问题

（1）现象

管道涂层存在流挂现象。

（2）原因分析

① 油漆未按厂家规定比例调配。

② 涂刷不均匀。

③ 涂刷环境气温过低。

正确做法及防治措施

（1）防治措施

① 油漆按照厂家规定比例调配。

② 涂层按照设计规定要求均匀涂刷。

③ 涂刷作业环境温度宜为10℃～30℃。

6. 基体表面清理不彻底

规范标准要求	《石油化工钢结构防腐蚀涂料 应用技术规程》（SH/T 3603）第7.2.2条规定：钢结构表面在进行喷射或者手工/动力工具打磨处理之前，应清除焊渣、飞溅等附着物。

质量问题

（1）现象

① 基体表面焊渣、飞溅等附着物清理不彻底，造成设备涂层表面局部不平整。

（2）原因分析

① 涂层涂刷前基体表面附着物未清理干净。

② 下道工序施工时对上道工序保护不到位，产生飞溅未及时清理。

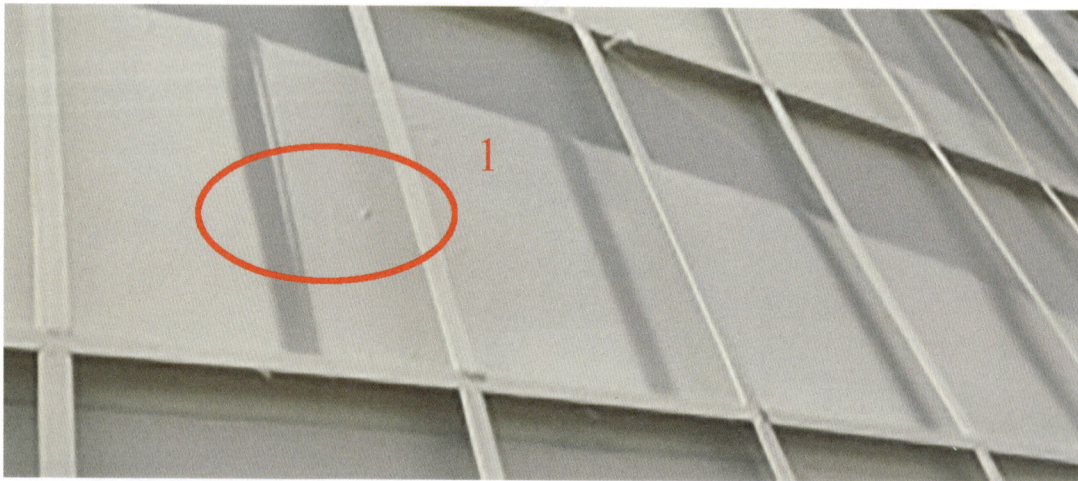

正确做法及防治措施

（1）防治措施

① 涂层涂刷前基体表面清理干净，异物打磨干净。

② 交叉施工时注意成品保护，发现飞溅等异物时及时打磨干净。

（2）治理措施

① 存在异物的位置打磨干净后重新涂刷。

第二节 防火工程施工

1. 镀锌钢丝网紧贴钢结构

规范标准要 求	《石油化工钢结构防火保护技术规范》（SH 3137）第7.2条c）项规定：若在涂层内设置镀锌钢丝网时，应将钢丝网固定在钢结构上，钢构件体量大时，采用钢丝网丝径和网孔应取大者，镀锌钢丝网与钢结构之间应留有6mm左右间隙，网片铺设要平整牢固。

质量问题

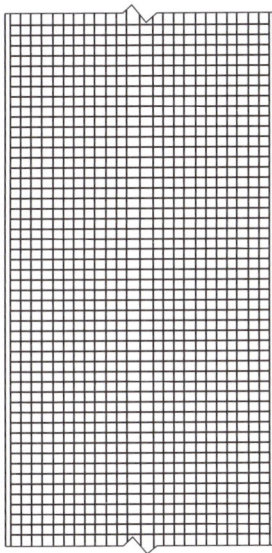

（1）现象

① 镀锌钢丝网紧贴钢结构，没有预留间隙。

（2）原因分析

① 未设置栓钉或设置栓钉不牢靠，进行有效间隙预留。

正确做法及防治措施

（1）防治措施

① 确保钢丝网安装前完成油漆修补工作。

② 栓钉固定牢靠，栓钉安装位置正确，钢丝网固定牢靠，预留间隙及搭接尺寸符合防火系统设计文件要求。

2. 防火层拐角未做圆弧过渡

规范标准要求	《石油化工钢结构防火保护技术规范》（SH 3137）第7.4条d）项规定：涂层拐角做成半径为10mm的圆弧形。

质量问题

（1）现象
① 防火涂料拐角未做成圆弧形，容易损坏。
（2）原因分析
① 防火涂料施工完毕后，拐角未及时做圆弧过渡。

正确做法及防治措施

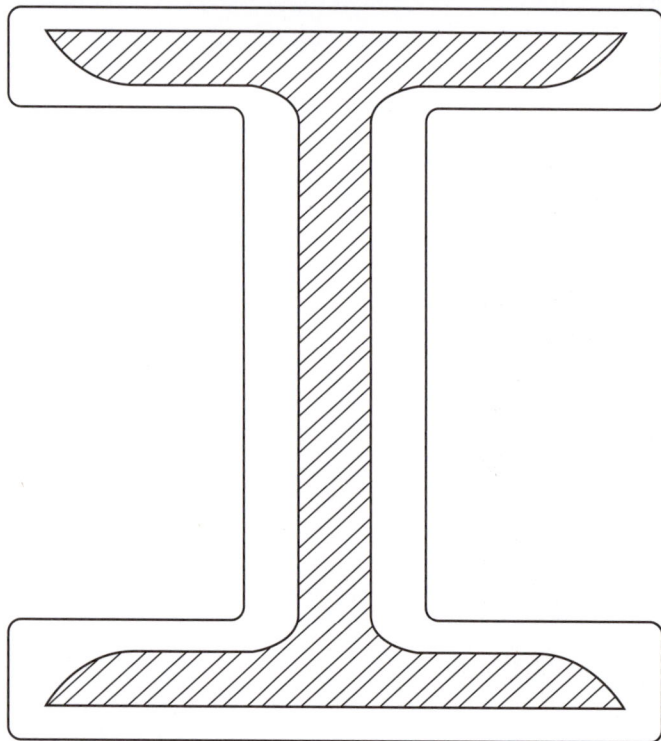

（1）防治措施
① 防火涂料施工时，拐角应及时做成半径为10mm的圆弧形。

3. 防火层局部脱层

<table>
<tr><td>规范标准
要　　求</td><td>《石油化工钢结构防火保护技术规范》（SH 3137）第8.3.1条规定要求：
钢结构防火保护层不得误涂、漏涂，不应有脱层和空鼓，外观应无明显凹凸，
并应粘结牢固无粉化松散。</td></tr>
</table>

质量问题

（1）现象

① 钢结构防火层局部损坏、脱层。

（2）原因分析

① 成果保护不到位。

② 交叉施工碰撞损坏。

正确做法及防治措施

（1）防治措施

① 防火涂料施工完毕后，应采取必要的防护措施。

② 交叉施工时做好成品保护。

（2）治理措施

① 及时对防火层损坏部位进行修补，并采取合理成品保护措施，防止再次损坏。

4. 防火层局部凹凸不平

规范标准 要　求	《石油化工钢结构防火保护技术规范》（SH 3137）第8.3.1条规定：钢结构防火保护层不得误涂、漏涂，不应有脱层和空鼓，外观应无明显凹凸。并应粘结牢固无粉化松散。

质量问题

（1）现象

① 钢结构防火层局部凹凸不平，存有明显凹坑。

（2）原因分析

① 防火涂料作业时涂抹不均匀。

② 防火涂料涂抹后未做抹平处理。

正确做法及防治措施

（1）防治措施

① 防火涂料施工时应均匀涂抹。

② 防火涂料涂抹后，要做抹平处理及棱角过渡，确保外观平整及棱角弧度符合要求。

（2）治理措施

① 局部明显凹凸不平时，应做返工处理，补涂防滑涂料，直至平整度符合要求。

5. 防火层厚度未达到设计要求

规范标准要求	《石油化工钢结构防火保护技术规范》（SH 3137）第8.3.2条中表8.3.2规定：厚型防火涂料防火保护层厚度≥85%设计值且厚度不足部位的连续面积的长度不大于1000mm，并在5000mm范围内不再出现类似情况。

《钢结构工程施工质量验收标准》（GB 50205）第13.4.3条规定：

检查数量：按照构件数抽查10%，且同类构件不应少于3件。检验方法：膨胀型（超薄型、薄涂型）防火涂料采用涂层厚度测量仪，涂层厚度允许偏差应为 −5%。厚涂型防火涂料的涂层厚度采用本标准附录E的方法检测。

质量问题

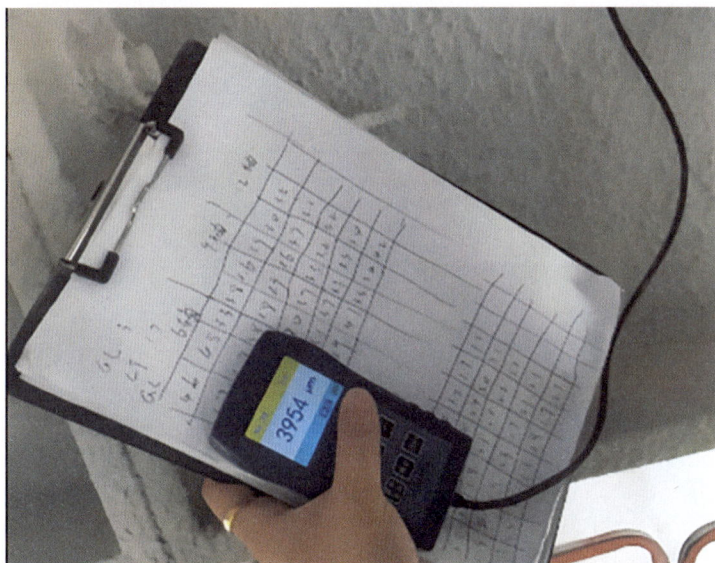

（1）现象

① 钢结构防火涂料防火层厚度未达到设计要求。

（2）原因分析

① 施工时未做厚度测量；

② 未按规定厚度要求施工；

③ 防火涂料厚度检测方法不明确。

正确做法及防治措施

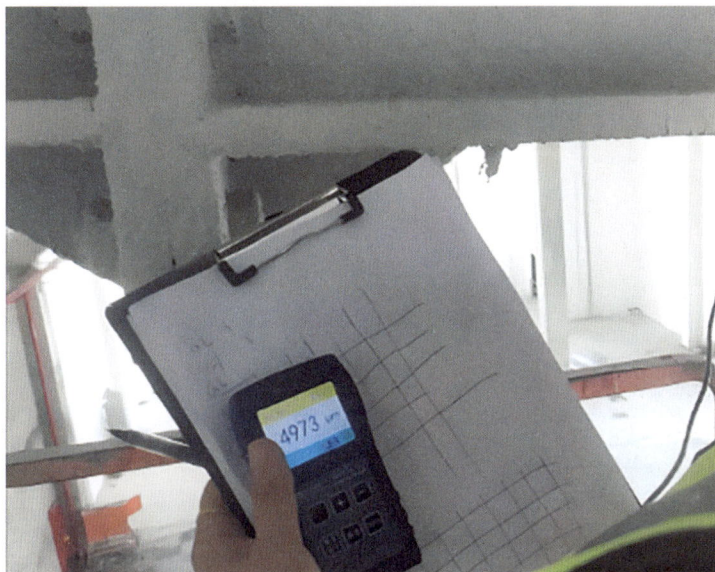

（1）防治措施

① 施工结束及时测量厚度，发现不足时及时补涂；

② 防火涂料应按照设计厚度要求进行施工；

③ 应采用电磁感应测厚仪检测防火涂层厚度，每10m²不少于3个测点，合格率≥90%。

第三节　绝热工程施工

1. 泡沫玻璃未涂刷耐磨剂

> **规范标准要求**　《石油化工绝热工程施工技术规程》（SH/T 3522）第8.1.17条规定：
> 当使用泡沫玻璃作为保冷层时，应在设备和管道的表面或紧贴设备与管道表面的绝热材料内表面涂刷耐磨剂，耐磨剂的厚度应符合设计要求或产品说明书的要求。

质量问题

（1）现象

① 泡沫玻璃绝热层施工前未涂刷耐磨剂。

（2）原因分析

① 泡沫玻璃绝热层施工时耐磨剂漏涂。

正确做法及防治措施

（1）防治措施

① 泡沫玻璃绝热层施工前管道表面或泡沫玻璃内表面涂刷耐磨剂。

（2）治理措施

① 泡沫玻璃绝热层施工发现未涂刷耐磨剂时，应做返工处理，补涂耐磨剂，直至验收合格。

2. 泡沫玻璃拼缝缝隙大、拼缝未涂刷粘结剂或密封剂

<table>
<tr><td>规范标准
要　　求</td><td>《石油化工绝热工程施工技术规程》（SH/T 3522）第8.1.6条规定：</td></tr>
</table>

绝热层采用拼砌法、粘贴法施工时，硬质或半硬质绝热制品的拼缝宽度，保温时不应大于5mm，保冷时不应大于2mm；硬质绝热材料拼缝不符合规定时应对拼接面进行找平处理，软质或半硬质绝热材料拼砌后应进行严缝处理。

第8.4.5条规定：

绝热制品端面和侧面接合处应布满粘结剂或密封胶；粘贴时应挤紧、压实，并应将从缝隙中挤出的粘结剂或密封胶刮平。

质量问题

（1）现象

① 泡沫玻璃绝热层施工拼缝缝隙大，拼缝未涂刷粘结剂或密封剂。

（2）原因分析

① 拼缝面不平整，未做处理。

② 拼缝后间隙未测量。

③ 施工时未及时涂刷粘结剂或密封剂。

正确做法及防治措施

（1）防治措施

① 拼缝施工时，拼缝面应平整。

② 拼缝后应测量拼缝间隙，确保间隙不大于2mm。

③ 拼缝端面和侧面及时涂刷粘结剂或密封剂。

（2）治理措施

① 调整拼缝间隙。

② 补刷粘结剂或密封剂。

3. 绝热层法兰处未留螺栓拆卸距离

《石油化工绝热工程施工技术规程》（SH/T 3522）第8.1.10条规定：

法兰或法兰连接的阀门应留设螺栓拆卸距离，拆卸距离应符合下列规定：

a）设备法兰两侧应留出3倍螺母长度的距离；

b）管道上法兰或法兰连接的阀门采用六角头螺栓连接时，螺母的一侧留出3倍螺母厚度的距离，螺栓一侧应留出螺栓长度加25mm的距离；

c）管道上法兰采用双头螺柱连接时，其中一侧应留出3倍螺母厚度的距离，另一侧应留出螺柱长度加25mm的距离；

d）管道上法兰连接的阀门采用双头螺柱连接时，管道上法兰侧应留出螺柱长度加25mm的距离。

质量问题

（1）现象

① 绝热层施工法兰处未留螺栓拆卸距离。

（2）原因分析

① 绝热层施工时考虑螺栓拆卸距离。

正确做法及防治措施

（1）防治措施

① 按照规范要求留螺栓拆卸距离。

（2）治理措施

① 拆除螺栓拆卸距离内绝热层，使螺栓能够自由拆卸。

4. 保冷管道支架处未做保冷延伸

<table>
<tr><td>规范标准
要　　求</td><td>《石油化工绝热工程施工技术规程》（SH/T 3522）第8.1.14条规定:</td></tr>
</table>

保冷设备上的裙座、鞍座、支座以及设备附属结构的支架，管道上的支吊架和仪表管座等附件的保冷施工应符合下列规定:

a）保冷长度不得小于设备和管道本体保冷层厚度的4倍或应敷设至非金属隔离垫块处;

b）保冷层的厚度宜为相连设备或管道保冷层的厚度的1/2。

质量问题

（1）现象

① 保冷管道支架处未做延伸。

（2）原因分析

① 管道保冷施工时，遗漏连接支架延伸保冷。

正确做法及防治措施

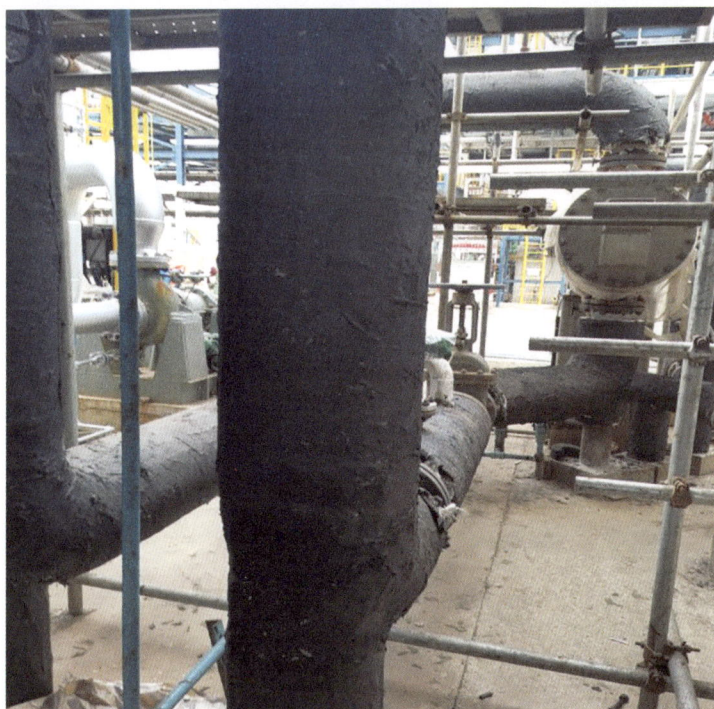

（1）防治措施

① 按照规范要求的长度和厚度对支架做保冷延伸。

（2）治理措施

① 对连接支架补做保冷层延伸。

5. 保冷层未采用管卡固定

<table>
<tr><td>规范标准
要　　求</td><td>《石油化工绝热工程施工技术规程》（SH/T 3522）第7.1.4条规定：
保冷施工宜采用非金属固定件和支承件；当采用金属固定时，宜采用管卡或抱箍结构。</td></tr>
</table>

质量问题

（1）现象
① 管道保冷层未采用管卡固定。
（2）原因分析
① 管道保冷层施工后未在规定位置处安装固定件或支撑件。

正确做法及防治措施

（1）防治措施
① 管道保冷层应在规定位置处采用管卡进行固定。
（2）治理措施
① 合理增设管卡固定管道保冷层。

6. 绝热层未分层

规范标准 要　　求	《工业设备及管道绝热工程施工质量验收标准》（GB/T 50185）第6.1.2条规定：当采用一种绝热制品，绝热层厚度大于80mm时，绝热层施工应分层错缝进行，各层的厚度应接近。

质量问题

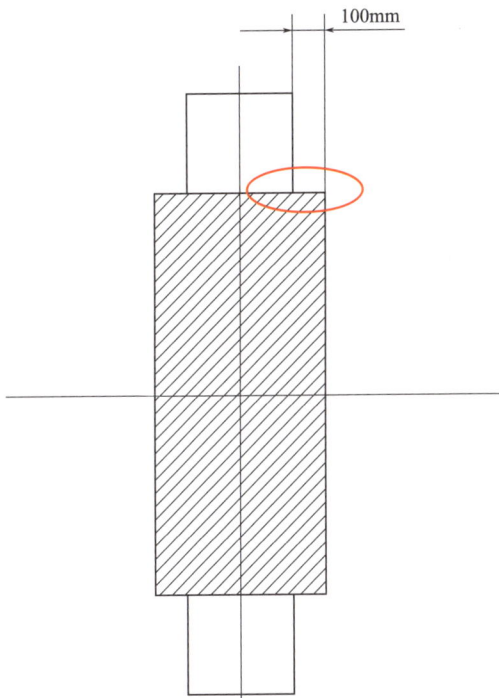

（1）现象

① 绝热层厚度超过80mm，但绝热层仍为单层，未分层施工。

（2）原因分析

① 施工时未考虑绝热层厚度。

② 未按照设计及规范标准要求施工。

正确做法及防治措施

（1）防治措施

① 绝热层施工前要确认绝热层厚度。

② 绝热层厚度大于80mm时应分层、错缝施工。

（2）治理措施

① 绝热层厚度大于80mm未分层、错缝时应做返工处理，按照分层、错缝要求重新施工。

7. 绝热层拼缝过宽，采用螺旋绑扎

规范标准要求	《工业设备及管道绝热工程施工质量验收标准》（GB/T 50185）第6.1.5条第1项规定：

保温层拼缝宽度不得大于5mm，保冷层拼缝宽度不得大于2mm。

质量问题

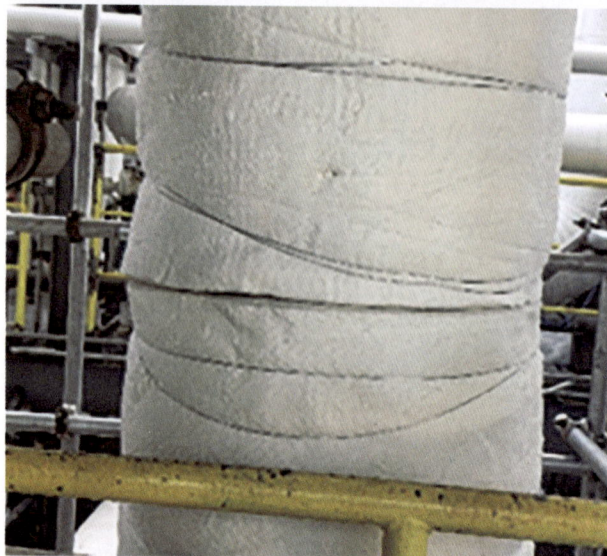

（1）现象

① 保温层拼缝宽度大于5mm并采用螺旋绑扎。

（2）原因分析

① 拼缝面裁剪不平整。

② 拼缝施工后间隙未测量。

③ 绑扎时未平行绑扎。

正确做法及防治措施

（1）防治措施

① 拼缝施工时，拼缝面应裁剪平整。

② 拼缝施工后，应对拼缝宽度进行测量，间隙不得大于5mm。

③ 按照施工要求平行绑扎。

（2）治理措施

① 调整保温层，使拼缝间隙不大于5mm。

② 重新采用平行方式绑扎。

8. 有防潮层的绝热层不平整

规范标准
要　　求　《工业设备及管道绝热工程施工质量验收标准》（GB/T 50185）第6.1.11条规定：
有防潮层结构的绝热层应接缝严密，表面应干净、干燥和平整，并应无突角、
凹坑等现象。

质量问题

（1）现象
① 绝热层表面不平整。
（2）原因分析
① 防潮层施工前，绝热层表面不平整处未处理。

正确做法及防治措施

（1）防治措施
① 规范施工作业，绝热层表面应干净、干燥和平整，并应无突角、凹坑等现象。
（2）治理措施
① 绝热层局部不平整时，应对不平整处进行修补，直至达到平整要求。

9. 保护层纵向接缝逆水搭接

规范标准要 求	《石油化工绝热工程施工技术规程》（SH/T 3522）第10.1.7条规定：卧式设备和水平管道保护层纵向接缝应布置在水平中心线两侧下方15°～45°的范围内，且缝口应朝下；相邻纵缝应错开形成相互交错平行的直线；多条纵缝时，纵缝应偏离垂直中心线位置。

质量问题

（1）现象
① 水平设备保护层纵向接缝逆水搭接。
（2）原因分析
① 保护层搭接未考虑流水方向。

正确做法及防治措施

（1）防治措施
① 保护层搭接应考虑流水方向，顺水搭接。
② 纵向接缝宜布置在水平中心线下方的15°～45°处，并应缝口朝下。
（2）治理措施
① 搭接处应返工处理，重新调整，确保搭接方式和位置正确。

10. 相交支管保护层安装顺序错误

<table>
<tr><td>规范标准
要　求</td><td>《石油化工绝热工程施工技术规程》（SH/T 3522）第10.3.3条规定：</td></tr>
</table>

管道三通处金属保护层应按绝热后实际尺寸展开下料，按顺水要求搭接或插接，形成接缝用防水胶泥或密封胶密封。搭接或插接施工应符合下列规定：

水平支管与垂直主管相交时，水平支管保护层应先施工，垂直主管应按支管保护层外径开口，水平支管保护层应插入垂直主管保护层开口内。

质量问题

（1）现象

① 水平支管与垂直立管相交，保护层安装顺序错误。

（2）原因分析

① 水平管、垂直管保护层施工工序错误。

② 保护层搭接未考虑流水方向。

正确做法及防治措施

（1）防治措施

① 按照规范要求先安装水平支管保护层。

② 水平支管保护层应插入垂直主管保护层开口内，形成顺水搭接。

（2）治理措施

① 调整保护层搭接方式，确保水平支管保护层插入垂直主管保护层开口内。

11. 绝热工程防潮层施工不规范

规范标准 要　　求	《工业设备及管道绝热工程施工质量验收标准》（GB/T 50185）第5.3.3条规定：

防潮层应紧密粘贴在绝热层上，接缝应严密、无漏封；水平管道的纵向接缝应位于管道侧面，并错开管道中心线。

第5.3.4条规定：

防潮层的搭接宽度不应小于50mm，接缝处应采用专用密封胶或热熔粘结。

第5.3.5条规定：

防潮层表面应平整、无气泡、无破损，与绝热层之间不得有脱层现象。

质量问题

（1）现象

① 防潮层破损、搭接不足，导致保温层进水失效。

（2）原因分析

① 防潮层材料质量不合格。

② 搭接宽度不足（小于50mm）。

③ 成品保护不到位，保护层损坏。

正确做法及防治措施

（1）防治措施

① 选用耐老化、耐穿刺的防潮材料（如铝箔玻璃布）。

② 搭接宽度≥50mm，并用密封胶密封接缝。

③ 保护层施工前检查防潮层完整性，加强成品保护，破损处用同材质补丁修补。

第四节　筑炉

1. 砖缝泥浆不饱满

<table>
<tr><td>规范标准
要　求</td><td>《工业炉砌筑工程质量验收标准》（GB 50309）第9.2.2条规定：
砖缝的泥浆饱满度应大于90%。</td></tr>
</table>

质量问题

（1）现象
① 砌体砖缝泥浆不饱满。
（2）原因分析
① 泥浆用料不充足。
② 泥浆和易性差。
③ 用水量较大，泥浆偏稀。
④ 未及时做勾缝处理。

正确做法及防治措施

（1）防治措施
① 砌体接触面应涂满砂浆，饱满度应达到设计及标准规范要求。
② 调配好泥浆的和易性，砌筑采用挤浆法，无法采用挤浆法可采用双面打浆法。
③ 控制好泥浆的稠度，减少泥浆的含水率。
④ 砌体砌筑完后，及时勾缝。

2. 浇注料中钢筋及金属构件缓冲涂层不达标

规范标准要求	《工业炉砌筑工程施工与验收规范》（GB 50211）第4.3.4条规定：耐火浇注料中钢筋或金属埋设件应设在非受热面。钢筋或金属埋设件与耐火浇注料接触部分应根据设计规定设置膨胀缓冲层。

质量问题

（1）现象

① 构件缓冲涂层缺失。

（2）原因分析

① 缓冲层泥浆用量不足。

② 施工工序不正确。

正确做法及防治措施

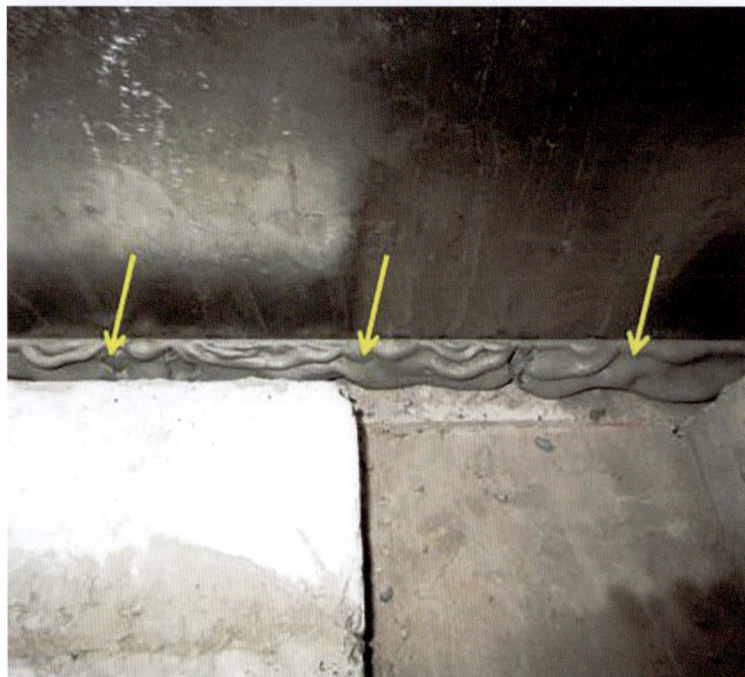

（1）防治措施

① 缓冲层施工时泥浆用量应充足。

② 涂层分层施工，第一道涂层干燥后，方可进行第二道涂层施工。

（2）治理措施

① 做返工处理，缓冲层泥浆用量应充足，第一道涂层干燥后，方可进行第二道涂层施工。

3. 砌体内沉降缝内填充的耐火纤维不饱满

规范标准要求	《工业炉砌筑工程施工与验收规范》（GB 50211）第3.2.25条规定：当基础有沉降缝时，上部砌体应留设沉降缝，缝内应用耐火陶瓷纤维或其他填料塞紧。

质量问题

（1）现象

① 沉降缝耐火纤维填充不饱满

（2）原因分析

① 耐火纤维填充用量不足。

② 沉降缝留设不正确，宽度上下一致。

正确做法及防治措施

（1）防治措施

① 按照施工要求将沉降缝用耐火纤维填充饱满。

② 沉降缝留设位置应合理，宽度上下一致。

（2）治理措施

① 将不饱满处的耐火纤维填充饱满至符合要求。

化工建设工程施工
常见质量问题与控制图解

土建
工程

中国化工建设企业协会　　组织编写

HUAGONG JIANSHE GONGCHENG SHIGONG
CHANGJIAN ZHILIANG WENTI
YU KONGZHI TUJIE
TUJIAN GONGCHENG

化学工业出版社

·北京·

内容简介

《化工建设工程施工常见质量问题与控制图解》系统总结了化工建设工程施工过程中常见质量问题的现象和原因分析，给出了正确做法和防治措施，并附相应照片或图示。本书分土建工程和安装工程两册。土建工程册内容涵盖地基与基础、主体结构、构筑物工程、建筑装饰装修与节能、屋面工程、建筑给排水、室内消防与采暖、通风与空调、电梯、建筑电气、智能建筑、建筑物室外工程等分部工程；安装工程册内容涵盖基础验收及垫铁布置、静止设备安装、传动设备安装、地上地下工艺管道及消防管道安装、电气仪表安装、储罐及非标设备制作安装、钢结构制作与安装、防腐防火及绝热工程施工等分部工程。

本书汇集了化工建设行业的集体智慧和经验，可供工程建设、总承包、设计、施工、监理单位的项目经理、质量总监、技术骨干及新入职工程师阅读参考。

图书在版编目（CIP）数据

化工建设工程施工常见质量问题与控制图解. 土建工程 / 中国化工建设企业协会组织编写. -- 北京：化学工业出版社，2025. 8. -- ISBN 978-7-122-48552-6

Ⅰ. TU745.7-64

中国国家版本馆CIP数据核字第2025PJ4405号

责任编辑：傅聪智　林　洁　仇志刚
文字编辑：李　玥　杨欣欣　靳星瑞
责任校对：李雨晴
装帧设计：王晓宇

出版发行：化学工业出版社
　　　　　（北京市东城区青年湖南街13号　邮政编码100011）
印　　装：北京瑞禾彩色印刷有限公司
787mm×1092mm　1/16　印张38¼　字数986千字
2025年8月北京第1版第1次印刷

购书咨询：010-64518888　　　　售后服务：010-64518899
网　　址：http://www.cip.com.cn
凡购买本书，如有缺损质量问题，本社销售中心负责调换。

定　　价：468.00元（全两册）　　　　版权所有　违者必究

《化工建设工程施工常见质量问题与控制图解》

审 定 委 员 会

主　任: 刘德辉

副主任: 施志勇　余津勃

委　员: 刘德辉　施志勇　余津勃　郑建华　孙愉美
　　　　张晓光　汤志强　赵　亮

编 委 会

主　编: 陈银川　李丽红　范学东

副主编: 葛星明　张二谦　孟庆秋　陈敬杰　严长福
　　　　董　军　翟梁梁　贾素军　张建月　李卫东
　　　　郑志刚　赵培勇　杨吉丰

参　编: 田贵斌　王雄飞　王方正　黄俊斌　梁　波
　　　　李爱群　王　伟　乔新泉　罗长彪　周　剑
　　　　胡先武　李书裕　曹永波　张永亮　张厚坤
　　　　李文颉　孙　韵　曹建军　聂述刚　李均分
　　　　王业义　胡艳玲　董慧茹　唐建军　卜俊丽
　　　　冯　诚　龚　辉　万江法　李晓鹏　邝维萍
　　　　赵运涛　李晓宁　冯　烁　李晓斌

组织编写单位

中国化工建设企业协会

主编单位

中化二建集团有限公司

陕西化建工程有限责任公司

中国化学工程第三建设有限公司

中国化学工程第十一建设有限公司

中国化学工程第十三建设有限公司

中国化学工程第十四建设有限公司

山西省安装集团股份有限公司

参编单位

中国化学工程第四建设有限公司

中国化学工程第六建设有限公司

中国化学工程第七建设有限公司

南京南化建设有限公司

中国化学工程第九建设有限公司

中石化工建设有限公司

中国化学工程第十六建设有限公司

中油吉林化建工程有限公司

长沙华星建设监理有限公司

中国五环工程有限公司

东华工程科技股份有限公司

中化学华谊工程科技集团有限公司

中化学国际工程有限公司

中化学生态环境有限公司

中国化学工程重型机械化有限公司

中国化学南投投资有限公司

中化学城市投资有限公司

前言
PREFACE

化工建设施工质量是工程项目整体质量的重要组成部分，是化工项目建成后满足设计要求、达成工艺目标的重要保证。近年来，在国家高质量发展理念指引下，化工行业建设整体质量水平显著提升，但施工过程中一些常见质量缺陷和质量通病仍不同程度存在。

化工建设工程由于其装置需满足耐高温、高压、强腐蚀要求，投产运行存在易燃、易爆、有毒、有害等较大风险，且多专业协同作业条件复杂。这些特点既增加了工程施工质量控制的难度，也对质量控制提出了更高要求。中国化工建设企业协会（以下简称协会）多年来一直组织开展工程项目咨询与评价活动，在促进项目质量提升的同时，积累了大量施工常见质量问题素材，提炼出许多改进工程质量的好做法。为此，协会组织业内专家，按专业分工，结合工程实践，系统分析归纳化工建设工程施工中常见质量问题，研究整理提出质量控制措施及规范做法，组织编制了《化工建设工程施工常见质量问题与控制图解》（以下简称《图解》），旨在为化工建设项目施工质量提升以借鉴。

《图解》突出化工建设施工质量特色，以国内外领先施工质量为标杆，以现行国家标准规范为依据，以符合设计标准和行业建设规范为基本遵循，以消除质量隐患、减少质量通病、建设合格化工工程为目的，以一次成优、质量均衡、铸就经典为追求，旨在引领化工建设工程质量持续提升。

《图解》列出了施工过程中常见质量问题、原因分析和防治措施，并附相应照片或图示。《图解》分土建工程和安装工程两册：土建工程册内容涵盖地基与基础、主体结构、构筑物工程、建筑装饰装修与节能、屋面工程、建筑给排水、室内消防与采暖、通风与空调、电梯、建筑电气、智能建筑、建筑物室外工程等分部工程；安装工程册内容涵盖基础验收及垫铁布置、静止设备安装、传动设备安装、地上地下工艺管道及消防管道安装、电气仪表安装、储罐及非标设备制作安装、钢结构制作与安装、防腐防火及绝热工程施工等分部工程。

《图解》可供化工建设行业相关单位参考使用，使用过程中，恳请广大读者积极反馈意见和建议，也请各单位不断总结经验，及时收集新的突出质量问题、好的做法及有效控制措施，为《图解》的持续更新提供素材。

中国化工建设企业协会

2025年6月

目 录
CONTENTS

第一章

地基与基础

第一节　建筑测量工程

1. 大型设备基础混凝土浇筑前后轴线不一致

规范标准要求　《混凝土结构工程施工质量验收规范》（GB 50204）第8.3.1条及第8.3.3条规定：现浇结构不应有影响结构性能或使用功能的尺寸偏差；混凝土设备基础不应有影响结构性能或设备安装的尺寸偏差。现浇设备基础坐标位置允许偏差20mm。

质量问题

（1）现象
① 大型设备基础混凝土浇筑前后基准线不一致，即浇筑前定位轴线与浇筑后复查轴线不一致。
（2）原因分析
① 错误认为大型设备基础内各构件尺寸之间无关联，没有将图纸尺寸标注转换成机械图标注方式（所有预埋螺栓、孔洞中心点均以纵横向主轴线为基准标注位置尺寸）后放线，造成基础内各构件之间尺寸误差。
② 大型设备基础浇筑前基准定位点不牢靠，浇筑中有移位或损坏，浇筑后二次引测，前后尺寸有误差。
③ 预埋系统没有设置独立的、与设备基础分离的线架体系，设备基础加固中轴线移位。
④ 模板加固不牢，浇筑中变形位移。
⑤ 设备基础施工图与设备安装图标注尺寸不一致。

正确做法及防治措施

（1）防治措施
① 定位基准点必须牢固，混凝土浇筑前后基准线必须一致，即使前后有偏差，误差不大时，可考虑错进错出。
② 将大型设备基础所有预埋螺栓、预埋套管、孔洞的中心点与基础纵横主轴线间尺寸标注在预埋放线图上，经专人复核后放线使用。按照放线图组织放线及验收。保证基础内各构件之间尺寸无误差（无系统误差）。
③ 必须设置独立线架，与设备基础支模体系分开，也可以使用基础外侧周围的双外排脚手架作为线架，但双外排脚手架应与周围建筑物锁定，或增加纵横向剪刀撑加固。
④ 设备基础浇筑过程中，应随时检测纵横向中心线位置、复测标高。当发现位置及标高与施工要求不符时，应通知施工人员，及时纠正。
⑤ 设备安装测量应符合下列规定：
a. 设备基础竣工中心线应进行复测，两次测量的误差不应大5mm。
b. 对于埋设有中心标板的设备基础，中心线应由竣工中心线引测，同一中心标点的偏差不应超过±1mm；纵横中心线应进行正交度的检查，并应调整横向中心线；同一设备基准中心线的平行偏差或同一生产系统的中心线的直线度应小于±1mm。
⑥ 大型设备基础混凝土浇筑前应核对设备基础施工图与设备安装图标注尺寸是否一致。

2.测量方法不当，预制混凝土吊车梁及轨道安装偏差大

规范标准要求　《混凝土结构工程施工质量验收规范》（GB 50204）第9.3.7条及第9.3.9条规定：装配式结构施工后，其外观质量不应有严重缺陷，且不应有影响结构性能和安装、使用功能的尺寸偏差。梁的安装允许偏差，轴线位置为5mm，标高为±5mm，构件倾斜度为5mm，相邻构件平整度为3mm（外露）、5mm（不外露），搁置长度±10mm，支座支垫中心位置为10mm。

质量问题

（1）现象

① 吊车梁中心线位置、梁顶标高偏差大。

② 吊车梁、轨道安装后轨道中心线偏差大。测设数据与实际数据有偏差。

③ 当桁车运行中出现咬轨现象时，难以区分是轨道铺设问题还是桁车安装问题。

（2）原因分析

① 柱垂直度偏差超过标准。

② 柱身上标高控制线精度不够，或牛腿上表面整平工作不细致，造成梁面标高偏差。

③ 吊车梁、轨道安装前柱间支撑、柱间系杆未安装完善，导致柱间支撑、柱间系杆安装后吊车梁中心线发生了偏移。

④ 吊车梁、轨道安装时未对吊装过程定位线偏移进行修正，或轨道安装固定不牢。

⑤ 吊车梁、轨道安装前屋盖系统未安装，导致屋面梁安装后吊车梁中心线发生了偏移。

正确做法及防治措施

（1）防治措施

① 在厂房四个角，纵横向主轴线方向分别向厂房内引测1m，设置四个辅助控制点，反复复测无误后作为厂房吊车梁安装控制点。

② 柱子吊装就位后，计算出四个控制点连成的辅助轴线到吊车梁中心线的距离，以四个控制点为基准点分别架设经纬仪，互为后视，在每根柱子牛腿上投测出吊车梁中心线，弹出墨线，作为吊车梁就位依据。

③ 吊车梁上轨道下找平层施工时，必须在每根柱子上吊车梁上平位置引测标高控制点，用激光自平仪配合吊车梁找平。

④ 吊车梁、轨道安装前，屋盖系统必须安装完成。

⑤ 吊车梁、轨道安装前，柱间支撑、柱间系杆必须安装完成。

⑥ 吊车梁、轨道安装前，必须对钢轨定位线复测，消除吊装误差。轨道安装时安装固定牢固。

⑦ 复测仍然以四角四个控制点为基准点支设仪器，互为后视，梁顶塔尺平放，以辅助轴线与轨道下翼缘内边线间距离为读数，在吊车梁上每3m测设一个控制点，控制轨道安装。将空间尺寸转化为地面可复核尺寸，彻底消除测量误差，保证轨道安装位置准确无误。

3.沉降观测点的形式与埋设不合理、标识不清晰

<table>
<tr><td>规范标准
要　　求</td><td>《工程测量标准》（GB 50026）第10.5.8条规定：</td></tr>
</table>

1.沉降观测点应布设在建（构）筑物的下列部位：

① 建（构）筑物的四周墙角及沿外墙每10m ～ 15m处或每隔2根～ 3根柱基上；

② 沉降缝、伸缩缝、新旧建（构）筑物或高低建（构）筑物接壤处的两侧；

③ 人工地基和天然地基接壤处、建（构）筑物不同结构分界处的两侧；

④ 烟囱、水塔和大型储藏罐等高耸构筑物基础轴线的对称部位，且每一构筑物不得少于4个点；

⑤ 基础底板的四角和中部；

⑥ 建（构）筑物出现裂缝时，布设在裂缝两侧。

2.沉降观测标志的埋设高度宜高出室内地坪0.2m ～ 0.5m对于建筑立面后期有贴面装饰的建（构）筑物，宜预埋螺栓式活动标志。

质量问题

（1）现象

① 沉降观测点制作形式与预埋不合理，安装不牢固。

② 观测点标识不清晰，观测数据不真实。

③ 观测点被后期饰面材料覆盖未引出。

（2）原因分析

① 施工单位未关注沉降观测工作，观测点制作马虎，埋设不认真，标识不清晰或无标识。

② 沉降观测由第三方实施，施工单位不重视观测点的保护。

③ 对观测点埋设要求不了解。

正确做法及防治措施

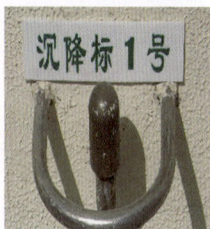

（1）防治措施

① 观测点本身制作要求安装稳固，确保点位安全能长期保存，其上部必须为突出的半球形状或有明显的突出之处，与柱身或墙身保持一定距离，要保证在顶上能垂直置尺和有良好的通视条件。

② 一般设置在离地200mm ～ 500mm高处或便于观测处，建议采用预埋件加焊接方式，钢筋直径不小于18mm；当采用预埋方式时，埋设段应为突出部分的5 ～ 7倍。

③ 在观测点部位应做醒目标识，并设防止碰撞设施。

④ 对于建筑立面后期有覆面装饰的建（构）筑物，宜与装饰施工配合，宜采用预埋螺栓式活动标志。

4.沉降观测次数与时间不规范

规范标准要求　《工程测量标准》（GB 50026）第10.5.8条第3项规定：

高层建筑施工期间的沉降观测周期，应每增加1层～2层观测1次；封顶后，应每3个月观测1次，应观测1年。若最后2个观测周期的平均沉降速率小于0.02mm/d，可认为整体趋于稳定；若各沉降观测点的沉降速率均小于0.02mm/d，可终止观测；不满足时，应继续按3个月间隔进行观测，应在最后两期建筑物稳定指标符合规定后停止观测。

第10.5.8条第4项规定：

工业厂房或多层民用建筑的沉降观测总次数不应少于5次，竣工后的观测周期，可根据建（构）筑物的稳定情况确定。

《建筑变形测量规范》（JGJ 8）第7.1.5条第4项规定：

建筑沉降达到稳定状态可由沉降量与时间关系曲线判定。当最后100d 的最大沉降速率小于0.01mm/d～0.04mm/d 时，可认为已达到稳定状态。对具体沉降观测项目，最大沉降速率的取值宜结合当地地基土的压缩性能来确定。

质量问题

工程共设置168处观测点，从2018年12月18日起开始第1次观测，共289次，沉降均匀已稳定（结论不规范）。

（1）现象

① 观测成果不能及时准确反映建筑物实际沉降变化。

（2）原因分析

① 施工期间沉降观测次数安排不合理，导致观测成果不能准确反映沉降曲线的细部变化。

② 工程移交后沉降观测时间安排不合理，导致掌握工程沉降情况不准确、不及时。

③ 沉降观测没有委托有资质的第三方观测。

④ 沉降观测结论不明确，与JGJ 8表述不符合。

正确做法及防治措施

医疗综合大楼共40个沉降观测点，最后100d沉降速率为0.0026mm/d，小于JGJ 8规定的最后100d的沉降速率小于0.01mm/d～0.04mm/d的规定，建筑沉降均匀已稳定。

（1）防治措施

① 高层建筑施工期间的沉降观测周期，应每增加 1层～2层观测1次；封顶后，应每3个月观测1次，应观测1年。若最后2个观测周期的平均沉降速率小于0.02mm/d，可认为整体趋于稳定，若各沉降观测点的沉降速率均小于0.02mm/d，可终止观测；不满足时，应继续按3个月间隔进行观测直至稳定。

② 工业厂房或多层民用建筑的沉降观测总次数不应少于5次，竣工后的观测周期，可根据建（构）筑物的稳定情况确定。

③ 应由建设方委托有资质的第三方负责沉降观测。

④ 沉降观测结论应按JGJ 8第7.1.5条第4项的规定表述。

⑤ 罐体试水与沉降观测要求应满足《石油化工钢制储罐地基与基础施工及验收规范》第7条要求。

5. 深基坑变形检测不规范

规范标准要求	《工程测量标准》（GB 50026）第10.5.3条第2项规定：

变形观测点的点位应根据工程规模、基坑深度、支护结构和支护设计要求综合布设；普通建筑基坑，变形观测点点位宜布设在基坑的顶部周边，点位间距宜为10m～20m；危险性较大的基坑，变形观测点点位宜布设在基坑侧壁的顶部和中部；变形敏感的部位，还应加测断面或埋设应力和位移传感器。

第10.5.3条第5项规定：

基坑开始开挖至回填结束前或在基坑降水期间，还应对基坑边缘外围1倍～2倍基坑深度范围内或受影响的区域内的建（构）筑物、地下管线、道路、地面等进行变形监测。

质量问题

无第三方监测报告

（1）现象

① 深基坑变形检测，无第三方检测报告。

② 基坑施工期间未满足每天一次检测频率要求。

③ 深基坑变形检测报告提供不及时。

（2）原因分析

① 未委托有资质的第三方进行深基坑变形检测。

② 没有按照深基坑监护方案实施监测。

③ 重视不够，深基坑检测报告搜集不及时。

正确做法及防治措施

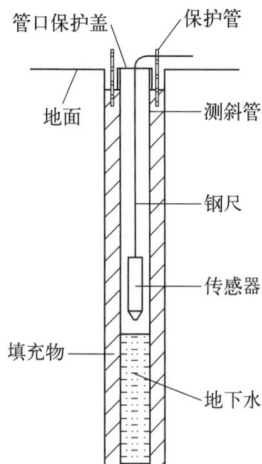

管口保护盖　保护管
地面
测斜管
钢尺
传感器
填充物
地下水

（1）防治措施

① 宜委托有资质的第三方进行深基坑变形检测。

② 变形观测点的点位应根据工程规模、基坑深度、支护结构和支护设计要求综合布设；普通建筑基坑，变形观测点点位宜布设在基坑的顶部周边，点位间距宜为10m～20m；危险性较大的基坑，变形观测点点位宜布设在基坑侧壁的顶部和中部；变形敏感的部位，还应加测断面或埋设应力和位移传感器。

③ 基坑监测应形成：水平位移和竖向位移检测日报表；深层水平位移检测日报表；围护墙内力、立柱内力及土压力空隙水压力检测日报表；支撑轴力、锚杆及土钉拉力检测日报表；地下水位、周边地表竖向位移、坑底隆起检测日报表；裂缝检测日报表；巡视检查日报表。

④ 施工期间，每日定时提供深基坑检测报告；结构完成后，每三天提供一次，并随时预警。

第二节　基础降排水

1. 基础降排水故障造成边坡塌方

规范标准要求	《建筑地基基础工程施工质量验收标准》（GB 50202）第8.1.3条规定：降排水运行中，应检验基坑降排水效果是否满足设计要求。分层、分块开挖的土质基坑，开挖前潜水水位应控制在土层开挖面以下0.5m～1.0m；承压含水层水位应控制在安全水位埋深以下。岩质基坑开挖施工前，地下水位应控制在边坡坡脚或坑中的软弱结构面以下。

质量问题

边坡失稳

（1）现象

① 在基坑内施工作业过程中，地下水涌入基坑内浸泡基坑，造成边坡失稳，土方坍塌。

② 地基出现软弱层土。

③ 有流沙现象出现。

（2）原因分析

① 机电设备故障，降排水系统全部或部分停止作业，水位升高，地下水涌入基坑。

② 降水作业没有专人负责，突发紧急情况时没有及时处置，恢复降水措施。

③ 降水没有准备应急电源和备用排水设备。

④ 地下水没有降到施工组织设计的要求，即挖土面以下0.5m～1m，地下水位仍较高。

⑤ 地下水降水设计未考虑到基础集水坑部位加深要求，降水深度不够，集水坑部位带水施工，出现流沙现象。

正确做法及防治措施

（1）防治措施

① 整个降排水过程中由专人负责降排水作业，并不定时巡检，出现意外情况及时处理。

② 降水运行应独立配电。降水运行前，应检验现场用电系统。

③ 准备双路以上独立供电电源或备用发电机。

④ 根据工程实际情况，配备足够的备用降排水设备。

⑤ 地下水降水必须考虑到基础集水坑部位加深要求，降水深度应低于集水坑底标高以下0.5m～1m，避免集水坑部位带水施工。

⑥ 电梯基坑部位面积小，是基础最深部位，对降水深度考虑不周会造成局部带水浇筑混凝土，从而造成电梯地坑混凝土密实度差、长期渗水，严重影响电梯运行安全。因此需保证降水深度降至电梯基底500mm以下。

2. 基坑回填中地下水浸泡地基

<table>
<tr><td>规范标准
要　求</td><td>《建筑地基基础工程施工质量验收标准》（GB 50202）第8.1.1条规定：</td></tr>
</table>

降排水运行前，应检验工程场区的排水系统。排水系统最大排水能力不应小于工程所需最大排量的1.2倍。

第8.1.3条规定：

降排水运行中，应检验基坑降排水效果是否满足设计要求。分层、分块开挖的土质基坑，开挖前潜水水位应控制在土层开挖面以下0.5m～1.0m；承压含水层水位应控制在安全水位埋深以下。

质量问题

（1）现象

① 在基坑回填作业过程中，地下水涌入基坑内浸泡地基。

（2）原因分析

① 降排水系统全部或部分停止作业，地下水涌入。

② 基坑土方没有回填完毕就停止降排水作业。

正确做法及防治措施

（1）防治措施

① 整个降排水过程中由专人负责降排水作业，并不定时巡检，出现意外情况及时处理。

② 基坑土方回填未完成前不得停止降排水作业。

第三节　深基坑工程

1. 悬臂钢板桩位移侧倾及渗漏

规范标准要求	《建筑地基基础工程施工质量验收标准》（GB 50202）第 7.1.5 条规定：基坑支护工程验收应以保证支护结构安全和周围环境安全为前提。

质量问题

（1）现象

① 基坑悬臂钢板桩位移侧倾及渗漏。

（2）原因分析

① 钢板桩规格型号小于方案中的规格型号。

② 钢板桩悬臂过长。

③ 钢板桩锚固长度不足。

④ 钢板桩接缝不严密。

⑤ 转角处未闭合。

正确做法及防治措施

（1）防治措施

① 须编制支护专项方案，有计算书，悬臂过长需加锚杆。

② 进场钢板桩规格严格进行验收。

③ 变形的钢板桩及时更换，锁扣全部涂防水混合材料，使锁扣嵌缝严密。

④ 采用导架控制打桩精度（桩顶标高误差≤100mm，轴线误差≤100mm，垂直度误差≤1%），若遇砂层或砂砾层阻力较大时，可伴以高压水或振动法沉桩，保证桩底锚入长度。

⑤ 转角合拢处采用异形板桩法、骑缝法（不同宽度的钢板桩）、轴线调整法（闭合处调整轴线位置使钢板桩闭合）进行封闭闭合。

⑥ 进行变形观测，及时采取措施。

⑦ 基坑深度超过5m时应进行专家论证。钢板桩悬臂过长应增设内支撑或者外拉锚，同时根据周围水体情况增设接水帷幕。

第四节 地基工程

1. 级配砂石换填地基密实度差

<table>
<tr><td>规范标准
要   求</td><td>《建筑地基基础工程施工质量验收标准》（GB 50202）第4.1.4条规定：素土和灰土地基、砂和砂石地基、土工合成材料地基、粉煤灰地基、强夯地基、注浆地基、预压地基的承载力必须达到设计要求。</td></tr>
</table>

质量问题

（1）现象

① 基础不均匀下沉。

（2）原因分析

① 级配不合理，未测定最佳含水率。

② 分层厚度大。

③ 振实遍数不够或漏振。

④ 级配砂石料含泥量过高。

⑤ 级配砂石料换填，含水率控制不好，碾压完成，基础施工后，受雨水浸泡，基础出现下沉。

正确做法及防治措施

（1）防治措施

① 根据振实方法，通过试验确定级配和最优含水率以及铺设厚度，宜采用机械拌合。

② 平振法每层铺设厚度为100mm～150mm，最优含水率15%～20%，振捣每夯搭接1/3。随时检测，遍数达到压实度为准。

③ 夯实法每层铺设厚度为150mm～200mm；最优含水率为8%～12%；一夯压半夯。全面压实，随时检测，遍数达到压实度为准。

④ 避免地上水冲刷。

⑤ 机械振动碾碾压，每完成500mm换填时，宜在表面适量洒水后（浸润深度200mm），增加振动碾压两遍。

⑥ 条件允许时，回填宜提前安排，增加自然沉降时间，再进行后续回填。

第五节 基础工程

一、桩基工程

1. 灌注桩桩位偏移大、桩顶超灌混凝土高度不足

规范标准要求

《建筑地基基础工程施工质量验收标准》（GB 50202）第5.1.4条规定：

灌注桩的桩径、垂直度及桩位允许偏差应符合如下规定：

1. 桩径允许偏差（mm）：≥0。

2. 垂直度允许偏差：人工挖孔桩为≤1/200，其他桩为1/100。

3. 桩位允许偏差（mm）：泥浆护壁钻孔桩，桩径＜1000mm时，允许偏差≤70+0.01H；桩径≥1000mm时，允许偏差≤100+0.01H。套管成孔灌注桩，桩径＜500mm时，允许偏差≤70+0.01H；桩径≥500mm时，允许偏差≤100+0.01H。干成孔灌注桩，允许偏差≤70+0.01H。人工挖孔桩，允许偏差≤50+0.005H。

注：H为桩基施工面至设计桩顶的距离，mm。

质量问题

（1）现象

① 桩顶偏位大。

② 桩顶浮浆层及劣质桩体预留高度不足。

（2）原因分析

① 桩架不稳，钻杆导架不垂直，钻机磨损，部件松动，或钻杆弯曲接头不直。

② 土层软硬不匀。

③ 钻机成孔时，遇较大孤石或探头石，或基岩倾斜未处理；或在粒径悬殊的砂、卵石层中钻进，钻头所受阻力不匀。

④ 定位不准。

正确做法及防治措施

（1）防治措施

① 专职测量人员定位并进行复测。单排桩或群桩中的边桩定位偏差不大于10mm，群桩定位偏差不大于20mm。

② 安装钻机时，要对导杆进行水平和垂直校正；检修钻孔设备，如钻杆弯曲应及时调换；遇软硬土层应控制进尺，低速钻进偏斜过大时，填入石子、黏土重新钻进，控制钻速，慢速提升、下降，往复扫孔纠正；如有探头石，宜用钻机钻透，用冲孔机时用低锤密击，把石块打碎；遇倾斜基岩时，投入块石，使表面略平，用锤密打。

③ 桩顶浮浆层及劣质桩体预留高度不宜小于1000mm。

2. 预制桩位置偏移大

规范标准要求 《建筑地基基础工程施工质量验收标准》（GB 50202）第5.1.1条规定：扩展基础、筏形与箱形基础、沉井与沉箱，施工前应对放线尺寸进行复核；桩基工程施工前应对放好的轴线和桩位进行复核。群桩桩位的放样允许偏差应为 20mm，单排桩桩位的放样允许偏差应为 10mm。

第5.1.2条规定：

预制桩（钢桩）的桩位偏差应符合如下规定。斜桩倾斜度的偏差应为倾斜角正切值的15%。

1. 带有基础梁的桩的桩位允许偏差（mm）：垂直基础梁的中心线，≤100+0.01H（H为桩基施工面至设计桩顶的距离，mm）；沿基础梁的中心线，≤150+0.01H。

2. 承台桩的桩位允许偏差（mm）：桩数为1～3根桩基中的桩，≤100+0.01H；桩数≥4根桩基中的桩，≤1/2桩径+0.01H或1/2边长+0.01H。

质量问题

（1）现象

① 桩顶偏位（在沉桩过程中，相邻的桩产生横向位移）。

（2）原因分析

① 桩入土后，遇到大块孤石或坚硬障碍物，把桩尖挤向一侧。

② 桩身不正直。两节桩或多节桩施工，相接的两节桩不在同一轴线上，造成歪斜。

③ 采用钻孔、插桩施工时，钻孔倾斜过大，在沉桩过程中桩顺钻孔倾斜而产生位移。

④ 在软土地基进行较密集的群桩施工时，如沉桩次序不当，由一侧向另一侧施打，常会使桩向一侧挤压造成位移或涌起。

⑤ 遇流砂；或当桩数较多，土体饱和密实，桩间距较小，在沉桩时土被挤过密而向上隆起，有时使相邻的桩随同一起涌起。

正确做法及防治措施

（1）防治措施

测量放线应经复测后使用；插桩应认真对中；打桩应按规定顺序进行；避免打桩期间同时开挖基坑；施工前用洛阳铲探明地下孤石、障碍物，较浅的挖除，深的用钻钻透或爆碎。接桩应吊线找直，垂直偏差应控制在0.5%以内，偏位过大时应拔出，移位再打；偏位不大时可用木架顶正，再慢锤打入；若障碍物不深，可挖去回填后再打。

3. 灌注桩头截除不规范造成桩头破损，截桩面不平整

规范标准要 求	《建筑地基基础工程施工质量验收标准》（GB 50202）第5.6.4、5.7.4、5.8.4、5.9.4 条规定：各种灌注桩桩顶标高允许偏差均为+30mm、−50mm。

质量问题

（1）现象

① 桩头破损，不完整、不平整。

（2）原因分析

① 破除方式不当。

② 桩顶没有修整。

正确做法及防治措施

（1）防治措施

① 在截断处先环向切割30mm ~ 50mm（避免损伤主筋），再破除，最后人工对上表面剔凿修整平整。

② 土方开挖过程中距离桩边200mm范围内，宜采用人工配合机械清除。

二、钢筋混凝土基础工程

1. 大体积混凝土温度收缩裂纹

规范标准要求 《大体积混凝土施工标准》（GB 50496）第3.0.3条规定：

大体积混凝土施工前，应对混凝土浇筑体的温度、温度应力及收缩应力进行试算，并确定混凝土浇筑体的温升峰值、里表温差及降温速率的控制指标，制定相应的温控技术措施。

《建筑地基基础工程施工质量验收标准》（GB 50202）第5.4.5条规定：

大体积混凝土施工过程中应检查混凝土的坍落度、配合比、浇筑的分层厚度、坡度以及测温点的设置，上下两层的浇筑搭接时间不应超过混凝土的初凝时间。养护时混凝土结构构件表面以内50mm～100mm位置处温度与混凝土结构构件内部温度的差值不宜大于25℃，且与混凝土结构构件表面温度的差值不宜大于25℃。

《大体积混凝土施工标准》（GB 50496）第5.4.1条规定：

混凝土宜采用泵送方式和二次振捣工艺。

质量问题

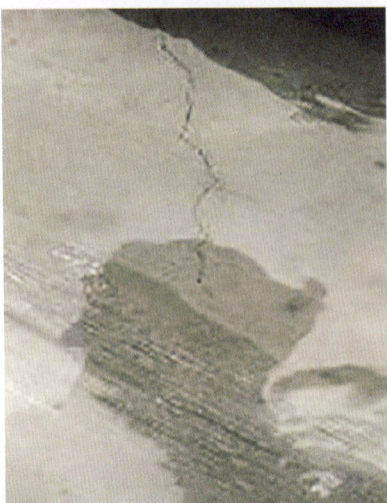

（1）现象
① 在大体积混凝土表面不规则裂纹。
（2）原因分析
① 内外温差：大体积混凝土在浇筑后，水泥会发生水化反应，产生大量热量，内部热量得不到及时散发，导致内外温差大，引起表面裂缝。
② 收缩变形：混凝土在硬化过程中会发生热胀冷缩，如果混凝土的配合比不恰当，收缩反应会更快，导致裂缝。
③ 外部约束：混凝土在硬化过程中，水泥水化会产生大量热量，导致混凝土内部温度升高，随后降温收缩。当受到外部结构的约束时，将会在混凝土内部出现很大的拉应力，产生降温收缩裂缝。

正确做法及防治措施

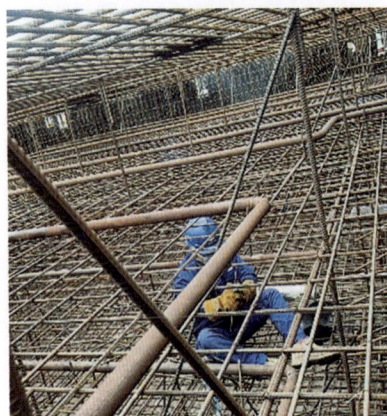

（1）防治措施
① 合理设计：采用合理的平面和立面设计，避免截面突变，减少约束应力。
② 合理配筋：增加分布筋的数量和密度，特别是在变截面处加强配筋。
③ 选择合适的水泥：使用低热水泥，减少单位水泥用量，降低水化热；选用级配良好的骨料，控制砂石含泥量和水灰比，充分振捣，提高混凝土的密实度和抗拉强度。

④ 控制温度：降低混凝土入模温度，同时通过在混凝土内部安装降温管的方法降低内部温度，避免内外温差过大。

⑤ 采取二次抹压技术进行面层压实抹光。

⑥ 及时养护：浇筑后及时进行覆盖保温保湿养护，降低内外温差，减少温度变化对混凝土的影响。

⑦ 对素混凝土超大基础可适当投放石块。当混凝土石子最大粒径小于40mm时，抛石率不超过0.2%；当混凝土石子最大粒径大于40mm时，抛石率可控制至0.5%。

⑧ 大体积混凝土宜采用泵送方式和表面二次振捣工艺。

2. 基础表面干缩裂纹

规范标准要求

《混凝土结构工程施工规范》（GB 50666）第7.6.3条第2项规定：

应对粗骨料的颗粒级配、含泥量、泥块含量、针片状含量指标进行检验，压碎指标可根据工程需要进行检验，应对细骨料的颗粒级配、含泥量、泥块含量指标进行检验。

第8.5.1条规定：

混凝土浇筑后应及时进行保湿养护，保湿养护可采用洒水、覆盖、喷涂养护剂等方式。养护方式应根据现场条件、环境温湿度、构件特点、技术要求、施工操作等因素确定。

质量问题

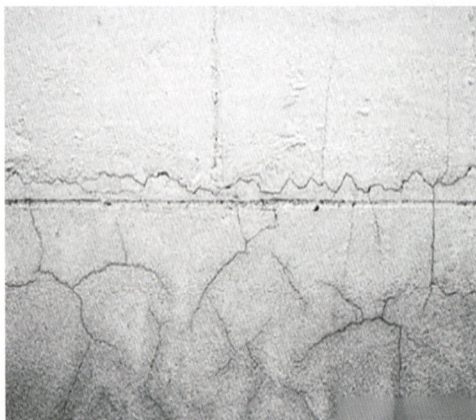

（1）现象

① 在混凝土基础表面形成的纵横交错不规则龟纹状、放射状裂缝，或每隔一段距离出现一条裂缝。

（2）原因分析

① 使用收缩率较大的水泥，水泥用量过多或使用过量的粉砂或混凝土水灰比过大。

② 混凝土过度振捣，表面形成水泥含沙量较多的砂浆层，收缩量增大。

③ 没有及时抹面。

④ 覆盖保湿养护不当，表面暴露，失水过快。

正确做法及防治措施

（1）防治措施

① 控制混凝土的水泥用量、水灰比和砂率，不要过大。

② 严格控制砂石含泥量，控制粉砂用量。

③ 振捣要适度，避免欠振和过振，上部浮浆要清除。

④ 初凝后进行表面二次抹压，或浅表层二次平板振捣。

⑤ 加强对混凝土的养护，表面铺塑料薄膜、棉毡，以达到保温保湿的效果。

3. 设备基础预埋件偏移、预埋螺栓偏移

《混凝土结构工程施工质量验收规范》（GB 50204）第8.3.3条规定：

现浇设备基础的位置和尺寸应符合设计和设备安装的要求。其位置和尺寸偏差及检验方法应符合如下规定：

预埋地脚螺栓允许偏差（mm）：中心位置，2；顶标高，+20，0；中心距，±2；垂直度，5。

预埋地脚螺栓孔允许偏差（mm）：中心线位置，10；截面尺寸，+20，0；深度，+20，0；垂直度，$h/100$ 且 $\leqslant 10$（h 为预埋地脚螺栓孔孔深，mm）。

质量问题

（1）现象

① 设备基础预埋螺栓或预埋件相对于基础轴线位置偏移，超出设计及规范要求。

② 预埋杯斗垂直度偏移，超出规范要求。

（2）原因分析

① 模板安装不牢固。

② 地脚螺栓和预埋件安装不牢固。

③ 混凝土浇筑下料振捣方式不当，造成地脚螺栓和预埋件移位。

正确做法及防治措施

（1）防治措施

① 管廊架基础应建立独立螺栓加固支撑系统，固定螺栓锚板应与基础加固断开。

② 大型塔类基础设备基础，可以在基础大放脚处设水平施工缝，在下部大放脚混凝土浇筑时，错开螺栓位置，预埋三根80mm槽钢。底座混凝土浇筑完成后，在预埋槽钢上抄平画出预埋螺栓盲板下平线，并按线水平切割。吊装预埋螺栓固定盲板至三根槽钢上部，调整方位与轴线后，与槽钢点焊。安装螺栓并调整螺栓高度。报监理方验收后再绑内外环筋，支设外模，浇筑混凝土。核心是改变施工工艺，先安螺栓，再绑钢筋。

③ 大型深杯斗可以采用倒锥形钢杯斗形式，杯斗外加焊锚拉筋，钢杯斗不再拆除。

④ 小型杯斗或预留孔，可以在木制杯斗外粘贴一层聚苯板，便于拆除。木制杯斗拆除后，聚苯板可以在涂刷汽油后溶解挥发。

4. 大型混凝土设备基础预埋管、预埋杯斗偏移

《混凝土结构工程施工质量验收规范》（GB 50204）第8.3.1条规定：
现浇结构不应有影响结构性能或使用功能的尺寸偏差；混凝土设备基础不应有影响结构性能或设备安装的尺寸偏差。

第8.3.3条规定：

预埋地脚螺栓孔允许偏差（mm）：中心线位置，10；截面尺寸，+20，0；深度，+20，0；垂直度，$h/100$且$\leqslant 10$（h为预埋地脚螺栓孔孔深，mm）。

质量问题

（1）现象

① 设备基础预埋螺栓或预埋件相对于基础轴线位置偏移，超出设计及规范要求。

② 预埋杯斗垂直度偏移，超出规范要求。

③ 预埋套管不垂直，超出规范要求。

（2）原因分析

① 预埋螺栓、预埋套管及预埋杯斗加固系统未独立设置，或依靠钢筋固定，混凝土流动对预埋螺栓及套管造成挤压，钢筋移位，预埋位置偏移。

② 预埋套管底脚位置未锁死位置，混凝土流动形成挤压，造成下口跑偏。

③ 混凝土浇筑下料及振捣方式不对称，造成地脚螺栓和预理件移位。

正确做法及防治措施

（1）防治措施

① 改变施工工艺，管廊架基础建立独立支撑体系，先固定螺栓锚板、固定螺栓，然后绑扎基础钢筋，再支设外模板，浇筑混凝土。

② 大型设备基础，包括四合一压缩机基础、汽轮机基础、磨煤机基础、鼓风机基础的预埋套管安装时，应改变传统施工工艺，按照以下工艺施工：加固基础底模板→建立双外排独立线架→基础顶部挂设十字钢丝轴线→在基础地板上弹出预埋套管位置线→立套管并与底模板固定（可采用三支短扁钢与套管焊接，扁钢与模板栓接或钉接）→利用角钢与独立线架焊接固定套管上部→完成套管安装并通知监理报验→绑扎基础钢筋→支设基础外模并加固→浇筑混凝土。主要工艺要求是，把预埋放在钢筋绑扎与模板加固之前完成。

③ 混凝土杯斗预埋，也采用先预埋固定，后绑扎钢筋施工顺序。

④ 大型深杯斗可以采用倒锥形钢杯斗形式，杯斗外侧加焊锚拉筋，不再拆除。

⑤ 小型杯斗可以在杯斗外粘贴一层聚苯板，便于拆除。

5. 卧式设备固定端、滑动端预埋板不平整，板底混凝土不密实

规范标准要求《石油化工静设备安装工程施工技术规程》（SH/T 3542）第4.6.4条规定：卧式设备滑动端基础预埋板的上表面应光滑平整，不得有挂渣、飞溅。水平度偏差不得大于2mm/m。混凝土基础抹面不得高出预埋板的上表面。

质量问题

（1）现象

① 卧式设备固定端与滑动端埋件钢板表面不平整。

② 固定端与滑动端埋件钢板底部与混凝土脱离，不密实。

（2）原因分析

① 卧式设备固定端与滑动端埋件钢板有焊接变形，既宽又长，受混凝土浮力作用，很难埋设平整。

② 卧式设备固定端与滑动端埋件钢板既宽又长，浇筑混凝土时未设排气孔，混凝土难以与钢板完全接触，钢板底部空鼓，有缝隙。

③ 埋件钢板较大，底部不便振捣，混凝土收缩后脱离钢板。

④ 养护不到位、收缩变形大。

正确做法及防治措施

（1）防治措施

① 卧式设备固定端与滑动端埋件钢板采用二次灌浆模式。

② 混凝土浇筑时基础上部预留100mm，基础钢筋应外露50mm。在基础上制作垫铁支墩，摆放垫铁，放置带有锚爪的固定端与滑动端钢板埋件，吊装设备找平找正后支模灌浆。

③ 灌浆前，基础锚爪与钢板锚爪部分焊接。

6. 设备基础二次灌浆层与原基础层之间的过渡区域不顺直、不美观

规范标准 要　求	《混凝土结构工程施工质量验收规范》（GB 50204）第8.2条规定： 现浇结构的外观质量不应有严重缺陷和一般缺陷。

质量问题

（1）现象

① 设备基础二次灌浆层与原基础层之间的过渡区域不顺直、不美观。

（2）原因分析

① 基础侧面凹凸不平顺。

② 模板加固未粘贴海绵条，模板加固不牢固、缝隙大。

正确做法及防治措施

（1）防治措施

① 基础周边上面、侧面打磨修整平顺。

② 支模前在基础上沿侧面贴双面胶，便于与模板贴合严密，模板加固牢固平顺。

③ 圆形基础模板可用2mm厚，200mm～250mm宽铁皮或胶合板外加2道钢筋箍箍紧，模板与下部基础搭接不小于150mm。

④ 灌浆时避免碰撞模板。

质量提升

① 基础侧面刷背胶，水泥砂浆抹面。

② 基础侧面刮腻子，刷涂料。

③ 基础侧面贴面砖。

④ 将接地扁铁预埋在基础内。

7. 基础防腐高度不一、沥青防腐涂料在零平面外裸露

<table>
<tr><td>规范标准
要　求</td><td>《地下防水工程质量验收规范》（GB 50208）第4.4.10条规定：
涂料防水层应与基层粘接牢固、涂刷均匀，不得流淌、鼓泡、露槎。</td></tr>
</table>

质量问题

（1）现象
① 高度不一、沥青防腐涂料在零平面外裸露。
（2）原因分析
① 涂刷高度交底不明确。
② 没有粘贴水平线控制胶带。

正确做法及防治措施

（1）防治措施
① 涂刷前进行交底，明确涂刷高度和质量要求。
② 弹出四周顶标高线，标高线以上粘贴50mm宽胶带。
③ 涂刷到标高线时，应水平涂刷，防止超刷。

第六节　土石方工程

1. 基础回填造成设备基础、地脚螺栓损坏

规范标准要求 《建筑地基基础工程施工质量验收标准》（GB 50202）第9.5.1条规定：施工前应检查基底的垃圾、树根等杂物清除情况，测量基底标高、边坡坡率，检查验收基础外墙防水层和保护层等。回填料应符合设计要求，并应确定回填料含水量控制范围、铺土厚度、压实遍数等施工参数。

质量问题

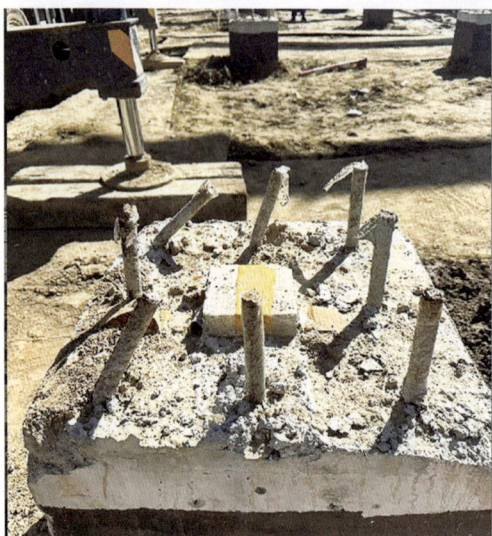

（1）现象

① 在基础土方回填过程中，因为操作不当，对设备基础、地脚螺栓造成损坏。

（2）原因分析

① 土方回填作业之前未进行交底或交底不清，作业人员操作水平差。

② 设备基础未进行防护标识或标识不清晰。

③ 土方回填现场施工员监管不力。

正确做法及防治措施

（1）防治措施

① 土方回填作业之前对作业人员、现场监管、指挥人员进行针对性的技术交底，让参与施工人员明白施工中的技术、质量要点及成品保护注意事项。

② 回填作业之前，对回填作业范围内的成品安装安全防护标识并检查合格，必要时应设置围栏。

③ 土方回填现场施工员应保持旁站监管，增加监管措施，确保成品保护措施落实到位。

2. 回填土作业与接地作业造成外墙防水层损坏

规范标准 要　求	《建筑地基基础工程施工质量验收标准》（GB 50202）第 9.5.1 条规定：

施工前应检查基底的垃圾、树根等杂物清除情况，测量基底标高、边坡坡率，检查验收基础外墙防水层和保护层等。

质量问题

（1）现象

① 在基础土方回填过程中，因为操作不当，对外墙防水层造成破坏，直接影响防水效果。

② 接地线焊接作业，烧坏防水层，接地线固定点破坏防水层。

（2）原因分析

① 工序之间成品防护意识差。

② 动火作业时未对防水层进行保护。

③ 回填机械距离墙面太近，甚至直接碰撞防水层。

④ 回填土机械指挥人员成品保护意识差，回填物直接对保护层造成冲击。

⑤ 土方回填未按照规范要求分层作业，一次回填厚度过大造成防水层下坠。

⑥ 防水层外表面未设置保护层。

正确做法及防治措施

（1）防治措施

① 作业之前对作业人员、现场监管、指挥人员进行针对性的技术交底，让参与施工人员明白施工中的技术、质量要点及成品保护注意事项。

② 回填作业之前在防水层外表面做保护层，以免对防水层造成破坏。

③ 靠近防水层部位应摊铺软质土方，机械与防水层之间应有可靠的隔离措施。

④ 回填土分层夯实，每层厚度满足规范要求。

3. 电缆穿墙孔未做天井，造成雨水、雪水倒灌

规范标准要求	《地下防水工程质量验收规范》（GB 50208）第5.4.2条规定：穿墙管防水构造必须符合设计要求。

第5.4.4条规定：

套管式穿墙管的套管与止水环及翼环应连续满焊，并做好防腐处理；套管内表面应清理干净，穿墙管与套管之间应用密封材料和橡胶密封圈进行密封处理，并采用法兰盘及螺栓进行固定。

质量问题

（1）现象

① 雨水雪水从地下电缆入口倒灌进入地下室，造成大面积投诉。

（2）原因分析

① 电缆穿墙入口防水处理不当。

② 室外无电缆竖井。

正确做法及防治措施

（1）防治措施

① 地下室墙壁增加电缆入口天井，突出地坪，增加防水盖板。

② 电缆穿墙口套管预埋前检查位置是否正确，防止二次开孔。

第二章

主体结构

第一节　模板工程

1. 模板加固支撑不牢造成柱梁墙凸肚，梁中部下挠

规范标准要求	《混凝土结构工程施工质量验收规范》（GB 50204）第 8.3.1 条规定：现浇结构不应有影响结构性能或使用功能的尺寸偏差；混凝土设备基础不应有影响结构性能或设备安装的尺寸偏差。

质量问题

（1）现象

① 钢筋混凝土框架柱、梁接槎处不平整、不密实、漏浆。

② 柱梁墙凸肚，梁中部下挠。

（2）原因分析

① 模架系统没有经过受力验算，加固方式不当、对拉螺栓不足。

② 混凝土一次下料过高，侧压力过大。

③ 梁、板底支撑架不牢固或底部回填土不实、受雨水浸泡。

④ 梁、板底模无起拱。

⑤ 混凝土二次复振造成爆模。

正确做法及防治措施

（1）防治措施

① 柱墙梁板模板需编制支撑加固方案，进行受力验算，明确支撑加固方式。

② 柱子宜采用"方圆扣"进行加固，墙板、梁侧模板采用对拉螺杆加固。支撑架宜采用盘扣式脚手架。

③ 支架持力层承载力应满足要求，避免雨水浸泡。

④ 跨度 ≥4m 的梁、板底模板起拱 1/1000 ～ 3/1000。

⑤ 柱、墙、梁混凝土浇筑分层浇筑厚度不宜大于 500mm。

⑥ 柱子、墙板不得进行二次复振。

2. 混凝土柱、墙等竖向构件分段施工时衔接部位不规范

规范标准要求 《混凝土结构工程施工质量验收规范》（GB 50204）第8.3.1条规定：现浇结构不应有影响结构性能或使用功能的尺寸偏差；混凝土设备基础不应有影响结构性能或设备安装的尺寸偏差。

质量问题

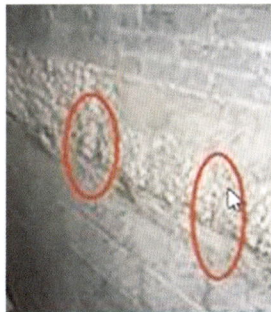

（1）现象

① 混凝土接茬处胀模、漏浆。

（2）原因分析

① 接茬处模板加固不牢。

② 接茬模板底部缝隙不严。

③ 接茬处混凝土侧面不平整。

正确做法及防治措施

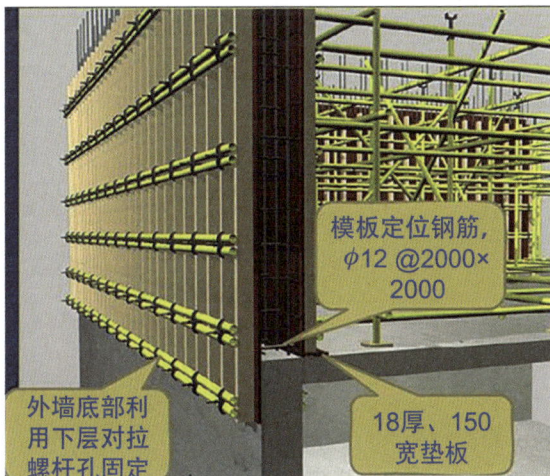

模板定位钢筋，φ12 @2000×2000

外墙底部利用下层对拉螺杆孔固定

18厚、150宽垫板

（1）防治措施

① 衔接处混凝土上表面需抹平整。

② 支设上部模板前，将衔接处混凝土侧面需修整平整并粘贴双面胶带。

③ 支设上部模板时，模板卡住下部混凝土高度不小于300mm，并通过下方预埋螺杆加固。

④ 浇筑混凝土时，底部先铺100mm～150mm的与混凝土同标号砂浆接缝。

⑤ 混凝土分层浇筑厚度不宜超过500mm，均匀下料振捣。

⑥ 柱子、墙板不得进行二次复振。

注：@表示间距；单位为mm。

3.结构柱梁节点处模板拆除不彻底

规范标准要 求	《混凝土结构工程施工质量验收规范》（GB 50204）第 4.2.5 条规定：模板的接缝应严密；模板与混凝土的接触面应平整、清洁；对清水混凝土及装饰混凝土构件，应使用能达到设计效果的模板。

质量问题

（1）现象

① 结构柱、梁节点处模板拆除不彻底，残留木板条。

（2）原因分析

① 梁柱加固方式不规范。

② 模板陈旧。

③ 节点处模板直角拼接不方正。

正确做法及防治措施

（1）防治措施

① 梁柱模板应光洁，不使用陈旧、泡水模板。

② 柱梁交接处模板拼接方正平顺，拼接缝粘贴双面胶。避免模板棱角局部凸出进入混凝土内。

③ 梁柱节点模板加固支撑应采用对拉螺栓，加固应牢固，避免变形。

④ 模板内表面刷隔离剂。

⑤ 拆除模板时，一次拆除干净。

4. 楼板支撑体系在洞口临边未加密，上部楼层存在高支模风险

<table>
<tr><td>规范标准
要　求</td><td>《混凝土结构工程施工质量验收规范》（GB 50204）第4.1.1条规定：
模板工程应编制施工方案。</td></tr>
</table>

质量问题

（1）现象

① 模板支撑架在较大的孔洞处未加密，高一层施工有平台板时，出现局部高支模，平台混凝土浇筑施工时存在安全隐患。

（2）原因分析

① 支撑方案和技术交底未明确局部无平台板支撑系统的搭设方式。待高一层平台施工出现平台板时，支撑架未生根，存在局部浇筑平台垮塌风险。

② 混凝土框架施工时，有的楼层只有腰梁，没有平台板；有的只是局部没有平台板，本应进行高支模专项方案专家论证，但疏忽没有进行论证，造成安全隐患。

正确做法及防治措施

（1）防治措施

① 编制支撑方案和技术交底时，应明确洞口上层高支模措施。

② 洞口尺寸不大于3m时，宜按板底满堂搭设到顶。洞口尺寸大于3m时，洞口应考虑上层局部高支模加密措施。

③ 只有腰梁、没有平台板的楼层，应计算高一层标高是否属于高支模体系，必要时组织专家论证。

④ 采用经过计算承载力满足要求的型钢梁横跨洞口作为上层脚手架立杆支撑点，型钢梁应可靠固定，脚手架立杆落于型钢梁部位应采取可靠措施（如焊接小一号短钢管），防止脚手架立杆滑脱。

⑤ 型钢梁也可以只计算承受上部支撑系统重量，仅作为拆除钢梁下部脚手架的临时措施。不参与支撑计算。

5. 地面、楼板周边翻沿不顺直，高低、宽窄不一致

规范标准要求	《混凝土结构工程施工质量验收规范》（GB 50204）第4.2.10条规定：现浇结构模板安装的偏差及检验方法应符合表4.2.10的规定，其中轴线位置允许偏差为5mm。

质量问题

（1）现象

① 翻沿不顺直、顶面不平整。

（2）原因分析

① 模板加固方式不当，加固不牢，浇筑混凝土时变形。

② 模板偏高，不便顶部抹面。

③ 模板陈旧，不光滑。

正确做法及防治措施

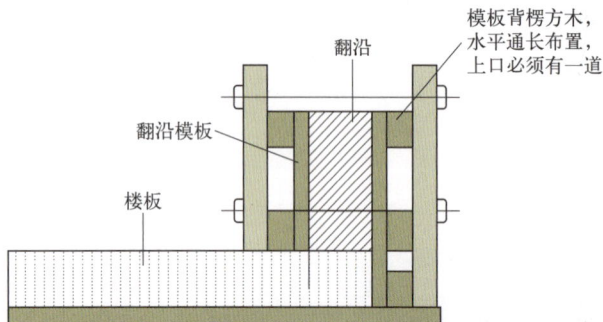

（1）防治措施

① 翻沿采用二次浇筑。

② 支设楼板模板时，翻沿外侧模板随楼板模板一次支设到位。待楼板混凝土浇筑后，支设翻沿内侧模板，底部设定位筋固定内侧模，内侧模板上缘高度即为混凝土面高度，便于平整抹面，模板外侧背楞方木通长水平方向布置。

③ 加固牢固、通长顺直，验收合格后方可浇筑混凝土。

④ 翻沿宽度较小时，可采用细石混凝土浇筑，采用 $\phi 30mm$ 小型振动棒振捣或人工插捣。

⑤ 翻边模板也可采用钢模板，增强抗模板变形能力。

6. 防火围堰不顺直，上口高度不一致

规范标准要求　《混凝土结构工程施工质量验收规范》（GB 50204）第4.2.10条规定：现浇结构模板安装的偏差及检验方法应符合表4.2.10的规定，其中轴线位置允许偏差为5mm。

质量问题

（1）现象

① 防火围堰上口不顺直，高度不一致。

（2）原因分析

① 模板上口不顺直。

② 模板加固不牢，浇筑混凝土时变形。

③ 模板上口偏高，顶面不便抹平收面。

④ 模板没有内撑，宽窄不一致。

正确做法及防治措施

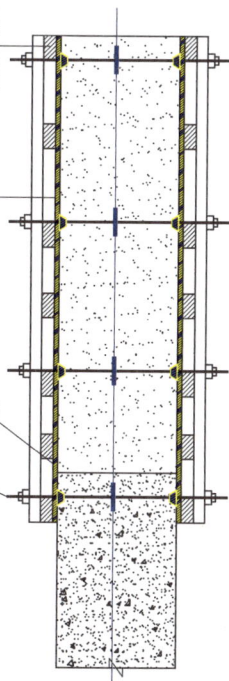

模板上口与浇筑面平齐，方木背楞水平方向通长设置，上口必须设置一道

上部模板系统

接缝侧面粘贴双面胶密封

模板下口预留锁紧螺杆

（1）防治措施

① 模板加固，采用三节止水对拉螺杆加固，内撑外拉。

② 模板上口高度即为防火围堰顶标高，便于控制标高和抹面。

③ 模板背楞水平通长设置，模板上口必须设置一道。

④ 两侧可设斜撑增加模板整体稳定性。

⑤ 模板垂直度、内部截面宽度、上口是否顺直、加固是否牢固，经验收符合要求后方可浇筑混凝土。

⑥ 四周均匀下料分层振捣，避免碰撞模板及支架。

第二节 钢筋工程

1. 梁板底部钢筋保护层偏小

规范标准要求 《混凝土结构工程施工质量验收规范》（GB 50204）第5.5.2条规定：
钢筋应安装牢固；受力钢筋的安装位置、锚固方式应符合设计要求。

第5.5.3条规定：

钢筋安装时，纵向受力钢筋、箍筋的混凝土保护层厚度的允许偏差（mm）：基础为±10，柱、梁为±5，板、墙、壳为±3；受力钢筋保护层厚度的合格点率应达到90%及以上，且不得有超过上述数值1.5倍的尺寸偏差。

第8.2条规定：

现浇结构的外观质量不应有严重缺陷和一般缺陷。

表E.0.4规定：

结构实体纵向受力钢筋保护层厚度的允许偏差（mm）：梁为+10，−7；板为+8，−5。

质量问题

（1）现象

① 梁板底露筋、锈蚀。

（2）原因分析

① 钢筋绑扎网片及骨架绑扎不牢。

② 垫块间距过大、厚度偏小，固定不牢。

③ 梁底垫块垫在主筋下部，箍筋下滑接触底模。

④ 浇筑混凝土时钢筋踩踏，垫块移位。

正确做法及防治措施

（1）防治措施

① 梁板双向受力钢筋，每交叉点均需绑扎；单向受力筋，隔一交叉点绑扎。绑扎须牢固。垫块布置纵横向间距不大于800mm。

② 梁主筋与箍筋均需绑扎，骨架整体绑扎牢固不松动。垫块于梁底两侧及中部成排布置，垫在箍筋下部，纵向间距不大于800mm。垫块厚度保证应最外侧钢筋保护层厚度。

③ 浇筑混凝土时搭设通道，避免踩踏钢筋。

④ 安排专人跟踪看护钢筋，发现问题及时修整。

2. 梁柱节点部位柱箍筋缺失

规范标准要求	《混凝土结构工程施工质量验收规范》（GB 50204）第5.5.1条规定：钢筋安装时，受力钢筋的牌号、规格和数量必须符合设计要求。

质量问题

（1）现象

① 梁柱节点处柱子箍筋无加密或遗漏。

② 框架节点部位柱箍筋绑扎困难，遗漏绑扎时有发生。

（2）原因分析

① 因设计单位一般对框架节点柱梁钢筋排列顺序、柱箍筋绑扎等问题都不做细部设计，致使节点钢筋拥挤，造成核心部位绑扎钢筋困难，存在遗漏柱箍筋的现象。

② 节点处箍筋与梁钢筋安装顺序有误，箍筋无法就位。

正确做法及防治措施

（1）防治措施

① 施工前，应按照设计图纸并结合工程实际情况合理确定框架节点钢筋绑扎的先后顺序。

② 框架纵横梁底模支撑完成后，即可放置梁的下部钢筋，先放主梁下部钢筋，再放主次梁高度内的箍筋，再放次梁底筋，而后将主次梁箍筋套在主次梁上。再将梁柱节点箍筋就位，但暂时不绑扎，穿入主次梁上部钢筋后，调整箍筋位置全数绑扎。最后绑扎主次梁钢筋。

③ 当梁柱节点处高度较高或实际操作中个别部位确实存在困难时，可将箍筋做成两个两端带135°弯钩的L形箍筋侧向插入，钩住四角柱筋完成绑扎。

3. 大型设备基础预埋管、预埋杯斗部位钢筋随意切割

规范标准要求	《混凝土结构工程施工质量验收规范》（GB 50204）第5.5.1条规定：钢筋安装时，受力钢筋的牌号、规格和数量必须符合设计要求。

质量问题

（1）现象

① 大型设备基础预埋管、预埋杯斗安放时切断基础受力筋。

（2）原因分析

① 钢筋制作和安装，没有考虑预埋管位置，先安装钢筋，后装预埋管。

正确做法及防治措施

（1）防治措施

① 改变施工工艺，先安放套管与预埋杯斗，后绑扎钢筋。

② 钢筋位置受影响时，向设计提出，调整钢筋位置。有预埋管的位置，不应摆放钢筋。

③ 局部按设计要求作补强钢筋。

第三节　混凝土工程

1. 重型设备框架柱根部蜂窝、角部不密实、麻面处理不规范

规范标准要 求	《混凝土结构工程施工质量验收规范》（GB 50204）第8.2条规定：现浇结构的外观质量不应有严重缺陷和一般缺陷。

质量问题

（1）现象

① 柱子根部混凝土疏松，蜂窝、麻面、露筋缺陷。

② 出现蜂窝、麻面及混凝土酥松时采用1∶1水泥砂浆涂抹，颜色深浅不一致，观感效果极差。

（2）原因分析

① 重型设备框架柱钢筋密集。

② 模板接缝拼接不严，浇筑混凝土时缝隙漏浆。

③ 浇筑前柱底部没有铺接缝砂浆或砂浆不够。

④ 柱子中间没有下灰口，没有振捣口。

⑤ 柱梁板一次浇筑，上口钢筋影响，不便下料和振捣。

正确做法及防治措施

水泥砂浆找平，并粘贴海绵条

海绵条内边线为柱边线

（1）防治措施

① 柱底部沿模板边线外粘贴海绵条，模板底部基面严密。

② 同标号砂浆在柱底铺设不低于300mm。

③ 商品混凝土站设专车拉运同标号砂浆；现场随时进行混凝土和砂浆的转换。

④ 柱子和梁板分开浇筑，方便下料和振捣。角部可采用小型号振动棒加振，保证柱角混凝土密实。

（2）整改措施

① 取商品混凝土站同型号水泥、砂子，现场拌同标号水泥、砂子拌合料，适量加水（手握成团，落地可散开），置于模板上，用锤击嵌入蜂窝、麻面处。

② 剔除松散混凝土，支设原模板，局部开孔器开孔或支设喇叭口，原标号水泥砂子拌合料灌注，外部锤击振捣，拆模后局部打磨。

2. 设备基础预留孔周边混凝土疏松，出现松顶现象

规范标准要 求	《混凝土结构工程施工质量验收规范》（GB 50204）第7.4.1条规定：混凝土强度等级必须符合设计要求。

质量问题

（1）现象

① 设备基础杯口混凝土因拉拔杯斗造成杯口周边混凝土松散，强度不足，无法安放垫铁。

② 大型设备基础浇筑后，混凝土顶面50mm～100mm高度内出现粗糙、松散，有明显的颜色变化，内部呈多孔性，基本是砂浆，无石子，强度较低，影响受力性能，经不起外力冲击和磨损。

（2）原因分析

混凝土强度过低时拔出杯斗，易使混凝土产生缩颈，只能晚拔。但晚拔会造成杯口混凝土扰动，影响混凝土握裹力。混凝土本身存在松顶现象，更易造成杯口周边混凝土松散无强度。

正确做法及防治措施

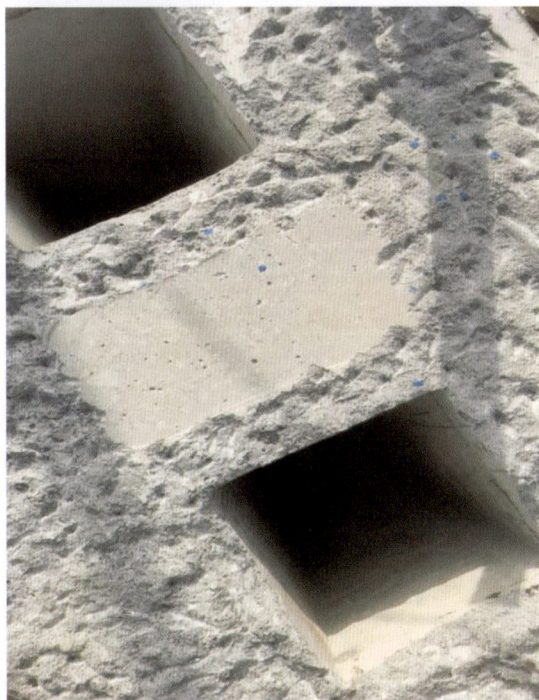

（1）防治措施

① 大型深杯斗可以采用倒锥形钢杯斗形式，加焊锚拉筋，不再拆除。

② 小型杯斗可以在杯斗外粘贴一层聚苯板，便于拆除且不损坏面层混凝土。

③ 混凝土泌水使顶部形成含水量大的砂浆层时，应移除。

3. 现浇楼板板底龟缩裂纹

<table>
<tr><td>规范标准
要　求</td><td>《混凝土结构工程施工质量验收规范》（GB 50204）第8.2.1条规定：
现浇结构的外观质量不应有严重缺陷。</td></tr>
</table>

质量问题

（1）现象

① 现浇楼面板板底呈现龟缩裂纹。

（2）原因分析

① 缺少混凝土初凝后二次搓抹程序。

② 混凝土未进行二次搓抹，就过早薄膜覆盖。

③ 覆盖保湿养护不到位，覆盖不严密，造成收缩裂缝。

④ 混凝土配合比不合理。

正确做法及防治措施

（1）防治措施

① 混凝土初凝后必须增加机械或人工搓抹程序。

② 混凝土初凝后也可以采用手动小型平板振动器二次振捣，消除裂纹。

③ 二次搓抹或二次振捣后覆膜养护，混凝土养护不得少于7天，浇水次数应能保持混凝土表面湿润状态。覆盖物压紧，防止风吹开。

④ 应保证现场搅拌混凝土配合比的合理。

第四节　混凝土预埋工程

1. 混凝土表面预埋件不平整

规范标准要求	《混凝土结构工程施工质量验收规范》（GB 50204）第4.2.9条规定：

固定在模板上的预埋件和预留孔洞不得遗漏，且应安装牢固；中心线位置允许偏差3mm。

第8.3.2条规定：

现浇结构预埋件中心位置允许偏差（mm）：预埋板为10，预埋螺栓为5，预埋管为5，其他为10。

质量问题

（1）现象

① 预埋钢板凹陷或凸出混凝土面层，偏位倾斜。

（2）原因分析

① 预埋钢板不平整。

② 构件侧面埋件没有贴紧模板，安装不牢固。

③ 板面埋件没有二次调整。

正确做法及防治措施

（1）防治措施

① 预埋钢板安装前需将钢板调平。

② 构件侧面埋件，外侧面四周粘贴双面胶。

③ 构件侧面埋件安装时，钢筋保护层厚度即为钢板外表面到外层筋距离。临时固定：横平竖直调整好后焊接固定牢固，也可通过螺栓固定在模板上。

④ 楼板、基础上表面埋件，按混凝土标高面调平焊接固定；浇筑混凝土时，避免踩踏钢筋及预埋件；混凝土浇筑完后二次调平，将埋件周边混凝土面层与钢板面抹平。

⑤ 在预埋件外表面中心位置焊接控制螺栓，待模板安装时，通过螺母加固，保证其平整。

2. 预埋套管高度不足

| 规范标准要　　求 | 《建筑给水排水及采暖工程施工质量验收规范》（GB 50242）第3.3.13条规定：管道穿过墙壁和楼板，应设置金属或塑料套管。安装在楼板内的套管，其顶部应高出装饰地面20mm；安装在卫生间及厨房内的套管，其顶部应高出装饰地面50mm，底部应与楼板底面相平；安装在墙壁内的套管，其两端与饰面相平。穿过楼板的套管与管道之间的缝隙，应用阻燃密实材料和防水油膏填实，且端面应光滑。管道的接口不得设在套管内。 |

质量问题

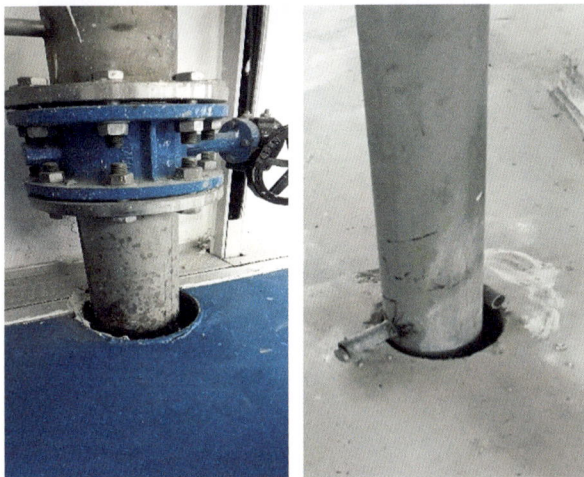

（1）现象

① 楼板预埋套管高出楼面偏低或平齐。

（2）原因分析

① 套管下料长度，没有考虑楼面或屋面构造层厚度及找坡高度。

② 楼板结构层混凝土浇筑厚度偏大。

正确做法及防治措施

（1）防治措施

① 套管上端宜高出楼面装饰地面20mm～50mm。

② 用在屋面板时，应高出最终屋面不小于300mm。

③ 应参照同类型工程经验预留套管高度。

3. 结构对拉螺栓切断、防腐处理不规范

规范标准要求	《地下防水工程质量验收规范》（GB 50208）第5.6.2条规定：预留通道接头防水构造必须符合设计要求

质量问题

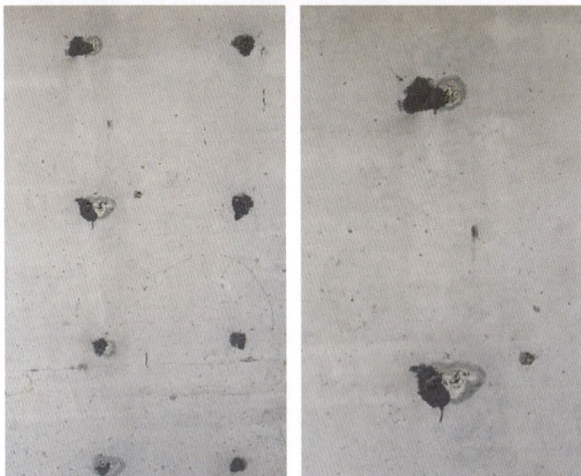

（1）现象

① 丝杆端头凸出混凝土面层，丝头处漏浆形成混凝土疤痕，丝头防腐不规范、不美观。

（2）原因分析

① 加固模板时丝头没加橡胶圈。丝头折断没打磨平整。

② 防腐涂料涂刷不美观，污染周边混凝土。

正确做法及防治措施

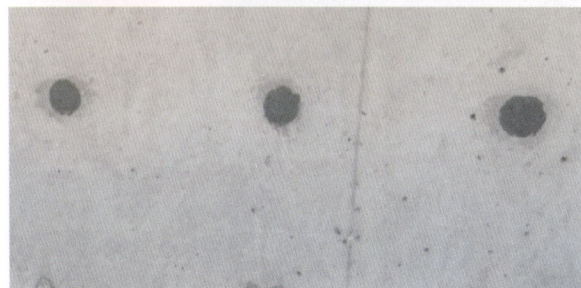

（1）防治措施

① 丝头处模板内侧加"锥"形橡胶垫。

② 拆模后取出橡胶圈，折断丝头，使丝头在凹槽底折断。

③ 用防裂砂浆将凹槽修补抹平，并保湿养护（可粘贴胶带密封）防止收缩裂缝。

（2）治理方法

① 端头打磨平整，修补混凝土疤痕。丝头除锈后外露断面用颜色接近混凝土色的防腐漆涂刷（可用内径 $\phi 25$mm 垫片作模具，居中套在螺丝头处，涂刷防腐漆）。

质量提升

地下室、剪力墙外墙全部采用三段式止水螺杆，螺杆眼封堵工序为：外杆拆除→螺套拆除→防水砂浆封堵→涂刷聚氨酯防水涂料。要求螺杆孔封堵密实，表面砂浆无收缩裂缝，与原混凝土结构接触面无裂缝。

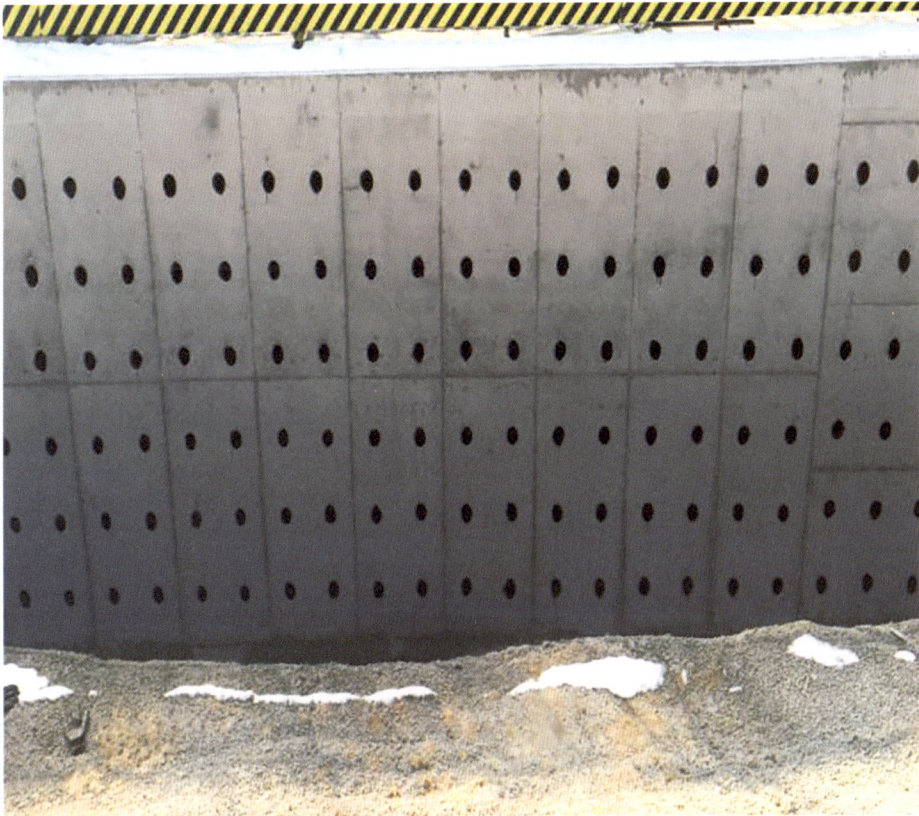

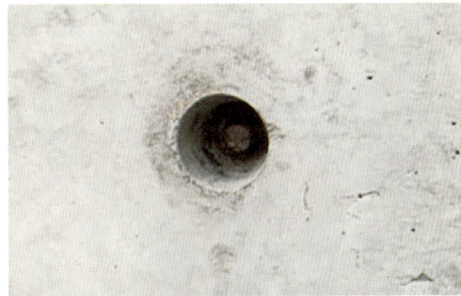

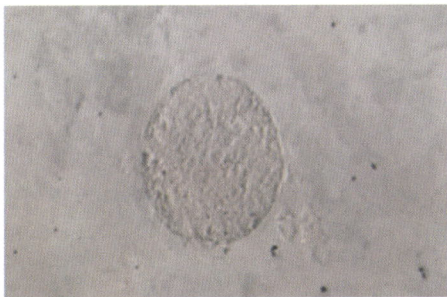

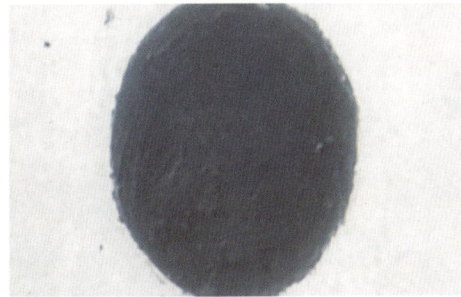

4. 柔性止水带埋置位移变形

| 规范标准要 求 | 《地下防水工程质量验收规范》（GB 50208）第5.2.3条规定：中埋式止水带埋设位置应准确，其中间空心圆环与变形缝的中心线应重合。 |

质量问题

（1）现象

① 止水带纵向偏位，其中心不在伸缩缝内。

② 止水带横向偏位，止水带不居墙中，偏向墙体里侧或外侧。

（2）原因分析

① 止水带安装方法不当，固定不牢，浇筑混凝土时挤压偏位。

② 安装时定位不准，偏位。

正确做法及防治措施

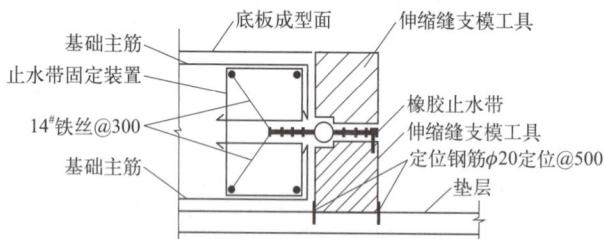

底板成型面　伸缩缝支模工具
基础主筋
止水带固定装置
14#铁丝@300
基础主筋
橡胶止水带
伸缩缝支模工具
定位钢筋φ20定位@500
垫层

（1）防治措施

① 伸缩缝一侧模板采用上下块箱式模板支托固定橡胶止水带，箱型模板宽度为止水带宽度的1/2。里侧采用钢筋卡固定橡胶止水带。

② 居中安放止水带，止水带中部圆环卡在箱型模板豁口处。

③ 模板通过对拉螺杆加固。

第五节　预制钢筋混凝土构件

1. 预制钢筋混凝土柱子变截面处在翻身、运输、吊装中出现裂纹

| 规范标准
要　　求 | 《混凝土结构工程施工质量验收规范》（GB 50204）第9.2.3条规定：预制构件的外观质量不应有严重缺陷，且不应有影响结构性能和安装、使用功能的尺寸偏差。 |

质量问题

（1）现象

① 预制钢筋混凝土柱子吊车梁上部变截面处在翻身、运输、吊装中出现裂纹。

（2）原因分析

① 翻身、运输、堆放、起吊时混凝土强度偏低。

② 翻身、起吊绑扎位置不合理。

③ 运输、堆放支垫位置不合理。

④ 预制柱变截面处钢筋配筋未考虑翻身时弯曲变形要求。

正确做法及防治措施

（1）防治措施

① 构件运输时的混凝土强度，应达到设计强度等级100%。

② 钢筋混凝土构件的垫点和装卸车时的吊点，应按设计要求设置；上车运输或卸车堆放，应按设计要求进行。

③ 应对柱子变截面处采取特殊加固处理：一是在吊车梁牛腿与吊车梁连接埋件处拉设12号工字钢，并在小柱悬臂中点处与吊车梁牛腿间加设倒链加固。

④ 运输过程应对变截面处增加钢柱侧向保护。

2. 大跨度双T型预应力屋面梁板面出现裂纹

规范标准 要　　求	《混凝土结构工程施工质量验收规范》（GB 50204）第9.2.3条规定：预制构件的外观质量不应有严重缺陷，且不应有影响结构性能和安装、使用功能的尺寸偏差。

质量问题

（1）现象

① 大跨度双T型预应力屋面板放张、脱模后出现裂纹等。

（2）原因分析

① 预应力钢绞线张拉时未严格按标准图集张拉力进行张拉，张拉力过大。

② 未按标准图集要求在端部设置消除握裹力的塑料套管。

③ 浇筑完成后养护不及时，昼夜温差大，导致产生收缩裂纹。

④ 放张时混凝土强度未达到规范要求（75%）。

⑤ 吊耳未按标准图集要求设置（标准图集8个，现场只有4个），导致起吊时吊耳附近产生裂纹。

⑥ 双T板脱模过程中，行车钢丝绳不居中，出现偏离起吊，吊运工程中吊耳受力不均。

正确做法及防治措施

（1）防治措施

① 钢绞线严格按图集要求的张拉力进行张拉；并按图集要求在相应钢绞线端部1.5m范围内设置塑料套管，以消除端部握裹力。

② 浇筑完成后，按要求进行养护，夏季避开中午高温时段浇筑混凝土。

③ 混凝土强度达到设计强度75%以上方可进行钢绞线放张。

④ 吊耳严格按图集设置，保证脱模及吊运过程中受力均匀。

⑤ 双T板脱模时，保证两台行车钢丝绳均居中，保证脱模及整个吊运过程中受力均匀，同时两台行车应同步同速运行。

第六节　砌体工程

1. 砖基础防潮层失效

规范标准要求　《砌体结构工程施工质量验收规范》（GB 50203）第6.1.6条规定：底层室内地面以下或防潮层以下的砌体，应采用强度等级不低于C20（或Cb20）的混凝土灌实小砌块的孔洞。

质量问题

（1）现象
① 一层墙体底部返潮。
（2）原因分析
① 底层室内以下或防潮层以下的砌体，小砌块的孔洞没有用混凝土灌孔或用砌筑砂浆灌注。
② 基础防潮层不规范。

正确做法及防治措施

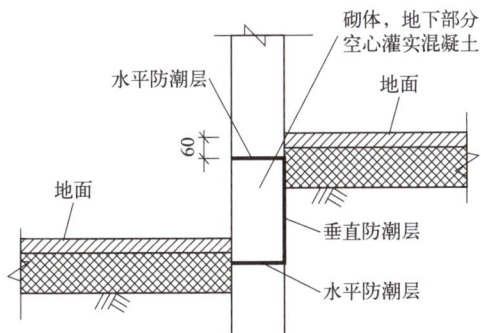

地面以下墙身防潮

（1）防治措施
① 底层室内以下或防潮层以下的砌体为小型空心砌块时，应采用强度等级不低于C20（或Cb20）的混凝土灌实小砌块的孔洞。
② 墙身防潮层，在室内地坪下60mm处，用M20水泥砂浆（内掺水泥重量5%的防水剂）铺抹20mm厚。当墙两侧室内地面标高不同时，应分别在两个地坪下60mm处设置两道水平防潮层，并在迎土面做20mm厚1：2聚合物水泥砂浆垂直防潮层，垂直防潮层水平防水层搭接不小于120mm。

2. 加气混凝土砌块门窗口未采用砖砌嵌体

规范标准要求	《砌体结构工程施工质量验收规范》（GB 50203）第9.1.8条的注释规定：窗台处和因安装门窗需要，在门窗洞口处两侧填充墙上、中、下部可采用其他块体局部嵌砌。

质量问题

（1）现象

① 加气混凝土砌块门窗口未采用实心水泥砖嵌砌，门窗安装固定不牢固。

（2）原因分析

① 相关人员对设计和规范要求不熟悉，技术交底不彻底，没有针对性。

② 宽度大于1.5m或轻质砌块墙体厚度小于120mm的门窗两侧未设置现浇混凝土边框。

③ 在每层房屋的窗下墙上部未采用配筋混凝土条带。

正确做法及防治措施

（1）防治措施

① 组织相关人员对设计要求和规范规定进行学习，技术交底要有针对性。

② 门窗洞口用实心水泥砖或C20混凝土预制块嵌砌，嵌砌块上下间距不大于600mm。

③ 宽度大于1.5m或轻质砌块墙体厚度小于120mm的门窗两侧应设置现浇混凝土边框。

④ 在每层房屋的窗下墙上部采用配筋混凝土条带，内配2条ϕ10mm纵筋和ϕ6mm分布筋，C20混凝土60mm厚。

3. 填充墙顶部砌筑做法不规范

《砌体结构工程施工质量验收规范》（GB 50203）第9.2.2条规定：

填充墙砌体应与主体结构可靠连接，其连接构造应符合设计要求，未经设计同意，不得随意改变连接构造方式。

第9.1.9条规定：

填充墙砌体砌筑，应待承重主体结构检验批验收合格后进行。填充墙与承重主体结构间的空（缝）隙部位施工，应在填充墙砌筑14d后进行。

质量问题

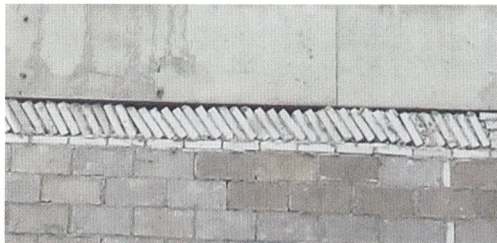

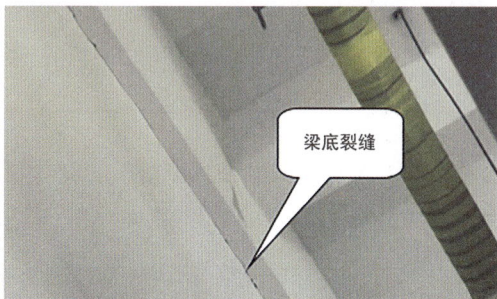

梁底裂缝

（1）现象

① 梁底斜砌未顶紧，砂浆不饱满；梁底墙面裂缝。

（2）原因分析

① 梁底斜砌过早。

② 梁底斜砌没有顶紧或砂浆不饱满。

③ 砌块施工未预先绘制砌块排列图，锚拉筋位置不准确，砌块排列混乱，造成砌块搭接长度不符合要求。

正确做法及防治措施

（1）防治措施

① 下部墙体砌筑完停留14d后再砌梁底顶紧部分。

② 梁底斜砌必须顶紧梁底，缝隙挤满砂浆。

③ 砌块施工应预先绘制砌块排列图，并设计皮数杆，砌筑时应上下错缝搭接，加气块搭接不小于150mm。

④ 卫生间墙底部应砌烧结普通砖或预制、现浇混凝土，其高度不小于200mm。

4. 构造柱马牙槎做法与顶部混凝土浇筑不规范

规范标准要　求　《砌体结构工程施工质量验收规范》（GB 50203）第8.2.3条规定：

构造柱与墙体的连接应符合下列规定：

1. 墙体应砌成马牙槎，马牙槎凹凸尺寸不小于60mm，高度不应超过300mm，马牙槎应先退后进，对称砌筑；马牙槎尺寸偏差每一构造柱不应超过2处。

2. 预留拉结钢筋的规格、尺寸、数量及位置应正确。应沿墙高每隔500mm设2根直径6mm的拉结钢筋，伸入墙内不宜小于600mm。钢筋的竖向位移不应超过100mm，且竖向位移每一构造柱不得超过2处。

3. 施工中不得任意弯折拉结筋。

质量问题

（1）现象

① 构造柱马牙槎凹凸尺寸及高度不一致，两侧不对称。

② 构造柱顶端浇筑不密实。

（2）原因分析

① 对规范要求掌握不够，技术交底没有针对性。

② 过程监督不到位。

正确做法及防治措施

（1）防治措施

① 熟悉施工规范要求，技术交底应有针对性。

② 构造柱马牙槎先退后进，马牙槎宽度不小于60mm，马牙槎高度不大于300mm，根据砌块高度适当调整，两边对称砌筑，上下保持垂直。

③ 支模前沿马牙槎边缘粘贴双面胶，防止漏浆。

④ 构造柱模板加固对拉螺栓，布置在柱中，顶端设斜口，方便下料和顶部浇捣密实。保湿养护。

5. 构造柱加固时加气混凝土块上随意打孔

规范标准要求 《砌体结构工程施工质量验收规范》（GB 50203）第3.0.9条规定：

不得在下列墙体或部位设置脚手眼：

1. 120mm厚墙、清水墙、料石墙、独立柱和附墙柱。

2. 过梁上与过梁成60°角的三角形范围及过梁净跨度1/2的高度范围内。

3. 宽度小于1m的窗间墙。

4. 门窗洞口两侧石砌体300mm、其他砌体200mm范围内，转角处石砌体600mm、其他砌体450mm范围内。

5. 梁或梁垫下及其左右500mm范围内。

6. 设计不允许设置脚手眼的部位。

7. 轻质墙体。

8. 夹心复合墙外叶墙。

质量问题

（1）现象

① 构造柱两侧穿墙洞周围砌块破损。

（2）原因分析

① 加固方法不当，对拉杆件布置在构造柱两侧墙上，打孔损坏砌块。

正确做法及防治措施

 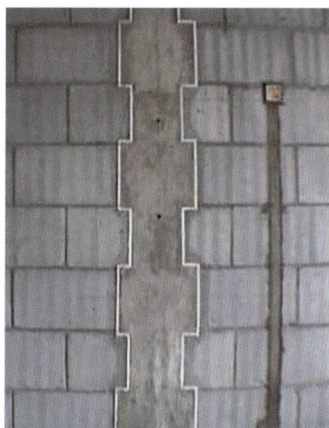

（1）防治措施

① 将构造柱模板加固对拉螺栓，布置在柱中。

② 支模前沿马牙槎边缘粘贴双面胶，防止漏浆。

③ 构造柱处加气块斜切45°角，便于混凝土浇筑密实。

6. 门窗洞不方正、上下层洞口错位

规范标准要求
《建筑装饰装修工程质量验收标准》（GB 50210）第6.1.7条第1项规定：门窗洞口垂直方向的相邻洞口位置允许偏差应为10mm，全楼高度小于30m的垂直方向洞口位置允许偏差应为15mm，全楼高度不小于30m的垂直方向洞口偏差应为20mm。

质量问题

（1）现象

① 多层或高层房屋外门窗在垂直方向中线的水平位置偏移超差；在水平方向中线的上下位置偏位超差。

（2）原因分析

① 在砌筑上层外门窗洞口墙体时，未将下层外门窗洞口的中心线引测上去，或者引测点位置不准，造成各层外门窗垂直方向位置偏差大。

② 砌体预留的外门窗洞口过大，在安装外门窗时为了省事，不是以洞口中心线为准，将多余量往两边平分，而是都在一侧补砌，补浇混凝土或补抹厚层砂浆，造成各层外门窗垂直方向偏差大。

③ 砌体预留的外门窗洞口过小，在安装外门窗时为了省事，不是以洞口中心线为准，平分凿去两边墙体，而是仅凿去一边墙体，也会造成外门窗垂直方向偏差大。

④ 浇筑外门窗洞口上的圈梁或安装过梁时，标高未控制好，造成同一层外门窗水平方向的位置偏差大。

正确做法及防治措施

（1）防治措施

① 在砌筑外门窗施工前，应用经纬仪将最下层的外门窗洞口中心线逐层引测上去，砌筑墙体时，应认真量好尺寸，两边分中，不要把洞口砌得偏大或偏小。

② 窗台及圈梁、过梁高度，统一以各层50cm标高线为准，控制好标高，使每一层所有的外门窗洞口齐平。

③ 洞口包边框、过梁（或圈梁）模板加固支撑牢固，浇筑混凝土时，人工分层下料振捣，不得拆除或移动支撑杆件。

④ 门窗洞口尺寸偏差控制在±5mm以内，上下洞口位置控制在20mm以内。

7. 控制室外门无雨棚

《住宅设计规范》（GB 50096）第6.5.2条规定：
位于阳台、外廊及开敞楼梯平台下部的公共出入口，应采取防止物体坠落伤人的安全措施。

质量问题

（1）现象
① 外门无雨棚。
（2）原因分析
① 建筑图上显示有雨棚，控制室采用防爆要求施工，全剪力墙结构，结构图不体现雨棚，施工遗漏。

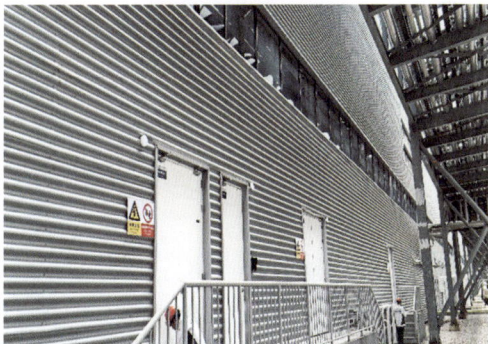

正确做法及防治措施

（1）防治措施
① 施工前，对结构图与建筑图进行审核，核对门窗位置，确定雨棚、过梁等标高及做法，雨棚不在结构图上时，特别注明在结构施工时一起整浇。
② 外门设计无雨棚时，提前提出洽商记录，增加雨棚。
③ 施工遗漏时，增设雨棚。

8. 填充墙砌体植筋拉拔试验不满足要求

规范标准 要　　求	《砌体结构工程施工质量验收规范》（GB 50203）第9.2.3条规定：填充墙与承重墙、柱、梁的连接钢筋，当采用化学植筋的连接方式时，应进行实体检测。锚固钢筋拉拔试验的轴向受拉非破坏承载力检验值应为6.0kN。抽检钢筋在检验值作用下应基材无裂缝、钢筋无滑移宏观裂损现象；持荷2mim期间荷载值降低不大于5%。

质量问题

（1）现象

① 拉拔试验不满足要求。

（2）原因分析

① 采用圆钢植筋。

② 孔深不足。

③ 孔内清理不干净或潮湿。

④ 植筋胶不饱满，没有完全充满孔和包裹钢筋。

正确做法及防治措施

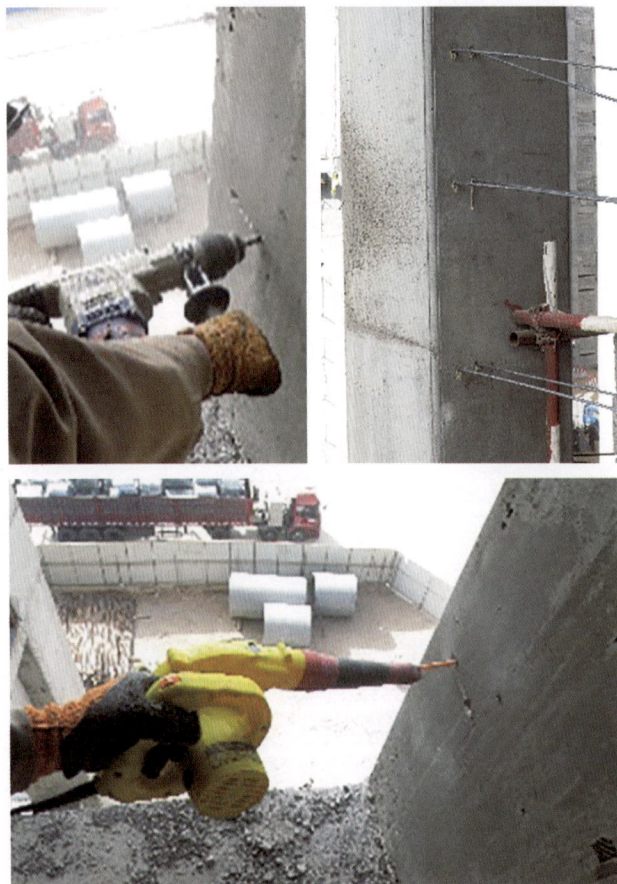

（1）防治措施

① 采用 ϕ6mm 或 ϕ8mm 螺纹钢筋，锚固长度不小于100mm，外露长度不小于700mm，末端加90°弯钩。

② 钻孔直径8mm～10mm，孔深≥100mm。

③ 孔内粉尘用吹风机吹扫干净，并保持干燥。

④ 注胶充满孔并随时单方向旋转插入钢筋，使胶完全包裹钢筋。

⑤ 植筋胶必须有合格证及检测报告。

⑥ 钢筋表面应无锈蚀。批量植筋前，先做植筋拉拔试验，合格后方可批量进行。

⑦ 植筋完成后一般48h～72h可进行拉拔试验。在注胶没有固化前不得对锚筋进行破坏。

第三章

构筑物工程

第一节　钢筋混凝土水池

1. 混凝土池体竖向裂纹

<table>
<tr><td>规范标准
要　求</td><td>《石油化工混凝土水池工程施工及验收规范》（SH/T 3535）第4.5.23条规定：
水池施工完毕应进行混凝土外观质量检查，对检查出的质量缺陷按表4.5.23确定缺陷的性质后，按本规范第7章的规定执行。</td></tr>
</table>

质量问题

（1）现象

① 池壁竖向每2m左右出现贯通性裂纹，冬季渗漏偏重。

（2）原因分析

① 水泥熟料标号过高，采用了C62.5水泥，而水池浇筑一般需要C42.5水泥。从C62.5降到C42.5标号，需要掺加近1/3的矿粉，商品混凝土站又要掺加粉煤灰、泵送剂、缓凝剂、膨胀剂等粉料，大量的粉料增加了混凝土的浮浆比例，这部分浮浆极易收缩，产生裂纹。

② 近年来，水池混凝土标号由早些年的C20，增加到现在的C35以上，混凝土强度越高，越容易开裂。

③ 建筑材料变了，但设计规范没变，仍然采用35m一道伸缩缝，35m一道橡胶止水带，无法满足混凝土收缩要求。

正确做法及防治措施

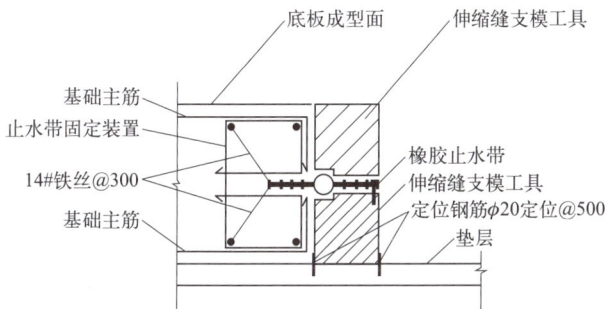

底板成型面
伸缩缝支模工具
基础主筋
止水带固定装置
14#铁丝@300
基础主筋
橡胶止水带
伸缩缝支模工具
定位钢筋φ20定位@500
垫层

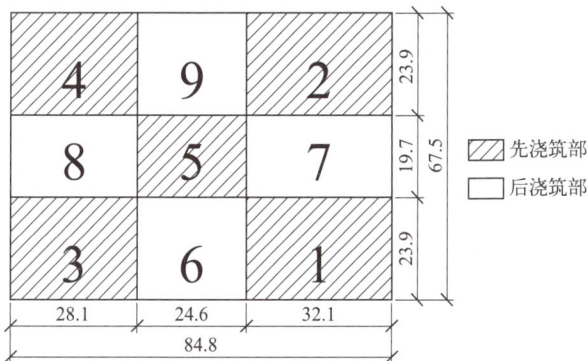

4	9	2
8	5	7
3	6	1

23.9
19.7
23.9
67.5
28.1 24.6 32.1
84.8

▨ 先浇筑部
□ 后浇筑部

（1）防治措施

① 方法一：图纸会审时就与设计与建设单位阐明现有施工技术无法保证水池不出现竖向裂纹问题，建议沿水池纵向每17.5m设一道橡胶止水带，橡胶止水带位置钢筋不断开，混凝土施工时断开，留冷缝。横向每10m池壁部位增加一道构造止水带（只在池壁增加，钢筋不断开，混凝土内外保护层断开，试水后由沥青胶泥封闭保护），构造止水带施工不留施工缝。此法不需要调整配筋。

② 方法二：当设计在伸缩缝处采用了橡胶止水带且钢筋断开时，采用跳仓法施工。将池体分成若干单元，跳仓式浇筑混凝土，相邻段混凝土至少延迟浇筑一周，如左图所示，纵向橡胶止水带间距在25m～32m左右，横向橡胶止水带在18m～24m左右。

③ 尽量在低气温时段浇筑池壁混凝土。

④ 在能泵送情况下，尽可能采用大粒径的级配碎石。

⑤ 在规定的养护期内，连续保持雾化保湿养护。

⑥ 尽量延迟拆模时间，拆模在浇筑后不少于7天。

2. 池壁施工缝渗漏

规范标准要求	《混凝土结构工程施工质量验收规范》（GB 50204）第 8.2.1 条规定：现浇结构的外观质量不应有严重缺陷。

质量问题

（1）现象

① 施工缝渗漏。

（2）原因分析

① 施工缝处混凝土不密实。

② 施工缝混凝土接缝未处理。

③ 止水钢板偏位或漏焊。

正确做法及防治措施

双面满焊，搭接长度≥30mm

（1）防治措施

① 施工缝位置留置在底板腋角以上300mm处，支模时模板上口与施工缝平齐（避免模板高出施工缝）。

② 止水钢板居墙中安装，止水钢板中心为施工缝平面，并保证上、下锚入混凝土均为150mm，止水钢板应双面搭接满焊，搭接长度不少于30mm。转角、丁字角、十字角部位应采用成品转角止水钢板，避免在上述部位焊接。

③ 施工缝处混凝土表面应平整密实，并凿毛处理。

④ 支设上部模板前，下口混凝土侧面粘贴双面胶，并保留一排对拉螺杆固定下口模板。

⑤ 浇筑混凝土时，接缝处先铺一层50mm～100mm厚同源混凝土砂浆。

⑥ 混凝土分层下料、分层振捣。

⑦ 焊工必须持证，并经监理参与考核合格后方可焊接止水板。

3. 橡胶止水带卷曲渗漏

规范标准要求	《地下防水工程质量验收规范》（GB 50208）第5.2.3条规定：中埋式止水带埋设位置应准确，其中间空心圆环与变形缝的中心线应重合。

质量问题

（1）现象

① 止水带纵向偏位，其中心不在伸缩缝内。

② 止水带横向偏位，止水带不居墙中，偏向墙体里侧或外侧。

（2）原因分析

① 止水带安装方法不当，固定不牢，浇筑混凝土时挤压偏位。

② 安装时定位不准，偏位。

正确做法及防治措施

（1）防治措施

① 伸缩缝一侧模板采用上下块箱式模板支托固定橡胶止水带，箱型模板宽度为止水带宽度的1/2。里侧采用钢筋卡固定橡胶止水带。

② 居中安放止水带，止水带中部圆环卡在箱型模板豁口处。

③ 模板通过对拉螺杆加固。

④ 混凝土底板浇筑时，止水带部位分两次下灰，第一次下灰至略高于橡胶止水带位置，振捣保证橡胶止水带下部混凝土密实，橡胶止水带不偏移，二次下灰后振捣棒严禁撞击橡胶止水带。

⑤ 立面橡胶止水带下灰前，前在止水带两侧分别插入一条振捣棒，混凝土下灰后，边振边拔，避免下灰后振捣棒跑偏造成止水带移位。

第二节　筒仓、造粒塔、烟囱

1. 混凝土外壁不光滑，无净面效果

《混凝土结构工程施工质量验收规范》（GB 50204）第8.1.2条规定：现浇结构的外观质量缺陷由监理单位、施工单位等各方根据其对结构性能和使用功能影响的严重程度按表8.1.2确定。（具有重要装饰效果的清水混凝土不应有外表缺陷，如构件表面麻面、起砂、沾污等。）

质量问题

（1）现象
① 滑模后混凝土表面有麻面、起砂、沾污等。
（2）原因分析
① 滑模工艺决定了滑模成型混凝土外表面无法得到清水混凝土效果。
② 滑模后提浆处理受气候影响，很难做到色泽一致，观感效果一般。

正确做法及防治措施

（1）防治措施
① 建议采用滑升架子，爬升模板形式，保证清水混凝土效果。
② 再滑模模板内部衬0.45mm镀锌钢板也能起到光洁混凝土表面效果，镀锌钢板高度不宜大于600mm，便于操作。
③ 混凝土提浆压面应及时。

2. 航空标志漆起皮、褪色、脱落

| 规范标准要 求 | 《建筑装饰装修工程质量验收标准》（GB 50210）第12.3.3条规定：溶剂型涂料涂饰工程应涂饰均匀，粘接牢固，不得漏涂、透底、开裂、起皮和返锈。 |

第12.1.5条第1项规定：

新建筑物的混凝土或抹灰基层在用腻子找平或直接涂饰涂料前应涂刷抗碱封闭底漆。

质量问题

（1）现象

① 烟囱、造粒塔航空标志漆起皮、褪色、脱落。

（2）原因分析

① 混凝土表面打磨不彻底。

② 混凝土或提浆基层在用腻子找平前未涂刷抗碱封闭底漆。

③ 雨天施工，表面不干燥。

正确做法及防治措施

（1）防治措施

① 混凝土表面必须打磨彻底，吹扫干净，不应有浮灰、起砂现象。

② 混凝土或提浆基层在用腻子找平前应涂刷抗碱封闭底漆。

③ 尽量避开雨天施工。

④ 必须严格按照设计要求，保证基本工序符合设计要求。保证刮腻子质量及涂料遍数符合设计要求。

第三节 覆土罐工程

1. 球壳曲线形模板曲度偏差大

规范标准要求	《混凝土结构工程施工质量验收规范》（GB 50204）第 4.1.1 条规定：模板工程应编制施工方案。爬升式模板工程、工具式模板工程及高大模板支架工程的施工方案，应按有关规定进行技术论证。

质量问题

（1）现象

① 覆土罐外罐混凝土穹顶球形结构，球拱弧度不够。

② 本应只承受压应力的混凝土结构承受部分拉应力，存在安全风险。

（2）原因分析

① 穹顶部分球面支撑系统未制作弧形桁架式模具进行标高定位，造成穹顶中间部位偏低，改变了受力结构。

正确做法及防治措施

（1）防治措施

① 应将穹顶剖面尺寸转化成平面尺寸在地面上放样，制作定型桁架，作为穹顶施工的定位装置，沿周圈转动，定位每条弧线上的支撑点标高，确保弧度符合标准要求。

② 施工必须按照论证方案执行，球形穹顶应制作曲度模型进行验收。

③ 混凝土浇筑时必须由下向上浇筑。

第四章
建筑装饰装修与节能

第一节　地面工程

一、基层铺设

1. 混凝土垫层开裂与边角处损坏

规范标准要求

《建筑地面工程施工质量验收规范》（GB 50209）第4.8.4条规定：

室内地面的水泥混凝土垫层和陶粒混凝土垫层，应设置纵向缩缝和横向缩缝；纵向缩缝、横向缩缝的间距均不得大于6m。

第4.8.5条规定：

垫层的纵向缩缝应做平头缝或加肋板平头缝。当垫层厚度大于150mm时，可做企口缝。横向缩缝应做假缝。平头缝和企口缝的缝间不得放置隔离材料，浇筑时应相互紧贴。企口缝尺寸应符合设计要求，假缝宽度宜为5mm～20mm，深度宜为垫层厚度的1/3，填缝材料应与地面变形缝的填缝材料相一致。

质量问题

（1）现象

① 地面混凝土垫层出现不规则裂纹，边角处损坏。

（2）原因分析

① 面积较大的地面未留设伸缩缝，因温度变化而产生较大的涨缩变形，使地面产生裂缝。

② 因局部地面荷载过大而造成地基土下沉，使地面产生贯通性不规则结构裂缝。

③ 回填土不密实，面层排水不畅，顺着裂纹渗入混凝土中，造成回填土沉降，地坪局部悬空，出现裂纹。

④ 混凝土地面边角处是地面受力的薄弱部位，边角处在地面荷载作用下，常发生翘曲变形和损坏。

正确做法及防治措施

（1）防治措施

① 回填土应夯填密实，必要时引水局部浸润，消除湿陷隐患，无明水后二次夯实，保证密实度符合要求。

② 按标准规定留置纵向和横向缩缝，间距不大于6m，伸缝到底，缩缝切割深度应大于1/3垫层厚度。

③ 严格控制排水坡度，避免雨水侵入，造成不均匀沉陷。

④ 地面不应局部受力，应有可靠防护措施。

2. 散水不规则开裂、转角处断裂、局部倒坡

《建筑地面工程施工质量验收规范》（GB 50209）第3.0.15条规定：
水泥混凝土散水、明沟应设置伸、缩缝，其延长米间距不得大于10m，对日晒强烈且昼夜温差超过15℃的地区，其延长米间距宜为4m～6m。水泥混凝土散水、明沟和台阶等与建筑物连接处及房屋转角处应设缝处理。上述缝的宽度应为15mm～20mm，缝内应填嵌柔性密封材料。

质量问题

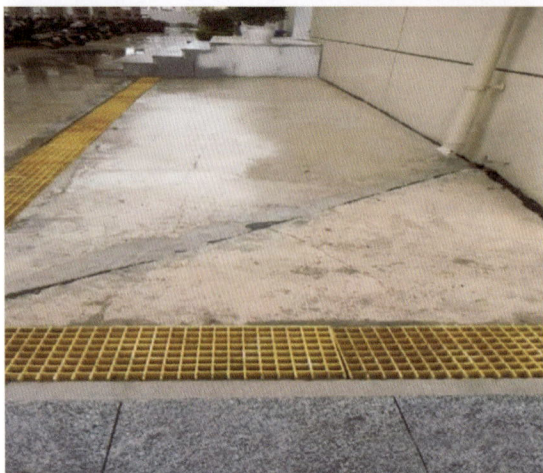

（1）现象

① 散水断裂、不均匀沉降。

（2）原因分析

① 地基不密实，纵向未留置伸缩缝，导致断裂或沉降。

② 未与建筑物规范隔离，未填充柔性防水材料，雨水渗入造成散水不均匀沉降。

③ 北方地区散水下未敷设碎石防冻融层，造成回填土冻融，散水隆起、断裂。

正确做法及防治措施

（1）防治措施

① 散水坡的地基土必须夯实，北方地区应有抗冻融措施，一般敷设60mm碎石层。

② 必须按标准要求规范设置伸缩缝，纵向延长米间距不得大于10m。对日晒强烈且昼夜温差超过15℃的地区，其延长米间距宜为4m～6m。建议取值4m。

③ 混凝土散水、明沟和台阶等与建筑物连接处及房屋转角处应设缝处理。上述缝的宽度宜为15mm～20mm，缝内应填嵌柔性密封材料。

3. 门坡道作法不规范

《建筑地面工程施工质量验收规范》（GB 50209）第3.0.15条规定：

水泥混凝土散水、明沟应设置伸、缩缝，其延长米间距不得大于10m，对日晒强烈且昼夜温差超过15℃的地区，其延长米间距宜为4m～6m。水泥混凝土散水、明沟和台阶等与建筑物连接处及房屋转角处应设缝处理。上述缝的宽度应为15mm～20mm，缝内应填嵌柔性密封材料。

质量问题

（1）现象

① 门坡道宽度尺寸不规范。

② 门坡未三面作坡。

③ 防滑条作法不规范，齿楞方向不对。

④ 与建筑物未留缝隔离并用沥青胶泥填塞。

（2）原因分析

不知道、不熟悉规范施工要求。

正确做法及防治措施

（1）防治措施

应熟练掌握规范施工要求：

① 门坡道每边应宽出门边150mm，含坡道宽出500mm。

② 门坡应三面找坡。

③ 门坡防滑齿槽应向上。

④ 坡道与建筑物连接处应设缝处理。缝宽宜为15mm～20mm，缝内应填嵌柔性密封材料。

4. 地沟与地坪之间开裂

规范标准 要 求	《建筑地面工程施工质量验收规范》（GB 50209）第4.8.5条规定： 垫层的纵向缩缝应做平头缝或加肋板平头缝。当垫层厚度大于150mm时，可做企口缝。横向缩缝应做假缝。平头缝和企口缝的缝间不得放置隔离材料，浇筑时应相互紧贴。企口缝尺寸应符合设计要求，假缝宽度宜为5mm～20mm，深度宜为垫层厚度的1/3，填缝材料应与地面变形缝的填缝材料相一致。 《建筑地面工程施工质量验收规范》（GB 50209）第3.0.17条第6项、第7项规定： 地面面层与管沟、孔洞、检查井等邻接处，均应设置镶边；管沟、变形缝等处的建筑地面面层的镶边构件，应在面层铺设前装设。

质量问题

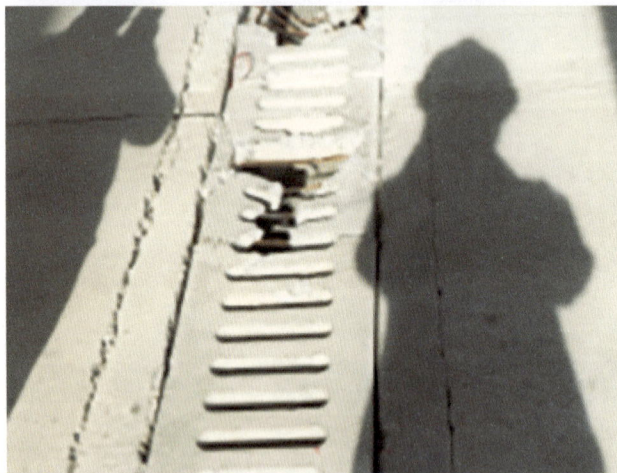

（1）现象
① 地沟与地坪之间开裂。
（2）原因分析
① 养护不到位，干缩产生裂缝，导致雨水渗入地坪，地坪下陷，裂纹加宽。
② 电缆沟与地坪连接方式不合理，地坪混凝土未压到沟壁顶面上。

正确做法及防治措施

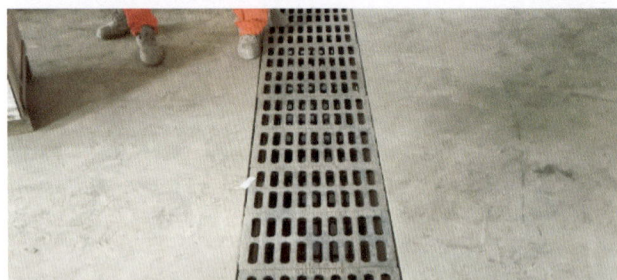

（1）防治措施
① 地坪水沟沟底与沟壁的下端整体浇筑，水沟沟顶企口与地坪整体浇筑。
② 企口找平后铺设盖板。

5. 动设备基础周边无隔离措施

规范标准要求　《建筑地面工程施工质量验收规范》（GB 50209）第3.0.17条第2项规定：
具有较大振动或变形的设备基础与周围建筑地面的邻接处，应沿设备基础周边设置贯通建筑地面各构造层的沉降缝（防震缝），缝的处理应执行本规范第3.0.16条的规定。
第3.0.16规定：
建筑地面的变形缝应按设计要求设置，并应符合下列规定：建筑地面的沉降缝、伸缝、缩缝和防震缝，应与结构相应缝的位置一致，且应贯通建筑地面的各构造层；沉降缝和防震缝的宽度应符合设计要求，缝内清理干净，以柔性密封材料填嵌后用板封盖，并应与面层齐平。

质量问题

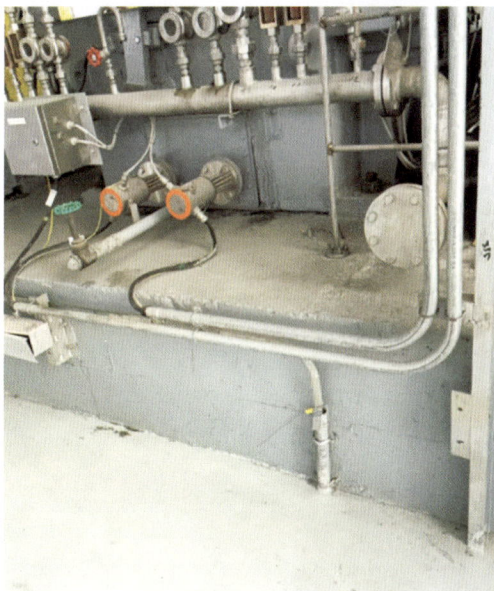

（1）现象
① 震动设备基础周边与地坪无隔离措施。
（2）原因分析
① 工人不清楚需要隔离开，也不知道填缝的具体做法。

正确做法及防治措施

（1）防治措施
① 具有较大振动或变形的设备基础与周围建筑地面的邻接处，应沿设备基础周边设置贯通建筑地面各构造层的沉降缝（防震缝）。
② 缝内清理干净，以柔性密封材料填嵌后用板封盖，并应与面层齐平，缝宽应符合设计要求。

6. 地坪局部积水

规范标准要求 《建筑地面工程施工质量验收规范》（GB 50209）第3.0.12条规定：铺设有坡度的地面应采用基土高差达到设计要求的坡度；铺设有坡度的楼面（或架空地面）应采用在结构楼层板上变更填充层（或找平层）铺设的厚度或以结构起坡达到设计要求的坡度。

质量问题

（1）现象

① 地坪局部积水。

（2）原因分析

① 地坪面积大，基层回填土过程控制难，混凝土一次成型坡度难以控制。

② 地坪混凝土过厚，难以分单元施工。

正确做法及防治措施

（1）防治措施

① 采用二次浇筑方法：

a.在浇捣底板混凝土时按照4m×4m留缝浇筑混凝土，预留5cm～10cm厚细石混凝土二次面层空间。

b.细石混凝土强度须等同于底板强度。在首层混凝土初凝后，在各坡度控制节点部位埋设高程控制桩。

c.在首层混凝土终凝后，浇筑细石混凝土，采用机械抹光。

d.湿润养护3天后开始切缝，应对称施切，并在7天内切完。切缝宽度一般为8mm～10mm、深度为30mm；切完成后立即清理缝隙并用柔性材料填塞，填塞25mm，上口留5mm。蓄水养护两周以上。

e.竣工验收时再用耐候胶将5mm缝隙填满。

② 采用"跳仓法"进行地坪施工：

a.控制好地基土的坡度或水平度。

b.浇筑地坪混凝土前，应弹线划定分隔区域，接缝处设定标桩。

c.埋设分隔方钢，分单元浇筑。

d.单元缝粘贴20mm聚苯板。

二、整体面层

1. 地面起砂

规范标准要求	《建筑地面工程施工质量验收规范》（GB 50209）第4.9.11条规定：找平层表面应密实，不应起砂、蜂窝和裂缝等缺陷。

质量问题

（1）现象

① 地面表面粗糙，光洁度差，颜色不一，不坚实，走动后，表面先有松散的水泥灰，随时间推移，砂粒逐步松动或有成片水泥硬壳剥落。

（2）原因分析

① 砂浆配比不符合要求，水泥量少或水泥过期或受潮。

② 表层未压实、压光。

③ 施工前基层未充分湿润。

④ 养护期不足，养护方法不恰当，未达到设计强度即使用。

⑤ 表面受冻。

正确做法及防治措施

（1）防治措施

① 地面找平层厚度应不小于50mm。

② 地面混凝土尽量采用二次浇筑方法，预留50mm二次浇筑层，将水泥砂浆调整为细石混凝土加浆抹光。

③ 对水泥、砂的质量进行严格检验，符合要求后方可使用。

④ 施工时对表面压光不少于三遍：第一遍在面层铺设后进行，木抹子均匀搓打一遍，使面层材料均匀、紧密，抹压平整，以表面不出现水层为宜；第二遍应在初凝后、终凝前进行（以上人有轻微脚印但不明显下陷为宜），将表面压实、压平整；第三遍压光主要是消除抹痕和闭塞毛细孔，进一步压实，但必须在终凝前完成。

⑤ 做好养护，防止暴晒或受冻。达到养护期后再使用。

2. 地面空鼓、地面面层不规则裂纹

规范标准 要　求	《建筑地面工程施工质量验收规范》（GB 50209）第4.9.10条规定： 找平层应与下一层结合应牢固，不应有空鼓。

质量问题

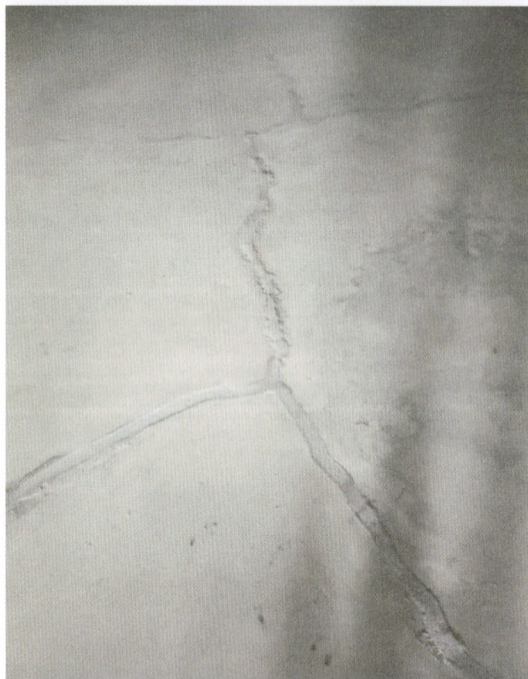

（1）现象

① 用小锤敲击水泥地面时有空敲声，使用一段时间后，容易开裂，严重时大片剥落，破坏地面使用功能。

（2）原因分析

① 面层与垫层或垫层与基层之间没有结合好。垫层表面清理不干净，有浮灰、浆膜或其他油脂类污物，尤其是室内抹灰的落地灰，特别难清理，影响垫层与面层的结合。

② 基层未充分湿润或有明显的积水。

③ 水泥砂浆过薄容易开裂；过厚又容易空鼓，且薄厚不均，造成凝结硬化时收缩不均，产生裂纹空鼓。

正确做法及防治措施

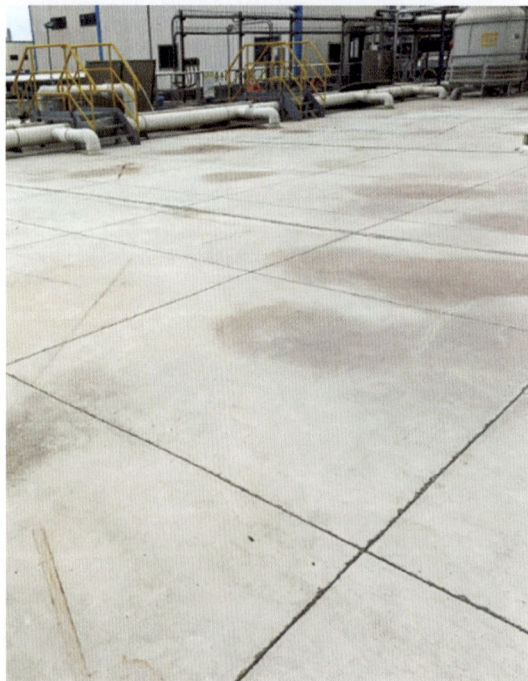

（1）防治措施

① 施工面层前，严格处理底层，将基层灰尘清理干净，用清水冲洗。

② 面层施工前1～2天应对基层认真进行浇水湿润，使基层清洁、湿润、粗糙。

③ 基层作甩浆打底，或涂刷背胶一遍，再行找平层施工。

④ 找平层应在湿润养护3天后开始切缝，应对称施切，并在7天内切完。切缝宽度一般为8mm～10mm、深度为20mm；切完成后立即清理缝隙并用柔性材料填塞，填塞25mm，上口留5mm。蓄水养护两周以上。

⑤ 尽量采用50mm厚细石混凝土代替砂浆作找平层。

3. 卫生间门两侧涂料翘曲、变色

规范标准 要　　求	《建筑地面工程施工质量验收规范》（GB 50209）第3.0.24条第3项规定：检查防水隔离层应采用蓄水方法，蓄水深度最浅处不得小于10mm，蓄水时间不得小于24小时；检查有防水要求的建筑地面的面层应采用泼水方法。

质量问题

（1）现象

① 卫生间门两侧壁纸翘曲、变色。

（2）原因分析

① 卫生间过门石下厕所一侧水泥砂浆粘贴层未作立面防水封堵，厕所地面防水层上饱和水沿过门石下溢出渗入过道，过道墙体吸水，造成装饰面和壁纸翘曲剥落。

正确做法及防治措施

（1）防治措施

① 卫生间过门石下必须做立面防水封堵。可以用厕所使用的柔性防水涂料，也可以用水不漏进行封堵。

4. 楼梯踏步高度、宽度不一致

规范标准要求 《建筑地面工程施工质量验收规范》（GB 50209）第5.3.10条规定：
楼梯、台阶踏步的宽度、高度应符合设计要求。楼层梯段相邻踏步高度差不应大于10mm；每踏步两端宽度差不应大于10mm。

质量问题

（1）现象

① 楼梯起步踏级和最终踏级高度不一致，行人上下行走时的脚感很不舒服。

② 楼梯台阶的踏级宽度不一致，脚感不舒服，外形不美观。

（2）原因分析

① 楼梯踏级面层材料与楼面面层材料品种与厚度不一致时，原本找平一致的台阶就出现了首部踏级低，最终踏级高的现象。

② 结构施工时，踏级的宽度尺寸偏差大，面层抹灰时，未认真弹线，或者虽然弹了斜坡线，但没有注意将级高和级宽等分一致。

正确做法及防治措施

（1）防治措施

① 抹踏级面层前，应根据平台标高和楼面标高，先在侧面墙上弹一道踏级标准斜坡线，然后根据踏级步数将斜线等分，斜线上的等分点即为踏级的阳角位置，不在范围内的踏级适当剔凿。

② 应明确楼梯面层和楼面面层材料的品种和厚度要求，当两者厚度不同时，在主体结构施工时，应注意调整楼梯起步踏级和终步踏级的梯高尺寸。一般为起步踏步加高，终步踏级降低，高差为两种材料厚度差的2倍。

③ 结构未处理时，踏步面层统一加高，加高高度为两种材料的厚度之差。

5. 踏级阳角处裂缝、脱落

《建筑地面工程施工质量验收规范》（GB 50209）第5.3.8条规定：
面层表面应洁净，不应有裂纹、脱皮、麻面、起砂等现象。

第5.1.4条规定：

整体面层施工后，养护时间不应少于7d，抗压强度应达到5MPa后方准上人行走；抗压强度应达到设计要求后，方可正常使用。

质量问题

（1）现象

① 踏级在阳角处裂缝或剥落，既影响使用，又影响美观。

（2）原因分析

① 踏级打底抹面时，基层清理不干净，未浇水湿润，未涂含胶底料（或背胶），砂浆与基层粘接强度低，造成日后裂缝、空鼓、剥落。

② 抹面顺序操作不当，先抹平面，后抹立面，平、立面结合不紧密，存在一条垂直施工缝，造成阳角脱落。

正确做法及防治措施

（1）防治措施

① 踏级抹面前，应将基础清理干净，尤其是墙面抹灰时的落地灰，提前一天，充分洒水湿润。

② 抹灰前应刷一道含胶水泥浆，或涂一遍背胶，砂浆稠度控制在35mm左右。一次抹灰厚度控制在10mm之内，过厚的抹面分次进行操作。

③ 踏级平立面的施工顺序为先抹立面、后抹平面，平立面的接缝在水平方向。

④ 踏级抹面层时，在阳角处增设护角钢筋。

⑤ 做好成品保护，养护天数不少于7d，在开放交通前可用木板作阳角保护，待强度达到设计要求后再使用。

6. 踢脚线空鼓、脱落

规范标准要求	《建筑地面工程施工质量验收规范》（GB 50209）第5.3.9条规定：踢脚线应与柱、墙面应紧密结合，踢脚线高度及出柱、墙厚度应符合设计要求且均匀一致。当出现空鼓时，局部空鼓长度不应大于300mm，且每自然间或标准间不应多于2处。

质量问题

（1）现象

① 水泥砂浆踢脚线空鼓、脱落，多发生在面层与底层之间，打底层与基层之间空鼓脱落较少。

② 面砖踢脚线脱落多发生在突出墙面的柱子部位。

（2）原因分析

① 水泥砂浆踢脚线底层抹灰采用混合砂浆，面层采用水泥砂浆时，极易造成裂缝、空鼓，甚至剥落。

② 柱、墙面未凿毛，未刷结合水泥浆。

③ 釉面踢脚板没有预先浸水湿润，基层没有清理干净，未提前洒水湿润。

④ 通体全瓷踢脚线没有在瓷砖背面预刷背胶，没使用专用粘接胶泥粘接。

正确做法及防治措施

（1）防治措施

① 施工前将柱、墙面基层清理干净，并用清水冲洗。

② 柱、墙面光滑时，须进行凿毛处理，并涂刷结合水泥浆，再安装踢脚线，抹面。

③ 釉面踢脚板预先浸水湿润，基层清理干净，提前洒水湿润后粘贴。

④ 通体全瓷踢脚线应在瓷砖背面与粘接墙面上分别预刷背胶，采用专用粘接胶泥粘接。

⑤ 金属踢脚线应安装固定支架，并使用结构胶封边处理。

7.叉车行走重载地坪分格缝处隆起

质量问题

（1）现象

① 重载地坪接缝处隆起20mm ～ 30mm。

（2）原因分析

① 重载地坪在结构层上，厚度达80mm ～ 150mm，一般采用双层配筋，由于楼面相对于地面更容易产生伸缩变形，如果没有规范设置伸缩缝，地坪伸展应力无处释放，地面受重载叉车行走振动后地坪在接口处隆起。

② 地面与柱子、墙体间没有留置膨胀设施；没有采用单元式跳仓法施工，伸展应力无处释放，造成地坪接口隆起。

正确做法及防治措施

（1）防治措施

① 重载地坪应采用单元式跳仓法施工，接口处粘贴10mm聚苯板，并与柱子、墙体有效隔离，隔离缝隙20mm，采用聚苯板粘贴，施工完毕后，采用汽油涂刷溶解聚苯板，用防水软胶泥填塞。

② 当重载地坪混凝土面层为50mm时，基层不能有正偏差，必须保证面层厚度不小于50mm。

③ 楼面面层50mm厚叉车行走地坪宜用角钢作分隔条，采用先粘角钢，后浇地坪方法施工。分格面积4m×4m。

8. 地库地坪开裂

《建筑地面工程施工质量验收规范》（GB 50209）第5.2.6条规定：
面层与下一层应结合牢固，且应无空鼓和开裂。当出现空鼓时，空鼓面积不应大于400 cm²，且每自然间或标准间不应多于2处。

第5.2.7条规定：

面层表面应洁净，不应有裂纹、脱皮、麻面、起砂等缺陷。

质量问题

（1）现象

① 地坪无伸缩缝，局部不规则开裂。

（2）原因分析

① 地坪面积大，混凝土一次成型，既找坡又收面难以控制。

② 地坪混凝土过厚，分单元施工支模困难。

正确做法及防治措施

（1）防治措施

① 地下室车库地坪应保证找坡层+面层厚度在100mm ～ 150mm。

② 先浇筑50mm ～ 100mm混凝土找坡层，预留50mm细石混凝土面层空间。

③ 细石混凝土面层强度须等同于找坡层强度或高一个强度等级。细石混凝土砂要采用细度模数2.7左右的中粗河砂，石子粒径采用10mm左右的玄武岩。

④ 在找坡层浇筑完成后最短时间内，浇筑细石混凝土面层，避免时间拉长，层间结合出现问题，也避免其他作业污染找坡层表面。

⑤ 面层抹光后加耐磨剂，采用机械抹光。

⑥ 湿润养护7天后开始切缝，以切不坏为原则，7天～ 10天内切完。切缝宽度一般为8mm ～ 10mm、深度为30mm；切完成后立即清理缝隙并用柔性材料填塞，填塞25mm，上口留5mm。洒水养护两周以上。

⑦ 竣工验收时再用耐候胶将5mm缝隙填满。

9. 地面在伸缩缝处出现裂纹

**规范标准
要　　求** 《建筑地面工程施工质量验收规范》（GB 50209）第3.0.16条第2项规定：
沉降缝和防震缝的宽度应符合设计要求，缝内清理干净，以柔性密封材料填嵌
后用板封盖，并应与面层齐平。

质量问题

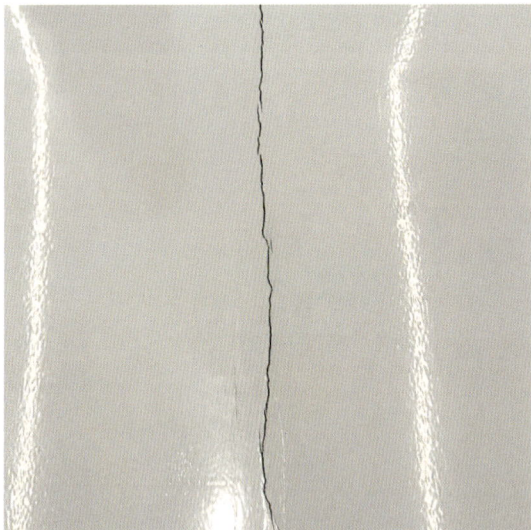

（1）现象

① 地面在伸缩缝处出现规则裂纹。

（2）原因分析

① 面积较大的地面未留伸缩缝，因温度变化产生较大的涨缩变形，使地面产生裂纹。

② 屋面、墙面伸缩缝与地面伸缩缝不同步。

正确做法及防治措施

（1）防治措施

① 面积较大的楼地面，应与屋面、墙面通盘考虑设置伸缩缝。

② 伸缩缝应从地面垫层开始设置。

③ 伸缩缝盖板应与两侧地坪齐平。

三、板块面层

1. 地砖隆起

规范标准要求 《建筑地面工程施工质量验收规范》（GB 50209）第6.2.7条规定：面层与下一层的结合（粘接）应牢固，无空鼓（单块砖边角允许有局部空鼓，但每个自然间或标准间的空鼓砖不应超过总数的5%）。

质量问题

（1）现象
① 在秋冬季节交替之际，铺设的地砖发生隆起，事前无任何征兆。
（2）原因分析
① 地砖铺贴时使用了流动性砂浆，含水率大，砂浆内的水分和气体被挤压在了砂浆和面砖之间的网格内。面砖吸附在砂浆表面上，而非粘接在基层上。
② 由于先铺了墙面砖，后铺地砖，墙地之间缝隙过小。秋冬季建筑物收缩对面砖挤压，产生整体隆起。

正确做法及防治措施

（1）防治措施
① 地砖铺贴时应使用半干硬性砂浆，（手握成团，手有湿痕），严禁使用流动性砂浆。在基层上扫一层素水泥浆，摊铺1:3干硬性砂浆找平，然后对地砖试铺，用橡皮锤敲击地砖，将半干硬性砂浆找平压实，然后揭起地砖，用水泥膏将地砖背面的网格刮平填实后，铺贴在已找平的基层上。
② 地砖铺贴时砖缝不宜过小（不小于2mm），与外墙之间的缝隙不宜小于6mm，与内墙之间的缝隙不小于5mm。
③ 电梯间等部位，先贴了墙砖，后贴地砖，没有踢脚线装饰时，更要保证地墙间缝隙。

2. 花岗岩、大理石颜色明显不一致

<table>
<tr><td>规范标准
要 求</td><td>《建筑地面工程施工质量验收规范》（GB 50209）第6.3.8条规定：</td></tr>
</table>

大理石、花岗岩面层的表面应洁净、平整、无磨痕，且应图案清晰、色泽一致、接缝均匀，周边顺直，镶嵌正确，板块应无裂纹、掉角、缺棱等缺陷。

第6.3.7条规定：

大理石、花岗岩面层铺设前，板块的背面和侧面应进行防碱处理。

质量问题

（1）现象

① 铺好后的地面板块面层，色泽纹理不协调、不一致，局部色泽较深或较浅，纹理各异，观感较差。

② 铺贴完成后，使用过程中出现熊猫眼状不一致印痕。

（2）原因分析

① 铺贴前未进行石材颜色挑选。

② 铺贴前未进行底面及四边防碱封底处理，石材因泛碱而产生"熊猫眼"现象。

正确做法及防治措施

（1）防治措施

① 在石材铺贴前，用洁净的水将石材充分湿润，将深色的石材编号在一起，浅色的石材编号在一起，按照由深到浅或由浅到深进行铺贴，可以基本消除色差的影响。

② 在湿贴石材地面时，要在铺设前对石材做板块背面和侧面防碱处理，减少石材吸入的水泥碱水量。

3. 花岗岩地砖接缝不平，人工磨边后色泽不一致

规范标准 要　　求	《建筑地面工程施工质量验收规范》（GB 50209）第6.3.8条规定： 大理石、花岗岩面层的表面应洁净、平整、无磨痕，且应图案清晰、色泽一致、 接缝均匀，周边顺直，镶嵌正确，板块应无裂纹、掉角、缺棱等缺陷。

质量问题

（1）现象

① 花岗岩地坪接缝处戗茬、绊脚。

② 花岗岩地砖接口不平，人工磨边后，局部颜色深，色泽不一致。

（2）原因分析

① 石材因自身徐变变形而发生翘曲，形成错台、不平整现象。在开采过程中，石材的边界约束条件在很短时间内发生了很大的变化。石材来不及应变，而在加工后期产生翘曲变形，引起石材规格不达标，影响铺贴质量。

正确做法及防治措施

（1）防治措施

① 在石材切割打磨前，应将石材块材毛坯在自然状态下放置3个月～4个月，让其充分应变后再切割、打磨，即可消除错台和接缝直线度超标现象。现场采购的应检查石材平整度是否符合规范要求。

② 石材试铺时，如发现某块石材与其他石材存在明显错台时，应进行更换。

③ 当铺贴完的石材出现明显错台、戗茬、绊脚时，不应用手工砂轮机打磨，应采用机械磨石机水磨，然后对石材作洁净打蜡处理。

4. 抗静电木地板金属支架未接地

规范标准要求	《建筑地面工程施工质量验收规范》（GB 50209）第6.7.5条规定要求：当房间的静电要求较高，需要接地时，应将活动地板面层的金属支架、金属横梁连通跨接，并与接地体相连，接地方法应符合设计要求。

质量问题

（1）现象

① 抗静电木地板金属支架未接地。

（2）原因分析

① 对接地要求不了解。

② 未按防静电要求较高的标准施工。

正确做法及防治措施

（1）防治措施

① 采用紫铜皮在支架纵横向连接成接地网，并与接地导线连接。

第二节　抹灰工程

一、内墙抹灰

1. 楼梯抹灰无滴水线

规范标准要　　求	《建筑装饰装修工程质量验收标准》（GB 50210）第4.2.9条规定：有排水要求的部位应做滴水线（槽）。滴水线（槽）应整齐顺直，滴水线应内高外低，滴水槽的宽度和深度应满足设计要求，且均不应小于10mm。

质量问题

楼梯间梯段未设置滴水线

（1）现象
① 楼梯抹灰无滴水线。
（2）原因分析
① 技术交底不明确，技术工人不了解楼梯具体的抹灰作法。

正确做法及防治措施

（1）防治措施
① 楼梯滴水线抹灰应连贯，一致。
② 可采购成品滴水线粘贴施工。

2. 门窗套抹灰层开裂、空鼓

<table>
<tr><td>规范标准
要　求</td><td>《建筑装饰装修工程质量验收标准》（GB 50210）第4.2.4条规定：
抹灰层与基层之间及各抹灰层之间应粘接牢固，抹灰层应无脱层和空鼓，面层应无爆灰和裂缝。</td></tr>
</table>

质量问题

（1）现象

① 工程完工后，门窗口两侧出现抹灰层空鼓、开裂、脱落，影响门窗正常启闭使用。

② 抹灰层干燥后，在内门窗口周边阳角外侧出现抹灰接茬细裂纹，时间越久越明显。

（2）原因分析

① 基层尘土、污垢未清理干净，未进行湿润，未进行界面处理。未按规定要求分层抹灰，一层成活。未湿润养护，水泥砂浆快干导致开裂。

② 门窗框安装不当，固定不牢，固定点不符合规定要求。

③ 抹灰操作不当，框背面支顶不牢，打胶不密实。

④ 门窗口预留过大，边框与墙之间间距过大（大于30mm），抹灰时，未分层成活，一次抹灰过厚。

正确做法及防治措施

（1）防治措施

① 将基层浮灰、松动等清理干净，检查门窗框是否安装牢固，固定点是否符合要求。在混凝土表面涂刷背胶一遍。

② 窗户与门应固定在混凝土墙体或砖砌体上，严禁固定在加气混凝土块或空心砌体上。不应使用射钉枪固定。

③ 框边与墙之间距离大于30mm时，应在结构面涂刷背胶后，用1：3水泥砂浆进行分层找补，避免后期出现接茬裂纹。窗口面层抹灰应与墙面抹灰同步进行，一次成活。

3. 预埋管槽、预留洞口抹灰空鼓裂纹

规范标准要求	《建筑装饰装修工程质量验收标准》（GB 50210）第4.2.3条规定：

抹灰工程应分层进行；当抹灰总厚度大于或等于35mm时，应采取加强措施；不同材料基体交接处表面的抹灰，应采取防止开裂的加强措施，当采用加强网时，加强网与各基体的搭接宽度不应小于100mm。

第4.2.6条规定：

扩角、孔洞、槽、盒周围的抹灰表面应整齐、光滑；管道后面的抹灰表面应平整。

质量问题

（1）现象

① 工程交付后在水泥抹灰墙面上，陆续出现顺暗敷预埋管槽方向的空鼓、裂纹。

② 工程交付后，沿堵砌预留洞口周边出现裂纹，裂纹深透。

③ 工程交付后，沿填充墙顶部出现水平通透裂纹。

（2）原因分析

① 墙内暗敷管开槽不正确，敷管后对管槽填抹砂浆的方法不正确。

② 过人孔洞等预留洞口堵砌时不认真，未经落载，随堵随抹，接茬处未加设抗裂钢丝网。

③ 结构转换处未加设防裂加强网。

正确做法及防治措施

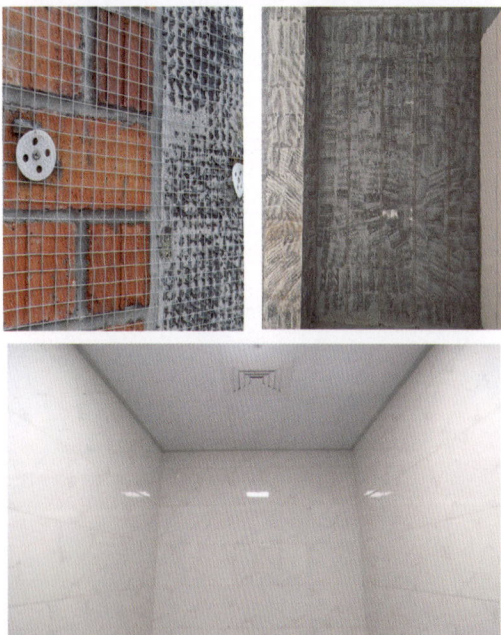

（1）防治措施

① 管槽开设前应按照设计要求先用墨线按槽宽弹出两边线，槽宽应为$d+3$mm，开槽深度为$d+22$mm左右（d为管径）。敷管时，装饰石膏胶泥坐底，固定管卡间距不大于400mm，1：2.5水泥砂浆嵌填，埋管外表砂浆不小于15mm，外设200mm宽抗裂网片。

② 过人洞口等预留洞口封堵前，应先对洞口两侧的马牙槎进行清理；然后浇水湿润；砂浆强度等级提高一级，原砖砌筑。堵洞后3天～5天方可敷设抗裂网片后抹灰。

③ 管槽、预留孔洞须按墙体原设计要求填充密实，待充分凝结干缩后，再进行抹灰。

④ 须在墙梁连接处加设防裂网。

4. 混凝土顶棚抹灰空鼓、开裂、脱落

规范标准要求	《建筑装饰装修工程质量验收标准》（GB 50210）第4.1.11条规定：外墙和顶棚的抹灰层与基层之间及各抹灰层之间应粘接牢固。

质量问题

（1）现象

① 混凝土板顶棚抹灰后产生不规则裂纹、空鼓、脱落。

（2）原因分析

① 基层未清理干净、有油污、隔离剂等影响砂浆粘接的隔离物，未刷结合水泥浆。

② 抹灰后楼板使用不当，楼面敲击振动，在外力作用下，抹灰脱落。

③ 因环境温度干燥或风吹快干导致开裂。

正确做法及防治措施

（1）防治措施

① 将混凝土板底浮灰、油污、模板隔离剂等清理干净，将光面混凝土凿毛，用清水冲洗干净后，甩浆处理基层。

② 分层抹灰，每层厚度不宜过厚，控制在8mm左右。底层充分凝结干缩后，方可进行面层抹灰。

③ 砂浆应随拌随用，不得使用存放时间过长已收水结硬的砂浆。

④ 做好养护，控制环境湿度，防止风吹快干产生裂缝。

⑤ 顶棚光洁度过高时，可加刷一遍背胶。

5. 墙面不平、不垂直，阴阳角不方正

规范标准要　　求	《建筑装饰装修工程质量验收标准》（GB 50210）第4.2.10条规定：一般抹灰工程质量的允许偏差和检测方法应符合表4.2.10的规定。

质量问题

（1）现象

① 抹灰后经质量验收，墙面垂直度、阴阳角垂直度和方正达不到标准验收要求，光照下，墙面有明显凹凸不平的抹纹。

（2）原因分析

① 没有按照工序要求施工。

② 未对墙体超差大的部位进行修补。

③ 阴阳角未粘贴装饰条。

④ 一次抹灰层过厚。

正确做法及防治措施

（1）防治措施

① 抹灰应按照甩浆→拍饼→冲筋→粘阴阳角→打底找平→粘贴网格布→罩面的程序施工。必须严格控制每一道工序。

② 发现偏差大的墙面要进行纠偏处理，对混凝土胀模部位应进行剔平。

③ 对窗口抹灰较厚的部位应进行前期找补，并粘贴窗口阳角线。

④ 对免抹灰的现浇板顶棚阴角处，要注意墙面顶部的横平。并用腻子找平。

6. 水电井管道及槽盒后漏掉抹灰

规范标准要求	《建筑装饰装修工程质量验收标准》（GB 50210）第4.2.6条规定： 扩角、孔洞、槽、盒周围的抹灰表面应整齐、光滑；管道后面的抹灰表面应平整。

质量问题

（1）现象

① 水电井管道及槽盒后未抹灰。

② 顶部未装饰，地坪未找平。

③ 墙面未刮涂料。

（2）原因分析

① 工序间未协调。

② 不明了管井、电井施工工序。

正确做法及防治措施

（1）防治措施

① 管道井与电信井施工时，通常施工交叉工序较多，容易产生质量通病，关键是理顺施工顺序。一般做法是：

a. 预留孔洞中管道中心线确定。

b. 根据贯通总高的管道中心线确定支架的位置。

c. 墙面、顶板打底找平。

d. 安装支架。

e. 做墙、顶面层粉刷。

f. 敷设管道和穿墙套管并固定。穿墙套管与墙面平齐，穿楼面套管涉水房间出地面50mm、无水房间出地面20mm。

g. 预留孔封堵，穿墙管环缝用防火胶泥封堵。对于保温管道，防火胶泥应内凹20mm，并在保温层施工时将保温层插入环缝20mm，避免漏缝产生冷凝水。

h. 管道井内涂料批白，管道进行保温和防腐处理。

i. 管道井内部涂料面层施工。

j. 管道井内地坪施工。

② 应特别注意前后工序之间的成品保护，做到一次成优。

二、外墙抹灰

1. 窗台、阳台、压顶、雨棚、腰线上表面无坡无滴水线

| 规范标准要求 | 《建筑装饰装修工程质量验收标准》（GB 50210）第4.2.9条规定：有排水要求的部位应做滴水线（槽）。滴水线（槽）应整齐顺直，滴水线应内高外低，滴水槽的宽度和深度应满足设计要求，且均不应小于10mm。 |

质量问题

（1）现象

① 室外窗台、阳台上平、女儿墙压顶、雨棚翻沿、腰线上表面无泛水坡度。

② 窗口上沿、檐口下沿、阳台下沿、雨棚下平、腰线下沿无滴水线，无滴水槽。

（2）原因分析

① 技术交底没有针对性。

② 技术工人不清楚具体的工程作法。

正确做法及防治措施

（1）防治措施

① 室外窗台、阳台上平、腰线上表面向外作泛水坡，女儿墙压顶、雨棚翻沿向内作泛水坡。泛水坡度5%。

② 窗口上沿、檐口下沿、阳台下沿、雨棚下沿、腰线下沿应作鹰嘴状滴水线。

③ 窗口上沿、檐口下沿、雨棚下沿应在滴水线内作滴水槽。

2. 外墙坑洼不平，涂料颜色不一致

规范标准 要　　求	《建筑装饰装修工程质量验收标准》（GB 50210）第12.3.5条规定： 色漆的涂饰质量和检验方法应符合表12.3.5的规定。

第12.3.8条规定：

墙面溶剂型涂料涂饰工程的允许偏差和检验方法应符合表12.3.8的规定。

质量问题

（1）现象

① 外墙有明显的抹纹，接槎明显，坑洼不平。

② 墙面积灰，涂料颜色不一致

（2）原因分析

① 涂墙面设置分隔条间距太大，或没有设置分隔条，不能一次抹完，成为接槎施工缝。

② 墙面未贴饼、冲筋、找平，随高就低，一遍成活。

③ 刮腻子遍数不够，打磨不彻底，涂刷厚度不均匀，导致颜色不一致。

④ 墙面不平整，光线侧照下会产生颜色不一致。

正确做法及防治措施

（1）防治措施

① 设置分格条，竖向分格条的高度不超过一步架高度，在同一面墙上，施工缝留设在分格条上。

② 墙面应严格执行拍饼→冲筋→打底找平→盖面→刮腻子→打磨→刷涂料工序，每道工序遍数应符合设计要求。

③ 涂料施工前，须将基层满刮腻子，砂纸磨平，保证墙的平整度。

第三节　门窗工程

1. 金属门窗框锚固与嵌缝不规范

规范标准要求　《建筑装饰装修工程质量验收标准》（GB 50210）第6.3.7条规定：金属门窗框与墙体之间的缝隙应填嵌饱满，并应采用密封胶密封，密封胶表面应光滑、顺直、无裂纹。

质量问题

（1）现象

① 门窗框变形，铝合金被腐蚀，门窗周围出现缝隙，影响使用功能。

（2）原因分析

① 在铝合金门窗框与洞口墙体间的缝隙内用水泥砂浆嵌填。铝合金型材与水泥砂浆膨胀系数不同，当温度升高时，铝合金膨胀，门窗框变形，门窗扇开启困难；当温度降低时，铝合金收缩，在门窗框与洞口墙体间出现缝隙。

② 铝合金与水泥砂浆直接接触，碱性物质对铝合金会造成腐蚀。

③ 周围缝隙会造成冷热交换，产生结露

正确做法及防治措施

（1）防治措施

① 铝合金门窗框与洞口墙体之间应采用柔性连接，其间隙可用聚氨酯发泡胶填实、封严。

② 在施工中，不应损坏铝合金上的保护膜。

③ 如表面沾污了水泥砂浆，应随时擦干净。

2. 防火门安装不规范

规范标准要求　《建筑装饰装修工程质量验收标准》（GB 50210）第6.5.5条规定要求：特种门的配件应齐全，位置应正确，安装应牢固，功能应满足使用要求和特种门的性能要求。

质量问题

（1）现象

① 防火门闭门器安装不规范。

② 门框安装螺丝孔未加盖装饰盖。

③ 门框内未灌砂或防火材料。

④ 门上未粘贴防火合格标识牌。

（2）原因分析

① 防火门进场检验不彻底。

② 安装责任不明晰。

③ 防火合格标识保管不完善。

正确做法及防治措施

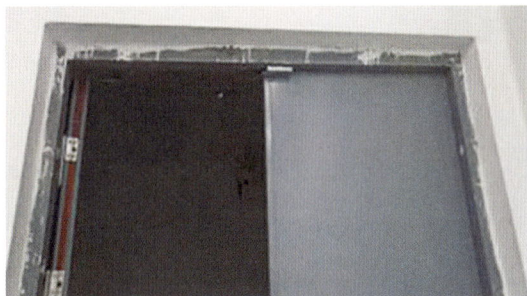

（1）防治措施

① 防火门应规范安装闭门器。

② 防火门框内应灌填防火材料，并加装装饰盖。

③ 防火门应粘贴防火合格标识牌。

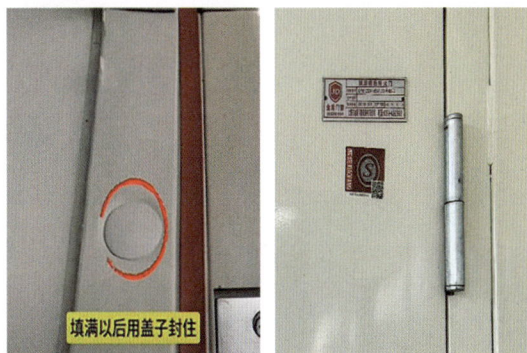

3.门套侧立面缝隙不均匀

规范标准要求	《建筑装饰装修工程质量验收标准》（GB 50210）第14.4.3条规定：门窗套表面应平整、洁净、线条顺直、接缝严密、色泽一致，不得有裂缝、翘曲及损坏。

质量问题

（1）现象
① 门套侧立面缝隙不均匀。
（2）原因分析
① 墙体立面不垂直，导致门套板与墙体结合处缝隙大。

正确做法及防治措施

（1）防治措施
① 安装门框时，提前测量墙体的垂直度偏差，超差者应对墙体进行找平处理。
② 必须确保门框安装垂直度。

4. 石材消防门开启角度不够

规范标准要　　求	《消火栓箱》（GB/T 14561）第5.5.3条规定： 箱门的开启角度不应小于160°。

质量问题

（1）现象

① 消防门标识不清晰、不明显。

② 消防门开启角度不足160°。

③ 门内未装饰。

（2）原因分析

① 合页选择不合适。

② 消防门应用红色标识。

正确做法及防治措施

（1）防治措施

① 采用石材装饰的消火栓必须采用红色标识清晰，并保证门扇可以打开160°以上，可以采取钢窗"长脚铰链"的做法。

② 必须确保门框安装垂直度。

③ 门内应采用板面装饰。

第四节 吊顶工程

一、一般规定

1. 吊杆超过1500mm，未设置反向支撑

规范标准要求	《建筑装饰装修工程质量验收标准》（GB 50210）第7.1.11条规定：吊杆距主龙骨端部距离不得大于300mm。当吊杆长度大于1500mm时，应设置反支撑。

质量问题

（1）现象

① 主龙骨方向不规范。

② 没有安装次龙骨。

③ 主龙骨悬挑端大于300mm。

④ 超过1500mm无反向支撑。

（2）原因分析

工序验收不规范，未对下列隐蔽工程项目进行验收：

a. 吊顶内管道、设备的安装及水管试压。

b. 木龙骨防火、防腐处理。

c. 预埋件或拉接筋。

d. 吊杆安装。

e. 龙骨安装。

f. 填充材料的设置。

正确做法及防治措施

（1）防治措施

① 吊顶工序验收时应对下列隐蔽工程项目进行验收：

a. 吊顶内管道设备安装水管试压。

b. 木龙骨防火、防腐处理。

c. 预埋件或拉接筋。

d. 吊杆安装，含反向支撑安装。

e. 龙骨安装，分主龙骨、次龙骨应分别验收。

f. 填充材料的设置

② 主龙骨方向应为短轴方向，间距应符合设计要求，原则上在1200mm～1500mm之间。

③ 次龙骨应沿长轴方向，固定石膏板时，间距一般不应大于600mm。

④ 主龙骨悬挑端不大于300mm。

⑤ 吊杆超过1500mm时应设置反向支撑，一般采用4m×4m左右木撑，4m间距梅花形布置。

2. 吊顶上部为网架、钢屋架或吊杆长度大于2500mm，未设置转换层

规范标准要求	《建筑装饰装修工程质量验收标准》（GB 50210）第7.1.14条规定：吊杆上部为网架、钢屋架或吊杆长度大于2500mm时，应设有钢结构转换层。

质量问题

（1）现象

① 吊杆上部为网架、钢屋架或吊杆长度大于2500mm时，未设钢结构转换层。

② 吊顶内设备无检修通道。

（2）原因分析

① 未进行吊顶布置整体策划。

② 未组织吊顶二次深化设计。

正确做法及防治措施

（1）防治措施

① 吊杆上部为网架、钢屋架或吊杆长度大于2500mm时，应设钢结构转换层。

② 大型剧场、会议厅吊顶内应设置转换层，方便吊顶内设备灯具等维修。

③ 饰面板上的灯具、烟感器、喷淋头、风口篦子等设备的位置应合理、美观，与饰面板的交接应吻合、严密，尽可能做到居中布置。

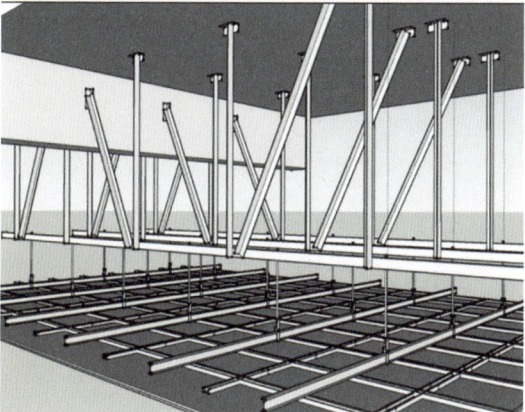

3. 吊顶拱度不均匀，成波浪形

规范标准 要　　求	《建筑装饰装修工程质量验收标准》（GB 50210）第7.2.1条规定： 吊顶标高、尺寸、起拱和造型应符合设计要求。

质量问题

（1）现象

① 吊顶拱度不均匀，成波浪形。

（2）原因分析

① 未严格按照设计的拱度进行吊顶的二次设计、未进行实测实量，吊杆与龙骨未按实际位置与尺寸实测实量后下料与安装。

正确做法及防治措施

（1）防治措施

① 吊顶前，须根据房间的具体情况和设计的具体拱度要求进行二次设计与布局，经过实测实量后，对布局、吊杆与龙骨的位置与尺寸进行调整，以达到设计要求的拱度，避免吊杆尺寸偏差大，避免面板产生波浪形，影响美观。

② 两个平面相交才能产生一条直线。所谓阴阳角顺直，就是指要把两个相接面做平了，才有顺直的阴阳角。

③ 横成排、竖成行 、斜成线。要做到斜成线必须保证平。必须保证主龙骨平、次龙骨都平。

二、整体面层吊顶工程

1. 纸面石膏板转角处开裂、与墙面接缝处开裂

规范标准要求	《建筑装饰装修工程质量验收标准》（GB 50210）第7.2.5条规定：石膏板、水泥纤维板的接缝应按其施工工艺标准进行板缝防裂处理。

质量问题

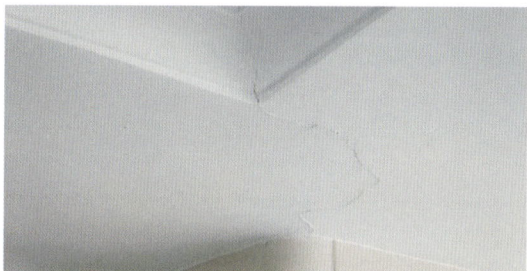

（1）现象

① 纸面石膏板转角处开裂。

（2）原因分析

① 板缝处未做防裂的处理，未贴防裂纸、未加防裂网布。

正确做法及防治措施

（1）防治措施

① 纸面石膏板吊顶与墙面交接部位留置凹槽，可以有效避免面板与墙体间开裂。

② 为了防止吊顶面板在接缝处开裂，应特别注意要加强龙骨的整体刚度，只有龙骨变形小才能保证面板不开裂。对于大面积、大空间的吊顶应设置专门的钢框架来固定龙骨，保证龙骨刚度。

③ 应做到以下几点：

a. 板材应在无应力状态下进行固定，防止出现弯棱凸鼓现象。

b. 装饰板的长边（即仓封边）应沿纵向龙骨铺设。

c. 固定石膏板的次龙骨间距一般不应大于600mm。

d. 钉距以150mm～170mm为宜，螺钉应垂直；弯曲、变形的钉子应除去，并在间隔50mm处补钉一枚。

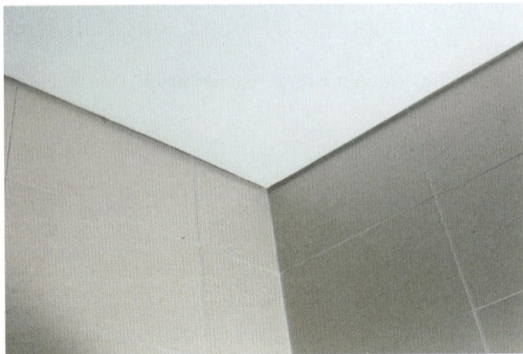

e. 安装装饰板时，面层板与基层板的接缝应错开，不允许在同一根龙骨上接缝。

f. 装饰板与龙骨固定，应从一块板块的中间部位向四边固定，不允许多点同时作业。

g. 螺钉的深度应略入纸面板为宜，钉眼应除锈，并用石膏、腻子抹平。

h. 检查龙骨刚度是否得到加强，办法是在龙骨施工完成后、上面板之前，增加一道隐蔽验收，即用木方对龙骨敲击。如果敲击声一致，则龙骨顶撑到位；反之则顶撑不到位，应加强。

④ 有错层构造吊顶的拐角处因应力集中，容易产生45°斜裂缝，控制方法也是加强龙骨刚度，增强吊顶的抗裂能力。

⑤ 纸面石膏板、硅钙板等易于吸湿下挠的吊顶板材，应注意其使用范围，湿度大的地方尽量不用。也可以将板材做成加肋的形式，改吊顶板材的双向板为单向板，提高其抗变形能力。

⑥ 板缝处容易开裂，须在板缝处加贴防裂的网布或者防裂纸，防止开裂。

质量提升

① 通风、消防喷淋、灯具等外露口均居于吊顶块材中心。

② 吊顶板材无小于1/2宽的块材。

③ 吊顶与墙面交接处用不同颜色材料镶边，或做内凹造型。

④ 圆柱、圆形阳台边镶150mm～200mm宽边。

三、板块面层吊顶工程

1. 矿棉吸音板吊顶造型不对称，存在不完整的小半块面板

规范标准要求	《建筑装饰装修工程质量验收标准》（GB 50210）第7.2.7条规定：面板上的灯具、烟感器、喷淋头、风口算子和检修口等设备设施的位置应合理、美观，与面板的交接应吻合、严密。

质量问题

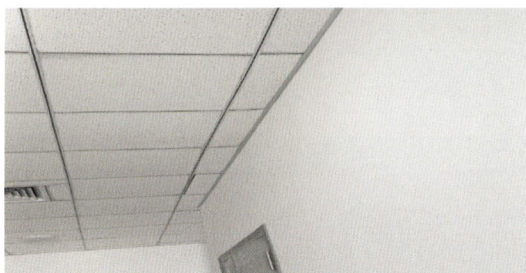

（1）现象
① 吊顶造型不对称。
② 罩面板布局不合理，存在不完整的小半块吊顶面板。
③ 面板不平整。
④ 烟感、喷淋、风口位置不合理。

（2）原因分析
① 未根据吊顶布置整体策划。
② 未根据吊顶房间的具体尺寸情况，对吊顶造型进行二次深化平面布局设计。
③ 未进行工序之间协调，面板上灯具、烟感、风口等设备设施布局不合理。

正确做法及防治措施

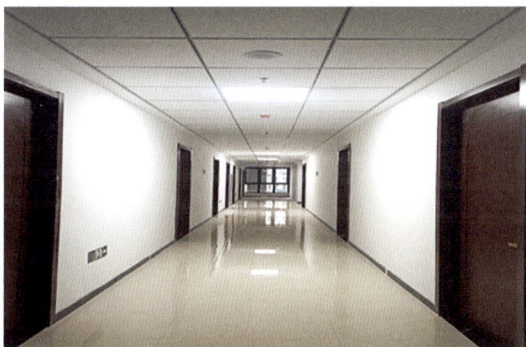

（1）防治措施
① 暗龙骨吊顶工程的吊杆、龙骨和饰面材料的安装必须牢固。
② 饰面材料表面应洁净、色泽一致，不得有翘曲、裂缝及缺损。压条应平直、宽窄一致。
③ 饰面板上的灯具、烟感器、喷淋头、风口篦子等设备的位置应合理、美观，与饰面板的交接应吻合、严密，尽可能做到居中布置。
④ 无法错开的小半块面板采用石膏板通体布置。

2. 吊顶与设备衔接不吻合，灯具、烟感器、喷淋头、通风口未成排成线

<table>
<tr><td>规范标准
要　求</td><td>《建筑装饰装修工程质量验收标准》（GB 50210）第7.2.7条规定：
面板上的灯具、烟感器、喷淋头、风口箅子和检修口等设备设施的位置应合理、
美观，与面板的交接应吻合、严密。</td></tr>
</table>

质量问题

（1）现象

① 吊顶与设备衔接不吻合，灯具、烟感器、喷淋头、通风口不成排成线。

（2）原因分析

① 吊顶前，未进行各种设备设施的平面布局设计，未将吊杆、龙骨的位置与各设备设施相互错开，产生位置冲突，造成不成排，布局不美观。

② 未合理安排工序协调与互动，没有施工策划。

正确做法及防治措施

（1）防治措施

① 吊顶前，须进行吊顶平面布局二次深化设计，保证布局美观。将各种设备设施的位置确定后，根据实际位置情况布局吊杆、龙骨的位置，避免产生冲突。

② 合理安排工序协调与互动，保证各种设备设施的位置、标高与吊顶相吻合。

3. 边龙骨与吊顶板间缝隙不均匀，未打胶处理

规范标准要求	《建筑装饰装修工程质量验收标准》（GB 50210）第7.3.6条规定：面层材料表面应洁净、色泽一致，不得有翘曲、裂缝及缺损。面板和龙骨的搭接应平整、吻合，压条应平直、宽窄一致。

质量问题

（1）现象

① 边龙骨与吊顶板间缝隙不均匀，未打胶处理。

（2）原因分析

① 墙体不平整，边龙骨与墙之间有缝隙。

② 边龙骨不顺直、不平整。

③ 把边吊顶板较小，重量轻，不能与边龙骨贴合。

正确做法及防治措施

（1）防治措施

① 边龙骨卡片应卡紧板面。

② 原则上不使用小于1/2的板面。

③ 龙骨与墙面间、龙骨与吊顶板间应打胶处理。

四、格栅吊顶工程

1. 格栅吊顶不装次龙骨，整体不平整

规范标准要 求	《建筑装饰装修工程质量验收标准》（GB 50210）第7.4.10条规定：格栅吊顶工程安装的允许偏差和检验方法应符合表7.4.10的规定。

质量问题

（1）现象

① 格栅吊顶不装次龙骨，整体不平整。

② 没装次龙骨，造成吊顶内线管无处依托，布线混乱。

（2）原因分析

① 监管不力，吊顶多为外包项目，偷工减料。

② 主龙骨间距大，且没有次龙骨不能够整体编制成网格，难以控制标高和起拱幅度。

③ 因为没有次龙骨，主龙骨游走幅度大，观感差。

④ 直接安装格栅板，其与龙骨固定点间距大，使格栅板局部有下垂现象，导致不平整。

正确做法及防治措施

（1）防治措施

① 主、次龙骨应分别作为工序独立验收。

② 格栅吊顶一般开间较大，应保证吊杆高度超过1500m时每4m见方增加反向支撑。

③ 阴阳角处，相交两个面板必须保证顺直平整，才能保证阴阳角线顺直。

④ 横成排、竖成行、斜成线。要做到斜成线必须保证水平度，必须保证主次龙骨平直。

第五节　墙面饰面砖工程

1. 地砖上墙，面砖空鼓

规范标准要 求	《建筑装饰装修工程质量验收标准》（GB 50210）第10.2.4条规定：满粘法施工的内墙饰面砖应无裂缝，大面和阳角应无空鼓。

质量问题

（1）现象

① 地砖上墙，面砖空鼓。随着时间的推移，范围逐渐扩大，门边洞口松动脱落。

② 墙面贴通体砖，空鼓。

（2）原因分析

① 基层底面未清理干净，未湿润。

② 未提前一天在墙面与地砖背面涂刷背胶。

③ 未使用通体砖专用胶泥粘贴。

正确做法及防治措施

（1）防治措施

① 基层底面应清理干净，如果是原装饰墙面上改贴墙砖，应铲除抹灰层，露出原结构层，刷背胶后，重新打底。

② 粘贴前在墙面与地砖背面均匀涂刷一遍背胶。

③ 采用通体砖专用胶泥粘贴。

④ 采用点状连接法粘贴，墙面胶泥用锯齿抹刀划横纹，砖面胶泥用锯齿抹刀划竖纹，粘贴保证垂直度即可，不宜过度锤击，保证点状粘牢。

⑤ 砖缝宜为2mm。粘贴完工一周后，可美缝处理。

第六节　细部工程

1. 落地窗无防护栏杆

《住宅设计规范》（GB 50096）第6.1.1条规定：

楼梯间、电梯厅等共用部分的外窗，窗外没有阳台或平台，且窗台距楼面、地面的净高小于0.9m时，应设置防护设施。

《民用建筑设计统一标准》（GB 50352）第6.11.6条第3项、第4项规定：

公共建筑临空外窗的窗台距楼地面净高不得低于0.8m，否则应设置防护设施，防护设施的高度由地面起算不应低于0.8m；居住建筑临空外窗的窗台距楼地面净高不得低于0.9m，否则应设置防护设施，防护设施的高度由地面起算不应低于0.9m。

质量问题

（1）现象

① 落地窗无栏杆防护。

（2）原因分析

① 设计遗漏或施工未熟悉图纸，导致落地窗处未安装防护栏杆。

正确做法及防治措施

（1）防治措施

① 认真审图，防止设计遗漏。

② 公共建筑落地窗安装≥0.8m的护栏；居住建筑落地窗安装≥0.9m的护栏。

2.楼梯间顶层平台无挡水沿、栏杆立杆未落在转角平台上，楼梯栏杆高度不规范

规范标准要求

《住宅设计规范》（GB 50096）第 6.1.2 条规定：

公共出入口台阶高度超过 0.70m 并侧面临空时，应设置防护设施，防护设施净高不应低于 1.05m。

《民用建筑设计统一标准》（GB 50352）第 6.7.3 条规定：

阳台、外廊、室内回廊、内天井、上人屋面及室外楼梯等临空处应设置防护栏杆，并应符合下列规定：当临空高度在 24.0m 以下时，栏杆高度不应低于 1.05m；当临空高度在 24.0m 及以上时，栏杆高度不应低于 1.1m。上人屋面和交通、商业、旅馆、医院、学校等建筑临开敞中庭的栏杆高度不应小于 1.2m。

《民用建筑设计统一标准》（GB 50352）第 6.8.8 条规定：

室内楼梯扶手高度自踏步前缘线量起不宜小于 0.9m。楼梯水平栏杆或栏板长度大于 0.5m 时，其高度不应小于 1.05m。

质量问题

（1）现象

① 楼梯间顶层平台无挡水沿。

② 栏杆转角立柱未安装在转角平台上。

③ 栏杆高度不足。

（2）原因分析

① 未认真看图纸，未按图施工。

② 对楼梯栏杆安装要求不了解。

正确做法及防治措施

（1）防治措施

① 楼梯间顶层平台应设置挡水沿。

② 楼梯栏杆在转角处，栏杆立杆应安装在转角平台上，避免天井处临空。

③ 在阳台、外廊、室内回廊、内天井、上人屋面及室内外楼梯等临空处应设置防护栏杆，并应符合下列规定：

a. 栏杆应以坚固、耐久的材料制作，并能承受相关国家标准规定的水平荷载。

b. 当临空高度在 24.0m 以下时，栏杆高度不应低于 1.05m；当临空高度在 24.0m 及以上时，栏杆高度不应低于 1.1m。上人屋面和交通、商业、旅馆、医院、学校等建筑临开敞中庭的栏杆高度不应小于 1.2m。

④ 室内楼梯扶手高度自踏步前缘线量起不宜小于 0.9m。楼梯水平栏杆或栏板长度大于 0.5m 时，其高度不应小于 1.05m。

3. 楼梯踏步级数、高度不规范

规范标准 要　求	《民用建筑设计统一标准》（GB 50352）第6.8.5条规定： 每个梯段的踏步级数不应少于3级，且不应超过18级。

《民用建筑设计统一标准》（GB 50352）第6.7.1条第1～3项规定：

公共建筑室内外台阶踏步宽度不宜小于0.3m，踏步高度不宜大于0.15m，且不宜小于0.1m；踏步应采取防滑措施；室内台阶踏步数不宜少于2级，当高差不足2级时，宜按坡道设置。

质量问题

（1）现象

① 踏步级数不规范。

② 踏级高度小于0.1m或大于0.15m。

（2）原因分析

① 未认真看图纸，未按图施工。

② 对楼梯踏步要求不了解。

正确做法及防治措施

（1）防治措施

① 每个梯段的踏步级数不应少于3级，且不应超过18级。

② 公共建筑室内外台阶踏步宽度不宜小于0.3m，踏步高度不宜大于0.15m，且不宜小于0.1m；踏步应采取防滑措施；室内台阶踏步数不宜少于2级，当高差不足2级时，宜按坡道设置。

第七节 质量提升措施

1. 装饰策划要点一

细部策划 要　　点	在满足规范要求为前提下，提升工程质量，满足品质要求

装饰策划要点	

卫生间吊顶铝板与墙砖缝对齐

墙面砖缝与地面砖缝对齐

① 拼缝策划做到"一条缝到底、一种缝到边、整层交圈、整幢交圈"，避免错缝、乱缝和小半砖现象。

洗面台侧板与砖缝对齐

洗面台下口与砖缝对齐

卫生间隔断与砖缝对齐

开关插座面板与砖缝对齐

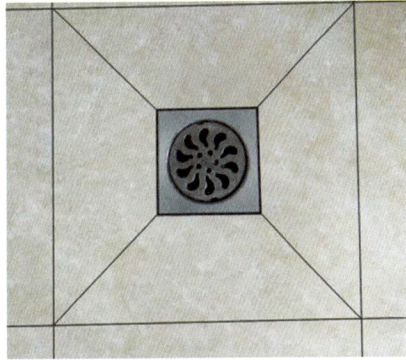

地漏居中

2. 装饰策划要点二

| 细部策划要点 | 在满足规范要求为前提下，提升工程质量，满足品质要求 |

装饰策划要点

残疾人扶手与砖缝对齐

感应器面板与砖缝对齐

① 三同缝：墙砖、地砖、吊顶的经纬线对齐。三维对缝，使地砖拼缝模数与隔墙厚度、墙砖模数一致或对应起来。

装饰镜上口与砖缝对齐

蹲台砖缝与地面、墙面砖缝对齐

毛巾架与砖缝对齐

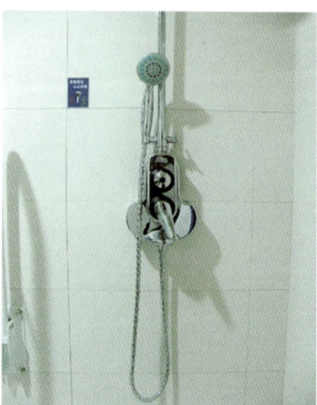

温馨提示牌与砖缝对齐

蹲便器居中，高出地坪5mm

3. 装饰策划要点三

细部策划 要　　点	在满足规范要求为前提下，提升工程质量，满足品质要求

装饰策划要点

小便斗居中

小便斗感应器居中

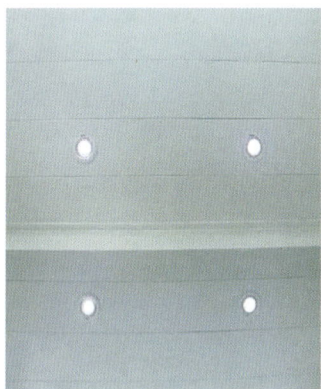

灯具居中

毛巾架居中

淋浴器喷头居中

排风口居中

① 六对齐：洗脸台板上口与墙砖对齐；台板立面挡板与墙砖对齐；镜子上下水平缝对齐，两侧对称，竖缝对齐；门上口和水平缝，立框和砖模数对齐；小便器、落地式冲水阀两边和竖缝对齐；电器开关、插座，上口水平缝对齐。

第八节　节能工程

1. 聚苯板墙体保温层脱落

规范标准要求	《建筑节能工程施工质量验收标准》（GB 50411）第4.2.7条第2项规定：保温板材与基层之间及各构造层之间的粘接或连接必须牢固。保温板材与基层的连接方式、拉伸粘接强度和粘接面积比应符合设计要求。保温板材与基层之间的拉伸粘接强度应进行现场拉拔试验，且不得在界面破坏。粘接面积比应进行剥离检验。

质量问题

（1）现象

① 聚苯板外墙外保温层脱落，存在不安全因素和质量隐患。

（2）原因分析

① 保温层整洁面积不足30%。

② 粘接中发生流挂造成空粘或虚粘。

③ 对负风压抵抗措施采用不合理，如采用非钉粘接等不合理的粘接措施。

正确做法及防治措施

（1）防治措施

① 在施工时控制粘接面积。

② 对使用的粘接材料不要过多加水。

③ 对现场墙基面进行界面处理。

④ 对正负风压较大地区，采用粘接及铆钉加固共用的防护措施，并尽量提高粘接面积。

2. 节能建筑底层勒脚处保温层受冻产生空鼓、脱落

<table>
<tr><td>规范标准
要　　求</td><td>《建筑节能工程施工质量验收标准》（GB 50411）第4.2.7条第2项规定：
保温板材与基层之间及各构造层之间的粘接或连接必须牢固。保温板材与基层的连接方式、拉伸粘接强度和粘接面积比应符合设计要求。保温板材与基层之间的拉伸粘接强度应进行现场拉拔试验，且不得在界面破坏。粘结面积比应进行剥离检验。</td></tr>
</table>

质量问题

（1）现象

① 勒脚保温层空鼓，整体脱落。

（2）原因分析

勒脚属于溅水区，雨季时水常积聚且潮气严重。冬期背阳处受冻，造成勒脚保温层空鼓，整体脱落。

正确做法及防治措施

（1）防治措施

① 勒脚高于散水坡，应考虑在保温层背面作防水处理，防水层高出零平面30cm，以防止水从地下沿着外墙渗透进保温层。

② 建筑物勒脚部分采用石材挂贴。

第五章

屋面工程

第一节　基层与保护工程

1. 大型屋面找坡不准，有明显积水

规范标准要求
《屋面工程质量验收规范》（GB 50207）第3.0.12条规定：
屋面防水工程完工后，应进行观感质量检查和雨后观察或淋水、蓄水试验，不得有渗漏和积水现象。

质量问题

（1）现象
① 找平层施工后经泼水实验，发现水落管周围排水不畅，纵向排水坡度不足，长期存水会导致渗漏。

（2）原因分析
① 屋面排水坡度不符合要求。
② 屋面排水未有效划分排水区域。
③ 檐沟部位纵向长度长，坡度控制不严。
④ 找平层与山墙、女儿墙以及突出屋面的结构交接处，以及基础转角处，未做成圆弧形。

正确做法及防治措施

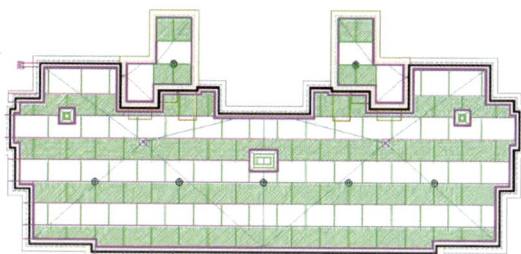

划分排水区域，灰饼控制标高

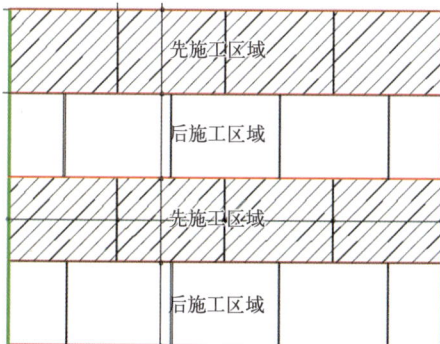

预埋方钢分缝，单元式分区域找平施工

（1）防治措施
① 屋面应划分排水分区，确定排水线路，保证排水通畅简洁，各雨水口负荷均匀。
② 檐沟、天沟纵向坡度不应小于1%，结构找坡不应小于3%，材料找坡宜为2%，檐沟沟底水落差不得超过200mm。
③ 屋面找平层施工时，应在相应位置冲筋设立基准点。可预埋15mm×20mm方钢分格条后，按照单元式分区域施工方法，找平施工。
④ 卷材防水层的基层（找平层）与突出屋面结构的交接处，以及基层的转角处，找平层应做成圆弧形，且应整齐平顺。

泛水简易磨成弧形

4m见方分格

质量提升

主轴设1道～2道倒流槽，设一道时在雨水口处连通

找平层伸缩缝应规范设置

中心设1道导流槽完工后图片

设2道导流槽完工后图片

① 方形大面积屋面找坡时，由于坡向较长，会影响观感效果。可以深化设计，沿轴线十字向，增加排水导流槽，降低屋面找坡起伏，提升观感效果。

② 排水明沟部位因为有主梁保护，保温层只保证明沟底1%找坡效果即可。

③ 根据屋面宽度，纵向可设一道或两道倒流槽。设一道时在雨水口位置作横向连接。设两道时，设在靠近雨水管口轴线上。

④ 导流槽在找坡之前先用小型砌块砌筑，沟底找坡与保温层一起施工，防水层整体施工，导流槽盖板与屋面保护层整体策划，后再行施工。

2. 找平层分格缝不规范，开裂、隆起

规范标准要求 《屋面工程质量验收规范》（GB 50207）第4.2.9条规定：
找平层分格缝的宽度和间距，均应符合设计要求。
第4.2.4规定：
找平层分格缝纵横间距不宜大于6m，分格缝宽度宜为5mm ～ 20mm。

质量问题

找平层隆起

找平层规则性开裂

找平层不规则开裂

（1）现象

① 找平层普遍出现不规则裂纹，主要出现在有保温层的水泥砂浆找平层上，裂纹宽度在0.2mm ～ 0.5mm，后期裂纹处较容易引起防水卷材开裂。

② 找平层上出现纵横向有规则裂纹，裂纹间距在4m ～ 6m左右。温度过高时，甚至会在接缝处隆起。

（2）原因分析

① 屋面找平层施工时，未预先埋设分隔条，一次性整体铺设找平层，后期切缝时间不及时、深度未通透、宽度不达标、纵横方向未到边，温度变形应力无处释放。

② 找平层与山墙、女儿墙、突出屋面的其他物体间，未设置分格缝。墙体对找平层膨胀形成约束，找平层出现不规则裂纹。

③ 保温材料与水泥砂浆两种材料的线膨胀系数相差较大。

④ 在板状材料保温层上采用水泥砂浆找平层，其刚度和抗裂性明显不足。

正确做法及防治措施

单元式分区施工

找平层成型

（1）防治措施

① 屋面找平层施工时，宜按照控制标高点，拉线埋15mm×20mm方钢分格条，再行找平层施工。

② 找平层施工按照单元式分区域施工方法施工，避免因施工面积过大，造成压面不及时，出现施工裂纹。

③ 找平层分格缝间距应符合设计要求，没要求时纵横间距不宜大于6m，建议取值为4.5m。分格缝宽度宜为5mm～20mm，建议取值20mm。

④ 找平层与山墙、女儿墙、突出屋面的其他物体间，均需设置分格缝，分格缝宽度宜为5mm～20mm，建议取值20mm。

⑤ 分隔条拆除后，及时采用防水胶泥封堵。

3. 找平层厚度不一，起砂、起皮

<table>
<tr><td>规范标准
要　　求</td><td>《屋面工程质量验收规范》（GB 50207）第4.2.7条规定：找平层应抹平、压光，不得有酥松、起砂、起皮现象。</td></tr>
</table>

第4.2.4条规定：

找平层分格缝纵横间距不宜大于6m，分格缝宽度宜为5mm～20mm。

质量问题

（1）现象

① 找平层施工后，砂浆找平层表面出现不同颜色和分布不均的砂粒，有时表面水泥砂浆会出现成片脱落或有起皮、起鼓现象。

（2）原因分析

① 保温层强度较低，施工踩踏后高低不平，导致找平层厚度不均。

② 泵送找平层砂浆时，对保温层直接冲击，造成找平层砂浆中掺杂了保温层材料，造成找平层砂浆强度不达标。

③ 找平层施工时抹压不实，养护不良。

④ 找平层施工后，保护不及时，被雨水冲刷。

⑤ 找平层未分单元施工，水泥砂浆在收水后，施工人员无处踩踏，不能及时进行二次收面压光。

正确做法及防治措施

预埋方钢分缝，单元式分区施工找平

（1）防治措施

① 屋面找平层施工时，应在相应位置冲筋设立基准点。可预埋15mm×20mm方钢分格条后，单元式分区域找平施工。

② 泵送砂浆不应直接冲击保温层，应设置防冲击铁皮过度。

③ 水泥砂浆摊铺前，屋面应洒水湿润，摊铺均匀。

④ 水泥砂浆宜采用木靠尺刮平，用木抹子初压，并应在初凝收水后及时用铁抹子二次压实和抹光。

⑤ 由于找平层一般带有坡度，电动圆盘抹光必须与人工压光配合施工。

⑥ 基层与突出屋面结构的交接处，以及基层的转角处，找平层应做成圆弧形，且应整齐平顺。如果屋面有刚性保护层，找平层圆弧可以作小弧度简易过渡。

4. 基层转角处，未做成圆弧形

<table>
<tr><td>规范标准
要　　求</td><td>《屋面工程质量验收规范》（GB 50207）第4.2.8条规定：卷材防水层的基层与突出屋面结构的交接处，以及基层的转角处，找平层应做成圆弧形，且应整齐平顺。</td></tr>
</table>

质量问题

（1）现象

① 找平层施工时，直接采用垂直过渡。没有圆弧形过渡，会造成防水卷材作90°弯折，极易发生断裂漏水。

（2）原因分析

① 圆弧形转角施工耗时耗力又耗材，且需要施工人员有较高的技术能力。施工单位客观上不愿意投入。

② 没有可靠的施工技术措施，施工效果也并不美观。

③ 未考虑"卷材防水层的基层与突出屋面结构的交接处，以及基层的转角处，找平层应做成圆弧形，且应整齐平顺"的规定。

正确做法及防治措施

通风口、泛水处施工成品照片

（1）防治措施

① 屋面找平层施工时，应优先完成转角处圆弧形过渡层施工，并在过渡层外设置伸缩缝。

② 圆弧型过渡层施工时，应每3m设置一道伸缩缝。伸缩缝隔板可以做成定形线架，保证弧度一致，美观大方。

5. 保护层开裂、起壳、起砂

《屋面工程质量验收规范》（GB 50207）第4.5.2条规定：用块体材料做保护层时，宜设置分格缝，分格缝纵横间距不应大于10m，分格缝宽度宜为20mm。第4.5.3条规定：用水泥砂浆做保护层时，表面应抹平压光，并应设表面分格缝，分格面积宜为1m²。第4.5.5条规定：块体材料、水泥砂浆或细石混凝土保护层与女儿墙和山墙之间，应预留宽度为30mm的缝隙，缝内宜填塞聚苯乙烯泡沫塑料，并应用密封材料嵌填密实。

质量问题

（1）现象

① 水泥砂浆、细石混凝土保护层表面出现开裂、起壳、起砂现象。

（2）原因分析

① 水泥砂浆保护层分格面积远大于规范规定的1m²，由于季节性温差较大，温度变形无处释放，出现开裂、起壳、隆起的现象。

② 砂浆或混凝土保护层施工抹压、收光不好，施工早期未覆盖养护，干燥脱水，出现长度不等的断续裂纹。

③ 刚性保护层长期暴露在大气中，且屋面承受日晒雨淋，混凝土面层会出现碳化现象。

④ 保护层未分单元施工，水泥砂浆及混凝土在收水后，施工人员无处踩踏，无法及时进行二次收面压光。

正确做法及防治措施

（1）防治措施

① 基层与突出屋面结构的交接处，以及基层的转角处，保护层应做成圆弧形，且应整齐平顺。

② 屋面保护层施工时，应在相应位置先预埋15mm×40mm方钢分格条，然后单元式分区域施工。

③ 由于水泥砂浆更容易开裂，建议尽量采用细石混凝土，或者采用小型面砖粘贴。

④ 水泥砂浆宜采用木靠尺刮平，用木抹子初压，并应在初凝收水后及时用铁抹子二次压实和抹光。

⑤ 应优先施工基础与突出屋面结构处的圆弧形过渡。

⑥ 用块体材料做保护层时，宜设置分格缝，分格缝纵横间距不应大于10m，分格缝宽度宜为20mm。用水泥砂浆做保护层时，表面应抹平压光，并应设表面分格缝，分格面积宜为1m²。块体材料、水泥砂浆或细石混凝土保护层与女儿墙和山墙之间，应预留宽度为30mm的缝隙，缝内宜填塞聚苯乙烯泡沫塑料，并应用密封材料嵌填密实。

6. 刚性保护层推裂山墙、女儿墙

| 规范标准
要　　求 | 《屋面工程质量验收规范》（GB 50207）第4.5.2条规定： |

用块体材料做保护层时，宜设置分格缝，分格缝纵横间距不应大于10m，分格缝宽度宜为20mm。

第4.5.3条规定：

用水泥砂浆做保护层时，表面应抹平压光，并应设表面分格缝，分格面积宜为1m²。

第4.5.5条规定：

块体材料、水泥砂浆或细石混凝土保护层与女儿墙和山墙之间，应预留宽度为30mm的缝隙，缝内宜填塞聚苯乙烯泡沫塑料，并应用密封材料嵌填密实。

质量问题

（1）现象

① 刚性保护层热膨胀推裂女儿墙，屋面防水渗漏。

（2）原因分析

① 用块体材料做保护层时，分格缝宽度小于20mm；用水泥砂浆做保护层时，表面分格缝分格面积大于1m²；块体材料、水泥砂浆或细石混凝土保护层与女儿墙和山墙之间，未预留宽度为30mm的缝隙，造成保护层热膨胀应力无处释放，推裂女儿墙与山墙。

② 由于女儿墙位移，拉裂泛水处防水，雨水顺女儿墙面裂纹渗入防水层下保温层中，导致屋面渗漏。

正确做法及防治措施

（1）防治措施

① 用块体材料做保护层时，宜设置分格缝，分格缝纵横间距不应大于10m，分格缝宽度宜为20mm；用水泥砂浆做保护层时，表面应抹平压光，并应设表面分格缝，分格面积宜为1m²；块体材料、水泥砂浆或细石混凝土保护层与女儿墙和山墙之间，应预留宽度为30mm的缝隙，缝内宜填塞聚苯乙烯泡沫塑料，并应用密封材料嵌填密实。

② 保护层尽量不采用水泥砂浆，采用块体材料时，分格缝以4m～6m为宜。

第二节　保温与隔热工程

1. 保温层排气措施不当

规范标准要　求	《屋面工程技术规范》（GB 50345）第4.4.5条规定： 屋面排汽构造设计应符合下列规定：

1. 找平层设置的分格缝可兼作排汽道，排汽道的宽度宜为40mm。

2. 排汽道应纵横贯通，并应与大气连通的排汽孔相通，排汽孔可设在檐口下或纵横排汽道的交叉处。

3. 排汽道纵横间距宜为6m，屋面面积每36m² 宜设置一个排汽孔，排气孔应作防水处理。

质量问题

未设排气孔

（1）现象

① 找平层局部隆起，防水层损坏。

② 屋面发生渗漏，渗漏点与防水层损坏点位置不对应。

③ 反复修，反复漏，无法根治。

（2）原因分析

① 保温层施工时含水率一般超过该材料自然风干状态下的平衡含水率，晾干时间不足，或者气候不允许而急需作屋面找平层和防水层时，宜采取排气措施。排气道和排气孔设置不妥，常会使保温层内水分因气温升高和阳光暴晒而不能顺利排除出，气体膨胀将找平层隆起，局部拉裂防水层。

② 防水层局部损坏，发现不及时，会造成雨水进入保温层，造成屋面渗漏，且难以确定渗漏点，使整体屋面防水体系崩溃。

③ 排气道未与保温层连通，排气道与排气孔不符合设计要求。

④ 伸出屋面的排气管未能做好根部防水处理和顶部防雨水处理。

⑤ 施工时将排气道和排水孔堵塞。

正确做法及防治措施

（1）防治措施

① 由于排气道与排气孔一般没有设计图，排气道和排气孔应按照左图示施工大样设置。

② 排气道应与保温层连通，排气道内可填塞通气性好的材料。

③ 施工时应确保排气道、排气孔不被堵塞。

④ 排气管底部应做好防水处理，顶部应做好防雨水处理。

⑤ 排气道应纵横贯通，间距宜为6m，屋面面积宜每36m² 设置一个排气孔。

⑥ 当屋面有其他功能性要求时，排气管可以通过管道引至女儿墙侧泛水上边，并暗装排气口。

2. 保温层含水率过高，防水层未损坏情况下板底面漏水

规范标准要求 《屋面工程质量验收规范》（GB 50207）第5.1.6条规定：保温材料使用时的含水率，应相当于该材料在当地自然风干状态下的平衡含水率。

质量问题

（1）现象

① 保温层含水率过高，虽然安装了排气孔，但由于气温低，保温层内水分在屋面板底呈点状向室内渗漏。

（2）原因分析

① 现浇泡沫混凝土施工时，为了操作方便，随意加水、浇水，使整体保温层含水过多，不易干燥。

② 保温层施工完成后，晾晒时间不足，或受雨水侵蚀。气候条件不允许时，匆忙做找平层与防水层，认为有了排气孔就可以解决保温层内含水率过高问题，结果是气温较低，保温层保水性能又好，水汽无法全部从排气孔排出，从屋面板薄弱处向室内渗漏。

正确做法及防治措施

（1）防治措施

① 现浇泡沫混凝土施工时应做到计量准确，严格控制其湿密度。

② 保温材料进场后应妥善保管，防止下雨受潮。

③ 封闭式保温层或卷材防水屋面保温层干燥有困难时，宜采取排气措施。排气道应纵横贯通，间距宜为6m，屋面面积宜每36m²设置一个排气孔。必要时增加临时排气孔，经过一个夏季高温排气后，拆除封堵。

（2）治理方法

在渗水处钻孔打穿屋面板，引流排水，结合屋面排气道，引排结合，有组织地排出泡沫混凝土中水分。引流排干时间有可能需要1个月以上。排尽后注胶封堵，二次粉刷。

第三节　防水与密封工程

1. 卷材鼓包

《屋面工程质量验收规范》（GB 50207）第6.2.13条规定：
卷材的搭接缝应粘接或焊接牢固，密封应严密，不得扭曲、皱折和翘边。
第6.2.6条第2项规定：
卷材表面热熔后应立即滚铺，卷材下面空气应排尽，并应辊压粘贴牢固。

质量问题

（1）现象
① 热熔法铺贴卷材时，下午铺贴，第二天上午阳光照射后出现起鼓现象。
② 冷粘法铺贴合成高分子防水卷材时卷材起鼓。
（2）原因分析
① 热熔法铺贴卷材时，加热温度不均匀，致使卷材与基层之间不能完全密贴，形成部分卷材起鼓。
② 热熔卷材铺贴时压实不紧，未及时进行滚压，残留的空气未能全部赶出，次日阳光暴晒，空气膨胀，卷材鼓包。
③ 冷粘卷材铺贴时，胶黏剂未充分干燥就急于铺贴卷材，使溶剂残留在卷材内部。另外铺贴后滚压不充分，残留空气未全部排出。

正确做法及防治措施

（1）防治措施
① 改性沥青防水卷材热熔法施工时，首先不能让喷枪火焰停留在一个地方时间太长，而应沿着卷材宽度方向缓慢移动，使卷材横向受热均匀；其次要求加热充分，温度适中；再次要掌握加热程度，以热熔后的沥青胶出现黑色光泽、发亮至稍有微泡现象为度。
② 卷材被热熔粘贴后，要在卷材尚处于较柔软状态时，就及时进行滚压。滚压时间可根据施工环境、气候条件调节掌握。气温高、冷却慢时，滚压时间宜稍迟；气温低、冷却快时，滚压宜提前。另外加热与滚压的操作要配合默契，使卷材和基层面紧密接触，排尽空气，粘贴牢靠。
③ 冷粘法铺贴必须按规定的用量均匀涂刷胶黏剂，掌握好胶黏剂的干燥时间。胶黏剂涂刷后，手感（指触）基本干燥时，即是铺贴卷材的最佳时间。卷材铺贴后滚压要充分。冷粘法，基层表面应平整、坚实、干净、干燥，不得在雨天、雪天或有雾时施工。
（2）治理措施
当卷材局部起鼓时，应用针扎眼抽出空气或溶剂，清理干净内部，再张贴比损伤部位外径大100mm以上的卷材。

2. 女儿墙、山墙泛水处卷材粘接不牢，日光暴晒后滑落

规范标准 要　求	《屋面工程质量验收规范》（GB 50207）第6.2.1条规定： 屋面坡度大于25%时，卷材应采取满粘和钉压固定措施。

第8.4.2条规定：

女儿墙和山墙的压顶向内排水坡度不应小于5%，压顶内侧下端应做成鹰嘴或滴水槽。

第8.4.3条规定：

女儿墙和山墙的根部不得有渗漏和积水现象。

第8.4.5条规定：

女儿墙和山墙的卷材应满粘，卷材收头应用金属压条钉压固定，并应用密封材料封严。

质量问题

（1）现象

① 卷材铺贴后，易在屋面转角、女儿墙山墙泛水处出现脱空，脱落等缺陷。

② 女儿墙山墙未作压顶，防水卷材包裹在外墙上部，卷材翘曲。

（2）原因分析

① 改性沥青防水卷材厚度较大，质地较硬，在屋面转角处及立面部位铺贴比较困难，加上屋面与墙面两个方向变形不一致和自重下垂等原因，常易出现脱空及粘接不牢现象。

② 由于气温较高，而改性沥青卷材又极易吸热，造成胶黏剂融化，卷材脱空。

③ 女儿墙山墙未作压顶，防水卷材末端无处固定而包裹在外墙上部，既污染墙面，又影响美观。卷材翘曲后，水汽进入防水层内部，存在渗漏风险。

正确做法及防治措施

（1）防治措施

① 立面铺贴的卷材应采用满粘法，并宜减少卷材短边搭接。泛水较高时，宜采用竖向铺贴，避免立面出现搭接接口。

② 卷材收头应采用金属压条固定于立墙的凹槽内，或固定于翻沿下，并用密封材料嵌填封严。

③ 女儿墙、山墙应作混凝土压顶，压顶向内排水坡度不应小于5%，压顶内侧下端做成鹰嘴或滴水槽。

3. 突出屋面的设备基础防水层施工未完全包裹

《屋面工程质量验收规范》（GB 50207）第8.10.3条规定：

设备基座与结构层相连时，防水层应包裹设施基座的上部，并应在地脚螺栓周围作密封处理。

第8.10.4条规定：

设备基座直接放置在防水层上时，设备基座下部应增设附加层，必要时应在其上浇筑细石混凝土，其厚度不应小于50mm。

质量问题

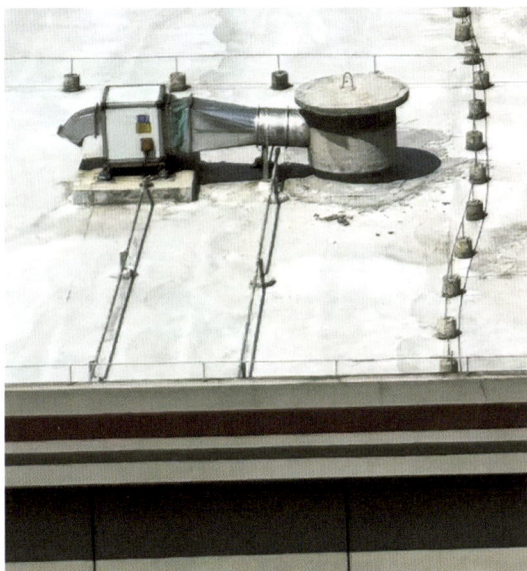

（1）现象

① 屋面设备基础侧立面二次抹灰层脱落，防水层脱空、剥离，屋面渗漏。

（2）原因分析

沥青卷材只包裹在设备基础侧立面，设备基础二次抹面虽然进行了包裹，但由于隔着防水层，二次抹面层受机械震动时，容易剥落。防水层受阳光暴晒脱空，造成雨水进入防水层下，形成渗漏。

正确做法及防治措施

（1）防治措施

① 屋面设备基座与结构层相连时，防水层应包裹设施基座的上部，并在基础上表面四周用金属压条钉压牢固，并用密封材料封严。

② 设备二次灌浆应将防水层全部包裹，并应进行二次抹面，将设备顶面及设备基础侧立面整体包裹。

第四节　瓦屋面及玻璃采光顶屋面

1. 玻璃采光顶屋面渗漏

规范标准 要　　求	《屋面工程质量验收规范》（GB 50207）第7.5.5条规定： 采光顶玻璃及其配套材料的质量，应符合设计要求。

第7.5.6条规定：

玻璃采光顶不得有渗漏现象。

第7.5.7条规定：

聚硅氧烷耐候密封胶的打注应密实、连续、饱满，粘接应牢固，不得有气泡、开裂、脱落等缺陷。

质量问题

（1）现象

① 玻璃采光顶遇雨水或冷凝水浸入发生渗漏。

（2）原因分析

① 采光顶所用的密封材料不符合现行材料标准要求。

② 采光顶玻璃采用镶嵌或胶粘组装方式时，制作质量和安装质量不符合要求。

③ 玻璃接缝密封材料的施工质量不符合要求。

④ 玻璃采光顶的防结露设计不规范，对采光顶内侧的冷凝水未采取控制、收集和排除的措施。

正确做法及防治措施

（1）防治措施

① 玻璃采光顶所使用的聚硅氧烷结构密封胶应进行硬度、拉伸粘接强度、相容性等项目检验。

② 密封胶的打注应均匀、密实、连续，胶缝应平整、光滑、宽度均匀，玻璃间的接缝宽度和密封胶的嵌填深度应符合设计要求。密封胶的施工温度应符合产品说明书规定，打胶前应使打胶面保持干净、干燥。

③ 屋面施工受气候和操作面影响，不确定因素较多，需确保施工环境与打胶条件满足要求，必须保证一次成活。

第五节　屋面细部构造

1. 檐口、檐沟防水收头处理不规范

《屋面工程质量验收规范》（GB 50207）第8.2.2条规定：

檐口的排水坡度应符合设计要求；檐口部位不得有渗漏和积水现象。

第8.2.3条规定：

檐口800mm范围内的卷材应满粘。

第8.2.4条规定：

卷材收头应在找平层的凹槽内用金属压条钉压固定，并应用密封材料封严。

第8.2.6条规定：

檐口端部应抹聚合物水泥砂浆，其下端应做成鹰嘴和滴水槽。

质量问题

（1）现象

① 檐口、檐沟部位发生渗漏现象。

② 檐口、檐沟板底出现雨水反流，污染檐板底部装饰面，甚至污染墙面。

（2）原因分析

① 檐口、檐沟是卷材防水最重要部位，卷材防水层的收头处理不好，防水层容易被大风掀起而造成渗漏。

② 无组织排水檐口部位卷材采用条铺法、点铺法、空铺法，卷材与基层粘接不牢而造成渗漏。

③ 檐口、檐沟下端未做滴水处理，使雨水沿檐口下端直接流向墙面而造成污染。

正确做法及防治措施

（1）防治措施

① 屋面檐口800mm范围内的卷材应满粘，不能采用空铺、点铺、条铺施工方法。卷材收头应用金属压条钉压牢固，并用密封材料封严。

② 从防水层收头向外的檐口、檐沟上端，外檐至檐口、檐沟下部，均应采用聚合物水泥砂浆铺抹，檐口下部应同时做鹰嘴和滴水槽。

③ 聚合物水泥砂浆也可以采用内掺法（等量替代水泥），在水泥砂浆中加入三分之一的墙砖胶黏剂代替。

④ 檐口、檐沟抹灰前在混凝土表面宜涂刷两边背胶。

2. 水落口安装不规范

规范标准要 求	《屋面工程质量验收规范》（GB 50207）第8.5.2条规定：水落口杯上口应设在沟底的最低处；水落口处不得有渗漏和积水现象。

第8.5.4条规定：

水落口周围直径500mm范围内坡度不应小于5%，水落口周围的附加层铺设应符合设计要求。

第8.5.5条规定：

防水层及附加层伸入水落口杯内不应小于50mm并应粘接牢固。

质量问题

（1）现象

① 水落口周围混凝土灌浆不密实，发生渗漏现象。

（2）原因分析

① 水落口未牢固地固定在承重结构上，水落口产生的松动会使水落口与混凝土交接处的防水设施被破坏，产生渗漏现象。

② 水落口是受雨水冲刷最严重的部位，未增加附加层，或防水及附件层伸入水落口杯处理不当，均会造成渗漏。

③ 水落口埋设高度不正确，造成水落口周围积水。

④ 水落口杯未设置雨水箅子，树叶等杂物堵塞水落口杯，长期积水，会造成渗漏。

正确做法及防治措施

（1）防治措施

① 水落口与结构板之间应用细石混凝土灌缝严实，当采用金属制品时，应做防锈处理。

② 水落口必须设置在沟底最低处，水落口的标高应根据附加层的厚度及排水坡度确定。

③ 水落口周围500mm范围内坡度不应小于5%，并应在防水层下面增设附加层。防水层与附加层伸入水落口杯内不小于50mm，并应粘接牢靠。

3. 未设置检修通道，跨越管道未设置跨桥保护设施

规范标准要求	《屋面工程质量验收规范》（GB 50207）第8.10.5条规定：需经常维护的设施基座周围和屋面出入口至设施之间的人行道，应铺设块体材料或细石混凝土保护层。

质量问题

（1）现象

① 屋面管线保温层被踩踏，维修通道不通，存在安全隐患。

② 经常维护的设施基座周围和屋面出入口至设施之间的通道处，防水材料保护层脱落，防水层有明显的老化现象。

（2）原因分析

① 屋面布置有太阳能热水系统、通风散热系统，管道纵横交错，由于没有设置穿越管道和设备的跨桥扶梯，造成屋面出入口与设施之间，穿行不便，甚至踩踏管线，存在安全隐患。

② 需经常维护的设施基座周围和屋面出入口至设施之间的人行道，未铺设块体材料或细石混凝土保护层。

正确做法及防治措施

（1）防治措施

① 屋面布置有太阳能热水、通风散热等系统时，应保证必要的检修通道畅通。通道穿越保温管道、电缆槽盒时，应设置桥型斜梯跨越。

② 桥型斜梯应护栏齐全，并须与屋面避雷系统有效连接。

③ 需经常维护的设施基座周围和屋面出入口至设施之间的人行道，应铺设块体材料或细石混凝土保护层。

4. 屋面出风口抹灰未作滴水线，污染墙面

规范标准要 求	《建筑装饰装修工程质量验收标准》（GB 50210）第4.2.9条规定：有排水要求的部位应做滴水线（槽）。滴水线（槽）应整齐顺直，滴水线应内高外低。滴水槽的宽度和深度应满足设计要求，且均不应小于10mm。

质量问题

（1）现象
① 屋面出风口无滴水线
（2）原因分析
① 技术交底不明确，技术工人不了解出风口具体的抹灰作法。

正确做法及防治措施

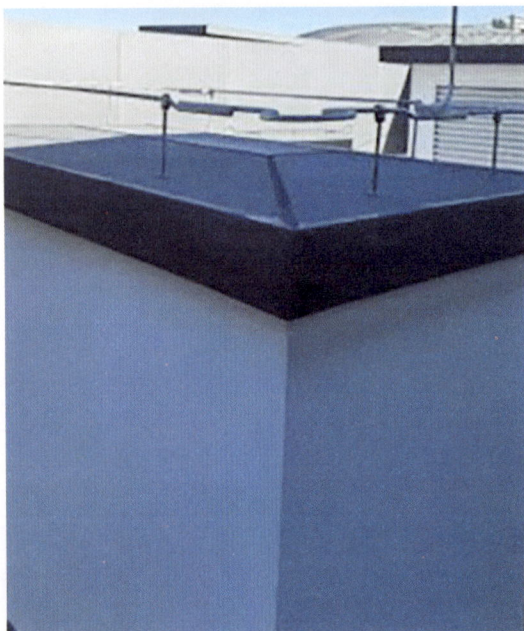

（1）防治措施
① 屋面出风口底部滴水线抹灰应连贯一致。顶部做成四棱台形，线条清晰。
② 可采购成品滴水线粘贴施工。

5. 检修爬梯未设置防护圈、未设避雷接闪针或与接闪带连接

规范标准要求	《固定式钢梯及平台安全要求　第1部分：钢直梯》（GB 4053.1）第5.3.2条规定：梯段高度大于3m时宜设置安全护笼。单梯段高度大于7m时，应设置安全护笼。

质量问题

（1）现象

① 屋面爬梯未与屋面避雷系统连接。

② 屋面爬梯高度超过2.5m，未设置安全护栏，或护栏起始部位过高。

③ 屋面爬梯未设置防攀爬设施。

（2）原因分析

① 不了解施工规范，交底不彻底。

正确做法及防治措施

（1）防治措施

① 屋面爬梯应与屋面避雷系统可靠连接。

② 梯段高度大于3m时宜设置安全护笼；单梯段高度大于7m时，必须设置安全护笼；当攀登高度小于7m，但梯子顶部在地面、地板或屋面之上高度大于7m时，也应设置安全护笼。

③ 梯梁间踏棍供踩踏表面的内侧净宽度应为400mm ～ 600mm，在同一攀登高度上该宽度应相同，相邻踏棍垂直间距应为225mm ～ 300mm。

④ 护笼宜采用圆形结构，包括一组水平箍和至少5根立杆，水平箍采用50mm×6mm的扁钢，立杆采用不小于40mm×5mm扁钢。护笼内侧深度由踏棍中心线起应不小于650mm，不大于800mm。水平笼箍垂直间距应不大于1500mm，立杆间距不大于300mm。护笼底部距梯段下端基准面应不小于2100mm，不大于3000mm，底部宜呈喇叭形，以扩大支撑面积。

⑤ 梯梁应采用60mm×10mm的扁钢，踏棍应采用直径不小于20mm的圆钢或其他等效力学性能的材料。踏棍截面直径或外接圆直径应不大于35mm，以便于抓握。

⑥ 屋面爬梯宜设置防攀爬设施，爬梯使用时距离地面的高度控制在450mm，不使用时离地面应超过1800mm。

6. 雨水管底部未加装45°弯头，未安装管卡，金属管未接地

规范标准要求　《建筑电气工程施工质量验收规范》（GB 50303）第25.1.2条规定：需做等电位联结的外露可导电部分或外界可导电部分的连接应可靠。采用焊接时，应符合本规范第22.2.2条的规定；采用螺栓连接时，应符合本规范第23.2.1条第2款的规定，其螺栓、垫圈、螺母等应为热镀锌制品，且应连接牢固。

质量问题

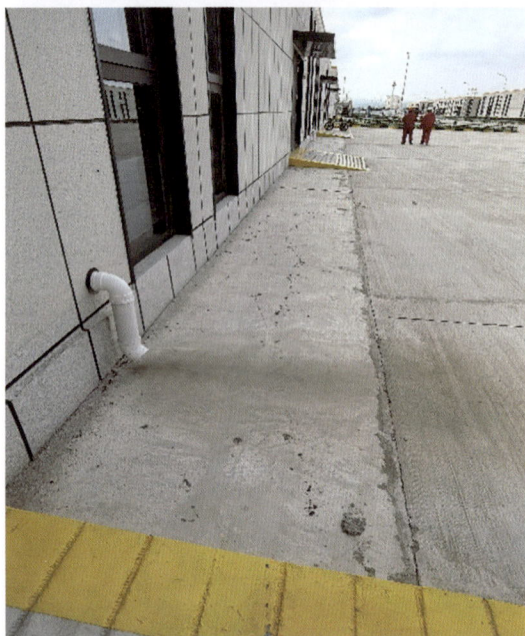

（1）现象

① 雨水管安装不垂直。

② 雨水管底部未加装45°弯头。

③ 雨水管底部200mm内无固定支架。

④ 屋面金属雨水管未做等电位连接。

（2）原因分析

① 对规范不熟悉。

② 雨落管安装采用吊车作业，没有吊垂直通线，安装位置偏移。

③ 突出屋面的金属部件未作接地连接。

正确做法及防治措施

（1）防治措施

① 安装雨落管前，应先挂通线，通线可以统一偏离轴线200mm，空中安装时统一按照200mm位置打孔安装。

② 安装雨落管时应保证固定抱卡间距不大于1.5m，根部200mm应安装抱卡。

③ 雨水管底部应加装45°弯头。

④ 屋面金属雨水管应与接闪带连接。

第六节　屋面工程质量提升

1. 屋面整体布局

<table>
<tr><td>屋面工程
质量提升
措　　施</td><td>屋面坡向正确，排水流畅，细部做法细致规范。
上人屋面表面平整、坡度符合要求，分缝合理。
屋面排气管布置成排成线，泛水高度符合要求，顺直流畅。
屋面面砖平整方正，泛水部位面砖镶贴高度一致。</td></tr>
</table>

屋面分块铺贴，设置导水槽，精巧美观。

质量提升

① 屋面分块铺贴，设置导水槽，精巧美观。

② 屋面坡向正确，排水流畅，细部做法细致规范。

133

2. 屋面泛水做法

屋面工程 质量提升 措　　施	屋面坡向正确，排水流畅，细部做法细致规范。 上人屋面表面平整、坡度符合要求，分缝合理。 屋面排气管布置成排成线 泛水高度符合要求，顺直流畅。 屋面面砖平整方正，泛水部位面砖镶贴高度一致。

屋面分块铺贴，设置导水槽，精巧美观。

质量提升

① 泛水高度符合要求顺直流畅。
② 屋面面砖平整方正，泛水部位面砖镶贴高度一致。
③ 水簸箕造型设计美观实用。

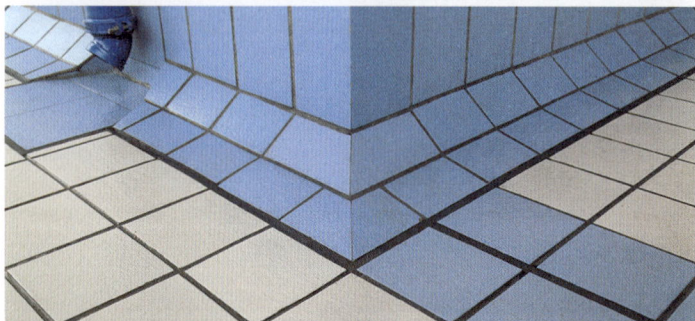

3. 屋面细部构造

屋面工程质量提升措施	屋面坡向正确，排水流畅，细部做法细致规范。 上人屋面表面平整、坡度符合要求，分缝合理。 屋面排气管布置成排成线 泛水高度符合要求，顺直流畅。 屋面面砖平整方正，泛水部位面砖镶贴高度一致。

屋面分块铺贴，设置导水槽，精巧美观。

质量提升

① 瓷砖勾缝均匀整齐，下陷一致，起到一定的引导水流的作用。
② 雨水口设置合理，排水流畅，造型统一，中心线对齐。
③ 水簸箕造型设计美观实用。
④ 金属落水管接地可靠。

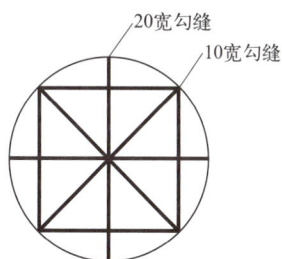

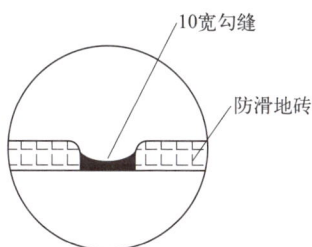

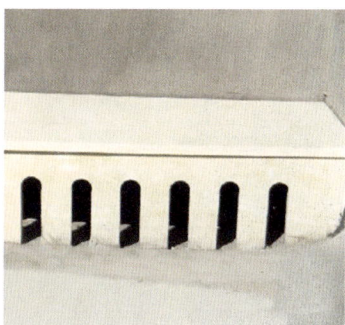

4. 屋面设备摆放整洁、接地规范

屋面工程质量提升措施	屋面坡向正确，排水流畅，细部做法细致规范。上人屋面表面平整、坡度符合要求，分缝合理。屋面排气管布置成排成线 泛水高度符合要求，顺直流畅。屋面面砖平整方正，泛水部位面砖镶贴高度一致。

屋面分块铺贴，设置导水槽，精巧美观。

质量提升

① 出墙管道封堵严密，做工精美。

② 屋面通气管造型美观。

③ 设备排布整齐，接地可靠。

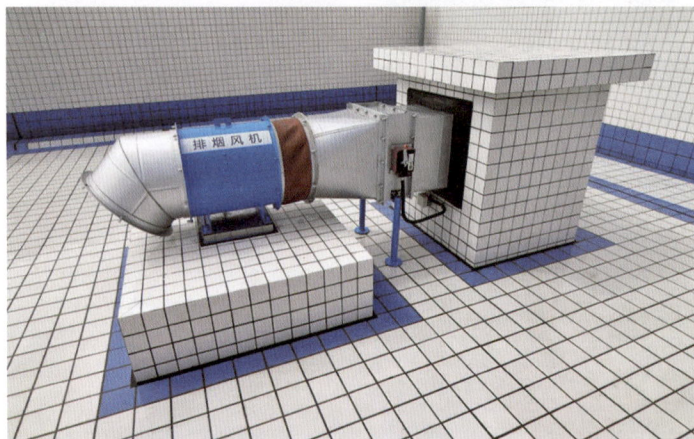

第六章

建筑给排水、室内消防与采暖

第一节　室内给水系统

1. 法兰连接螺栓拧紧后，突出螺母的长度过长或过短

规范标准要　　求	《建筑给水排水及采暖工程施工质量验收规范》（GB 50242）第3.3.15条第5项规定：

连接法兰的螺栓，直径和长度应符合标准，拧紧后，突出螺母的长度不应大于螺杆直径的1/2。

质量问题

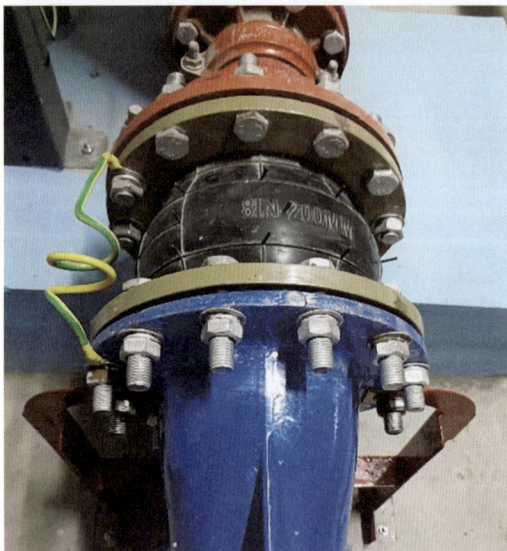

（1）现象

① 法兰连接螺栓拧紧后，突出螺母的长度过长或过短。

（2）原因分析

① 螺栓选配不适合。

正确做法及防治措施

（1）防治措施

① 根据法兰选配长度适合的螺栓，露出丝扣三丝左右。

② 法兰螺帽背向软连接方向。

2. 生活饮用水箱溢流管无防止生物进入水箱的措施

规范标准 要　　求	《建筑给水排水与节水通用规范》（GB 55020）第3.3.1条规定： 生活饮用水水池（箱）应具有防投毒和生物进入的安全防护措施；人孔应密闭 并加锁。

质量问题

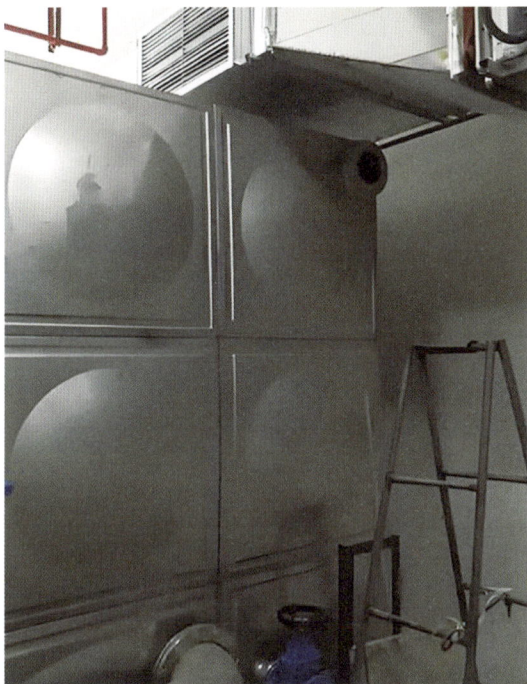

（1）现象

① 未按生活水箱安装工艺标准要求安装防虫网。

（2）原因分析

① 技术交底没有针对性。

② 安装工人没有仔细阅读说明书。

正确做法及防治措施

（1）防治措施

① 应按照生活水箱安装工艺要求施工。

② 溢流管应引至排水沟上方，与排水沟箅子的间距不应小于50mm。断面平整光滑并做好防腐处理。

③ 在溢流管、透气管的管口端设置200目防虫网。防虫网应由防腐材料制作，断面切割平整，用不锈钢喉箍固定在管端。

3. 未经设计许可，在墙体上进行长度超过300mm的横向开槽

规范标准要求	《建筑给水塑料管道工程技术规程》（CJJ/T 98）第5.1.4条第5项规定：未经结构设计许可，墙体管槽横向开凿长度不得超过300mm。

质量问题

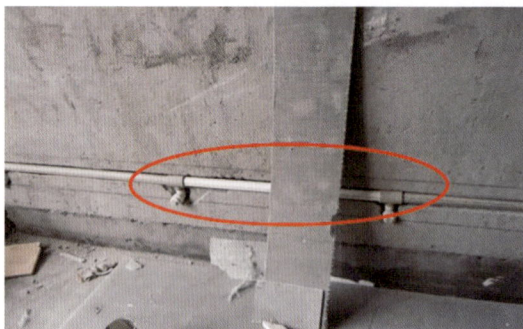

（1）现象

① 在墙体上随意横向开槽。

（2）原因分析

① 不知道墙面不能随意横向开槽。

② 交底不彻底。

正确做法及防治措施

（1）防治措施

① 现场在墙体上进行开槽安装配管时合理策划，尽可能采取纵向开槽方式，减少横向开槽。

② 确需进行长度超过300mm的横向开槽时应征得设计人员许可。

4. 管道穿越结构套管安装不规范

《建筑给水排水及采暖工程施工质量验收规范》（GB 50242）第3.3.13条规定：管道穿过墙壁和楼板，应设置金属或塑料套管。安装在楼板内的套管，其顶部应高出装饰地面 20mm；安装在卫生间及厨房内的套管，其顶部应高出装饰地面50mm，底部应与楼板底面相平；安装在墙壁内的套管，其两端与饰面相平。穿过楼板的套管与管道之间缝隙应用阻燃密实材料和防水油膏填实，端面光滑。穿墙套管与管道之间缝隙宜用阻燃密实材料填实，且端面应光滑。管道的接口不得设在套管内。

质量问题

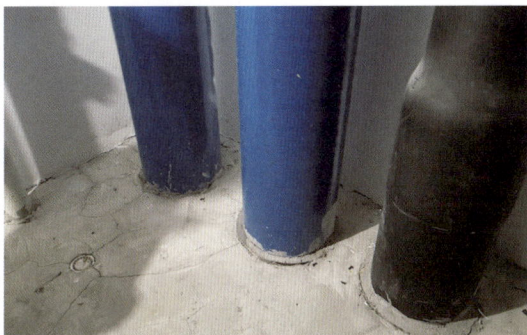

（1）现象

① 管道穿越结构套管安装不规范。

（2）原因分析

① 穿楼板套管管薄，套管变形。

② 套管高度未考虑面层做法，高度不足。

正确做法及防治措施

（1）防治措施

① 套管加工前，严格控制管道壁厚，采用合格的钢管，浇筑时安排专人看护。

② 套管制作前核对图纸，与土建管理人员确定地面做法，预留足够高度。

③ 安装在楼板内的套管，其顶部应高出装饰地面20mm；安装在卫生间及厨房的套管，其顶部应高出装饰地面50mm，底部应楼板底面相平。

④ 出屋面套管做法，考虑屋面建筑做法厚度及最大积雪厚度，应再高出整体50mm。

5. 室内消火栓栓头标高、位置不正确

规范标准 要　求	《建筑给水排水及采暖工程施工质量验收规范》（GB 50242）第4.3.3条规定：箱式消火栓的安装应符合下列规定：

1. 栓口应朝外，并不应安装在门轴侧。

2. 栓口中心距地面为 1.1m，允许偏差 ±20mm。

3. 阀门中心距箱侧面为 140mm，距箱后内表面为 100mm，允许偏差 ±5mm。

4. 消火栓箱体安装的垂直度允许偏差为 3mm。

质量问题

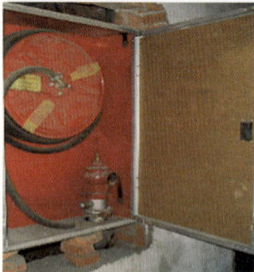

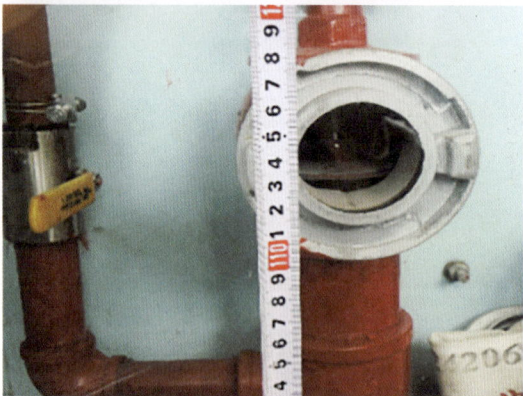

（1）现象

① 室内消火栓栓头标高、位置不正确。

（2）原因分析

① 消防管配管无策划、控制，消防箱安装随配管位置。

② 规范要求不明确，技术交底不详细，过程检查监督不到位。

正确做法及防治措施

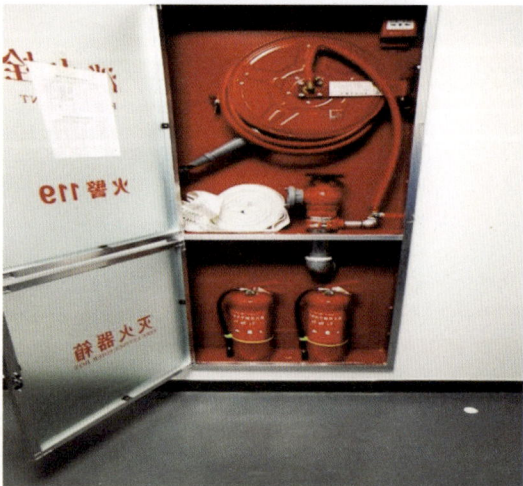

（1）防治措施

① 提前策划好消防箱安装位置，做好管道配管位置策划。

② 消防箱安装前按照规范要求详细交底。

③ 做好过程质量监督，发现问题及时纠正。

6. 消防水泵吸水管布置宜形成气囊

规范标准要　求 《建筑给水排水设计标准》（GB 50015）第3.9.6条第4项规定：

水泵吸水管与吸水总管的连接应采用管顶平接，或高出管顶连接。

《消防给水及消火栓系统技术规范》（GB 50974）第5.1.13条第2项规定：

消防水泵吸水管布置应避免形成气囊。

质量问题

（1）现象

① 消防水泵吸水管内形成气囊。

（2）原因分析

① 水泵吸水管与吸水总管的连接低于管顶，在运行过程中，容易导致吸水管内积聚空气，影响水泵正常和连续运行。

正确做法及防治措施

（1）防治措施

① 施工前认真审图，确定系统管路走向。

② 设备及管道安装前，要认真进行策划排布，确定管道及设备的安装位置和标高。

7. 水箱进水口与溢流口标高错误

| 规范标准要求 | 《建筑给水排水设计标准》（GB 50015）第3.3.5条第1项规定： |

规范标准要求　《建筑给水排水设计标准》（GB 50015）第3.3.5条第1项规定：

进水管口最低点高出溢流边缘的空气间隙不应小于进水管管径，且不应小于25mm，可不大于150mm。

第3.3.6条第1项规定：

向消防等其他非供生活饮用的贮水池（箱）补水时，其进水管口最低点高出溢流边缘的空气间隙不应小于150mm。

《消防给水及消火栓系统技术规范》（GB 50974）第5.2.6条第6项规定：

进水管应在溢流水位以上接入，进水管口的最低点高出溢流边缘的高度应等于进水管管径，但最小不应小于25mm，最大可不大于150mm。

质量问题

（1）现象

① 进水口标高低于溢流口。

（2）原因分析

① 水箱加工前未按照规范要求对进水口与溢流口标高进行交底。

正确做法及防治措施

（1）防治措施

① 按照规范要求，提前对厂家做好交底，设置好进水口和溢流口的位置，以免造成回流污染。

② 采取水箱上部进水方式。

8. 离心泵入口处采用同心变径不正确

规范标准要求	《工业金属管道设计规范》（GB 50316）第8.1.14.3条规定：离心泵入口处水平的偏心异径管一般采用顶平布置，但在异径管与向上弯的弯头直接连接的情况下，可采用底平布置。异径管应靠近泵入口。

质量问题

（1）现象

① 离心泵入口处采用同心变径，或水平的偏心异径管采用了底平安装。

（2）原因分析

① 对规范要求不了解或理解有误。

正确做法及防治措施

偏心异径管采用管顶平接

（1）防治措施

① 施工前认真审图，确定系统管路走向。

② 设备及管道安装前，要认真进行策划排布，确定管道及设备的安装位置和标高。

9. 管道穿过建筑物变形缝时，未采取抗变形措施

规范标准 要　求	《自动喷水灭火系统施工及验收规范》（GB 50261）第5.1.16条规定： 管道穿过建筑物变形缝时，应采取抗变形措施。

质量问题

（1）现象

① 管道穿过建筑物变形缝时，未采取抗变形措施，不符合规范规定。

（2）原因分析

① 系统施工时，喷淋管道与支吊架的安装未进行提前策划，随意施工。

正确做法及防治措施

（1）防治措施

① 管道穿过建筑物变形缝时，应设置补偿装置并在两端设支架。

② 认真学习，准确理解相关规范条文意图。

10. 消防水池、高位消防水箱的泄水管与排水横管直接连接进行排水

<table>
<tr><td>规范标准
要　　求</td><td>《自动喷水灭火系统施工及验收规范》（GB 50261）第4.3.4条规定：
消防水池、高位消防水箱的溢流管、泄水管不得与生产或生活用水的排水系统直接相连，应采用间接排水方式。</td></tr>
</table>

质量问题

（1）现象

① 消防水池、高位消防水箱的泄水管与排水管直接连接进行排水。

（2）原因分析

① 未了解相关规范条文制定的出发点。

② 直接排水看不到水箱处于溢流状态。

正确做法及防治措施

（1）防治措施

① 准确理解规范要求及目的。

② 技术交底中明确相关要求，加强质量检查。

③ 溢流管与排尽管应采用有组织明排水，操作人员能够直观观测到溢流管排水，排水口应加装防虫网。

11. 点型探测器与空调送风口及多孔送风孔口之间的距离不满足要求

规范标准
要　　求 《火灾自动报警系统施工及验收标准》（GB 50166）第3.3.6条规定：

点型感烟火灾探测器、点型感温火灾探测器、一氧化碳火灾探测器、点型家用火灾探测器、独立式火灾探测报警器的安装，应符合下列规定：

1. 探测器至墙壁、梁边的水平距离不应小于0.5m。

2. 探测器周围水平距离0.5m内不应有遮挡物。

3. 探测器至空调送风口最近边的水平距离不应小于1.5m，至多孔送风顶棚孔口的水平距离不应小于0.5m。

质量问题

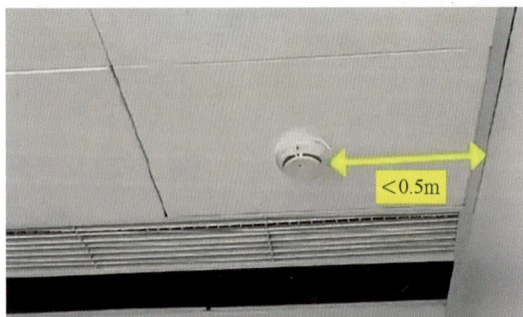

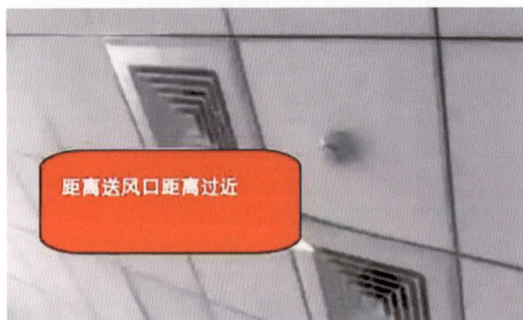

（1）现象

① 点型探测器与空调送风口及多孔送风顶棚孔口之间的距离不满足要求。

（2）原因分析

① 相关终端设备的安装缺乏整体策划，造成冲突。

正确做法及防治措施

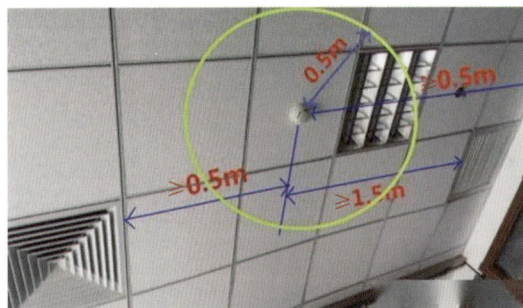

（1）防治措施

① 施工前加强各专业沟通，统筹考虑终端布置。

② 施工前加强交底与过程监督。

③ 探测器至墙壁、梁边的水平距离不应小于0.5m。

④ 探测器周围水平距离0.5m内不应有遮挡物。

⑤ 探测器至空调送风口最近边的水平距离不应小于1.5m，至多孔送风顶棚孔口的水平距离不应小于0.5m。

12. 灭火喷淋系统末端喷头与支吊架距离过大或过小，不符合规范

规范标准要求	《自动喷水灭火系统施工及验收规范》（GB 50261）第5.1.15条第3项规定：管道支架、吊架的安装位置不应妨碍喷头的喷水效果；管道支架、吊架与喷头之间的距离不宜小于300mm，与末端喷头之间的距离不宜大于750mm。

质量问题

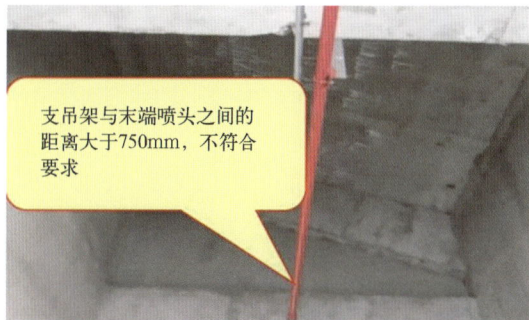

支吊架与末端喷头之间的距离大于750mm，不符合要求

（1）现象
① 灭火喷淋系统末端喷头与支吊架距离小于300mm或大于750mm，不符合规范要求。
（2）原因分析
① 系统施工时喷淋管道与支吊架未进行提前策划，随意施工。

正确做法及防治措施

增设喷头　末端支架

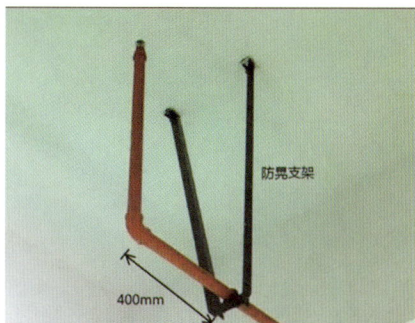

防晃支架

400mm

（1）防治措施
① 在施工技术交底中将规范要求，特别是数字性规定明确列入。
② 喷淋系统施工前对喷淋管道设置及支吊架安装位置提前策划，必要时增加末端支架。
③ 管道支吊架与喷头之间的距离不宜小于300mm，与末端喷头之间的距离不宜大于750mm。

13. 风管宽度大于1.2m，下方未设置喷头

规范标准要求	《自动喷水灭火系统施工及验收规范》（GB 50261）第5.2.9条规定：当梁、通风管道、排管、桥架宽度大于1.2m时，增设的喷头应安装在其腹面以下部位。

质量问题

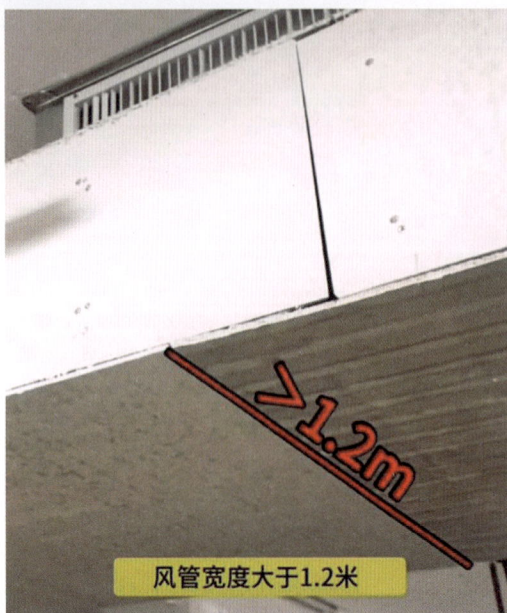

风管宽度大于1.2米

（1）现象
① 风管宽度大于1.2m，下方未设置喷头。
（2）原因分析
① 对相关设计及施工验收规范要求不了解或理解不准确。

正确做法及防治措施

增设喷头　　　末端支架

（1）防治措施
① 按照规范详细交底，加强过程质量监督。
② 当梁、通风管道、排管、桥架宽度大于1.2m时，增设的喷头应安装在其腹面以下部位。

14. 消防管道沟槽连接接头未在两侧设置支吊架

<table>
<tr><td>规范标准
要　　求</td><td>《沟槽式连接管道工程技术规程》（T/CECS 151）第4.1.7条规定：</td></tr>
</table>

沟槽式连接管道工程支（吊）架应做加强处置，接头两侧和三通、四通、弯头异径管等管件上下游连接接头的两侧应设置支（吊）架。

第5.6.3条规定：

横管支（吊）架应设置在接头两侧和管件上下游连接接头的两侧；支（吊）架与接头的净间距不宜小于150mm，并不宜大于300mm。

质量问题

（1）现象

① 消防管道沟槽连接接头未在两侧设置支吊架。

（2）原因分析

① 对相关设计及施工验收规范要求不了解或理解不准确。

正确做法及防治措施

（1）防治措施

① 按照规范详细交底，加强过程质量监督。

② 横管支（吊）架应设置在接头两侧和管道上下游两侧，支（吊）架与接头的净间距宜小于150mm，并不宜大于300mm。

15. 机械三通开孔间距小于1m

规范标准要求	《消防给水及消火栓系统技术规范》（GB 50974）第12.3.12条第5项规定：机械三通连接时，应检查机械三通与孔洞的间隙，各部位应均匀，然后再紧固到位；机械三通开孔间距不应小于1m，机械四通开孔间距不应小于2m。

质量问题

（1）现象

① 机械三通开孔间距小1m。

（2）原因分析

① 规范理解不正确。

正确做法及防治措施

（1）防治措施

① 合理策划管道布置，正确使用机械三通、机械四通。

② 机械三通开孔间距不应小于1m，机械四通开孔间距不应小于2m。

16. 消防配水干管与配水管连接采用机械三通

规范标准要求　《消防给水及消火栓系统技术规范》（GB 50974）第 12.3.12 条第 6 项规定：配水干管（立管）与配水管（水平管）连接，应采用沟槽式管件，不应采用机械三通。

质量问题

（1）现象

① 消防配水干管与配水管连接采用机械三通。

（2）原因分析

① 在立管上采用机械开孔，其支管接头的构造属于马鞍形拼合式开孔套筒结构，其强度相对低于标准规格的沟槽式三通、四通等管件，有可能对立管强度产生影响。

正确做法及防治措施

（1）防治措施

① 按照规范要求施工。

② 配水干管（立管）与配水管（水平管）连接，应采用沟槽式管件，不应采用机械三通。

17. 消防水池人孔未封闭

规范标准要求《自动喷水灭火系统施工及验收规范》（GB 50261）第4.3.5条规定：高位消防水箱、消防水池的人孔宜密闭。通气管、溢流管应有防止昆虫及小动物爬入水池（箱）的措施。

质量问题

（1）现象

① 消防水池人孔未封闭。

（2）原因分析

① 技术交底、过程检查不到位。

正确做法及防治措施

正确做法是安装人孔门进行封闭

（1）防治措施

① 了解相关规范要求。

② 正确交底，监督检查。

③ 高位消防水箱、消防水池的人孔宜密闭。

④ 通气管、溢流管应有防止昆虫及小动物爬入水池（箱）的措施。

18. 水力警铃安装在消防泵房内

《自动喷水灭火系统施工及验收规范》（GB 50261）第5.4.4条规定：
水力警铃应安装在公共通道或值班室附近的外墙上，且应安装检修、测试用的
阀门。水力警铃和报警阀的连接应采用热镀锌钢管，当镀锌钢管的公称直径为20mm时，其长
度不宜大于20m。安装后的水力警铃启动时，警铃声强度应不小于70dB。

质量问题

（1）现象

报警阀水力警铃安装在消防泵房或湿式报警
阀室内，不符合规范要求。

（2）原因分析

① 消防施工人员未经专业培训，或施工前技
术交底不到位。

② 施工单位对规范要求不熟悉，报警阀的安
装位置距有人值班室或公共通道的距离大于
20m。

③ 施工单位将水力警铃就近安装在报警阀
旁，施工方便。

正确做法及防治措施

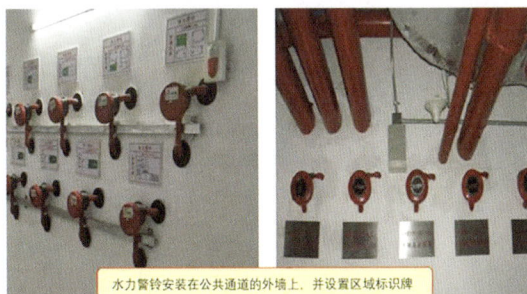

水力警铃安装在公共通道的外墙上，并设置区域标识牌

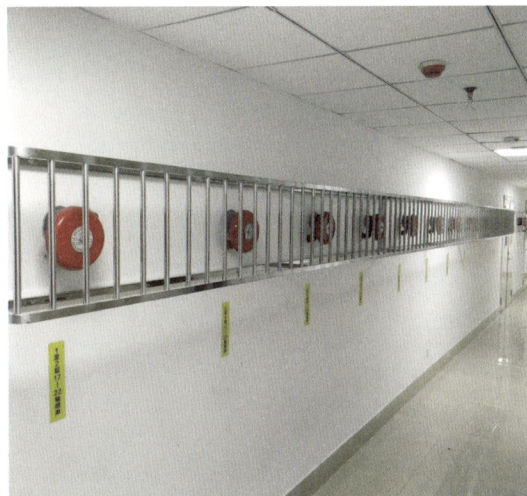

（1）防治措施

① 加强消防施工人员的专业技能培训。

② 水力警铃应安装在公共通道或值班室附近
的外墙上，且应安装检修、测试用的阀门。
管路不宜过长，地面应有可靠的排水设施。

③ 水力警铃和报警阀的连接应采用热镀锌钢
管，当镀锌钢管的公称直径为20mm时，其
长度不宜大于20m。

④ 安装后的水力警铃启动时，警铃声强度应
不小于70dB。

19. 喷头与端墙距离超过规范规定

规范标准要求	《自动喷水灭火系统设计规范》（GB 50084）第7.1.2条规定：

直立型、下垂型标准覆盖面积洒水喷头的布置，包括同一根配水支管上喷头的间距及相邻配水支管的间距，应根据设置场所的火灾危险等级、洒水喷头类型和工作压力确定，并不应大于表7.1.2的规定，且不应小于1.8m。

表7.1.2　直立型、下垂型标准覆盖面积喷头的布置间距

火灾危险等级	正方形布置的边长/m	矩形或平行四边形布置的长边边长/m	一只喷头的最大保护面积/m²	喷头与端墙的距离/m	
				最大	最小
轻危险级	4.4	4.5	20.0	2.2	0.1
中危险级Ⅰ级	3.6	4.0	12.5	1.8	
中危险级Ⅱ级	3.4	3.6	11.5	1.7	
严重危险级、仓库危险级	3.0	3.6	9.0	1.5	

注：1. 设置单排喷头的闭式系统，其喷头间距应按地面不留漏喷空白点确定。
2. 严重危险级或仓库危险级场所宜采用流量系数大于80的洒水喷头。

质量问题

（1）现象

① 喷头与端墙距离超过规范规定。

（2）原因分析

① 未正确识别场所火灾危险等级，造成喷头与端墙间距布置不符合要求。

正确做法及防治措施

（1）防治措施

① 按照设计文件要求，准确识别保护场所火灾危险等级，按照火灾危险等级从GB 50084的表7.1.2中选取相应控制标准。

② 根据控制标准做好喷头布置规划，技术交底中要将相应要求予以明确并交底到位，加强过程质量监督。

20. 消防水泵的吸水管上设置暗杆阀门且未设有开启刻度和标志

《消防给水及消火栓系统技术规范》（GB 50974）第5.1.13条第5项规定：消防水泵的吸水管上应设置明杆闸阀或带自锁装置的蝶阀，但当设置暗杆阀门时应设有开启刻度和标志；当管径超过DN300时，宜设置电动阀门。

质量问题

（1）现象

① 消防水泵的吸水管上设置暗杆阀门且未设有开启刻度和标志。

（2）原因分析

① 阀门订货时未考虑使用场所。

② 安装后未按要求设开启刻度和标志。

正确做法及防治措施

（1）防治措施

① 编制采购计划时除规格、类型外，对用于特殊场所有特殊要求的阀门应作出标记，购买符合要求的明杆闸阀或带自锁装置的蝶阀。

② 使用暗杆阀门的要同时设置开启刻度和标志。

21. 高位消防水箱四周距离不满足要求

《消防给水及消火栓系统技术规范》（GB 50974）第5.2.6条第4项规定：
消防水箱外壁与建筑本体结构墙面或其他池壁之间的净距，应满足施工或装配
的需要。无管道的侧面，净距不宜小于0.7m；安装有管道的侧面，净距不宜小于1.0m，且管
道外壁与建筑本体墙面之间的通道宽度不宜小于0.6m；设有人孔的水箱顶，其顶面与其上面
的建筑物本体板底的净空不应小于0.8m。

质量问题

（1）现象

① 高位消防水箱外壁与建筑本体结构墙面或其他池壁之间的净距不满足要求。

（2）原因分析

① 消防水箱采购时未结合建筑空间合理确定。

正确做法及防治措施

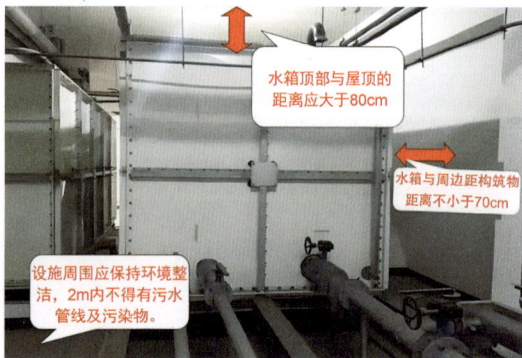

水箱顶部与屋顶的距离应大于80cm

水箱与周边距构筑物距离不小于70cm

设施周围应保持环境整洁，2m内不得有污水管线及污染物。

（1）防治措施

① 消防水箱订货前根据安装位置提前进行策划，综合考虑在满足水箱容积的同时满足相邻距离的要求。

② 消防水箱外壁与建筑本体结构墙面或其他池壁之间的净距，应满足施工或装配的需要：无管道的侧面，净距不宜小于0.7m；安装有管道的侧面，净距不宜小于1.0m，且管道外壁与建筑本体墙面之间的通道宽度不宜小于0.6m。

③ 设有人孔的水箱顶，其顶面与其上面的建筑物本体板底的净空不应小于0.8m。

第二节　室内排水系统

1. 未按要求设置存水弯或采用机械活瓣代替存水弯

《建筑给水排水设计标准》（GB 50015）第4.3.10条规定：

下列设施与生活污水管道或其他可能产生有害气体的排水管道连接时，必须在排水口以下设存水弯：

1.构造内无存水弯的卫生器具或无水封的地漏。

2.其他设备的排水口或排水沟的排水口。

第4.3.11条规定：

水封装置的水封深度不得小于50mm，严禁采用活动机械活瓣替代水封，严禁采用钟式结构地漏。

质量问题

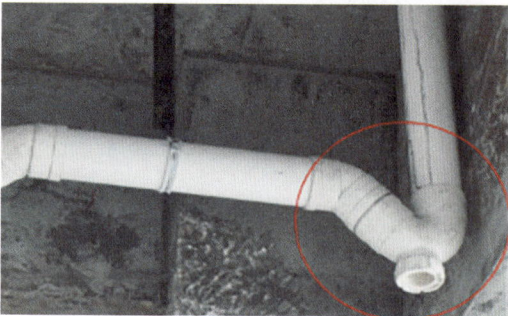

（1）现象

① 未按要求设置存水弯或采用机械活瓣代替存水弯。

② 存水弯深度不足。

（2）原因分析

① 采购卫生器具时未提前审核施工图纸。

正确做法及防治措施

（1）防治措施

① 严格按照设计施工。

② 采购卫生器具时要与排水管道是否设置存水弯相适应。

③ 当管道已设有存水弯时，卫生器具不再设存水弯。

2. 屋面通气管遇到门窗等部位时安装不规范

<table>
<tr><td>规范标准
要　　求</td><td>《建筑给水排水及采暖工程施工质量验收规范》（GB 50242）第5.2.10条第2项规定：在通气管出口4m以内有门、窗时，通气管应高出门、窗顶600mm或引向无门、窗一侧。</td></tr>
</table>

质量问题

（1）现象

① 门窗周边4m范围内通气管未高出门、窗上沿600mm或未引向无门、窗的一侧。

（2）原因分析

① 施工时没有坚持按规范施工。

正确做法及防治措施

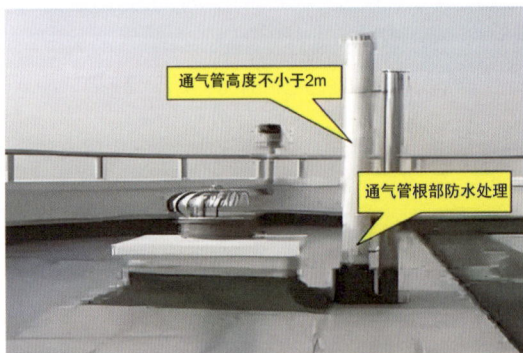

通气管高度不小于2m

通气管根部防水处理

（1）防治措施

① 在主体结构施工阶段，提前策划屋面整体的排布方案，重点关注需加高、位移的通气管，精准定位。

② 策划时应注意，在通气管出口4m以内有门、窗时，通气管应高出门、窗顶600mm或引向无门、窗一侧。

③ 排气管的高度还应符合以下规定：

a. 不上人屋面通气管高出屋面不得小于0.3m，且应大于最大积雪厚度。

b. 上人屋面通气管口应高出屋面2m。

3. 地漏水封深度不足或采用机械活瓣代替水封

规范标准 要　求	《建筑给水排水设计标准》（GB 50015）第4.3.11条规定：水封装置的水封深度不得小于50mm，严禁采用活动机械活瓣替代水封，严禁采用钟式结构地漏。

质量问题

（1）现象
① 地漏水封深度不足或采用机械活瓣代替水封。

（2）原因分析
① 采购非正规产品造成地漏水封深度不足、结构不符合要求。
② 对规范理解不够，误认为机械活瓣可以替代水封。

正确做法及防治措施

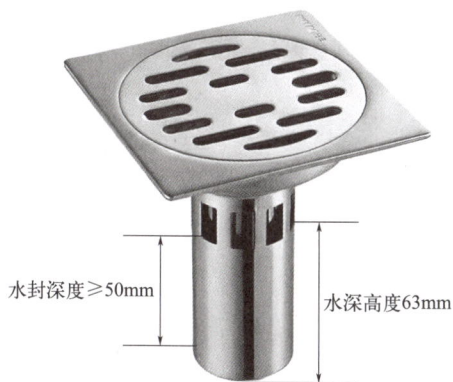

水封深度≥50mm　　水深高度63mm

（1）防治措施
① 采购符合国家排水规范要求的正规产品。

4. 排水塑料管道支、吊架间距不符合要求

<table>
<tr><td rowspan="2">规范标准
要　　求</td><td colspan="6">《建筑给水排水及采暖工程施工质量验收规范》（GB 50242）第 5.2.9 条规定：
排水塑料管道支、吊架间距应符合表 5.2.9 的规定。</td></tr>
</table>

表 5.2.9　排水塑料管道支吊架最大间距　　　　　　　（单位：m）

管径/mm	50	75	110	125	160
立管	1.2	1.5	2.0	2.0	2.0
横管	0.5	0.75	1.1	1.3	1.6

质量问题

（1）现象

① 排水塑料管道支、吊架间距不符合要求。

（2）规范要求

① 对规范要求掌握不全面、不准确。

② 施工技术交底要求不明确、不具体，交底没有针对性。

正确做法及防治措施

（1）防治措施

① 施工前根据管道直径与结构布置合理规划，确定合理支吊架安装位置、间距。

② 施工过程进行质量检查，保证方案与交底落实。

第三节　室内热水供应系统安装

1. 太阳能接往热水箱的循环管道坡度过小、保温不规范

规范标准要求 《建筑给水排水及采暖工程施工质量验收规范》（GB 50242）第6.3.7条规定：由集热器上、下集管接往热水箱的循环管道，应有不小于千分之五的坡度。

第6.3.12条规定：

凡以水作介质的太阳能热水器，在0℃以下地区使用，应采取防冻措施。

质量问题

（1）现象

① 太阳能管道坡度过小。

② 管道保温不规范，无保护措施。

③ 电缆导管贴地摆放，有水房间无可靠保护措施。

（2）原因分析

① 太阳能施工未有效策划。

② 没有深化设计，没有规范图纸。

正确做法及防治措施

（1）防治措施

① 施工前提前策划，规划好太阳能管线布局，避免管道贴地。

② 管道应保温，应有保护措施。

③ 电缆应规范布置，不得贴地裸放。

第四节　卫生器具安装

1. 台下式池、槽无可靠支架

规范标准要求	《建筑给水排水及采暖工程施工质量验收规范》（GB 50242）第7.2.6条规定：卫生器具的支、托架必须防腐良好，安装平整、牢固，与器具接触紧密、平稳。

质量问题

（1）现象

① 洗手池台下盆无支架承载，容易造成盆体脱落。

（2）原因分析

① 过程工序验收未按照施工工艺标准进行。

② 未按规范规定施工。

正确做法及防治措施

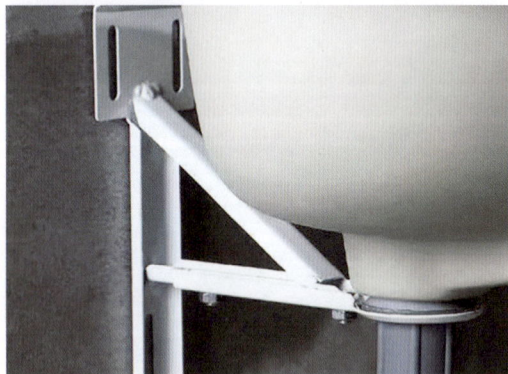

（1）防治措施

① 根据洗手池的尺寸，提前定制支架。

② 支架应安装牢固，平整；支、托架必须防腐良好，不因锈蚀而影响承载力。

③ 施工完成后，按照规范要求进行验收。

第五节　室内采暖、室外供热管网系统安装

1. 散热器温控阀安装方向错误

规范标准要求　《建筑节能工程施工质量验收标准》（GB 50411）第9.2.6条第2项规定：

明装散热器恒温阀不应安装在狭小和封闭空间，其恒温阀阀头应水平安装并远离发热体，且不应被散热器、窗帘或其他障碍物遮挡。

质量问题

（1）现象

① 散热器温控阀采用立式安装。

（2）原因分析

① 不了解温控阀工作原理。

② 温控阀安装技术交底不到位。

正确做法及防治措施

（1）防治措施

① 充分了解温控阀工作原理。

② 做好温控阀安装技术交底。

③ 严格按照标准规定施工。

2. 散热器安装离墙间距不规范

规范标准 要　　求	《建筑给水排水及采暖工程施工质量验收规范》（GB 50242）第8.3.6条规定：散热器背面与装饰后的墙内表面安装距离，应符合设计要求或产品说明书要求。如设计未注明，应为30mm。

质量问题

（1）现象

① 散热器离墙过远。

② 放气阀过低。

（2）原因分析

① 交底没有针对性。

② 未按照规范要求施工。

正确做法及防治措施

（1）防治措施

① 严格按照标准规定施工。

② 放气阀应安装在采暖管道高点或局部高点处，或者是在管道转角处，距离顶部不小于10cm，距离地面不高于1.8m。

第六节　室外给水管网安装

1. 地下式消防水泵接合器距井口距离及位置不规范

规范标准要求	《消防给水及消火栓系统技术规范》（GB 50974）第12.3.6条第6项规定：地下消防水泵接合器的安装，应使进水口与井盖底面的距离不大于0.4m，且不应小于井盖的半径。

质量问题

（1）现象

① 地下式消防水泵接合器距井口距离及位置不规范。

（2）原因分析

① 对规范不了解，不清楚地下式消防水泵接合器的安装高度要求。

正确做法及防治措施

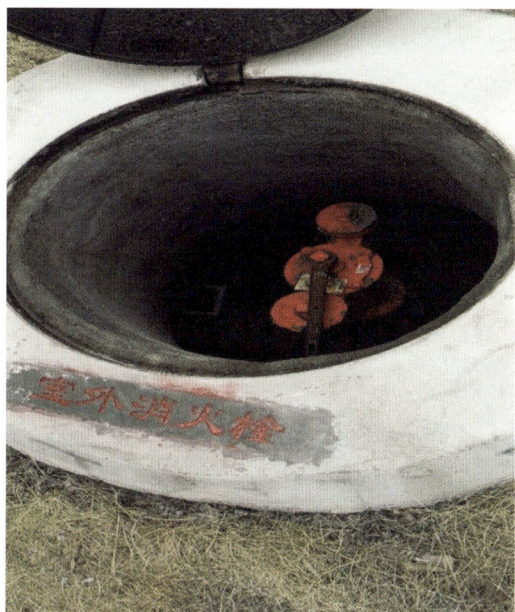

（1）防治措施

① 地下式消防水泵接合器的安装，应使进水口与井盖底面的距离不大于0.4m，且不应小于井盖的半径。

② 井盖标识清晰，标识颜色为红色。

第七节　室外排水管网安装

1. 检查井无防坠落设施，无防坠落功能

规范标准要求　《城乡排水工程项目规范》（GB 55027）第2.2.9条规定：

检查井应具备防坠落性能，井盖应具备防盗窃性能，井盖和井座应满足所处环境所需承载力和稳定性要求。地下水位较高地区，禁止使用砖砌井。

质量问题

（1）现象

① 检查井无防坠落措施，无防坠落功能。

（2）原因分析

① 未了解国家标准、行业安全技术规程及国务院相关管理条例要求。

正确做法及防治措施

（1）防治措施

① 检查井防坠网应在井盖下方20cm～30cm处设置，网孔大小不得大于40mm。

② 防坠网网孔应为方形或菱形，边长不超过10cm。

③ 防坠网应覆盖整个井口。

④ 防坠网应采用可靠的连接方式，如钩连、扣连等。

⑤ 合格测试：用200kg重物距网0.5m，扔下置于网中5min后取出，检查井筒壁、膨胀螺栓和防坠网。要求井筒壁无破损，膨胀螺栓不松不折，防坠网无破裂。

⑥ 也可采取其他有效防坠措施。

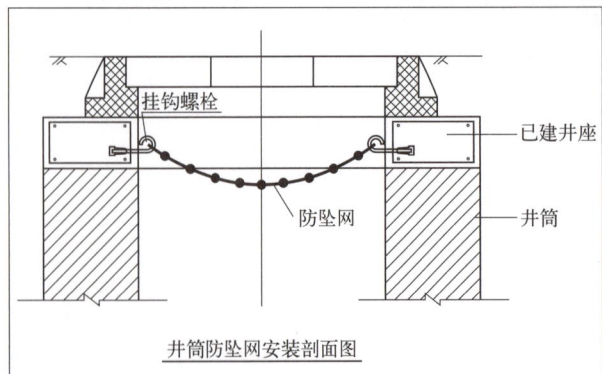

井筒防坠网安装剖面图

2. 虹吸式屋面雨水排水系统HDPE悬吊管未加装方形钢导管

<table>
<tr><td rowspan="2">规范标准
要　　求</td><td>《虹吸式屋面雨水排水系统技术规程》（CECS 183）第5.4.7条规定：</td></tr>
<tr><td>高密度聚乙烯（HDPE）悬吊管宜采用方形钢导管进行固定；方形钢导管的尺寸应符合表5.4.7-1的规定；方形钢导管应沿高密度聚乙烯（HDPE）悬吊管悬挂在建筑承重结构上，高密度聚乙烯（HDPE）悬吊管则宜采用导向管卡和锚固管卡连接在方形钢导管上。</td></tr>
</table>

表5.4.7-1　方形钢导管尺寸　　　　　　　　　　　　　　　　单位：mm

HDPE管外径	方形钢导管尺寸$A \times B$
DN40～DN200	30×30
DN250～DN315	40×60

质量问题

（1）现象

① 虹吸式屋面雨水排水系统HDPE悬吊管未加装方形钢导管。

（2）原因分析

① 对相关规定了解不够，简化施工。

正确做法及防治措施

（1）防治措施

① 全面了解相关规范条文，技术交底中相关要求要明确具体。

② 高密度聚乙烯（HDPE）悬吊管宜采用方形钢导管进行固定。

3. 检查井抹灰开裂，井壁不垂直，底部排水引导渠不规范

规范标准要 求	国标图集02S515规定： 砖砌检查井内外均用防水水泥砂浆抹面，抹至检查井顶部。

国标图集06MS201-3规定：

砖砌雨水井内壁采用防水水泥砂浆抹面，抹至管顶部200mm，外壁采用防水砂浆勾缝。砖砌污水井内外均用防水水泥砂浆抹面，抹至检查井顶部。

质量问题

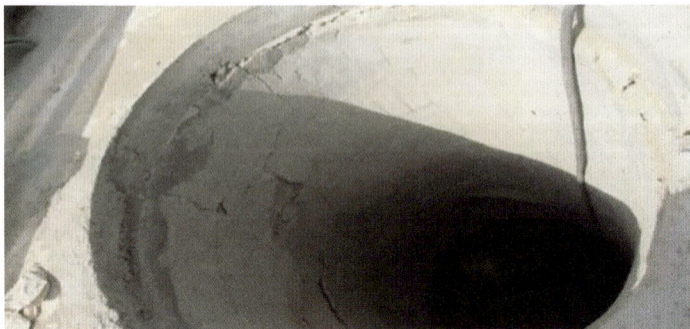

（1）现象

① 检查井抹灰开裂，井壁不垂直，底部排水引导渠不规范。

（2）原因分析

① 砂浆拌制质量差。

② 井壁基层处理不规范。

③ 抹灰工序简化、不规范。

④ 现场质量控制不重视，交底不明确，监督不到位。

正确做法及防治措施

（1）防治措施

① 井壁抹灰砂浆宜使用中砂，按照设计配合比生产，保证砂浆强度符合要求，现场使用时要在初凝前用完。

② 井壁凿除表面松散混凝土，清除浮灰，预先湿润，并做毛化处理，增强粘接力。

③ 抹灰前要进行测量检查，制作灰饼控制抹灰厚度，并保证结构尺寸符合设计，抹灰宜分层，不宜一次成型，并在后期做好养护工作，防止开裂。

第七章

通风与空调、电梯

第一节　风管与部件

1. 镀锌钢板镀锌层脱落、出现刮花和粉化等现象

规范标准要求	《通风与空调工程施工质量验收规范》（GB 50243）第4.3.1条第1项中7）规定：镀锌钢板风管表面不得有10%以上的白花、锌层粉化等镀锌层严重损坏现象。

质量问题

（1）现象

① 风管管材的镀锌层脱落、锈蚀，出现刮花和粉化现象。

（2）原因分析

① 生产厂的产品不合格，镀锌层的厚度不符合标准要求，导致镀锌钢板的耐久性差。

② 镀锌钢板采用了冷镀锌工艺。

③ 材料运输、保管不善，镀锌钢板的镀锌层受到损坏，失去防锈保护作用，铁皮氧化脱落。

④ 风管加工制作过程受损，拖拽会造成拖伤或划伤镀锌层。

⑤ 镀锌钢板海上运输，受到海水侵蚀，会损伤镀锌层，特别是海外项目。

正确做法及防治措施

（1）防治措施

① 镀锌钢板应符合国家标准规定，镀锌层为100#以上的材料，即双面三点实验平均值不应小于100g/m²的连续热镀锌薄钢板，其表面应平整光滑，厚度均匀，不得有裂纹、结疤等缺陷。

② 必须选用热镀锌产品。

③ 材料的运输过程应严加保护，海上运输必须采用密闭集装箱运输，并防止擦伤镀锌层，防止腐蚀性液体或气体损伤镀锌层。

④ 风管在加工过程中，避免碰伤、擦伤和明火烧伤镀锌层。

2. 金属矩形风管刚度不够，未采用加固措施

<table>
<tr><td>规范标准
要　　求</td><td>《通风与空调工程施工质量验收规范》（GB 50243）第4.2.3条第3项规定：
　　直咬缝圆形风管直径大于或等于800mm，且管段长度大于1250mm或总表面积
大于4m²时，均应采取加固措施。
　　矩形风管的边长大于630mm，或矩形保温风管边长大于800mm，管道长度大于1250mm；或低
压风管单边平面面积大于1.2m²，中、高压风管大于1m²，均应有加固措施。</td></tr>
</table>

质量问题

（1）现象

① 金属矩形风管的刚度不够，出现管壁凹凸不平，或风管在两个支吊架之间产生挠度。

（2）原因分析

① 风管钢板厚度不符合要求，没有按照GB 50243第4.2.3的要求下料，造成管壁抗弯强度低，风管系统启动时，管壁颤动产生噪声，在支承点之间出现挠度，极易发生风管塌陷。

② 咬口形式选择不当，减弱了风管的刚度。

③ 没有按照规范要求采取加固措施，或加固的方式、方法不当。

正确做法及防治措施

（1）防治措施

① 必须严格按照规范规定及设计要求，选择风管钢板的厚度，排烟系统风管钢板厚度按照高压系统选择。符合GB 50243表4.2.3-1要求。

② 矩形风管的咬口形式，必须与不同功能的风管系统相对应。空调系统、空气洁净系统不允许采用按扣式咬口，应采用联合角咬口，使咬口缝在四角部位，增大风管的刚度。

③ 直咬缝圆形风管直径大于或等于800mm，且管段长度大于1250mm或总表面积大于4m²时，均应采取加固措施；矩形风管的边长大于630mm，或矩形保温风管边长大于800mm，管道长度大于1250mm；或低压风管单边平面面积大于1.2m²，中高压风管大于1m²，均应有加固措施。

3. 柔性风管安装褶皱、扭曲

> **规范标准要求**　《通风与空调工程施工质量验收规范》（GB 50243）第5.2.7条规定：
> 防排烟系统的柔性短管必须采用不燃材料。
>
> 第5.3.7条规定：
> 柔性短管的制作应符合下列规定：
> 1. 外径与外边长应与风管尺寸相匹配。
> 2. 应采用抗腐、防潮、不透气及不易霉变的柔性材料。
> 3. 用于净化空调系统的还应是内壁光滑、不易产生尘埃的材料。
> 4. 柔性短管的长度宜为150mm～200mm，接缝的缝制或粘接应牢固、可靠，不应有开裂；成型短管应平整，无扭曲等现象。
> 5. 柔性短管不应为异径连接管，矩形柔性短管与风管连接不得采用抱箍固定的形式。
> 6. 柔性短管与法兰组装宜采用压板铆接连接，铆钉间距宜为60mm～80mm。

质量问题

（1）现象
① 柔性风管安装有明显的扭曲及变形，牢固性与可靠性变差，一旦脱落，影响系统正常使用。
② 排烟风管柔性风管未采用防火、防腐、防潮、不透气的红色三防布制作。
③ 矩形柔性短管与风管连接采用抱箍形式。
（2）原因分析
① 柔性风管制作不规范，下料不准确。
② 软管两端的风管不同心，用柔性风管调整方位。
③ 柔性短管安装时松紧程度控制不当，或连接处缝合不够严密，造成扭曲及变形。
④ 不知道排烟风管应采用不燃材料。

正确做法及防治措施

（1）防治措施
① 柔性短管连接安装过程中，应保持一定的伸展量，以减少风阻，满足使用和美观效果。
② 应保证柔性风管两端的风口在同一轴向上，再安装柔性风管，避免扭曲、皱褶。
③ 柔性风管长度宜为150mm～200mm，接缝的缝制或粘接应牢固、可靠，不应有开裂。
④ 排烟风管柔性软管必须采用不燃材料，防火、防腐、防潮不透风。
⑤ 柔性短管不应为异径连接管，矩形柔性短管与风管连接不得采用抱箍固定方式。
⑥ 柔性短管与法兰组装宜采用压板铆接连接，铆钉间距宜为60mm～80mm。

第二节　风管系统安装

1. 风管支、吊架间距过大，风管未设防晃支架

《通风与空调工程施工质量验收规范》（GB 50243）第6.3.1条第1项规定：
金属风管水平安装，直径或边长小于等于400mm时，支、吊架间距不应大于4m，大于400mm时，间距不应大于3m，螺旋风管的支、吊架的间距可为5m与3.75m；薄钢板法兰风管的支、吊架间距不应大于3m。垂直安装时，应至少2个固定点，支架间距不应大于4m。
第6.3.1条第3项规定：
悬吊的水平主、干风管直线长度大于20m时，应设置防晃支架或防止摇动的固定点。

质量问题

（1）现象
① 风管有下挠，风管变形，运行振动大。
② 风管有横向与纵向晃动。

（2）原因分析
① 支吊架强度不够，数量不足，不能承受应该承受的荷载，吊杆过细，横担过薄，加工和安装质量存在问题。
② 水平风管悬吊安装长度超过20m，未安装防晃支架或防止摇动的支架，容易发生横向与纵向晃动。

正确做法及防治措施

（1）防治措施
① 风管直径大于2000mm，或边长大于2500mm的风管的支吊架安装要求应按设计要求执行。
② 支吊架所选用的材料的材质、型号和规格应按工程实际情况选用，宜按照国标图集与规范选用强度和刚度相适应的形式和规格。
③ 金属风管水平安装，直径或边长小于或等于400mm时，支、吊架间距不应大于4m，大于400mm时，不大于3m，螺旋风管的支吊架的间距可为5m与3.75m间；薄钢板法兰风管的支吊架间距不应大于3m。
④ 风管垂直安装时，应至少2个固定点，支架间距不应大于4m。
⑤ 悬吊的水平主、干风管直线长度大于20m时，应设置防晃支架或防止摇动的固定点。

2. 吊杆距离风口、检查门、分支管距离过小

规范标准
要　　求
《通风与空调工程施工质量验收规范》（GB 50243）第6.3.1条第2项规定：
支、吊架的位置不应影响阀门、自控机构的正常动作，且不应设置在风口、检查门处、离风口和分支管的距离不宜小于200mm。

质量问题

（1）现象

① 支架过于靠近墙体、设备。

② 支架距阀门、三通、弯头等接头零件处距离过大或过小。

③ 支架设于管道接口处。

④ 支架固定点过于集中或设在松软的结构上。

（2）原因分析

① 支吊架安装位置狭小，不能有效避开风口、检查门口，风口和分支管的距离小于200mm。

② 支架在布局之前，未对焊口或接头处位置进行预测；在管道焊接或丝接前，未对影响操作的支架位置进行调整。

③ 支架的固定位置事先未与土建沟通，造成固定在松软结构上。

正确做法及防治措施

（1）防治措施

① 支、吊架的位置不应影响阀门、自控机构的正常动作，且不应设置在风口、检查门处，离风口和分支管的距离不宜小于200mm。

② 支架在制作安装前，应认真对管道系统图纸与设备、建筑图进行对照理解，明确阀门、设备、墙体的具体位置；对管路系统转向、分支等部位应进行受力和安装操作等综合考虑，保证支架在三通、弯头处对称分布，管道受力均匀；对阀门处的支架进行对称分布，严禁利用阀门传递管路受力；对支架的布局提前整体规划。

③ 支架在布局之前应对管路系统的焊口或接头位置进行预测，支架位置尽可能错开接口位置200mm左右，在管道连接安装前，对影响操作的支架位置及时进行调整。

④ 悬吊的水平主、干风管直线长度大于20m时，应设置防晃支架或防止摇动的固定点。

3. 边长（直径）大于1250mm的弯头、三通未设置独立支、吊架

规范标准要求	《通风与空调工程施工质量验收规范》（GB 50243）第6.3.1条第7款规定：边长（直径）大于1250mm的弯头、三通等部位应设置独立支、吊架。

质量问题

（1）现象

① 边长（直径）大于1250mm的弯头、三通未设置独立支、吊架；

（2）原因分析

① 对规范不了解。

② 未严格按照规范要求施工。

正确做法及防治措施

（1）防治措施

① 边长（直径）大于1250mm的弯头、三通等部位应设置独立支、吊架。

② 风管直段靠近弯头300mm区域内各设支吊架一个，弯头中增加一个。

4. 风管穿越防火、防爆的墙体未设钢制防护套管

规范标准要求　《通风与空调工程施工质量验收规范》（GB 50243）第6.2.2条规定：当风管穿过需要封闭的防火、防爆的墙体或楼板时，必须设置厚度不小于1.6mm的钢制防护套管，风管与防护套管之间应采用不燃柔性材料封堵严密。

质量问题

（1）现象

① 风管穿越防火、防爆的墙体或楼板处，未设置埋管或防护套管。

② 制作防护套管的钢板厚度太薄。

③ 防护套管与风管之间未用不燃材料封堵。

（2）原因分析

① 在砌筑时未留预留孔洞，或位置与大小不符合要求。

② 施工单位专业之间沟通不够。

③ 施工单位对规范不熟悉或不重视。

正确做法及防治措施

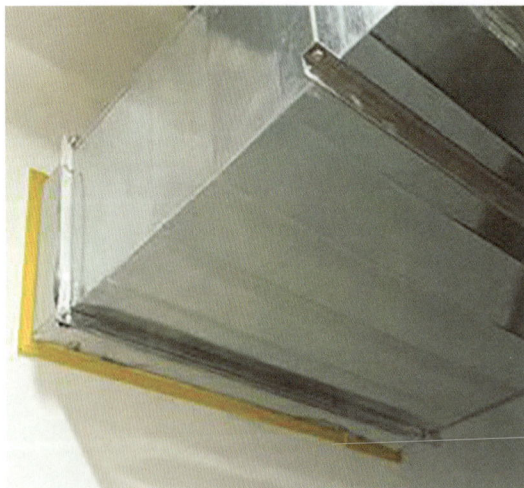

（1）防治措施

① 图纸会审时设计单位应强调风管穿越防火、防爆的墙体或楼板处应设置防护套管。

② 防护套管的铁皮厚度必须大于等于1.6mm。

③ 预留孔洞应以能穿过风管的法兰及保温层为准。

5. 风管法兰连接不规范

规范标准 要　　求	《通风与空调工程施工质量验收规范》（GB 50243）第4.2.3条第2项规定：

微压、低压与中压系统风管法兰的螺栓及铆钉孔的孔距不得大于150mm；高压系统风管不得大于100mm。矩形风管法兰的四角部位应设有螺孔。

螺栓规格应符合表4.2.3-4、4.2.3-5的规定，分别选用M6、M8、M10螺栓。

第4.2.7条第3项规定：

风管所用的螺栓、螺母、垫圈和铆钉的材料应与管材性能相适应，不应产生电化学腐蚀。

质量问题

1m圆形风管连接法兰小于30*3角钢，螺栓过长，连接缺少弹、平垫

法兰螺丝孔不一致，垫片超出法兰面，采用燕尾螺栓锚固

（1）现象

① 风管法兰连接孔距大于150mm。

② 四角无连接。

③ 法兰螺栓孔口不对应，采用自攻螺钉与燕尾螺栓连接，连接螺栓过长。

④ 镀锌角钢法兰采用碳钢螺栓连接。

⑤ 法兰角钢强度不符合要求。

⑥ 法兰垫料放置不合格。

⑦ 法兰螺栓方向不一致。

（2）原因分析

① 风管制作不规范，存在矩形风管对角线不相等、刚度不足，角钢法兰面不平且与风管轴线不垂直等现象，造成螺栓孔对不上。

② 螺丝孔距误差大，造成管段组装困难。

③ 法兰与风管组对时定位不准，或在铆接和焊接时移位，导致法兰平面与风管轴线不垂直。

④ 法兰角钢不平直或法兰焊后变形或平面扭曲，导致法兰面不平。

⑤ 垫片突出内外口，接口交叉长度不足30mm。

正确做法及防治措施

（1）防治措施

① 同一批量加工的相同规格法兰的螺丝孔排列应一致，并且有互换性，确保管段间法兰面的紧密接触。

② 法兰角钢在下料前和焊接后的变形，必须进行矫正，使法兰面平正、不扭曲；风管法兰的焊接应饱满，法兰平面度偏差必须小于2mm。

③ 法兰与风管套装前，在风管端部画出套装法兰基准线，角钢法兰按照基准线定位，保证法兰面不倾斜并与风管的轴线相垂直。

④ 法兰采用镀锌角钢时，应采用配套镀锌螺栓连接，螺栓外漏丝扣长度不超过一个螺帽为宜，有振动类风管并应加装平、弹垫。

⑤ 法兰垫片不应突出法兰内外口，接口交叉长度不应小于30mm。洁净式空调法兰垫片应采用无接口垫片。

6. 防排烟薄钢板法兰连接未采用间距150mm螺栓连接

<table>
<tr><td>规范标准
要　　求</td><td>《建筑防烟排烟系统技术标准》（GB 51251）第6.3.4条第2项规定：</td></tr>
</table>

风管接口的连接应严密，牢固，垫片厚度不应小于3mm，不应凸入管内和法兰外；排烟风管法兰垫片应为不燃材料，薄钢板法兰风管应采用螺栓连接。

质量问题

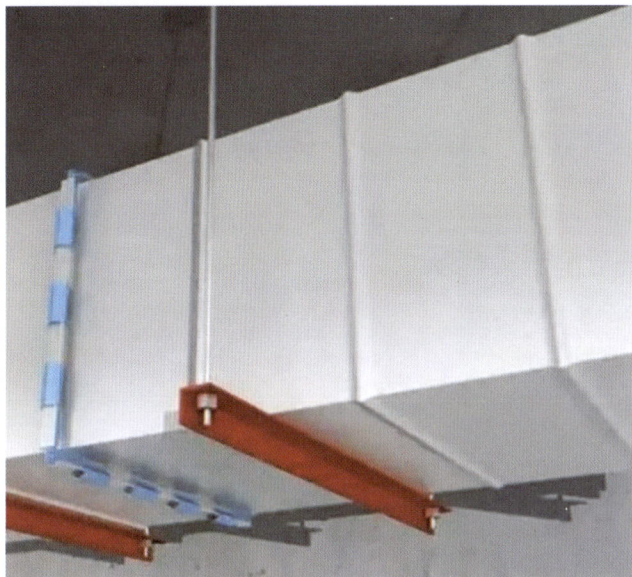

（1）现象
① 薄型钢板法兰连接处采用弹簧夹或共板法兰方式，未采用螺栓连接方式，连接不严密。

（2）原因分析
① 对规范要求不明确或简化施工。
② 对规范要求没有有效执行。

正确做法及防治措施

（1）防治措施
① 防排烟风管施工前按照规范要求编制施工方案并正确有效交底。
② 防排烟薄钢板法兰连接采用螺栓连接，螺栓间距不大150mm。
③ 法兰垫片应采用不燃材料，厚度3mm～5mm。

7. 排烟风管无防火包裹

规范标准要求 《建筑防烟排烟系统技术标准》（GB 51251）第3.3.8条第2项规定：水平设置的送风管道，当设置在吊顶内时，其耐火极限不应低于0.50h；当未设置在吊顶内时，其耐火极限不应低于1.00h。

质量问题

（1）现象
① 排烟风管无防火包裹。
（2）原因分析
① 不了解新规范。
② 未安装防晃支架或防止摇动的支架，容易发生横向与纵向晃动。

正确做法及防治措施

（1）防治措施
① 排烟风管应作防火包裹。
② 悬吊的水平主、干风管直线长度大于20m时，应设置防晃支架或防止摇动的固定点。

8. 防火分区隔墙两侧的防火阀，距墙表面大于200mm

《通风与空调工程施工质量验收规范》（GB 50243）第6.2.7条第5项规定：
防火阀、排烟阀（口）的安装位置、方向应正确，位于防火分区隔墙两侧的防火阀，距离墙表面不应大于200mm。

质量问题

（1）现象

① 安装与防火分区隔墙两侧的防火阀，距离墙表面距离大于200mm，一旦火灾发生时，防火阀后面的风管就容易被烧到，增加了火灾蔓延的面积。

② 边长大于630mm的防火阀，未独立设置单独支、吊架。

③ 消声器及静压箱颤动。

④ 吊架采用单螺帽固定。

（2）原因分析

① 对安装与防火分区隔墙两侧的防火阀所起的作用及其效果不了解；安装前没有仔细看标识。

② 防火阀在防火分区隔墙两侧的设置位置不正确，可能造成火灾蔓延。

③ 防火阀附件设置支、吊架比较困难。

④ 消声器及静压箱未设置独立支、吊架。一旦消声器有损坏，不便于更换。

⑤ 吊架单螺帽会受到振动松动，影响设备平衡，增加振动频率，造成设备损坏或掉落。

正确做法及防治措施

（1）防治措施

① 加强设计和施工交底，加强对防排烟系统风管部件安装施工质量的控制。

② 检查防火阀的安装位置是否正确，及时进行调整、拆除并重新安装。

③ 检查防火阀的规格型号，对于边长大于630mm的防火阀必须设置单独支、吊架。

④ 消声器及静压箱应设置独立支、吊架。一旦消声器有损坏，便于更换。

⑤ 吊架应双螺母自锁。

9. 直径或长边尺寸大于或等于630mm的防火阀未设立独立吊架

《通风与空调工程施工质量验收规范》（GB 50243）第6.3.8条第2项规定：
直径或长边尺寸大于或等于630mm的防火阀，应设独立支、吊架。

第6.3.11条第1项规定：

消声器及静压箱安装时，应设置独立支、吊架，固定应牢固。

质量问题

（1）现象

① 直径或边长大于或等于630mm的防火阀，未设独立支架。

② 消声器及静压箱安装时未设置独立支、吊架。

（2）原因分析

① 对规范不了解。

② 未严格按照规范要求施工。

正确做法及防治措施

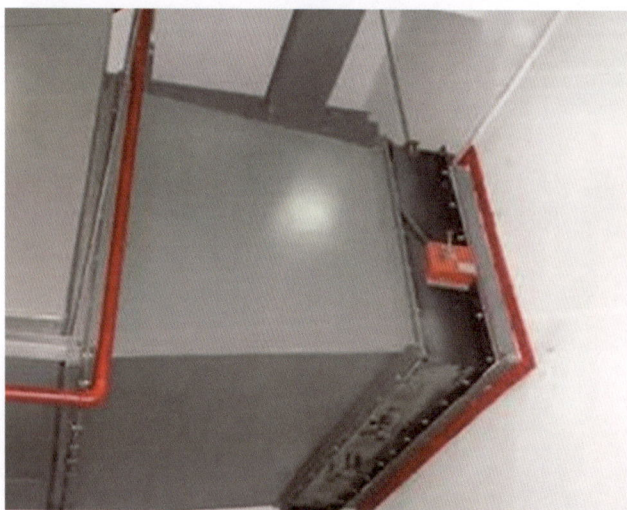

（1）防治措施

① 直径或边长大于或等于630mm的防火阀，应设独立支、吊架。

② 消声器及静压箱安装时应设置独立支、吊架，固定应牢固。

10. 风口在主风管上直接开口连接、风口未能与装饰面紧贴

规范标准要求	《通风与空调工程施工质量验收规范》（GB 50243）第6.2.8条规定：

风口的安装位置应符合设计要求，风口或结构风口与风管的连接应严密牢固，不应存在可察觉的漏风点或部位，风口与装饰面贴合应紧密。

第6.3.13条第1项规定：

风口表面应平整、不变形，调整应灵活、可靠。同一厅室、房间内的相同风口的安装高度应一致，排列应整齐。

质量问题

（1）现象

① 出风口直接安装在风管上，没有短节过渡。

② 风口与风管连接不紧密、不牢固。

③ 风口未能与装饰面紧贴，表面不平整，有明显的缝隙。

（2）原因分析

① 在进行风口施工时，与吊顶配合不够，前期没有进行定位，造成风口排列不整齐。

② 风口直接安装在风管上，会造成风管内气流不顺畅，增大管内压力，增加漏风的概率。

正确做法及防治措施

（1）防治措施

① 风管安装前应与吊顶施工密切配合，确保风口排列整齐划一。

② 应调整软管连接形式及角度，确保垂直度满足规范要求。

③ 风口连接的方式方法应该按照规范要求进行，分支管连接主干管处应顺气流方向制作成弧形接口或斜边连接，使管内气流均衡，流动顺畅。

第三节　风机和空气处理设备安装

1. 吊式风机吊架未独立设置，吊杆未设置减震支架

规范标准要求　《通风与空调工程施工质量验收规范》（GB 50243）第7.2.1条第5项规定：（风机）悬挂安装时，吊架及减振装置应符合设计及产品技术文件的要求。

第7.3.1条第5项规定：

风机的进、出口不得承受外加的重量，相连接的风管阀件应设置独立的支、吊架。

质量问题

（1）现象
① 风机未装独立吊架。
（2）原因分析
① 吊式风机及进出口管道未分别设置独立的支、吊架。
② 风机进出口管未安装独立支、吊架，风机进出口承受外加的重量。

正确做法及防治措施

（1）防治措施
① 吊式风机应分别设置独立的抗震支、吊架。
② 风机进出口管应安装独立的支、吊架，风机进出口不应承受外加的重量。

2. 风管出墙、出屋面处防护措施不规范

<table>
<tr><td>规范标准
要　　求</td><td>《通风与空调工程施工质量验收规范》（GB 50243）第7.2.2条规定：
通风机传动装置的外漏部分以及直通大气的进、出风口，必须装设防护罩、防护网或采取其他安全防护措施。
第6.2.3条第4项规定：
室外风管系统的拉索等金属固定件严禁与避雷针或避雷网连接。</td></tr>
</table>

质量问题

（1）现象

① 进出口没有防护网、防虫网。

② 风口防雨罩太小。

③ 风管与屋面穿越处漏水、渗水，风管穿越屋面后不稳固。下雨后雨水易漏入、渗入房间，影响生产正常进行，室外风较大时，风管不稳定、易损坏。

④ 防雨帽方向错误，没有防雨效果。

（2）原因分析

① 风管与屋面无防雨罩。

② 风管穿越屋面后无拉索或支架固定。

③ 进出口没有防护网、防虫网，存在安全隐患。

正确做法及防治措施

（1）防治措施

① 风管穿越屋面后，管身必须完整无损，不得有钻孔或其他损伤，以免雨水漏入室内。

② 风管穿越屋面后，应在风管与屋面的交界处设置防雨罩，确保交界和穿越处不漏水、不渗水。

③ 风管上的法兰采用密封措施进行密封，防止雨水沿管壁渗、漏到室内。

④ 防雨罩应设置在建筑结构预制圈的外侧。

⑤ 风管穿出屋面高度超过1.5m时，应设拉索固定，也可以用固定支架或利用建筑结构固定。采用拉索固定时，拉索不应少于三根。拉索不能直接固定在风管或风帽上，应用抱箍固定在法兰的上侧，以防止下滑。

⑥ 严禁将拉索的下端固定在避雷针或避雷网上。

⑦ 风口应有防虫网，并作功能标识及防止阻挡、堵塞警示。

3. 组合式空调机组凝结水排水不畅，风机盘管漏水

<table>
<tr>
<td>规范标准
要　求</td>
<td>《通风与空调工程施工质量验收规范》（GB 50243）第7.3.4条第1项规定：
组合式空调机组各功能段的组装应符合设计的顺序和要求，各功能段之间的连接应严密，整体外观应平整。</td>
</tr>
</table>

第7.3.4条第2项规定：

供、回水管与机组的连接应正确，机组下部冷凝水管的水封高度应符合设计或设备技术文件的要求。

质量问题

（1）现象

① 风机盘管的盘管、管道阀门、管道接口等处漏水、滴水、积水盘溢水等，影响空调房间舒适度，严重时，因漏水造成房间吊顶破损，墙体、地板和地毯被污染损坏。

（2）原因分析

① 盘管的铜管破裂、冻裂漏水。

② 管道接口漏水，接口螺丝加工粗糙，丝扣松动漏水。

③ 积水盘溢水，凝结水管倒坡漏水。

④ 积水盘内杂质堵塞排水口溢水。

正确做法及防治措施

（1）防治措施

① 避免风机盘管运输过程碰撞损坏。

② 寒冷地区风机盘管试水后应吹除干净，避免冻裂。

③ 避免管道、阀门的丝扣连接处漏水。

④ 积水盘安装前和安装后都要清除杂质，排水管必须保证排水坡度，严禁倒坡，其坡度应按设计或规范规定。

4. 专用排烟风机使用橡胶减振、与风管之间采用柔性连接

规范标准要求《建筑防烟排烟系统技术标准》（GB 51251）第6.3.4条第4项规定：

（专用排烟）风管与风机的连接宜采用法兰连接，或采用不燃材料的柔性短管连接。当风机仅用于防烟、排烟时，不宜采用柔性连接。

第6.5.3条规定：

风机应设在混凝土或钢架基础上，且不应设置减振装置；若排烟系统与通风空调系统共用且需要设置减振装置时，不应使用橡胶减振装置。

质量问题

（1）现象
① 专用排烟风机选用了橡胶减振装置；
② 专用排烟、正压送风风机采用柔性短管与风管连接。

（2）原因分析
① 未正确区分专用风机与共用风机。

正确做法及防治措施

（1）防治措施
① 设计未要求时，风管直接与排烟风机连接。
② 防排烟系统专用风机不应采取减振措施。

5. 风机弹簧减振器受力不均，抗平移措施不规范

<table>
<tr><td>规范标准
要　求</td><td>《通风与空调工程施工质量验收规范》（GB 50243）第 7.2.1 条规定：
固定设备的地脚螺栓应紧固，并采取防松动措施。</td></tr>
</table>

落地安装时，应按照设计要求设置减振装置，并应采取防止设备水平位移的措施。

悬挂安装时，吊架及减振装置应符合设计及产品技术文件的要求。

质量问题

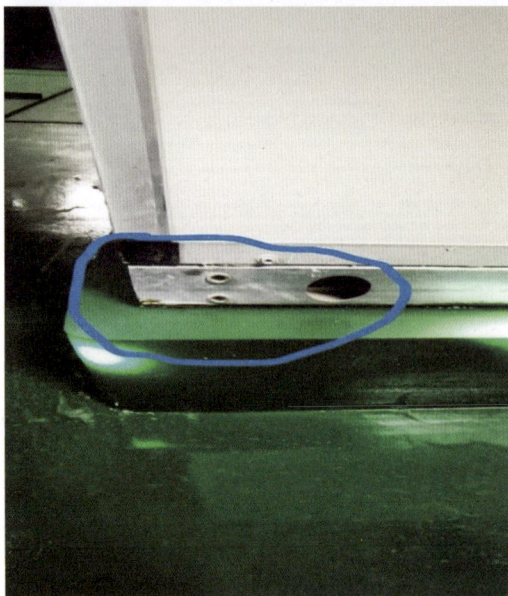

（1）现象

① 弹簧压缩高度不一致，风机安装后倾斜，运转时左右摆动。

② 地脚螺栓未采取防松动措施。

③ 落地安装未采取防止设备水平移动的措施。

（2）原因分析

① 同规格弹簧自由高度不相等。

② 弹簧两端平圈平面不平行、不同心。

③ 每个弹簧在同一压缩高度时受力不相等。

正确做法及防治措施

（1）防治措施

① 挑选自由度相等的弹簧配合为一组。

② 厂家更换合格产品。

③ 分别作压力实验，将在允许误差范围内受力相等的弹簧配合使用。

④ 地脚螺栓增加防松动锁帽（双帽）。

⑤ 采取防止设备水平移动的限制措施（如左图所示）。

6. 压力表未双阀控制、未安装三通旋塞

规范标准要求

《建筑给水排水及采暖工程施工质量验收规范》（GB 50242）第13.4.6条规定：

安装压力表必须符合下列规定：

1. 压力表必须安装在便于观察和吹洗的位置，并防止受高温、冰冻和振动的影响，同时要有足够的照明。

2. 压力表必须设有存水弯管。存水弯管采用钢管煨制时，内径不小于10mm，采用铜管煨制时，内径不小于6mm。

3. 压力表与存水弯之间应安装三通旋塞。

质量问题

（1）现象

① 压力表单阀控制。

② 消防泵阀门前装压力表。

③ 旋塞安装在根部位置。

（2）原因分析

① 不了解规范要求。

② 消防泵阀门前装压力表没作用。

③ 不了解旋塞阀必须安装在存水弯管和压力表之间。

正确做法及防治措施

（1）防治措施

① 压力表应设置根部阀、弯管和三通旋塞阀，然后安装压力表。

② 压力表应通过计量部门认证。

③ 根部阀保证卸换存水弯管时控制。旋塞阀以便冲洗管路、卸换压力表使用。

第四节　空调用冷（热）源与辅助设备安装

1. 蒸汽式压缩机制冷系统压力表距阀门位置小于200mm

规范标准 要　　求	《通风与空调工程施工质量验收规范》GB 50243第8.2.7条规定：

　　压缩机与机组连接的管路上应按设计要求及产品技术文件的要求安装过滤器、阀门、仪表等，位置应正确、排列应规整，管道应设独立的支吊架；压力表距阀门位置不宜小于200mm。

第8.3.4条第3项规定：

（制冷剂系统阀门）水平管道上阀门的手柄不应向下，垂直管道上阀门的手柄应便于操作。

质量问题

（1）现象

① 压缩机制冷系统压力表距阀门位置小于200mm。

② 制冷剂系统水平管道上阀门的手柄向下。

（2）原因分析

① 不了解规范。

② 安装位置紧张。

正确做法及防治措施

（1）防治措施

① 压缩机制冷系统压力表距阀门位置不应小于200mm。

② 制冷剂系统水平管道上阀门的手柄不应向下。

2. 室外多联机冷媒管道与电缆同槽敷设

《通风与空调工程施工质量验收规范》（GB 50243）第8.3.3条规定：

制冷剂管道弯管的弯曲半径不应小于3.5倍管道直径，最大外径与最小外径之差不应大于8‰的管道直径，且不应使用焊接弯管及皱褶弯管。

管道穿越墙体或楼板时，应加装套管。

质量问题

（1）现象

① 制冷剂管道与电缆槽同槽敷设。

（2）原因分析

① 没有独立设置制冷剂管道支架体系。

② 未按规范施工。

正确做法及防治措施

（1）防治措施

① 制冷剂管道弯管的弯曲半径不应小于3.5倍管道直径，最大外径与最小外径之差不应大于8‰的管道直径，且不应使用焊接弯管及皱褶弯管。

② 管道穿越墙体或楼板时，应加装套管。风口安装平整。

③ 制冷剂管道不宜与电缆槽同槽敷设，电缆槽没有承接制冷剂管道的功能，且转弯半径不一致。

④ 应独立设置制冷剂管道支架，并做好保冷处理。

3. 空调室内送风口、回风口距离过近

《通风与空调工程施工质量验收规范》（GB 50243）第8.3.6条第3项规定：风管式室内机的送、回风口之间，不应形成气流短路。风口安装应平整，且应与装饰线条相一致。

质量问题

（1）现象

① 送、回风口距离过小，距离小于1.2m。

② 风口安装不平顺。

③ 风口位置策划不合理。

（2）原因分析

① 不了解规范要求。

② 风口位置未与土建专用协调。

正确做法及防治措施

（1）防治措施

① 风口安装平整。

② 风口应在吊顶上排列齐整。

③ 与感烟之间距离符合规范要求，离进风口距离大于1500mm，离回风口距离大于500mm。

④ 风机盘管的送、回风口距离应大于1.2m。

第五节　空调水系统管道与设备安装

1. 支架制作不规范

规范标准要求　《通风与空调工程施工质量验收规范》（GB 50243）第9.3.8条规定：支、吊架的安装应平整牢固，与管道接触应紧密，管道与设备连接处应设置独立支、吊架。当设备安装在减振基座上时，独立支架的固定点应为减振基座。

冷（热）媒水、冷却水系统管道机房内总、干管的支、吊架，应采用承重防晃管架，与设备连接的管道管架宜采取减振措施。当水平支管的管架采用单杆吊架时，应在系统管道的起始点、阀门、三通、弯头处及长度每隔15m处设置承重防晃支、吊架。

质量问题

（1）现象

① 支架下料不平整，有毛刺、飞边或尖锐部分。

② 支架开孔过大或开孔处不平整，螺栓孔成型不规范，孔距与抱箍螺栓不匹配。

③ 支架组焊质量差。

④ 减振设备一侧管道支架未采取减振措施，缺少防晃支架。

（2）原因分析

① 支架下料未放样，几何尺寸控制不严，支架制作工序中缺少打磨环节。

② 支架开孔前，未核对成品抱箍的螺栓间距，采用氧乙炔开孔，开孔不规则，未对开孔处的毛刺进行打磨。

③ 支架组对焊接前未技术交底，焊工技能不达标。

④ 未考虑减振措施。

正确做法及防治措施

（1）防治措施

① 支架尽可能采购成品标准支架，或工厂化预制。

② 现场制作时应对作业人员进行技术交底，包括支架使用钢材的规格、材质，机具，工艺流程等。支架下料时，几何尺寸必须准确，尽可能采用砂轮切割机或等离子切割。

③ 支架开孔必须进行计算，严禁电焊和氧乙炔开孔，开孔处形成的毛刺必须用砂轮机进行打磨。

④ 需要减振支架的部位应按照规范设置减振措施。

⑤ 防晃支架设置应满足设计及规范要求。

2. 明敷镀锌管道采用焊接连接

规范标准要 求	《通风与空调工程施工质量验收规范》（GB 50243）第9.1.1条规定：镀锌钢管及带有防腐涂层的钢管不得采用焊接连接，应采用螺纹连接。当管径大于DN100时，可采用卡箍或法兰连接。

质量问题

（1）现象

① 镀锌管采用焊接连接。

（2）原因分析

① 不了解镀锌管不能采用焊接连接的规范要求。

② 镀锌管材焊接会破坏镀锌层，失去防腐效果。

正确做法及防治措施

（1）防治措施

① 镀锌管应采用螺纹连接。

② 管径大于DN100时，可采用卡箍或法兰连接。

3. 保温管道吊架木托高度不足

| 规范标准要 求 | 《通风与空调工程施工质量验收规范》（GB 50243）第9.3.5条第3项规定：冷（热）水管管道与支、吊架之间，应设置衬垫。衬垫的承压强度应满足管道全重，且应采用不燃与难燃硬质绝热材料或经防腐处理的木衬垫。衬垫的厚度不应小于绝缘层厚度，宽度应大于或等于支、吊架支撑面的宽度。衬垫的表面应平整、上下两衬垫结合面的空隙应填实。 |

质量问题

（1）现象

① 保冷管道吊架处细部处理不当，致使在管道支架的垫木与绝热材料结合处结露，产生冷凝水。造成吊顶等破坏，甚至能引起电气短路等严重事故。

（2）原因分析

① 空调水管、风管未设垫木或垫木较绝热层薄。

② 木衬垫与管道绝热材料之间有缝隙。

③ 吊杆被包裹在绝热层内。

④ 空调水管固定支架处未采取防"热桥"措施。

正确做法及防治措施

（1）防治措施

① 冷（热）水管管道与支、吊架之间，应设置衬垫。衬垫的承压强度应满足管道全重，且应采用不燃与难燃硬质绝热材料或经防腐处理的木衬垫。衬垫的厚度不应小于绝缘层厚度，宽度应大于或等于支、吊架支撑面的宽度。衬垫的表面应平整、上下梁衬垫结合面的空隙应填实。

② 对支吊架处的绝热施工编制详细的施工方案，确保绝热材料与垫木接触紧密，不留缝隙，无死角，不产生冷凝水。

③ 尽量避免吊杆被包裹在绝热层中，如因空间太小，增加吊杆数量，改变吊杆位置至合理处，保证其使用功能，冷水管道的固定支架一定要做好防"热桥"措施。

第六节　防腐与绝热

1. 管道绝热层及外护层开裂、脱落，穿墙管道保冷层不延续

<table>
<tr><td>规范标准
要　　求</td><td>《通风与空调工程施工质量验收规范》（GB 50243）第10.3.4条规定：</td></tr>
</table>

绝热层的纵、横向接缝应错开，缝间不应有孔隙，与管道表面应贴合紧密，不应有气泡。

矩形风管绝热层的纵向接缝宜处于管道上部。

多重绝热层施工时，层间的拼缝应错开。

质量问题

（1）现象

① 绝热层及外保护层开裂、脱落，出现渗水或滴水现象，造成空调制冷效果差，甚至因冷凝水造成吊顶损坏，电线短路等严重后果。

② 穿墙管道保冷层不延续，管道结露，污染吊顶。

（2）原因分析

① 橡塑棉专用胶、专用胶带质量差，造成开裂或脱落；玻璃棉绝热选择的保温钉粘接剂、铝箔胶带不当，粘接力不够，质量差；保温钉的钉盖和顶杆连接不牢；保护壳材料选用得太软，不宜固定，容易损坏。

② 外保护壳未确保与绝热层紧密接触。

③ 成品保护不当，水管或建筑漏水，浸泡铝箔玻璃棉板，造成绝热层脱落。

正确做法及防治措施

（1）防治措施

① 专用胶、铝箔胶带、保温钉胶粘剂等绝热材料的性能应符合使用温度和环境卫生的要求并与绝热材料匹配，符合标准规定，并在有效期内。

② 管道橡胶棉绝热施工下料不能过小，造成开裂现象；在进行橡塑专用胶涂刷绝热施工前必须对管道外表面进行彻底清理，去掉管道表面附属的铁锈、油污、灰尘、水等杂物，保证橡塑专用胶的正常使用。

③ 外保护层应紧贴绝热层，不得有脱壳、褶皱、强行接口等现象，自攻螺钉应固定牢固，螺钉间距均匀接口处不得出现缝隙。

④ 铝箔玻璃棉被水浸泡后，一般不能再进行维修，应尽快拆除被浸泡的棉板，不要使其他棉板受损，待清理完后更换新的棉板。

2. 管道管件绝热外形观感差

规范标准要求《通风与空调工程施工质量验收规范》（GB 50243）第10.3.2条规定：

设备、部件、阀门的绝热和防腐涂层，不得遮盖铭牌标志和影响部件、阀门的操作功能，经常操作的部位应采用能单独拆卸的绝热结构。

第10.3.9条第1项规定：

金属保护壳板材连接应牢固严密，外表应整齐平整。

第10.3.10条规定：

管道或管道绝热层的外表面，应按设计要求进行色标。

质量问题

（1）现象

① 绝热外形表面不平整，不流畅，外观质量差，影响工程的整体质量观感。

（2）原因分析

① 绝热材料质量差；铝箔玻璃棉密度、铝箔粘接质量不好，铝箔与玻璃棉起鼓或脱离；运输不当，造成绝热棉褶皱。

② 管道橡塑棉绝热施工不当，管道绝热不平整，不流畅，接缝不严，表面不平，有破损；法兰和阀门处绝热不到位，导致绝热完成后无角无棱无形状；木衬垫安装时上下两半未对正，两侧端面不在一个平面上。

正确做法及防治措施

（1）防治措施

① 严格控制绝缘材料质量。

② 管道橡塑棉绝热施工主要保证材料的质量和施工的质量，法兰和阀门处的绝热应根据形状进行填补，木衬垫安装时上下两半要对正，两侧端面在一个平面上，再进行固定。

③ 风管玻璃棉绝热施工，铝箔胶带粘贴应采取适当措施，保证绝热后棱角分明，做到部件与绝热形状一个样，风管与设备连接处，除了对风管的棱角处理好外，对截面还要用铝箔胶带进行收口，防止产生冷凝水，也防止黄色的玻璃棉外漏，影响美观，木衬垫根据绝热层厚度进行选择，否则绝热棉与木衬垫不平，影响观感效果。

第七节　电梯工程

1. 电梯机层门地坎过高

规范标准要求	《电梯工程施工质量验收规范》（GB 50310）第4.5.6条规定：

规范标准要求 《电梯工程施工质量验收规范》（GB 50310）第4.5.6条规定：

层门地坎水平度不得大于2/1000，地坎应高出装修地面2mm～5mm。

第4.5.1条规定：

层门地坎至轿厢地坎之间的水平距离偏差为0～+3mm，且最大距离严禁超过35mm。

质量问题

（1）现象

① 机房门向内开启，无警示标识。

② 改变电梯机房用途，机房内无消防设施或消防设施不齐全。

③ 层门地坎未高出装修地面2mm～5mm。

④ 层门地坎至轿厢地坎之间的水平距离超过35mm。

（2）原因分析

① 机房内未配备检验合格的消防器材。

② 机房内空调或采暖等设备采用了蒸汽或水加热设施，一旦发生漏水，跑气现象，将对电梯设备造成损坏。

③ 安装或维修人员侵占电梯机房作为住宿使用。

正确做法及防治措施

（1）防治措施

① 电梯通道门宽度不应小于0.6m，高度不应小于1.8m，且门不得向内开启。

② 电梯驱动主机及其附属设备和滑轮应设置在一个专门房间内，该房间应由实体的墙壁、房顶、门（活板门），只有经过批准的人员才能接近。

③ 机房或滑轮间不应用于电梯以外的其他用途，也不应设置非电梯用的线槽、电缆或装置应设置火灾探测器和灭火器及火警电话。

④ 层门地坎应高出装修地面2mm～5mm。

⑤ 层门地坎至轿厢地坎之间的水平距离严禁超过35mm。

2. 机房孔洞预留洞防护不规范

《电梯工程施工质量验收规范》（GB 50310）第4.3.6条规定：

机房内钢丝绳与楼板孔洞边间隙应为20 ～ 40mm，通向井道的孔洞四周应设置高度不小于50mm的台缘。

第4.2.4条第10项规定：

机房应有良好的防渗、防漏水措施。

质量问题

（1）现象

① 拽引绳、限速器绳孔预留洞位置不正确，需进行二次剔凿。

② 绳孔预留洞过大或过小，四周无防水台或防水台高度不够。

③ 机房有凹坑或槽坑时未遮盖。

（2）原因分析

① 孔洞预留时未参照所订电梯生产厂家机房孔洞布置图设计。

② 凹坑防护未按规范要求设计实施。

③ 土建施工单位未按设计图纸施工。

正确做法及防治措施

（1）防治措施

① 孔洞预留时应参照所订电梯生产厂家机房孔洞布置图设计。

② 机房内钢丝绳与楼板孔洞边间隙应为20mm至40mm，通向井道的孔洞四周应设置高度不小于50mm的台缘。

③ 当机房地面有深度大于0.5m的凹坑或槽坑时，均应盖住。

④ 机房应有良好的防渗、防漏水措施。

⑤ 地坪改变做法时需征求设计意见，谨慎采用达不到A级防火要求的环氧自流平。

3. 机房爬梯、防护栏制作安装不规范

《电梯工程施工质量验收规范》（GB 50310）第4.2.4条第6项规定：
在一个机房内，当有两个以上不同平面的工作台，且相邻平台高度差大于0.5m
时，应设置楼梯或台阶，并应设置高度不小于0.9m的安全防护栏杆。当机房地面有深度大于
0.5m的凹坑或槽坑时，均应盖住。供人员活动空间和工作台面以上的净高度不应小于1.8m。

质量问题

（1）现象
① 机房爬梯无把手。
② 机房地面高度不一，未设置爬梯或台阶，工作台上的防护栏杆高度不足900mm。
（2）原因分析
① 爬梯、防护栏设计时，未按照国家规范标准执行。
② 土建单位施工未安装设计图纸施工。

正确做法及防治措施

（1）防治措施
① 通往机房需采用梯子进入时，应按要求配置，优先选用楼梯。
② 机房内，当有两个以上不同平面的工作台，且相邻平台高度差大于0.5m时，应设置楼梯或台阶，并应设置高度不小于0.9m的安全防护栏杆。
③ 当机房地面有深度大于0.5m的凹坑或槽坑时，均应盖住。供人员活动空间和工作台面以上的净高度不应小于1.8m。

4. 机房主开关、照明及其他开关安装与要求不符

规范标准要求

《电梯工程施工质量验收规范》（GB 50310）第4.10.3条规定：
主电源开关不应切断下列供电线路：轿厢照明和通风；机房和滑轮间照明；机房、轿顶和底坑的电源插座；井道照明；报警装置。

质量问题

（1）现象
① 主开关未设置在机房入口易于操作处。
② 主开关断开时，轿厢照明及应急报警装置电源同时断开。
③ 各电气开关未做标识。
（2）原因分析
① 主开关位置设计时，未按照国家规范标准要求设计。
② 主开关、轿厢照明开关、井道照明开关及应急报警装置电源等未进行电路分开敷设施工。
③ 安装人员未进行各个开关标识。

正确做法及防治措施

（1）防治措施
① 在机房中，每台电梯都应单独装设有能切断该电梯所有供电电路的主开关。该开关应具有切断电梯正常使用情况下最大电流的能力。该开关不应切断轿厢照明和通风，机房和滑轮间照明，机房、轿顶和底坑的电源插座，井道照明，报警装置的供电线路。
② 应能从机房入口处方便、迅速地接近主开关的操作机构。
③ 如果机房为几台电梯所共用，各台电梯主开关的操作机构应易于辨别。
④ 电气开关标识应规范，各主开关及照明开关均应设置标注，以便区分。在主电源断开后，某些部分仍然保持带电，应使用"须知"说明此情况。

5. 外呼召唤盒及层站指示灯盒安装歪斜松动

规范标准要求	《电梯工程施工质量验收规范》（GB 50310）第4.5.7条规定：层门指示灯盒、召唤盒和消防开关盒应安装正确，其面板与墙面贴实，横竖端正。

质量问题

（1）现象

① 外呼唤盒、层站指示灯盒安装预留孔不正，安装不牢固，与墙壁最终装饰面偏差大。

（2）原因分析

① 未按照所订电梯厂家外呼召唤盒、层站指示灯盒留洞进行孔洞预留施工。

② 外呼召唤盒、层站指示灯盒安装时未进行有效固定连接。

③ 对最终墙壁装饰完成面的材料、尺寸不清楚。

正确做法及防治措施

（1）防治措施

① 安装前要进行针对预留孔情况进行质量验收与交接，对不符合项进行整改。

② 安装前了解最终墙壁装饰完成面的材料、厚度，从而确定外呼召唤盒、层站指示灯盒预埋深度。

③ 安装外呼召唤盒、层站指示灯时，应按照规范要求进行安装。层站指示装置及操作装置的安装位置应符合设计要求，指示型号应清晰明确，操作装置动作应准确无误，层门指示灯盒、召唤盒和消防开关盒应安装正确，其面板与墙面贴实，横竖端正。

6. 电梯电气设备接地不规范

规范标准 要　　求	《电梯工程施工质量验收规范》（GB 50310）第4.10.1条规定：所有电气设备及导管、线槽的外露可导电部分均必须可靠接地（PE）；接地支线应分别直接接至接地干线接线柱上，不得相互连接后再接地。

质量问题

（1）现象

① 电气设备外漏可导电部分未接地且连接不可靠，接地线互相串接后再接地。

② 保护接地线未采用黄绿色线。

③ 线槽拐弯处、接线盒处未做跨接。

④ 金属软管未做接地处理。

⑤ 轿厢、层门、线槽、线管、导轨和接线盒处漏做接地线。

（2）原因分析

① 未按标准、规范施工，没有理解说明书要求。

正确做法及防治措施

（1）防治措施

① 认真学习标准、规范和安装说明书。

② 按标准要求接地，接地线用黄绿相间绝缘导线。

③ PE排接线端子应充足。

④ 附墙接地母线应规范设置。

⑤ 线槽拐弯处、接线盒处应做跨接。

⑥ 金属软管需做接地处理。

⑦ 轿厢、层门、线槽、线管、导轨和接线盒处应做接地保护。

7. 轿厢底坑积水

质量问题

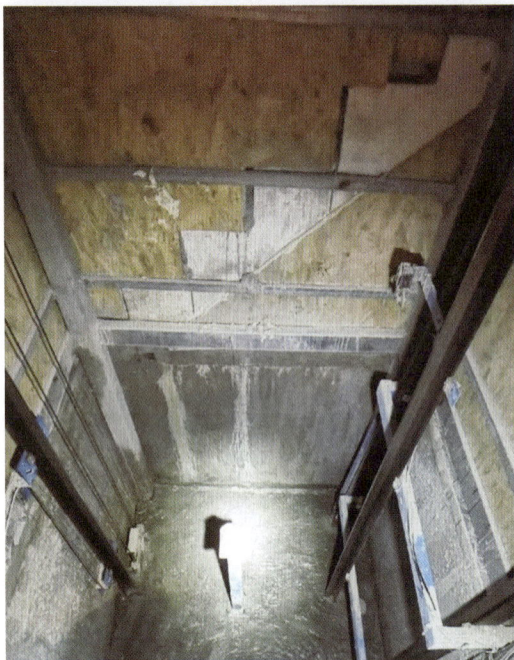

（1）现象

坑底或墙体渗水，坑底积水无法排除。

（2）原因分析

① 土建基础施工时，底坑是最深部位，施工降水未考虑到此深度，底坑施工时带水施工，造成施工结束后，底坑一直渗水，从内部处理困难，无法根治。

② 底坑未与筏板基础整体浇筑，与筏板基础施工缝处未留止水钢板，造成施工缝渗水。

③ 楼层漏水，通过电梯门漏水。

正确做法及防治措施

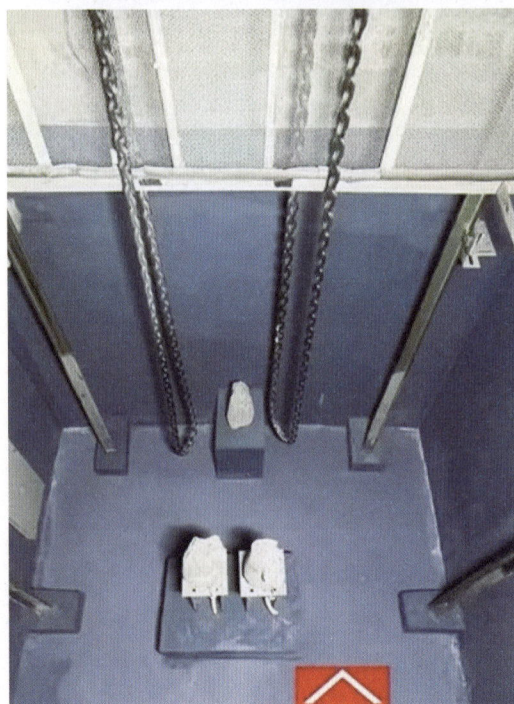

（1）防治措施

① 安装前应严格验收，保证坑底不漏水或渗水，有条件时增加排水装置。

② 在安装导轨支架、缓冲器、栅栏时应注意保护防水层，一旦防水层破坏，应及时修补。

③ 降水必须按坑底标高设计。

④ 底坑混凝土应与筏板基础一次浇筑。

第八章

建筑电气、智能建筑

第一节　基本规定

1. 镀锌埋地管采用冷镀锌形式，镀锌层厚度不足

规范标准要求	《建筑电气工程施工质量验收规范》（GB 50303）第3.2.15条规定： 金属镀锌制品的进场检验应符合下列规定： 查验产品质量证明书，应按设计要求查验其符合性。 外观检查：镀锌层应覆盖完整，表面无锈斑，金具配件应齐全，无砂眼。 埋入土壤中的热浸镀锌钢材应检验其镀锌层厚度不应小于63μm。

质量问题

（1）现象

① 埋入土中的镀锌钢管裸露部分出现锈蚀。

② 埋地管煨弯及接地焊接处防腐有遗漏。

③ 避雷镀锌圆钢锈蚀、截面积不满足φ10mm要求。

（2）原因分析

① 采购的镀锌管采用冷镀锌施工工艺，材料不合格。

② 对金属线管刷防腐漆的目的和部位不明确。

③ 材料不满足φ10mm直径要求。

正确做法及防治措施

（1）防治措施

① 进入现场的镀锌管材、线材，必须采用热镀锌工艺，镀锌层厚度不应小于63μm。

② 除了埋设在混凝土层内的线管可免刷防锈漆外，其他埋地部位均应涂刷，埋地的镀锌材料焊接部位应涂刷防锈漆。地线的各焊接处也应涂刷。

③ 埋地线管煨弯处也应涂刷防腐油。

2. 配电室条件不具备就开始安装

规范标准要　　求　《建筑电气工程施工质量验收规范》（GB 50303）第3.3.2条第1项规定：成套配电柜（台）、控制柜安装前，室内顶棚、墙体的装饰工作应完成施工，无渗漏水，室内地面的找平层应完成施工，基础型钢和柜、台、箱下的电缆沟等经检查应合格，落地式柜、台、箱的基础及埋入基础的导管应验收合格。

质量问题

（1）现象
① 配电室设备安装期间顶板渗水。
② 明装照明配电箱背面墙面未粉刷。
（2）原因分析
① 由于工期要求紧，配电室条件不具备安装条件，就开始安装。
② 由于气候条件不允许，屋面防水层未施工，就开始安装盘柜。
③ 墙面只完成了抹面施工，未进行涂料刮腻子，就安装明装配电箱和接地干线。

正确做法及防治措施

（1）防治措施
① 配电室条件不具备不能安装盘柜，安装前应进行配电室中间交接。
② 配电室内顶棚、墙体的装饰工作应完成施工，屋面防水层应完成，无渗漏水。
③ 室内地面的找平层已完成施工，基础型钢和柜、台、箱下的电缆沟等检查合格，落地式柜、台、箱的基础及埋入基础的导管验收合格。
④ 墙面配电箱安装部位在抹面施工完成的基础上，应刮腻子完成，底层涂料完成，面层涂料可预留。

3. 配电柜与母线上部有终端设备

《建筑电气工程施工质量验收规范》（GB 50303）第18.2.4条规定：高低压配电设备、裸母线及电梯曳引机的正上方不应安装灯具。

质量问题

（1）现象

① 高低压配电设备、裸母线及电梯曳引机的正上方安装有终端设备，如灯具、出风口、吊挂式风机等。

（2）原因分析

① 灯具安装位置没有错开。

② 配电室空间较小，无法有效避开。

③ 不了解规范规定。

正确做法及防治措施

（1）防治措施

① 高低压配电设备、裸母线及电梯曳引机的正上方不应安装灯具。

② 高低压配电设备、裸母线及电梯曳引机的正上方不应安装各种终端设备，如通风出风口，吊挂式风机等。

③ 前期图纸会审时，应关注灯具暗装接线盒位置，保证灯具、风口、风机等错开盘柜、裸母线等位置。

4. 防火封堵不严，室外安装底座周围未封闭

规范标准要求　《建筑电气工程施工质量验收规范》（GB 50303）第13.2.2条第8项规定：

电缆出入电缆沟，电气竖井，建筑物，配电（控制）柜、台、箱处以及管子管口处等部位应采取防火或密封措施。

第5.2.4条规定：

室外安装的落地式配电（控制）柜、箱的基础应高于地坪，周围排水应通畅，其底座周围应采取封闭措施。

质量问题

（1）现象

① 线槽穿越防火分区时，线槽内没有进行防火封堵。

② 电缆出入电缆沟，电气竖井，建筑物，配电（控制）柜、台、箱处以及管子管口处等部位防火或密封不严。

（2）原因分析

① 电缆出入电缆沟，电气竖井，建筑物，配电（控制）柜、台、箱处以及管子管口处等部位应采取防火或密封措施。

② 室外安装底座周围因穿线封闭不严。

③ 线槽穿越防火分区时，线槽内没有进行防火封堵。

正确做法及防治措施

（1）防治措施

① 电缆出入电缆沟，电气竖井，建筑物，配电（控制）柜、台、箱处以及管子管口处等部位应采取密封、防火封堵措施。

② 管井内应采用防火枕或其他防火材料在电缆敷设完毕后，及时将楼板孔洞封堵严实。

③ 穿线导管管口应采用防火泥进行防火封堵。

④ 线槽穿越防火分区时，线槽内应进行防火封堵。

⑤ 室外安装的落地式配电（控制）柜、箱的基础应高于地坪，周围排水应通畅，其底座周围应采取封闭措施。

第二节　变压器、配电柜、台、箱安装

1. 电气设备（箱、盘、柜）的接地线串接或未分别接地

规范标准要求　《建筑电气工程施工质量验收规范》（GB 50303）第 5.1.1 条规定：

柜、台、箱的金属框架及基础型钢应与保护导体可靠连接；对于装有电器的可开启门，门和金属框架的接地端子间应选用截面积不小于4mm²的黄绿色绝缘铜芯软导线连接，并应有标识。

质量问题

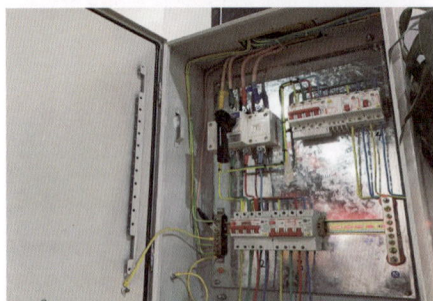

（1）现象

① 配电盘柜、基础型钢与保护导体接地标识不明显。

② 对于装有电器的可开启门，门和金属框架的接地端子间未选用截面积不小于4mm²的黄绿色绝缘铜芯软导线连接。

（2）原因分析

① 配电室没有设置环配电室的接地保护导体，未设置等电位箱，等电位箱连接镀锌扁铁标识不清晰。

② 地坪施工前未完善柜台箱金属框架及基础型钢与保护导体的可靠连接。

③ 未按新规范对于装有电器的可开启门，门和金属框架的接地端子间选用截面积不小于4mm²的黄绿色绝缘铜芯软导线连接。

正确做法及防治措施

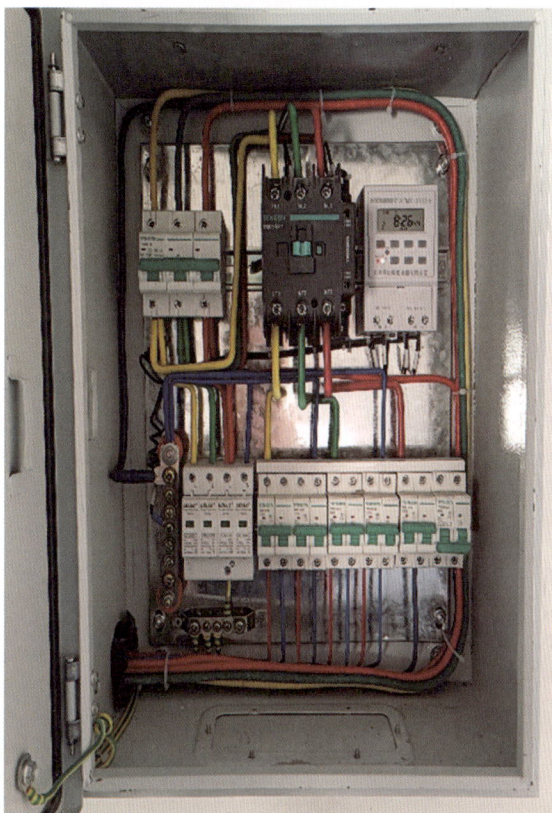

（1）防治措施

① 地坪施工前应完成柜、台、箱金属框架及基础型钢与保护导体的可靠连接。连接处设置总等电位箱，并标识清晰。

② 按规范要求，对于装有电器的可开启门，门和金属框架的接地端子间选用截面积不小于4mm²的黄绿色绝缘铜芯软导线连接，不得采用裸编织线。

2. 配电箱半明半暗安装

规范标准
要　　求

《建筑电气工程施工质量验收规范》（GB 50303）第3.3.2条第2项规定：
墙上明装的配电箱（盘）安装前，室内顶棚、墙体、装饰面应完成施工，暗装的控制（配电）箱的预留孔和动力、照明配线的线盒及导管等经检查应合格。
第5.2.10条第1项规定：
（照明配电箱）箱体开孔应与导管管径适配，暗装配电箱箱盖应紧贴墙面，箱（盘）涂层应完整

质量问题

（1）现象

① 配电箱一半埋在墙里，一半漏在墙外。

② 暗装配电箱采用了明装导管。

③ 导管明装敷设，但采用暗配的接线盒，影响观感质量。

④ 照明配电箱（盘）开孔与导管管径不匹配，暗装配电箱箱盖未紧贴墙面，箱（盘）涂层有损坏。

（2）原因分析

① 配电箱较厚，墙体较薄，不能覆盖。

② 不了解暗装配电箱应采用暗敷保护管，明装接线盒与和暗装接线盒构造不同，防腐和抗冲击强度也不同，会影响工程质量，也不能达到预期功能要求，同时也影响观感效果。

正确做法及防治措施

（1）防治措施

① 墙上明装的配电箱（盘）安装前，室内吊顶、墙体、装饰面应完成施工。

② 暗装的控制（配电）箱的预留孔和动力、照明配线的线盒及导管等经检查应合格。

③ 照明配电箱（盘）开孔应与导管管径匹配，暗装配电箱箱盖应紧贴墙面，箱（盘）涂层不应有损坏。

④ 施工前明确哪些场所需要管道明敷，制定相应的施工方案和技术要求，采购符合要求的明线接线盒。

3. 户内配电箱户外安装、配电箱安装在水管正下方

**规范标准
要　　求**　《建筑电气工程施工质量验收规范》（GB 50303）第5.2.5条规定：

柜、台、箱、盘应安装牢固，且不应设置在水管正下方。

第5.2.10条第4项要求：

箱（盘）应安装牢固、位置正确、部件齐全，安装高度应符合设计要求，垂直度允许偏差不应大于1.5‰。

质量问题

（1）现象

① 户内配电箱安装在户外，没有防雨、防腐蚀、防晒、防尘、防潮等技术措施，加装保护罩仍不能解决上述问题。

② 柜、台、箱、盘安装在水管正下方。

（2）原因分析

① 室外配电箱采购成了室内配电箱，防护等级达不到室外要求。

② 加装的防雨罩不能满足防雨、防腐蚀、防晒、防尘、防潮等技术措施要求。

③ 不了解柜、台、箱、盘不应安装在水管正下方。

正确做法及防治措施

（1）防治措施

① 柜、台、箱、盘应安装牢固，应有效避开水管正下方。

② 根据设计要求和安装场合，配电箱加工订货时，室外箱应特殊加工，增加防雨、防腐蚀、防晒、防尘、防潮等技术措施，不合格设备不得入场，室内配电箱不得用于室外。

③ 室外配电箱用于室内会造成浪费，且影响散热、整体协调性和观感效果。

4. 配电箱进出导线相色不一致、相色不规范

<table>
<tr>
<td>规范标准
要　　求</td>
<td>《建筑电气工程施工质量验收规范》（GB 50303）第10.2.4条规定：
当设计无要求时，母线的相序排列及涂色应符合下列规定：</td>
</tr>
</table>

对于面对引下线的交流母线，由左至右排列应分别为L1、L2、L3；

直流母线应正极在左，负极在右。

对于母线的涂色，交流母线L1、L2、L3应分别对应黄色、绿色、红色，中性导体为淡蓝色；

直流母线应正极为赭色、负极为蓝色；保护接地导体PE应为黄-绿双色组合色。

第10.1.5条第4项规定：

母线槽与配电柜、电气设备的接线相序应一致。

第17.2.2条第5项规定：

每个设备或器具的端子接线不多于2根导线或2个导线端子。

质量问题

（1）现象

① 进入配电箱的母线相序颜色不规范；

② 进入配电箱与接出配电箱导线相色不一致。

（2）原因分析

① 操作不规范。

正确做法及防治措施

（1）防治措施

① 对于面对引下线的交流母线，由左至右排列应分别为L1、L2、L3；直流母线应正极在左，负极在右。

② 母线的涂色为，交流母线L1、L2、L3应分别对应黄色、绿色、红色，中性导体为淡蓝色；直流母线应正极为赭色，负极为蓝色；保护接地导体PE为黄-绿双色组合色。

③ 导线相色自进箱开始至负载末端，中间不应改变颜色，当导线相色出现其他颜色时，可在压线端子处用热缩管热缩或塑料绝缘胶布缠绕方式取得所需相色。

5. 箱内裸母线无安全防护板、系统出线标志牌不齐全

规范标准要求　《建筑电气工程施工质量验收规范》（GB 50303）第5.2.10条第4项规定：

箱（盘）应安装牢固位置正确、部件齐全，安装高度应符合设计要求。

第13.2.4条规定：

电缆的首端、末端和分支处应设标志牌，直埋电缆应设标示桩。

质量问题

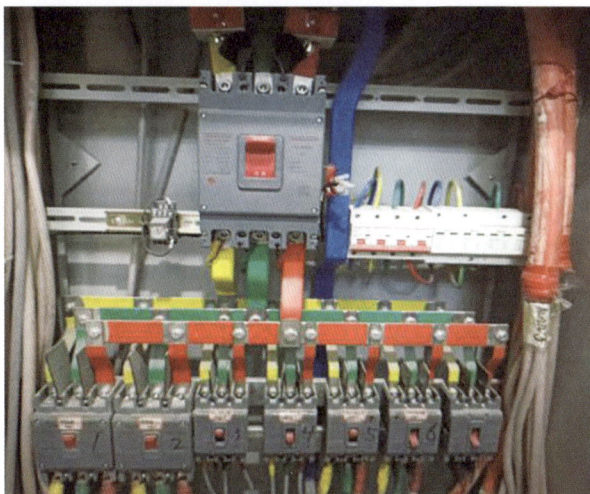

（1）现象

① 箱内裸母线无安全防护板。

② 配电箱系统出线标志牌不打印、不齐全、固定不牢。

（2）原因分析

① 配电箱进场验收不严格，不符合制造标准、技术要求、设计要求和相关规范要求。

② 电气安装人员压线时拆除未恢复。

正确做法及防治措施

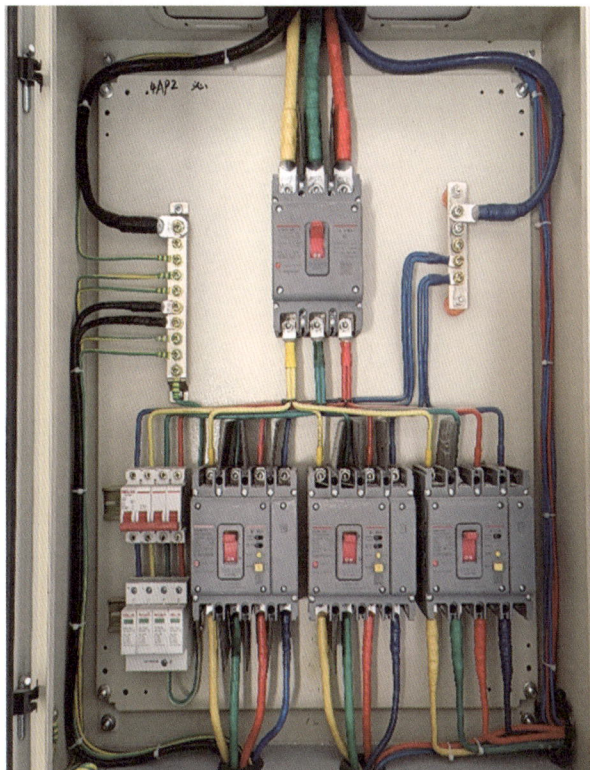

（1）防治措施

① 配电箱内相线如有裸母线时，应加阻燃绝缘盖板，加以保护。

② 配电箱内所有导线的端头需要使用专用的线号管进行编号，箱柜内系统出线标示编号牌，应打印标示清晰，设置齐全，粘贴牢固、整齐。

6. 照明配电箱控制电器线路拱接

规范标准 要　　求	《建筑电气工程施工质量验收规范》（GB 50303）第5.2.10条规定： 配电箱柜内各路控制电器之间应并联分接。

质量问题

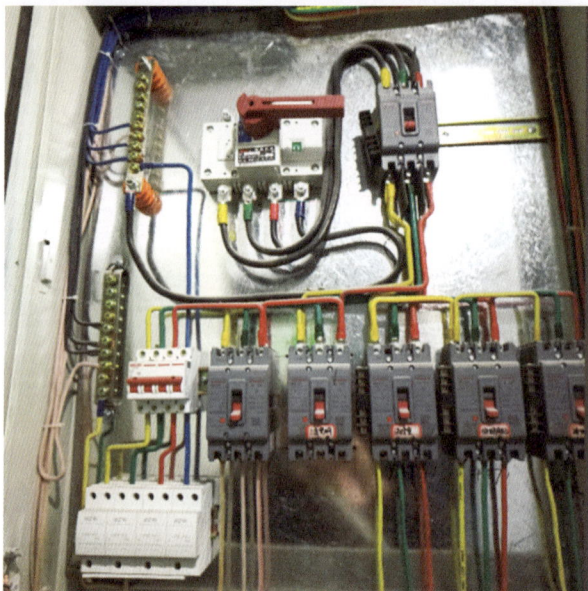

（1）现象

① 箱柜内控制电器之间线路采用了串联式的拱接。

（2）原因分析

① 配电箱进场验收不严格，不符合制造标准、技术要求、设计要求和相关规范要求。

② 现场施工时，安装人员不了解规范要求。

正确做法及防治措施

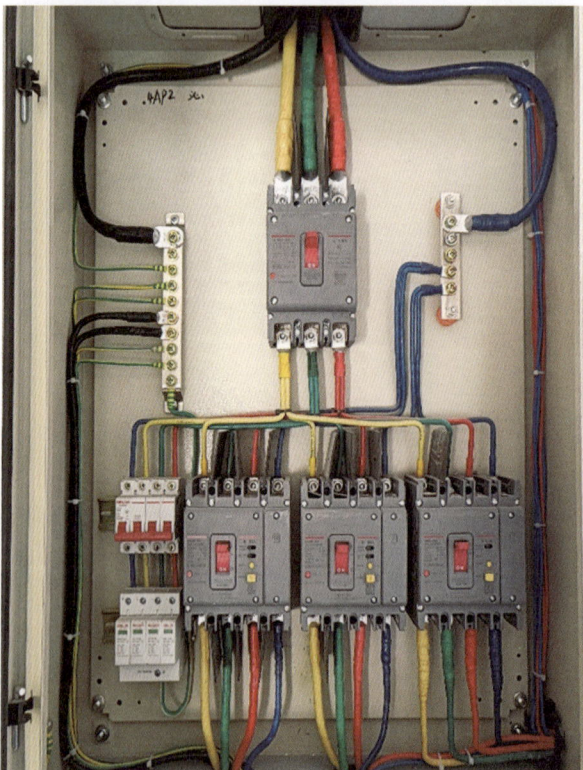

（1）防治措施

① 配电箱柜内各路控制电器之间应并联分接。

7. 照明配电箱（盘）N或PE线汇流排不规范，跨接不规范

《建筑电气工程施工质量验收规范》（GB 50303）第5.1.12条第3项规定：
箱（盘）内宜分别设置中性导体（N）和保护接地导体（PE）汇流排，汇流排上
同一端子不应连接不同回路的N或PE。

质量问题

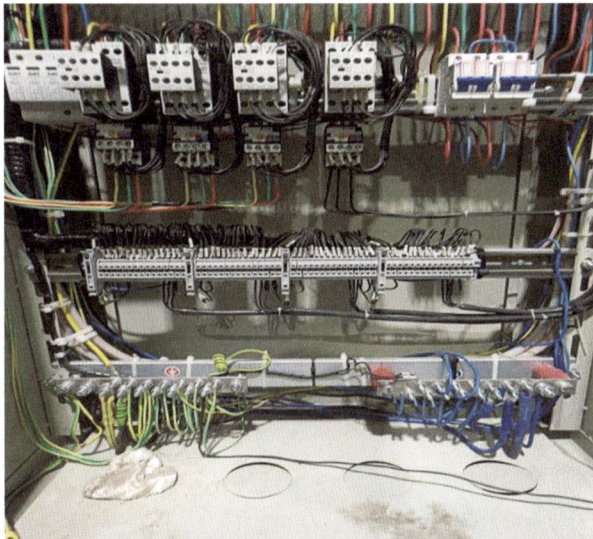

（1）现象

① 配电箱内未独立设置中性导体N和保护接地PE汇流排，附件不全或不符合规范要求。

② 箱体、二层板的接地线串接或使用箱壳作为连接线。

（2）原因分析

① 配电箱进场验收不严格，不符合制造标准、技术要求、设计要求和相关规范要求，N或PE排端子过少，平垫、弹垫配置不规范

② 现场不按照规范施工。

正确做法及防治措施

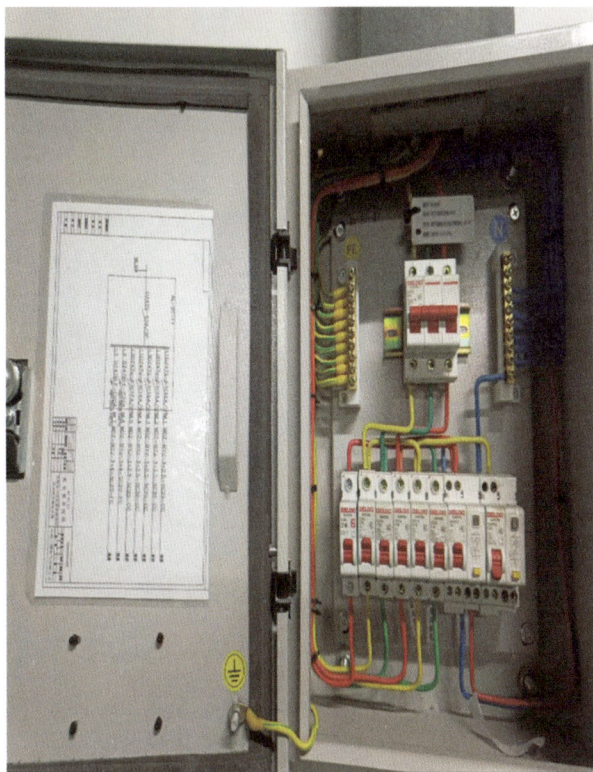

（1）防治措施

① 配电箱内应分设N线汇流排和PE线汇流排。N线和PE线经相应汇流排配出，汇流排压线螺母尽量采用内六角形，接入N线和PE线回流的导线要有垫片和弹簧垫圈。

② 汇流排上同一端子不应连接不同回路的N或PE。

③ 金属配电箱带有器具的门应有明显可靠的黄绿色4mm² 软铜线，直接连接至PE排。不应通过箱体串接。

第三节　柴油发电机、不间断电源（UPS）、应急电源（EPS）安装

1. 柴油发电机、UPS与EPS接地不规范

规范标准要求　《建筑电气工程施工质量验收规范》（GB 50303）第8.2.1条规定：

引入或引出UPS及EPS的主回路绝缘导线、电缆和控制绝缘导线、电缆应分别穿钢导管保护，当在电缆支架上或在梯架、托盘和线槽内平行敷设时，其分隔间距应符合要求；绝缘导线、电缆的屏蔽护套接地应连接可靠、紧固件齐全，与接地干线应就近连接。

第8.2.3条规定：

UPS及EPS的外露可导电部分与保护导体可靠连接，并应有标识。

第7.1.6条规定：

发电机本体和机械部分的外露可导电部分应分别与保护导体可靠连接，并应有标识。

质量问题

（1）现象
① 柴油发电机、不间断电源、应急电源输出端的外侧金属物未接地。

（2）原因分析
① 柴油发电机、不间断电源、应急电源一般为厂家安装，不熟悉规范规定。

正确做法及防治措施

（1）防治措施
采用发电机的发电机本体、机械部分、底座部分，不间断电源装置的外侧金属物、应急电源的保护导管等应与接地干线可靠连接。

第四节　梯架、托盘和槽盒安装

1. 进入配电室梯架无反向坡度，无排水措施

<table>
<tr><td>规范标准
要　　求</td><td>《建筑电气工程施工质量验收规范》（GB 50303）第11.2.3条第5项规定：
　　对于敷设在室外的梯架、托盘和槽盒，当进入室内或配电箱（柜）时应有防雨水措施，槽盒底部应有泄水孔。</td></tr>
</table>

质量问题

（1）现象

① 敷设在室外的梯架、托盘和槽盒，当进入室内或配电箱（柜）时，没有防雨水措施。

（2）原因分析

① 敷设在室外的梯架、托盘和槽盒，当进入室内或配电箱（柜）时，没有设置反向坡度，或其他防雨水措施，槽盒底部也没有设置泄水孔。

正确做法及防治措施

（1）防治措施

① 敷设在室外的梯架，当进入室内或配电箱（柜）时，应设置反向坡度，或其他防雨水措施。

② 敷设在室外的托盘和槽盒，当进入室内或配电箱（柜）时，托盘和槽盒底部应设置泄水孔，并加装防雨水措施。

2. 电缆桥架附件不全、连接不牢固，转弯未使用专用桥架

规范标准要求 《建筑电气工程施工质量验收规范》（GB 50303）第11.1.2条规定：

电缆梯架、托盘和槽盒转弯和分支处宜采用专用连接配件，其弯曲半径不应小于梯架、托盘和槽盒内电缆最小允许弯曲半径。

质量问题

（1）现象

① 线槽、电缆梯架敷设，在交叉、转弯、丁字连接时，直接采用90°弯头。

（2）原因分析

① 当线槽、电缆梯架在分支处采用90°弯头，在导线、电缆敷设时，直角处的金属板容易对导线、电缆的绝缘护套造成损坏，可能引起电气事故，有些电气技术工人对此认识不足。

② 对规范理解不够。

正确做法及防治措施

（1）防治措施

① 在编制电气方案时，根据线槽、电缆梯架的情况，应明确在分支处不能直接采用直角弯头，应采用135°弯头，在加工订货时，要求厂家加工相应的135°弯头，在大面积施工时，应确保采用135°弯头过渡。

3. 电缆桥架直线段超长，无补偿措施

<table>
<tr><td>规范标准
要　　求</td><td>《建筑电气工程施工质量验收规范》（GB 50303）第11.2.1条规定：
当直线段钢制或塑料梯架、托盘和槽盒长度超过30m，铝合金或玻璃钢制梯架、托盘和槽盒长度超过15m时，应设置伸缩节；当梯架、托盘和槽盒跨越建筑物伸缩缝时，应设置补偿装置。</td></tr>
</table>

质量问题

（1）现象
① 线槽的直线段线槽长度超过30m未设置伸缩节。
（2）原因分析
① 施工前，未对直线段线槽长度进行测量，设计图纸中未明确伸缩节设置位置。
② 施工中忽略伸缩节设置。

正确做法及防治措施

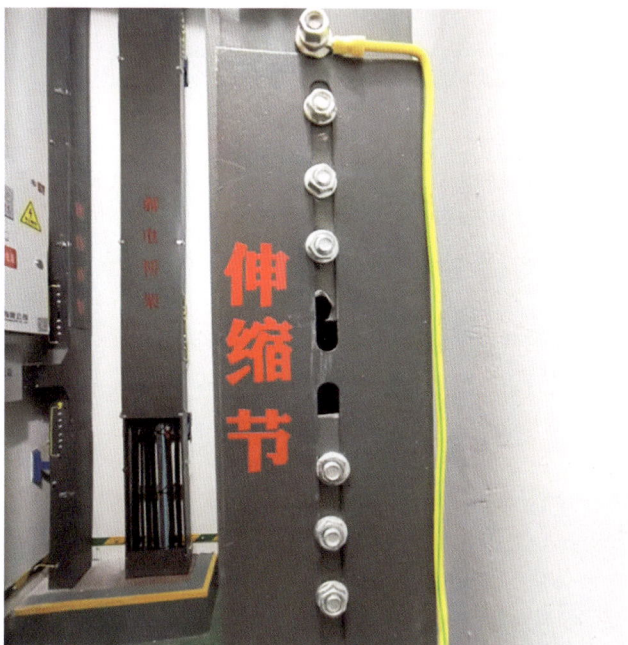

（1）防治措施
① 在设计图纸中测量出直线段线槽长度，如直线段长度超过30m，应以30m为间距定制伸缩节，并在图纸中做好标记，向技术工人做好交底，确保伸缩节安装到位。

第五节　导管敷设

1. 导管接地不规范

<table>
<tr><td>规范标准
要　　求</td><td>《建筑电气工程施工质量验收规范》（GB 50303）第12.1.1条规定：
金属导管应与保护导体可靠连接，并符合下列规定：</td></tr>
</table>

镀锌钢导管、可弯曲金属导管和金属柔性导管不得熔焊连接；当非镀锌钢钢管采用螺纹连接时，连接处两端应熔焊连接保护联结导体；镀锌钢导管、可弯曲钢导管和金属柔性导管连接处的两端宜采用专用接地卡固定保护连接导体。

以专用接地卡固定的保护联结导体应为铜芯软导线，截面积不应小于4mm²；以熔焊焊接的保护联结导体宜为圆钢，直径不应小于6mm，其搭接长度应为圆钢直径的6倍。

质量问题

（1）现象

① 镀锌钢导管上未采用专用接地卡，而是焊接连接保护导体。

② 镀锌钢管、可弯曲金属导管和金属柔性导管连接未采用专用接地卡。

③ 镀锌钢管、可弯曲钢导管和金属柔性短管在墙内埋设。

（2）原因分析

① 技术工人不了解镀锌钢管上不应焊接保护联结导体。

② 施工未采购专用接地卡。

③ 不知道镀锌钢管、可弯曲钢导管和金属柔性短管不能在墙内暗埋。

正确做法及防治措施

（1）防治措施

① 镀锌钢导管、可弯曲金属导管和金属柔性导管不得与保护导体熔焊连接。

② 当非镀锌钢钢管采用螺纹连接时，连接处两端应熔焊连接保护连接导体。

③ 镀锌钢导管、可弯曲钢导管和金属柔性导管连接处的两端宜采用专用接地卡固定保护联结导体。

④ 以专用接地卡固定的保护连接导体应为软导线，截面积不小于4mm²。

⑤ 以熔焊焊接的保护连接导体宜为圆钢，直径不应小于6mm，搭接长度不小于6D。

⑥ 墙体内只允许埋设塑料导管，镀锌钢管、可弯曲钢导管和金属柔性短管不能在墙内暗埋。

2. 柔性导管过长

可弯曲金属导管与柔性导管敷设应符合下列规定：

刚性导管经柔性导管与电气设备、器具连接时，柔性导管的长度在动力工程中不宜大于0.8m，在照明工程中不宜大于1.2m。

可弯曲金属导管和金属柔性导管不应做保护导体的接续导体。

质量问题

（1）现象

刚性导管经柔性导管与电气设备、器具连接时，柔性导管长度过长，动力工程中超过了0.8m，在照明工程超过了1.2m。

（2）原因分析

① 刚性导管接口位置不准确，离设备接口过远。

② 接地导线埋设不规范，离设备端较远。

正确做法及防治措施

（1）防治措施

① 刚性导管经柔性导管与电气设备、器具连接时，柔性导管的长度在动力工程中不宜大于0.8m，在照明工程中不宜大于1.2m。

② 可弯曲金属导管和金属柔性导管不应做保护导体的连接导体。镀锌钢管可以做保护导体的连接导体。

3. 电线、电缆金属导管的管口处理不良

规范标准
要　求《建筑电气工程施工质量验收规范》（GB 50303）第14.2.2条规定：
绝缘导线穿管前，应清除管内杂物和积水，绝缘导线穿入导管的管口在穿线前应装设护线口。

质量问题

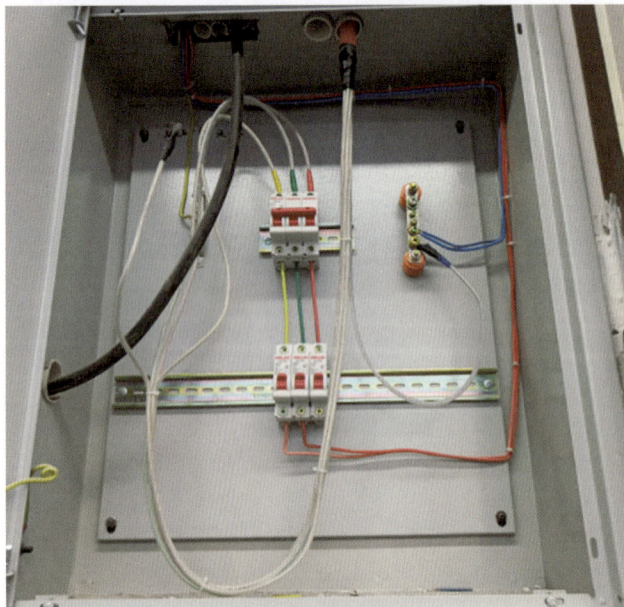

（1）现象

① 管口插入箱、盒内长度不一致，缺管口配件。

② 管接口不严密，有漏水、渗水现象。

（2）原因分析

① 由于箱、盒外边未用锁紧螺母或护圈帽固定。

② 导管接口处导管两端未拧到位，接头不在连接套管的中点。

③ 连接套管与导管不配套，大小不一，使连接不紧密。

正确做法及防治措施

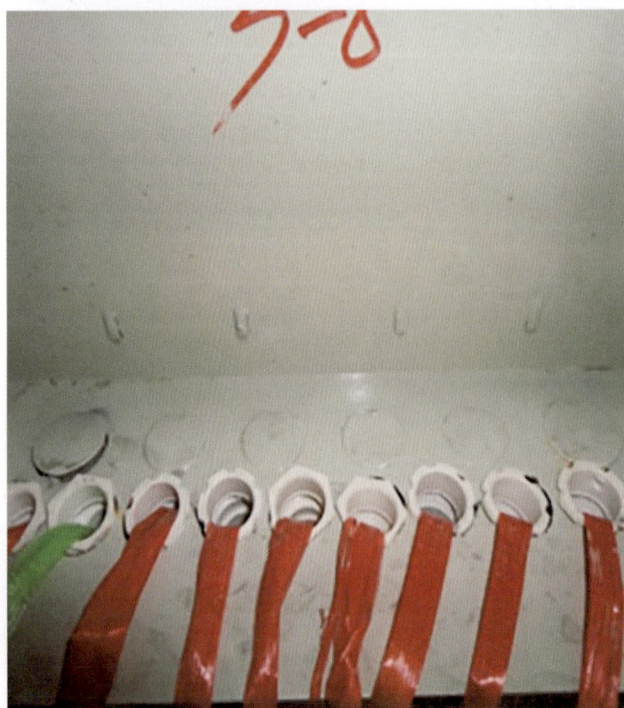

（1）防治措施

① 导管入箱、盒时，可在外部加锁母；吊顶、木结构内配管时必须在箱、盒内外用锁紧螺母锁住。

② 连接管箍与导管要配套，连接时两根管应分别拧进管箍长度的1/2，并在管箍内吻合好连接好的钢管外露丝2～3扣。

③ 导管接口应严密，不能脱扣，防止灰、水进管。

第六节 电缆敷设

1. 电缆槽内电缆与裸线混放

规范标准要求　《建筑电气工程施工质量验收规范》（GB 50303）第14.2.5条规定：

同一槽盒内不宜同时敷设绝缘导线和电缆；

同一路径无防干扰要求的线路，可敷设于同一槽盒内；槽盒内的绝缘导线总截面积（包括外护层）不应超过槽盒内截面积的40%，且载流导体不宜超过30根。

质量问题

（1）现象

① 同一槽盒内同时敷设绝缘导线和电缆，绝缘导线未穿管保护。

② 线槽内导线未固定好。

③ 线槽内导线敷设太多。

④ 强电与弱电的导线或不同回路有抗干扰要求的导线，敷设在同一槽内。

（2）原因分析

① 线槽内有接头，降低可靠性，存在安全隐患。

② 线槽内导线杂乱产生的原因是施工图考虑不周，或施工中线路随意增加造成，线槽内布线完毕，未及时进行整理，造成布线混乱。

③ 设计符合要求，但余量不多，后增加的线路较多。

④ 后期消防与智能电气增加较多导线，未独立设置槽盒，造成导线与电缆同槽。

正确做法及防治措施

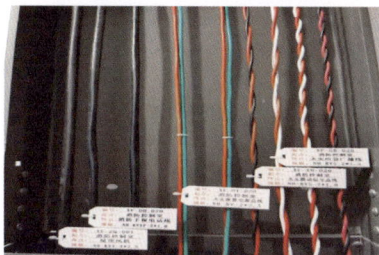

（1）防治措施

① 线槽内导线不应有接头，接头应放在接线盒、箱内。

② 金属线槽内敷线时，应先将导线拉直、理顺，从始端到终端、先干线后支线，不应出现挤压背扣、扭结、损伤导线现象。

③ 导线按回路编号，分段绑扎成束，绑扎可以采用尼龙绑扎带或带皮导线。

④ 导线不得阻碍盖板和裸露出线槽。

⑤ 同一槽盒内不宜同时敷设绝缘导线和电缆。

⑥ 同一路径无防干扰要求的线路，可敷设于同一槽盒内。

⑦ 槽盒内的绝缘导线总截面积（包括外护层）不应超过槽盒内截面积的40%，且载流导体不宜超过30根。

2. 灯具安装未与土建协调，吊顶内导线与接头明露

《建筑电气工程施工质量验收规范》（GB 50303）第18.1.4条规定：

由接线盒引至嵌入式灯具或灯槽的绝缘导线应符合规定：

绝缘导线应采用柔性导管保护，不得裸露，且不应在灯槽内明敷；

柔性导管与灯具壳体应采用专用接头连接。

第3.3.9条第7项规定：

吊顶内配管前，吊顶上的灯位及电气器具位置应先进行放样，并应与土建及各专业施工协调配合。

第14.2.1条规定：

除塑料护套线外，绝缘导线应采取导管或槽盒保护，不可外露明敷。

质量问题

（1）现象

① 吊顶内屋面板预留接线盒至灯具部位导线未安装柔性导管，导线明露。

② 虽安装了柔性导管，但长度不够，柔性导管与灯具壳体之间未采用专用接头，部分导线依然裸露。

③ 灯具接头明露。

④ 导线与灯具接线点在导管内，而非灯具端子处或接线盒内。

（2）原因分析

① 粗心大意，不明确安装位置，柔性导管长度不够。

② 有的射灯、变压器和灯具是分离的，造成导线和接头明露。

正确做法及防治措施

（1）防治措施

① 配管下料要认真实测，保证导管长度。

② 应定制柔性导管与灯具专用接口，保证柔性导管与灯具可靠连接。

③ 灯具订货前，对灯具样品进行确认。如不能满足不明露导线要求，应明确提出，要求厂家采取适当措施。

④ 灯具接线位置应在灯具端子板上，对明露的导线和接头，增加接线盒，在接线盒内接线，不应在柔性导管内作导线接头。

3. 竖井垂直敷设电缆固定不规范

《建筑电气工程施工质量验收规范》（GB 50303）第13.2.2条规定：

电缆的敷设排列应顺直、整齐，并宜少交叉；

在电缆沟或电气竖井内垂直敷设或大于45°倾斜敷设电缆应在每个支架上固定；

在梯架、托盘或槽盒内大于45°倾斜敷设的电缆每隔2m固定，水平敷设的电缆，首尾两端、转弯两侧及每隔5m～10m处应设固定点。

电缆出入电缆梯架、托盘、槽盒及配电（控制）柜、台、箱、盘处应做固定。

质量问题

（1）现象

① 竖井垂直敷设电缆固定支架间距过大。

② 电缆未做防坠落处理。

③ 穿越楼板孔洞未作挡水沿及防火处理。

（2）原因分析

① 支架安装时未进行认真定位。

② 电缆未按要求做防下坠处理。

③ 穿越楼板处未作挡水沿，未做防火封堵。

正确做法及防治措施

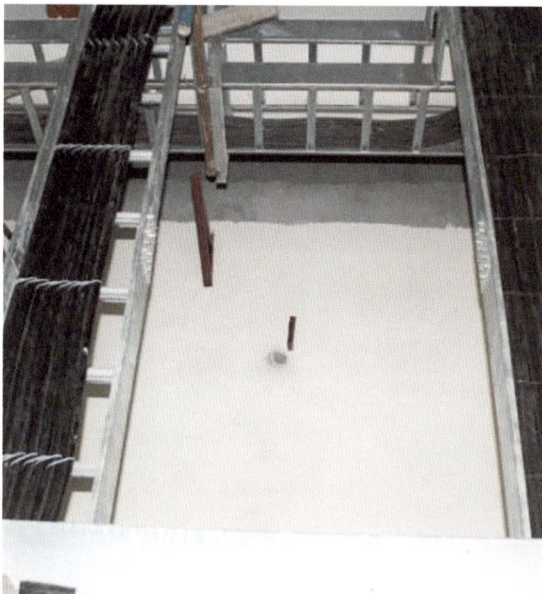

（1）防治措施

① 根据楼层高度及规范规定找好支架间距。

② 在电缆沟或电气竖井内垂直敷设或大于45°倾斜敷设电缆应在每个支架上固定。

③ 在梯架、托盘或槽盒内大于45°倾斜敷设的电缆每隔2m固定，水平敷设的电缆，首尾两端、转弯两侧及每隔5m～10m处应设固定点。

④ 电缆出入电缆梯架、托盘、槽盒及配电（控制）柜、台、箱、盘处应做固定。

第七节　导管内穿线和槽盒内敷线

1. 绝缘导线在导管内接头

规范标准要求	《建筑电气工程施工质量验收规范》（GB 50303）第14.1.3条规定：绝缘导线接头应设置在专用接线盒（箱）或器具内，不得设置在导管和槽盒内，盒（箱）的设置位置应便于检修。

质量问题

（1）现象

① 导线在导管内和槽盒内接头。

（2）原因分析

① 由于设计变更安装位置造成原来导线不够长，在槽盒内或导管内接头。

② 施工人员不了解导管内不能接头，懒于更换电缆（标注接头位置）。

正确做法及防治措施

（1）防治措施

① 槽盒及导管内接头危害极大，尤其是控制电缆，一旦导管进水，造成信号误报，会造成全场停车事故，必须严格禁止槽盒及导管内接头。

第八节　电缆头制作与导线连接

1. 导线压接点压接松动，导线端子制作不规范

<table>
<tr><td>**规范标准
要　求**</td><td>《建筑电气工程施工质量验收规范》（GB 50303）第17.2.2条规定：</td></tr>
</table>

　　截面积在10mm²及以下的单股铜芯线和单股/铝合金芯线可直接与设备或器具的端子连接。截面积在2.5mm²及以下的多芯铜芯线应接续端子或拧紧搪锡后再与设备或器具的端子连接。截面积大于2.5mm²的多芯铜芯线，除设备自带插接式端子外，应接续端子后与设备或器具的端子连接；多芯铜芯线与插接式端子连接前，端部应拧紧搪锡。每个设备或器具的端子接线不多于2根导线或2个导线端子。

质量问题

（1）现象

① 箱柜内压接点压接松动，造成虚接。

② 走线乱，一个压接点，压接多根导线。

③ 多股软线不搪锡或不做端子压接。

④ 压接导线盘圈方向不正确，造成压接不牢。

（2）原因分析

① 电工在操作过程中未按照规范施工，压线完成后，质检人员未进行复查。

正确做法及防治措施

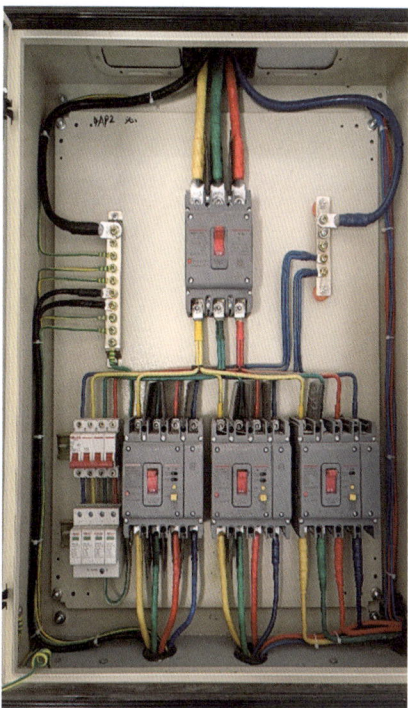

（1）防治措施

① 配电箱内配线排列应整齐，导线长度要留有规定的余量，多根导线应按之路使用尼龙绑扎带绑扎成束，固定美观。

② 压线尽量避免双线接点，端子数量不足插入压线端子的导线数量不应超过两根。

③ 如有双线接点时，顶丝压接双线直径不相等时应搪锡后再压接，螺钉压接双线间应加平垫，螺母部位加平垫与弹簧垫。

④ 截面积在10mm²及以下的单股铜芯线和单股/铝合金芯线可直接与设备或器具的端子连接。

⑤ 截面积在2.5mm²及以下的多芯铜芯线应接续端子或拧紧搪锡后再与设备或器具的端子连接。

⑥ 截面积大于2.5mm²的多芯铜芯线，除设备自带插接式端子外，应接续端子后与设备或器具的端子连接；多芯铜芯线与插接式端子连接前，端部应拧紧搪锡。

⑦ 导线压接端子时，不得减少导线股数。

第九节　灯具安装

1. 敞开式灯具安装高度距地面低于2.5m，一类灯具外壳未接地

<table>
<tr><td>规范标准
要　　求</td><td>《建筑电气工程施工质量验收规范》（GB 50303）第18.1.6条规定：
除采用安全电压以外，当设计无要求时，敞开式灯具的灯头对地面距离应大于2.5m。</td></tr>
</table>

第18.1.8条规定：

庭院灯、建筑物附属路灯应符合下列规定：

灯具接线盒应采用防护等级不小于IPX5的防水接线盒，盒盖防水密封垫应齐全、完整。灯杆的检修门应采用防水措施，且闭锁防盗装置完好。

GB 50034第7.2.12条规定：

当采用一类灯具时，灯具的外露可导电部分应可靠接地。

质量问题

（1）现象

① 建筑工程上采用的灯具大部分为一类灯具，如格栅灯、盒式荧光灯、筒灯等，其外漏可导电部分未连接PE线。

② 室外景观灯安装高度低于2.5m。

（2）原因分析

① 不熟悉规范，认为只有当灯具安装高度低于2.4m时才需要接地。规范规定只要是一类灯具不管安装高度多少，都要接地。

② 认为通廊属于内廊，灯具可以低于2.5m。

正确做法及防治措施

（1）防治措施

① 除采用安全电压以外，当设计无要求时敞开式灯具的灯头对地面距离应大于2.5m。

② 庭院灯、建筑物附属路灯应符合下列规定：灯具接线盒应采用防护等级不小于IPX5的防水接线盒，盒盖防水密封垫应齐全、完整。灯杆的检修门应采用防水措施，且闭锁防盗装置完好。

③ 当采用一类灯具时，灯具的外露可导电部分应可靠接地。

2. 疏散照明等位置及配线不规范

规范标准要求
《建筑电气工程施工质量验收规范》（GB 50303）第19.1.1条规定：
专用灯具的一类灯具外露可导电部分必须用铜芯软导线与保护导体可靠连接，连接处应设置接地标识，铜芯软导线的截面积应与进入灯具的电源线截面积相同。

第19.1.3条第6项规定：
疏散指示标志灯的设置不应影响正常通行，且不应在其周围设置容易混同疏散标志灯的其他标志牌。

第20.1.2条规定：
不间断电源插座及应急电源插座应设置标识。

质量问题

（1）现象

① 疏散指示标志灯周围设置容易混同疏散标志灯的其他标志牌。

② 安全出口标志灯的安装高度低于2m。

③ 消防应急照明灯采用插座供电，插座无标识。

④ 楼梯间安全通道指示灯采用玻璃面板。

（2）原因分析

① 设计上未明确灯具的安装高度、间距，对明敷线路未强调需穿管保护。

② 设计未标明线路须采用耐火电线、电缆等。

③ 设计上有明确要求，但施工人员未按设计施工。

正确做法及防治措施

（1）防治措施

① 设计对灯具的安装位置、高度、间距应明确并符合规范要求，线路敷设中的电线、电缆防火等级和线路保护措施等都应注明。

② 施工人员应熟悉规范。

③ 消防应急照明灯不采用插座供电。

④ 靠近地面的安全通道指示灯不能采用玻璃面板。

第十节 开关、插座、风扇安装

1. 开关、插座面板安装不牢

规范标准要求 《建筑电气工程施工质量验收规范》（GB 50303）第20.2.1条规定：暗装的插座盒或开关盒应与饰面平齐，盒内干净整洁，无锈蚀，绝缘导线不得裸露在装饰层内；面板应紧贴饰面、四周无缝隙、安装牢固，表面光滑、无碎裂、划伤，装饰帽（板）齐全。

质量问题

（1）现象

① 插座盒内不干净，有灰渣，开关插座周边抹灰不齐整。

② 安装好的开关、插座面板被喷浆弄脏。

③ 开关面板安装不牢。

④ 不同类别、不同电压等级的插座安装在同一场所，无明显区别。

⑤ 开关盒内电源间火线的颜色选择不正确，相线未经开关控制。

⑥ 多联开关内各开关间电源线在盒内拱接。

⑦ 同一单位工程的开关，通断方向位置不一致。

（2）原因分析

① 由于预埋接线盒偏位引起开关、插座安装偏位，施工过程对位置要求重视不够，使其中心位置、水平、直线度超出规定值。

② 对灯具接线、导线连接、导线包扎，导线不应承受较大外力及导线敷设等工艺要求和操作规程不熟悉，安装方法没有掌握好。

正确做法及防治措施

（1）防治措施

① 电气预埋施工要定位准确，全程放线调整、控制，减少随意性。

② 多联开关插座内各接点之间电源线连接时不应拱接，分支线与总线应改为爪形连接，搪锡包扎后放于接线盒内，保证各接点的可靠性。

③ 同一建筑物、构筑物的开关采用同一系列产品，开关的通断位置一致，操作灵活、接触可靠。

④ 灯具的相线经开关控制。

2. 开关插座面板在可燃饰面上安装未加装防火垫

《木结构工程施工质量验收规范》（GB 50206）第7.1.2条规定：
木结构应按现行国家标准《建筑设计防火规范》（GB 50016）的有关规定和不同构件类别的耐火极限、截面尺寸选择阻燃剂和防护工艺。

质量问题

（1）现象

① 在木质饰面或软包等可燃饰面上安装开关、插座面板，未加装防火垫，使得面板与饰面紧密接触，无防火措施。

（2）原因分析

① 电气专业在施工前未明确饰面材料，忽略防火处理方法，或者未向工人做好交底，忽略了防火垫的加装。

正确做法及防治措施

（1）防治措施

① 与土建专业进行沟通，明确饰面材料，确定防火处理方法。

② 在安装导轨支架、缓冲器、栅栏时应注意保护防水层，一旦防水层破坏，应及时修补。

③ 明确饰面材料，安排采购防火垫，在安装面板时将防火垫垫在面板与饰面的接缝处，顺次安装螺栓，将垫压紧。

第十一节　接地装置安装

1. 设备接地引下线无固定、不垂直，与设备采用了焊接连接

规范标准要求　《建筑电气工程施工质量验收规范》（GB 50303）第7.1.6条规定：发电机本体和机械部分的外露可导电部分应分别与保护导体可靠连接，并应有标识。

质量问题

（1）现象

① 设备接地引下线未固定，不垂直，与设备采用了焊接连接，损坏了镀锌层。

② 保护管管口未封堵。

（2）原因分析

① 接地线末端未预先打孔，作为接地连接丝接点。

② 未穿线管，线管无封堵。

正确做法及防治措施

（1）防治措施

① 固定接地扁钢截面应不小于40mm×4mm。

② 接地线末端应预先打孔，作为接地连接丝接点。并与设备基础按照每500mm间隔设置固定点，固定在基础上。当采用穿管保护时，应对管口进行封堵。

质量提升

① 土建基础施工时，可以预先确定设备接地点位置，将打好孔的设备接地扁钢埋设于设备基础内，隐蔽验收，必要时可以预埋两条接地扁铁。

② 可以利用电缆保护管镀锌钢管打抱卡作为接地跨接线使用。

③ 可以在厂房周圈增加一道接地导线作为接地导体使用。

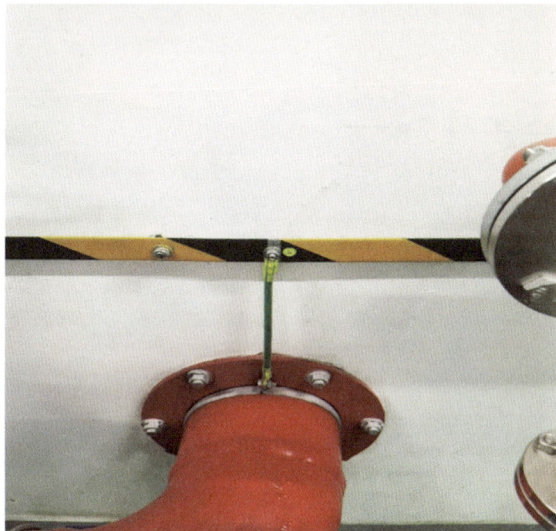

2. 接地引下线高度不规范，标识不清晰，漏做断接卡子和测试点

<table>
<tr><td>规范标准
要　　求</td><td>《建筑电气工程施工质量验收规范》（GB 50303）第22.1.1条规定：</td></tr>
</table>

接地装置在地面以上部分，应按照设计要求设置测试点，测试点不应被外墙饰面遮蔽，且应有明显标识。

第22.2.2条规定：

接地装置的焊接应采用搭接焊，除埋设在混凝土中的焊接接头外，应采取防腐措施，施焊搭接长度符合规定。

质量问题

（1）现象

① 接地装置的材料品种选择不当；钢材不是热镀锌产品；材料的规格、尺寸小。

② 接地装置未按设计要求（点数和位置）设置测试点，没有在首层预焊出测量接地电阻的测试点。

③ 接地线的截面积偏小或已脱开连接。

（2）原因分析

① 未按设计要求选择热镀锌产品。

② 避雷引下线利用柱内钢筋，但由于柱子被外墙饰面遮蔽，没有引出避雷测试点。

③ 接地线截面积较小。

正确做法及防治措施

（1）防治措施

① 材料采购必须选择热镀锌产品。镀锌圆钢直径应大于、等于10mm，镀锌扁钢截面积应大于、等于40mm×4mm。

② 避雷引下线利用柱内钢筋时，不应被外墙饰面遮蔽，应提前引出接地电阻测试端子，引出的避雷测试端子应在建筑物四个角，离地高度500mm，测试端子应预留测试螺丝，并应明显标识清晰。

③ 接地端子设计无要求时，宜选用镀锌扁铁，截面积不应小于50mm×5mm。

第十二节　变配电室及电气竖井内接地干线敷设

1.配电室内沿墙未布置接地母线，未设置等电位箱

规范标准要求 《建筑电气工程施工质量验收规范》（GB 50303）第23.1.1条规定：

接地干线应与接地装置可靠连接。

第23.2.2条规定：

明敷的室内接地干线支持件应牢固可靠，支持件间距应均匀，扁形导体支持件固定间距宜为500mm；圆形导体支持件固定间距宜为1000mm，弯曲部分宜为0.3m～0.5m。

第23.2.3条规定：

接地干线在穿越墙壁、楼板和地坪处应加套钢管或其他坚固的保护套管，钢套管应与接地干线做电气连通，接地干线敷设完成后保护套管管口应作封堵。

第23.2.6条规定：

室内明敷接地干线安装应符合下列规定：

① 敷设位置应便于检查，不应妨碍设备的拆卸、检修和运行巡视，安装高度应符合设计要求；

② 当沿建筑物墙壁水平敷设时，与建筑物墙壁间的间隙宜为10mm～20mm；

③ 接地干线全长度或区间段及每个连接部位附件的表面，应涂以15mm～100mm宽度相等的黄色和绿色相间的条纹标识。

④ 变压器室、高压配电室、发电机房的接地干线上应设置不少于2个临时接地用的接线柱或接地螺栓。

质量问题

（1）现象

① 变压器室、高低压配电室、发电机房未设置沿墙接地干线。

② 高低压配电室未设置总等电位箱，电气设备接地不明确。

（2）原因分析

① 未按规范要求施工。

正确做法及防治措施

（1）防治措施

① 变压器室、高压配电室、发电机房接地干线应与接地装置可靠连接。

② 变压器室、高压配电室、发电机房明敷的室内接地干线支持件扁形导体固定间距宜为500mm，圆形导体宜为1000mm，弯曲部分宜为0.3m ～ 0.5m。

③ 接地干线在穿越墙壁、楼板和地坪处应加套保护套管，套管应与接地干线做电气连通，保护套管管口应作封堵。

④ 接地干线敷设位置应沿墙敷设，离地高度250mm ～ 300mm，与建筑物墙壁间的间隙宜为10mm ～ 20mm；全长度或区间段及每个连接部位附件的表面，应涂以15mm ～ 100mm宽度相等的黄色和绿色相间的条纹标识。

⑤ 变压器室、高压配电室、发电机房的接地干线上应设置不少于2个临时接地用的接线柱或接地螺栓。

2. 电缆竖井接地不规范

规范标准 要　求	《建筑电气工程施工质量验收规范》（GB 50303）第23.1.1条规定： 接地干线应与接地装置可靠连接。

第23.2.2条规定：

明敷的室内接地干线支持件应牢固可靠，支持件间距应均匀，扁形导体支持件固定间距宜为500mm，圆形导体支持件固定间距宜为1000mm，弯曲部分宜为0.3m～0.5m。

质量问题

（1）现象

① 电气竖井内接地干线铺设不规范，未采用丝接连接方式，焊接搭接倍数不足。

（2）原因分析

① 未按规范要求施工。

正确做法及防治措施

（1）防治措施

① 电气竖井内宜敷设水平接地干线，与贯通竖井的垂直接地干线可靠连接，垂直接地干线与接地装置可靠相连。电气竖井内设施均应通过水平接地干线可靠接地。

3. 变压器室、配电室、电容器室、数据中心门未设置防鼠措施

《20kV 及以下变电所设计规范》（GB 50053—2013）第6.2.4条规定：变压器室、配电室、电容器室等房间应设置防止雨、雪和蛇、鼠等小动物从采光窗、通风窗、门、电缆沟等处进入室内的设施。

质量问题

（1）现象
① 配电室、消控室门口未设置防鼠板。
② 防鼠板高度不足500mm。
③ 防鼠板及板框未做等电位跨接。
（2）原因分析
① 未掌握规范要求，未按规范要求施工。

正确做法及防治措施

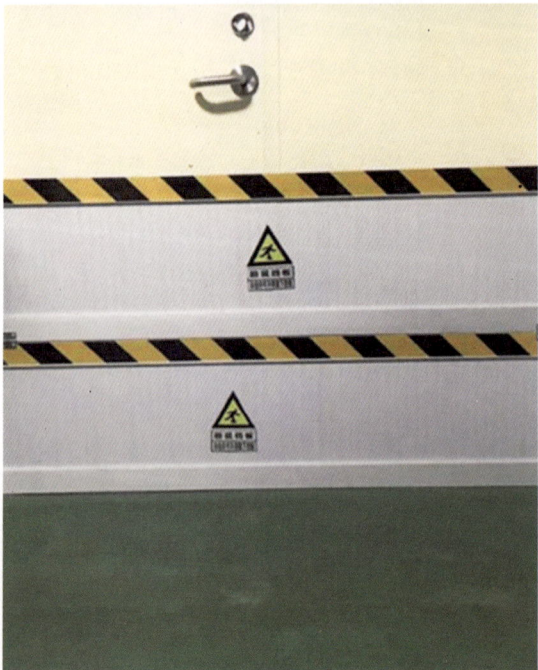

（1）防治措施
① 配电室、变压器室、电容器室均应设置防鼠板。
② 防鼠板高度一般不低于500mm。
③ 防鼠板应作接地保护。
④ 严格按技术交底实施，并做好过程检查。

第十三节 防雷引下线及接闪器安装

1. 屋面接闪带安装缺陷

规范标准要求

《建筑电气工程施工质量验收规范》（GB 50303）第24.1.3条规定：

接闪器与防雷引下线必须采用焊接或卡接器连接，防雷引下线与接地装置必须采用焊接或螺栓连接。

第24.2.1条规定：

暗敷在建筑物抹灰层内的引下线应有卡钉分段固定；明敷的引下线应平直，无急弯，并应设置专用支架固定，引下线焊接处应刷油漆防腐且无遗漏。

第24.2.5条规定：

接闪线和接闪带安装应符合下列规定：

① 安装应平正顺直、无急弯，其固定支架应间距均匀、固定牢固；

② 当设计无要求时，固定支架高度不宜小于150mm，间距采用圆钢时为1m；

③ 每个固定支架应能承受49N的垂直拉力。

质量问题

（1）现象

① 接闪带整体敷设不顺直，支架高度不符合要求，固定附件不齐全。

② 焊接点不饱满，不光滑，防腐不良。

③ 避雷带在穿过变形缝处无补偿措施。

④ 接闪带钢筋直径小于ϕ10mm。

（2）原因分析

① 施工不认真，支架定位不准确，不熟悉避雷带的安装工艺。

② 对建筑物结构不清楚，未考虑变形缝对避雷带的影响。

③ 接地材料不合格。

④ 接闪带高度小于150mm。

正确做法及防治措施

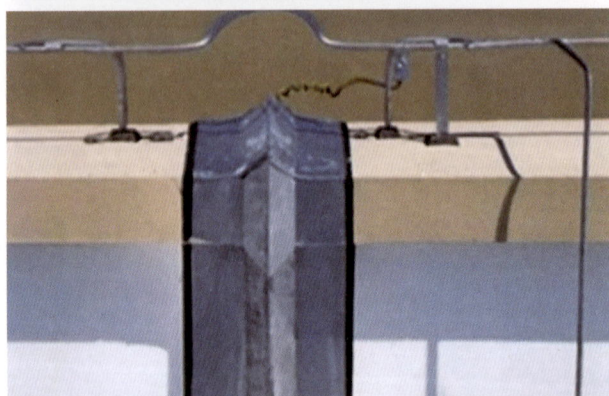

（1）防治措施

① 接闪带使用的镀锌圆钢应为热镀锌产品，直径应不小于10mm，并应调直，防止变形、弯曲、折损。

② 支架安装要根据设计要求先进行弹线定位，支架高度不小于150mm，采用圆钢接闪带时间距为1000mm。

③ 接闪带使用的附件，全部为热镀锌。

④ 焊接要求焊缝平整、饱满，搭接倍数为单面焊12D，双面焊6D，无明显气孔，咬肉缺陷，焊接面应打磨平整，刷防锈漆、银粉漆罩面。

⑤ 接闪带焊接应采用Z字形连接，阳角处应设置Ω弯，变形缝处应设置补偿装置。

⑥ 屋面接闪带与接地干线连接处应做好标识。

2. 突出屋面的非金属物、构造物未做防雷保护

规范标准要求	《建筑物防雷设计规范》（GB 50057）第4.1.1条规定：各类防雷建筑物应设防直击雷的外部防雷装置，并应采取防闪电电涌侵入的措施。

质量问题

（1）现象

① 高出屋面接闪带的非金属物，如玻璃钢水箱、塑料排水透气管未做防雷保护，在雷雨天气，这些突出物就有可能遭受雷击。

（2）原因分析

① 错误地认为只有高出屋面的金属物体才需要与屋面防雷装置连接，而非金属不是导体，不会传电，因而不会遭受雷击。

② 雷击是一种瞬间高压放电现象，这种高电压、强电流足以击穿空气、击毁任何物体，很多高大的建筑物、构筑物并非导体，却需要防雷保护。

正确做法及防治措施

（1）防治措施

① 在屋面接闪器保护范围之外的物体应装接闪器，并和屋面防雷装置相连。

② 高出屋面接闪器的玻璃钢水箱、玻璃钢冷却塔、塑料排水透气管等应补装接闪杆，并和屋面防雷装置相连，接闪杆的高度应保证被保护物在其保护范围之内。

③ 屋面上的设备及电缆导管应与防雷装置连接。

④ 屋面冷却塔应设置接闪杆，爬梯应与接闪带连接。

第十四节　建筑物等电位连接

1. 配电室内未设置总等电位箱

规范标准要求	《建筑电气工程施工质量验收规范》（GB 50303）第25.2.2条规定：

当等电位联结导体在地下暗敷时，其导体间的连接不得采用螺栓压接。

第25.1.2条规定：

需做等电位联结的外漏可导电部分或外界可导电部分的连接应可靠。采用焊接时，应符合焊接搭接倍数要求；采用螺栓连接时，其螺栓、垫圈、螺母等应为热镀锌制品，且应连接牢固。

质量问题

（1）现象

① 配电室未设总等电位箱，设备、机座与接地干线焊接节点多，影响观感效果。

② 未沿墙布设等电位导线，未按规范施工。

（2）原因分析

① 没有策划高低压配电室等电位箱。

② 未按照规范要求沿墙设置接地导线。

正确做法及防治措施

（1）防治措施

① 在高低压配电室设置等电位箱，在地面找平层施工前，将盘柜底座，盘柜、变压器的设备接地采用焊接暗配形式，引至总等电位箱，采用螺栓压接，并对每条分支接地端子进行标识。

② 沿墙布置接地扁铁，设置至少两个测试点。

2. 卫生间局部等电位与防雷引下线连接

规范标准要求　《建筑电气工程施工质量验收规范》（GB 50303）第25.2.1条规定：需做等电位联结的卫生间内金属部件或零件的外界可导电部分，应设置专用接线螺栓与等电位联结，并应设置标识；连接处螺帽应紧固，防松零件应齐全。

质量问题

（1）现象

① 具有洗浴功能的卫生间地板钢筋、插座PE线未接至局部等电位端子排。

② 卫生间局部等电位通过镀锌扁钢与防雷引下线连接。

（2）原因分析

① 不了解卫生间局部等电位的作用，错误认为卫生间插座已经通过PE线接地，所以无需做局部等电位联结。

② 卫生间做局部等电位联结。是为防止自外面进入卫生间的金属管线引入高电位，而使地面和其他金属之间不产生电位差，也就不会发生电击事故，有的电气技术人员认为卫生间局部等电位应接地，所以将其接至防雷引下线。可能会将雷击电流引入卫生间，造成不必要的人身伤害。

③ 混淆了总等电位与局部等电位的概念。

正确做法及防治措施

（1）防治措施

① 由于人在沐浴时身体表皮湿透，人体电阻很低，如有高电位引入，电击致死的危险性很大，而人在沐浴时，必然要与地面相接触，因此地面钢筋、插座PE线必须与局部等电位端子排相连接。

② 采用截面积不小于50mm²的镀锌扁钢，一端与卫生间地板钢筋焊接，另一端与卫生间局部等电位端子排进行压接。

③ 在卫生间内插座与卫生间局部等电位端子箱之间，也采用4mm²软铜线穿塑料管暗敷，一端与插座PE线连接，一端与局部等电位箱端子排进行压接。

第十五节　智能建筑工程

1. 烟感探测器置于吊顶上部、烟感保护膜未摘除

<table>
<tr><td>规范标准
要　求</td><td>《智能建筑工程质量验收规范》（GB 50339）规定：
　　吊顶镂空面积与总面积的比例不大于15%的部位，探测器应设置在吊顶下方；探测器保护罩应及时摘除。</td></tr>
</table>

质量问题

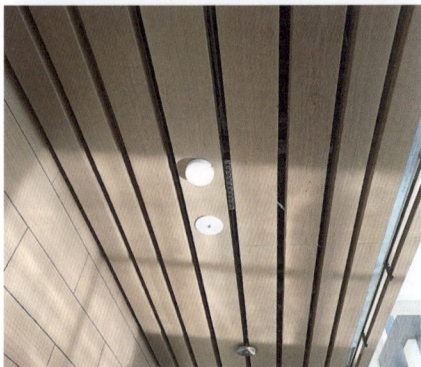

（1）现象

① 镂空面积与总面积的比例不大于15%的部位，探测器应设置在吊顶上方。

② 设置在上方的探测器保护罩未摘除。

（2）原因分析

① 不了解镂空面积与总面积的比例不大于15%的部位，探测器应设置在吊顶下方。

② 探测器保护罩未及时摘除。

正确做法及防治措施

（1）防治措施

① 吊顶镂空面积与总面积的比例不大于 15% 的部位，探测器应设置在吊顶下方。

② 探测器保护罩应及时摘除。

第九章

建筑物室外工程

1. 混凝土地坪出现锐角断裂

"城市道路-水泥混凝土路面"图集（15MR202，29-30页，边缘钢筋布置图与角隅钢筋布置图）30页注2规定：

承受特重交通的胀缝、施工缝和自由边的水泥混凝土面板板角及锐角板角，宜在距混凝土顶面以下不小于50mm处设一层角隅钢筋。

质量问题

（1）现象

① 非配筋地坪、道路混凝土出现锐角断裂。

（2）原因分析

① 地坪或道路分格未策划，出现较多易压断锐角。

② 非配筋地坪、道路对于不可避免的锐角分割未按要求进行角隅配筋。

③ 开放使用过早，混凝土墙强度不足。

正确做法及防治措施

（1）防治措施

① 进行合理策划，减少锐角分格。

② 对于边缘、转角处设置配筋。

③ 严格控制开放时间，保证混凝土强度满足要求。

④ 加强交底，严格过程控制。

2. 环氧地坪开裂、翘起、脱落

规范标准要求　《建筑防腐蚀工程施工及验收规范》（GB 50212）第3.2.3条第1项规定：
基层应密实，不得有裂纹、脱皮、起砂、空鼓等现象。强度应经过检测并应符合设计要求，不得有地下水渗漏、不均匀沉陷。

质量问题

（1）现象

① 环氧地坪开裂、翘起、脱落。

（2）原因分析

① 基层混凝土强度不足。

② 基层存在开裂、起砂、含水率超标、排水坡向等问题。

正确做法及防治措施

（1）防治措施

① 基层混凝土强度不低于C20。

② 当基层为混凝土基层时，严格控制面层平整度，加强配合比及养护，合理分格分缝，不得出现开裂、起砂、蜂窝麻面等缺陷。

③ 环氧地面施工前测定基层含水率，超过要求不得施工，也不得采取加强底漆封闭的方式处理。

3. 填土过湿或碾压之后出现"弹簧土"现象

《建筑地基基础工程施工规范》（GB 51004）第4.2.1条第1项规定：

素土地基土料可采用黏土或粉质黏土，有机质含量不应大于5%，并应过筛，不应含有冻土或膨胀土，严禁采用地表耕植土、淤泥及淤泥质土、杂填土等土料。

第4.2.2条规定：

素土、灰土地基土料的施工含水量宜控制在最优含水量±2%的范围内，最优含水量可通过击实试验确定，也可按当地经验取用。

第4.2.3条规定：

素土、灰土地基的施工方法，分层铺填厚度，每层压实遍数等宜通过试验确定，分层铺填厚度宜取200mm ～ 300mm，应随铺填随夯压密实。基底为软弱土层时，地基底部宜加强。

《建筑地基基础工程施工质量验收标准》（GB 50202）第4.2.1条规定：

施工前应检查素土、灰土土料、石灰或水泥等配合比及灰土的拌合均匀性。

质量问题

（1）现象

① 回填土含水量超过压实最佳含水量，以致碾压过后局部出现软弹现象。

（2）原因分析

① 降雨使得雨水浸入土层。

② 由于地下水位过高渗入土层。

③ 土质含水量超过最佳含水，未进行晾晒便碾压；

④ 填土含有不符合要求的土质，如黏性较大的土。

正确做法及防治措施

（1）防治措施

① 雨季要采用有效的雨季施工措施。挖方区要做好排水；填方区应及时上土及时碾压，当日成活。遇到雨水浸湿的土，要采取晾晒或换填土质。

② 填筑的土质要避免使用黏性较大的土质。

③ 碾压后如出现软弹现象，要彻底挖除，换填含水量合适的好土。

④ 负责实验人员要在施工前对土质含水量进行检测，确保土质达到最佳含水量，并为现场施工提供有依据的实验数据。

4. 灰土垫层出现开花、鼓包

《建筑地基基础工程施工规范》（GB 51004）第4.2.1条第2项规定：

灰土地基的土料可采用黏土或粉质黏土，有机质含量不应大于5%，并应过筛，其颗粒不得大于15mm，石灰宜采用新鲜的消石灰，其颗粒不得大于5mm，且不应含有未熟化的生石灰块粒，灰土的体积配合比宜为2∶8或3∶7，灰土应搅拌均匀。

《建筑地基基础工程施工质量验收标准》（GB 50202）第4.2.1条规定：

施工前应检查素土、灰土土料、石灰或水泥等配合比及灰土的拌合均匀性。

质量问题

（1）现象

① 灰土垫层出现石灰凸起、鼓包。

（2）原因分析

① 所用石灰未消解完全。

② 拌合设备、拌合遍数不够，拌合质量不达标。

正确做法及防治措施

（1）防治措施

① 使用消石灰或生石灰充分消解。

② 将备好的土与石灰按相关比例分层交叠堆载拌合场地上，充分进行搅拌，要求拌合均匀，色泽一致，无花白现象。

③ 若土质较干，要采取加水，以控制最佳含水。

5. 混凝土道路、地坪沉陷、开裂

规范标准 要　求	涉及多项规范、标准相关条文： ① 公路水泥混凝土路面施工技术规范 JTG/T F30

② 公路路基施工技术规范 JTG/T 3610

③ 公路路面基层施工技术细则 JTG/T F20

④ 公路软土地基路堤设计与施工技术细则 JTG/T D31-02

⑤ 公路工程质量检验评定标准第一册土建工程 JTG F80/1

⑥ "城市道路-水泥混凝土路面" 图集（15MR202）

质量问题

含水量大处的轮迹

（1）现象

① 混凝土道路、地坪沉陷、开裂。

（2）原因分析

① 路基排水不完善。

② 面层防排水失效，外界渗水对水稳层及路基造成侵害，进而出现翻浆。

正确做法及防治措施

（1）防治措施

① 严格控制全通型变形缝的填塞密封，防止外界水通过变形缝渗透，侵蚀基层。

② 基层（水稳层）施工时严格控制摊铺料含水率，通过试验段施工确定相应施工参数（摊铺厚度、最佳含水率、碾压遍数、碾压机械重量等），保证基层施工质量。

③ 做好周边排水构造，及时疏排周边水。

6. 水泥路面开裂

规范标准要求 《建筑地面工程施工质量验收规范》（GB 50209）第5.2.6条规定：面层与下一层应结合牢固，无空鼓和开裂。当出现空鼓时，空鼓面积不应大于400 cm²，且每自然间或标准间不应多于2处。

第5.2.7条规定：

面层表面应洁净，不应有裂纹、脱皮、麻面、超砂等缺陷。

质量问题

（1）现象

① 使用中的水泥地面出现规则或不规则裂缝。

（2）原因分析

① 混凝土、砂浆材料不满足要求，含泥量或细粒含量过大。

② 表面分格不规范。

③ 在施工和使用过程中，由于温度、湿度的变化，或者地基不均匀沉降，而使地面出现裂缝。

④ 整体面层收面未按照两次收面法施工。

⑤ 面层养护不规范，早期失水过快。

正确做法及防治措施

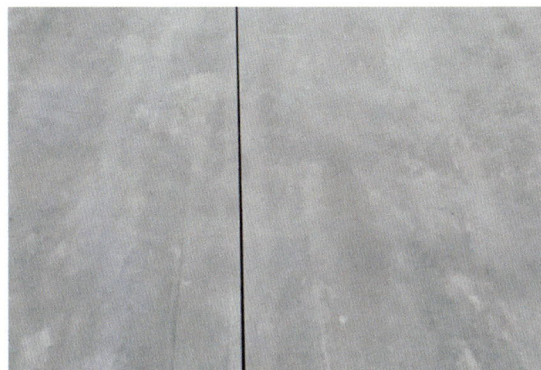

（1）防治措施

① 检查混凝土、砂浆骨料，严格控制原材料的质量验收，对于不同批次的原材料要加强抽检。必要时按照骨料情况调整配合比。

② 严格控制地面面层施工完成的养护时间。

③ 做好整体面层分隔缝策划，合理设置。

④ 初凝后进行二次搓面，闭合早期细小裂纹。

⑤ 做好养护，防止水分散失过快。

⑥ 严格把关基底、基层质量。

7. 天然石材地面色泽纹理不协调

《建筑地面工程施工质量验收规范》（GB 50209）第6.3.2条规定：在铺设前，应根据石材的颜色、花纹、图案、纹理等按设计要求，试拼编号。

第6.3.8条规定：

大理石、花岗石面层的表面应洁净、平整、无磨痕，且应图案清晰、色泽一致，接缝均匀，周边顺直，镶嵌正确，板块无裂纹、掉角、缺棱等缺陷。

质量问题

（1）现象

① 铺好后的地面板块面层，色泽、纹理不协调。一个空间的板块地面色泽有深有浅、纹理各异，观感较差。

（2）原因分析

① 石材产地来源不同。

② 施工前未对进场石材进行预选，分类使用。

③ 施工过程中未进行合理的规划。

正确做法及防治措施

（1）防治措施

① 不同产地的天然石材在进料、贮存和使用中应予以区别，不能混杂使用。

② 同一产地的天然石材，在铺设前也应该进行挑选，将色泽、纹理相同或者相近的用于同一房间的地面。

③ 对于挑选好的石材应该进行编号，标明铺贴顺序和方向，在正式铺贴之前应进行试铺，对不协调的部分进行调整，然后再正式铺贴。

8. 散水内存在影响排水的永久性设施

<table>
<tr><td>规范标准
要　　求</td><td>《建筑地面设计规范》（GB 50037）第6.0.20条规定：
建筑物四周应设置散水、排水明沟或散水带明沟。</td></tr>
</table>

质量问题

设备基础位置占压建筑物散水

（1）现象

① 散水内存在影响排水的永久性设施。

（2）原因分析

① 对规范要求不了解，未进行合理规避。

正确做法及防治措施

（1）防治措施

① 合理布置建筑外设施、设备，不得影响散水功能。